细说Python编程

从入门到科学计算

凌 峰 韩晓泉◎编著

清華大學出版社
北 京

内 容 简 介

本书以Python 3.x为平台，由两位博士执笔，详尽细致地阐述Python编程的基础知识和高级技巧，并以大量示例代码进行实践，同时还介绍人工智能领域广泛使用的科学计算工具NumPy。全书分为两篇，共19章。第1篇（第1～11章）为基础知识，主要讲解Python的编译环境、入门知识、字符串、容器、函数、循环、条件选择、模块、类、类的特殊成员、文件；第2篇（第12～19章）为高级应用，包括异常处理、日期和时间、测试代码、程序打包、使用数据库、网络编程、图形用户界面、科学计算等内容。全书知识点丰富，辅之以示例演示，读者可以边学边练，快速掌握。

本书还提供了16小时共151节微课教学视频，读者扫码即可观看学习，免费提供的示例源码文件可直接调用，方便上机操练。

本书深入浅出，内容新颖，涉及面广，适合想要学习Python编程的各层次读者。

图书在版编目（CIP）数据

细说Python编程：从入门到科学计算/凌峰，韩晓泉编著. —北京：清华大学出版社，2023.6
ISBN 978-7-302-63799-8

Ⅰ．①细… Ⅱ．①凌… ②韩… Ⅲ．①软件工具－程序设计 Ⅳ．①TP311.561

中国国家版本馆CIP数据核字（2023）第105796号

责任编辑： 王金柱
封面设计： 王　翔
责任校对： 闫秀华
责任印制： 丛怀宇

出版发行： 清华大学出版社
　　　　　　　网　　　址：http://www.tup.com.cn，http://www.wqbook.com
　　　　　　　地　　　址：北京清华大学学研大厦A座　　　　　　邮　　编：100084
　　　　　　　社 总 机：010-83470000　　　　　　　　　　　　邮　　购：010-62786544
　　　　　　　投稿与读者服务：010-62776969，c-service@tup.tsinghua.edu.cn
　　　　　　　质量反馈：010-62772015，zhiliang@tup.tsinghua.edu.cn
印 装 者： 三河市龙大印装有限公司
经　　销： 全国新华书店
开　　本： 185mm×235mm　　　　　**印　张：** 31.5　　　　　**字　数：** 756千字
版　　次： 2023年7月第1版　　　　　　　　　　　　　　　**印　次：** 2023年7月第1次印刷
定　　价： 149.00元

产品编号：100244-01

前　言

　　人工智能已成为国际竞争的新焦点。人工智能是引领未来的战略性技术，世界主要发达国家把发展人工智能作为提升国家竞争力、维护国家安全的重大战略，加紧出台规划和政策，围绕核心技术、顶尖人才、标准规范等强化部署，力图在新一轮国际科技竞争中掌握主导权。

　　当前，我国面临的国家安全和国际竞争形势更加复杂，必须放眼全球，把人工智能发展放在国家战略层面系统布局、主动谋划，牢牢把握人工智能发展新阶段国际竞争的战略主动，打造竞争新优势，开拓发展新空间，有效保障国家安全。

　　人工智能已成为经济发展的新引擎。人工智能作为新一轮产业变革的核心驱动力，将进一步释放历次科技革命和产业变革积蓄的巨大能量，并创造新的强大引擎，重构生产、分配、交换、消费等经济活动各环节，形成从宏观到微观各领域的智能化新需求，催生新技术、新产品、新产业、新业态、新模式，引发经济结构重大变革，深刻改变人类生产生活方式和思维模式，实现社会生产力的整体跃升。

　　我国经济发展进入新常态，深化供给侧结构性改革任务非常艰巨，必须加快人工智能深度应用，培育壮大人工智能产业，为我国经济发展注入新动能。

　　随着人工智能如火如荼地发展，特别是ChatGPT的横空出世，把人工智能带到了一个新高度，人工智能引领各行各业发生划时代变革，已形成共识。Python作为人工智能应用开发广泛使用的编程语言，其流行程度急剧上升，由于主流深度学习框架都是用Python编写的，因此人工智能是Python的主流应用领域。目前，Python已成为深度学习、人工智能、大数据等专业的重要基础语言，无论是从业者，还是在校生，人工智能都有可能成为其未来职业的新引擎，助力其在社会发挥更大能量，而学习Python编程可以说是进入人工智能行业、深入了解人工智能的最佳方式。

本书特点

由业界专家执笔：本书由两位工作多年的博士执笔，他们从事人工智能及相关行业多年，拥有丰富的实践经验，对于初次接触 Python 编程的读者来说，本书通俗易懂、由浅入深的讲解，会让读者非常容易接受和理解。

循序渐进，兼备入门与进阶：从基础开始，循序渐进地按编程规范讲解 Python 编程的方方面面，适合初学者入门。同时，针对每个知识点，扩展性地讲解了更深入的知识，便于有能力的读者了解更深入的内容。

知识点辅之以丰富示例：学习编程，不能只是纸上谈兵，边学边练，勤于上机练习，才能事半功倍。为便于读者高效掌握，本书几乎所有知识点都提供了丰富的示例，全书精心设计了超过 600 个示例，只要读者跟着这些示例练习，相信你很快就能成为编程高手。

助力进入人工智能行业：本书还详尽细致地介绍了广泛用于人工智能领域的科学计算工具 NumPy，对于想从事人工智能工作的不同专业的大学生、想转型到 AI 领域的开发人员和技术人员，掌握该工具很有必要，希望本书能助你一臂之力。

本书内容

本书分为两篇，共 19 章，各章内容介绍如下：

第1篇为基础知识　主要讲解了如何构建 Python 开发环境，编程的基本规范和常用数据类型，容器和容器的嵌套方法，函数的定义、调用、参数传递、闭包，程序控制，Python 模块、包和标准库，类，文件的操作等。具体包括以下章节：

第2篇为高级应用　主要讲解了Python异常、创建异常、捕捉异常，日期、时间相关的类及其用法，代码测试方法，程序打包工具和方法，构建简单的数据库模块，常用的网络编程模块，图形用户模块，开源科学计算库NumPy的用法等。具体包括以下章节：

配套资源

为方便读者高效学习本书内容，本书还提供了教学视频和示例源码，具体说明如下。

教学视频

全书共提供了151节，超过16小时的配套教学视频，读者扫描各章节的二维码即可观看，大幅提升学习效率。

示例源码

读者可扫描右侧的二维码下载配套示例源码。

可按扫描后的页面提示填写你的邮箱，把下载链接转发到邮箱中下载。如果下载有问题或阅读中发现问题，请用电子邮件联系 booksaga@126.com，邮件主题写"细说 Python 编程：从入门到科学计算"。

读者对象

本书适合以下读者阅读：

- Python 编程初学者和爱好者
- 大专院校和培训机构的教师和学生
- 想转行进入 AI 行业的从业人员
- 从事数据分析的科研工作人员

为了方便解决本书的疑难问题，读者朋友在学习过程中遇到与本书有关的技术问题，可以关注"算法仿真在线"公众号获取帮助。

本书由凌峰、韩晓泉编著，虽然编者在本书的编写过程中力求叙述准确、完善，但限于水平，书中欠妥之处在所难免，希望广大读者和同仁能及时指出，共同促进本书质量的提高。

最后，希望本书能为读者的学习和工作提供帮助！

编者

2023年4月

目　录

第 1 篇　基础知识

第 2 篇　高级应用

第

1

篇

基础知识

细说Python编程
从入门到科学计算

## 第 1 章

构建Python开发环境

工欲善其事，必先利其器。在正式开始编程学习之前，我们首先学习Python编程环境的安装和一些常用的Python代码编辑工具。本章从Python介绍入手，重点介绍在Windows环境下构建Python开发环境，之后的编程学习都将在Windows环境下进行，此外，还会简要介绍Ubuntu和Mac环境下Python环境的构建。

学习目标：

（1）熟悉常用的Python开发工具。

（2）掌握安装Python IDE、PyCharm的方法。

（3）熟悉常用的文本编辑器。

1.1 初识 Python

Python是荷兰人Guido van Rossum（Guido）于1989年发明的一种面向对象的解释型编程语言。Guido希望有一种语言能够像C语言那样，既可以全面调用计算机的功能接口，又可以像Shell那样轻松地编程。由荷兰的CWI（Centrum Wiskunde & Informatica，数学和计算机研究所）所开发的ABC语言让Guido看到了希望。

ABC语言希望程序变得容易阅读，容易使用，容易记忆，容易学习，并以此来激发人们学习编程的兴趣。虽然具备了良好的可读性和易用性，但是ABC语言最终没有流行起来。在当时，ABC编译器需要比较高配置的计算机才能运行，同时这些使用者需要精通计算机。除了硬件成本高外，ABC语言的设计也存在以下致命问题：

- 拓展性差。不是模块化语言，如果想在其中增加功能，就必须改动很多地方。
- 不能直接进行IO（Input/Output，输入/输出）。ABC语言不能直接操作文件系统。尽管可以通过诸如文本流的方式导入数据，但ABC语言无法直接读写文件，输入输出困难对于计算机语言来说是致命的。

- 过度革新。ABC语言用自然语言的方式来表达程序的意义。然而对于程序员来说，更习惯用function或者define来定义一个函数，同样，程序员也习惯了用等号（＝）来赋值变量。这样实际上增加了程序员的学习难度。

- 传播困难。ABC语言的编译器很大，必须被保存在磁带上。当时，Guido在访问的时候，就必须有一个磁带用于安装ABC编译器，这样，ABC语言就很难快速传播。

1989年，圣诞节假期，Guido开始编写Python语言的编译、解释器，他希望这个叫作Python的新的编程语言能够实现他的理念（一种介于C和Shell之间，功能全面，易学易用，可拓展的语言）。

1991年，第一个Python编译器诞生。它用C语言实现并能够调用C库（.so文件）。从一出生，Python已经具有类（class）、函数（function）、异常处理（exception），包括表（list）和词典（dictionary）在内的核心数据类型，以及模块（module）为基础的拓展系统。

最初，Python完全由Guido本人开发，并得到了同事的欢迎，他们迅速反馈使用意见，并参与到Python的改进中，构成了Python的核心团队。他们将自己大部分的业余时间用于开发Python。Python被称为Battery Included（含义为自带了相当齐全的软件库），是说它及其标准库的功能强大。

Python的开发者来自不同领域，他们将不同领域的优点带给Python。比如Python标准库中的正则表达（Regular Expression）是参考Perl，而lambda、map、filter、reduce函数参考了Lisp。Python本身的一些功能以及大部分的标准库来自社区。随着Python社区的不断扩大，进而拥有了自己的Newsgroup、网站（python.org）以及基金（Python Software Foundation）。从Python 2.0开始，Python转为完全开源的开发方式。社区气氛已经形成，工作被整个社区分担，Python也获得了更加高速的发展。

到今天，Python的框架已经确立。Python语言以对象为核心组织代码（Everything is object），支持多种编程范式（Multi-paradigm），采用动态类型（Dynamic Typing），自动进行内存回收（Garbage Collection），支持解释运行（Interpret），并能调用C库进行拓展。Python的优点很多，比如具有强大的标准库、语法简单、免费开源、能跨平台、可移植性好、模块众多、可扩展性强等。上述特点使得Python在人工智能、Web开发、数据挖掘与分析、游戏开发等领域得到了广泛应用。世界上著名的公司（包括Google、YouTube、Facebook、IBM、华为、百度、字节跳动等）都在用Python，而且它们也在不断招收使用Python语言的工程师。因此，掌握Python会为你的事业和工作添加腾飞的翅膀。

1.2　安装 Python

通过Python官网，读者可以下载相应的Python版本并安装。

打开下载页面，可以看到最近更新的版本，本书使用的是Python 3.10.0，这里下载该版本演示在Windows 10环境的安装，如图1-1所示。

Release version	Release date		Click for more
Python 3.9.9	Nov. 15, 2021	Download	Release Notes
Python 3.9.8	Nov. 5, 2021	Download	Release Notes
Python 3.10.0	Oct. 4, 2021	Download	Release Notes
Python 3.7.12	Sept. 4, 2021	Download	Release Notes
Python 3.6.15	Sept. 4, 2021	Download	Release Notes
Python 3.9.7	Aug. 30, 2021	Download	Release Notes
Python 3.8.12	Aug. 30, 2021	Download	Release Notes

图 1-1　Python 官网下载页面

单击Python 3.10.0的Download按钮，进入该版本的下载页面，下拉网页，在底部可以找到各个系统的Python安装包。这里对安装包进行简单说明，如图1-2所示。

Files

Version	Operating System	Description	MD5 Sum	File Size	GPG
Gzipped source tarball	Source release		729e36388ae9a832b01cf9138921b383	25007016	SIG
XZ compressed source tarball	Source release		3e7035d272680f80e3ce4e8eb492d580	18726176	SIG
macOS 64-bit universal2 installer	macOS	for macOS 10.9 and later (updated for macOS 12 Monterey)	8575cc983035ea2f0414e25ce0289ab8	39735213	SIG
Windows embeddable package (32-bit)	Windows		dc9d1abc644dd78f5e48edae38c7bc6b	7521592	SIG
Windows embeddable package (64-bit)	Windows		340408540eeff359d5eaf93139ab90fd	8474319	SIG
Windows help file	Windows		9d7b80c1c23cfb2cecd63ac4fac9766e	9559706	SIG
Windows installer (32-bit)	Windows		133aa48145032e341ad2a000cd3bff50	27194856	SIG
Windows installer (64-bit)	Windows	Recommended	c3917c08a7fe85db7203da6dcaa99a70	28315928	SIG

图 1-2　Python 3.10.0 各个版本的安装包

（1）Windows embeddable package表示的是绿色免安装版本，可以直接嵌入（集成）其他的应用程序中。

（2）Windows installer表示.exe格式的可执行程序，这是完整的离线安装包，一般选择这个即可，也是官网推荐（Recommended）的安装版本。

1.2.1　在 Windows 环境下安装

直接选择Windows installer (64-bit)版本进行安装，即64位的完整离线安装包。其安装过程和在Windows下安装其他程序相同，下载.exe安装包之后，直接双击开始安装。

双击安装文件后，弹出如图1-3所示的安装提示框，其中Install Now表示默认安装，Customize installation表示自定义安装，这里建议先默认安装。

提示　请尽量勾选Add Python 3.10 to PATH复选框，这样可以将Python的命令工具所在目录添加到系统Path环境变量中，以后开发程序或者运行Python命令会非常方便，不然以后可能会遇到设置环境变量的问题，十分麻烦。

选择对初学者友好的默认安装后，单击Install Now按钮，进入下一个页面，如图1-4所示。

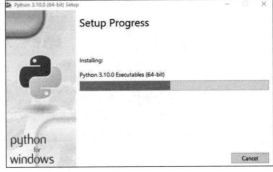

图 1-3　Python 安装选项　　　　　　　　　　　图 1-4　Python 安装过程

等待一段时间之后会出现如图1-5所示的提示，说明已经安装成功，单击右下角的Close按钮关闭该页面。

安装完成之后，可以在Windows系统的开始页面看到如图1-6所示的程序。

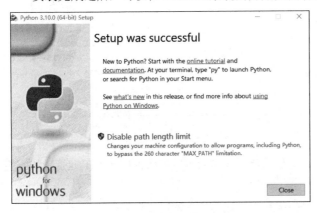

图 1-5　Python 安装成功　　　　　　　　图 1-6　开始页面找到的已经安装的 Python

直接单击IDLE(Python 3.10 64-bit)会进入IDLE Shell，如果出现Python的版本信息，并看到命令提示符"＞＞＞"，说明安装成功。可以输入一些简单的Python命令来验证是否已经安装成功，具体命令如图1-7所示。

输入exit()命令，按回车键即可退出交互式编程环境。

图 1-7　在 Python 交互环境中编写代码

1.2.2　在 Linux 环境下安装

Linux系统是为编程而生的，因此绝大多数的Linux发行版（Ubuntu、CentOS等）都默认自带Python。有的Linux发行版甚至还会自带两个版本的Python，例如最新版的Ubuntu自带Python 2.x和Python 3.x。

打开Linux发行版内置的终端（Terminal），输入Python命令就可以检测是否安装了Python，以及安装了哪个版本。如果是使用Ubuntu环境的学习者，应具备Ubuntu系统的使用知识，上述操作很容易实现，这里不再赘述。

1.2.3　在 Mac 环境下安装

和Linux发行版类似，最新版的macOS默认自带Python解释器。学习者可以在终端（Terminal）窗口中输入python命令来检测是否安装了Python开发环境，以及安装了哪个版本。

python命令默认指向早期的Python 2.x开发环境，如果想检测当前Mac OS X是否安装了Python 3.x，可以在终端（Terminal）窗口中输入python3命令：

（1）如果系统提示command not found，则说明没有安装Python 3.x。

（2）如果python3命令运行成功，并显示出版本信息，则说明已经安装了Python 3.x。

对于没有安装Python 3.x的Mac OS X环境，想要安装也非常简单，用户只需要下载安装包，然后一直单击"下一步"按钮即可，这和在Windows环境下安装Python的过程非常类似，这里不再赘述。

1.3　Python IDE 和 Anaconda 介绍

集成开发环境（Integrated Development Environment，IDE）是用于提供程序开发环境的应用程序，一般包括代码编辑器、编译器、调试器和图形用户界面等工具。

IDE集成了代码编写功能、分析功能、编译功能、调试功能等一体化的开发软件服务套。所有具备这一特性的软件或者软件套（组）都可以叫集成开发环境。例如微软的Visual Studio系列，Borland的C++ Builder、Delphi系列等。该程序可以独立运行，也可以和其他程序并用。

对于Python学习者来说，如果想做一些项目，持续学习Python，必须掌握IDE。在本书的后续学习中将重点使用Python IDE和PyCharm这两款产品。此外，本节最后还简要介绍了Python开发工具Anaconda。

1.3.1　Python IDE

在安装Python后，会自动安装一个IDLE，它是一个Python Shell（可以在打开的IDLE窗口的标题栏上看到），程序开发人员可以利用Python Shell与Python交互。这里以在Windows 10环境下安装Python 3.10.0为例，详细介绍如何使用IDLE开发Python程序。

单击Windows 10系统的开始菜单，然后依次选择Python 3.10→IDLE (Python 3.10 64-bit)菜单项，即可打开IDLE窗口，如图1-8所示。

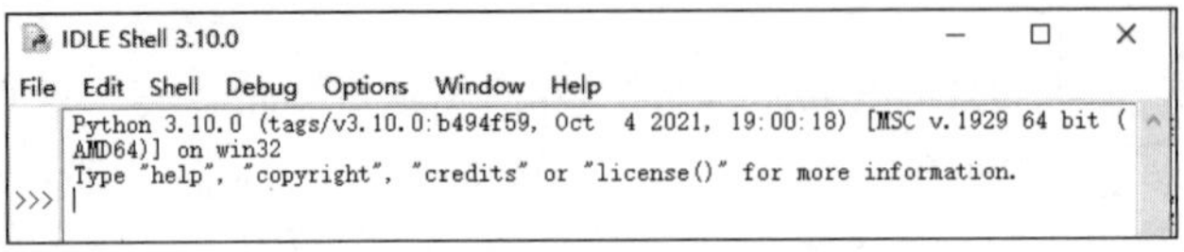

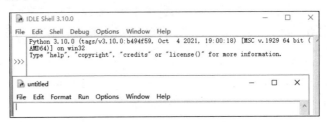

图 1-8　Python 3.10 IDLE 主窗口

前面已经提及Python的命令行和脚本，下面说明如何在Python 3.10 IDLE中生成Python脚本。具体步骤如下：

01 在 IDLE 主窗口的菜单栏上执行 File→New File 命令，在打开的新窗口中，可以直接编写 Python 代码，如图 1-9 所示。

图 1-9　Python 3.10 IDLE 创建文件窗口

02 在 untitled 文件中输入一行代码后，按<Enter>键，将自动换到下一行，等待继续输入。例如输入以下代码，可以看到文件名 untitled 上方有"*"，这表示文件已经被修改，还没有进行保存，如图 1-10 所示。

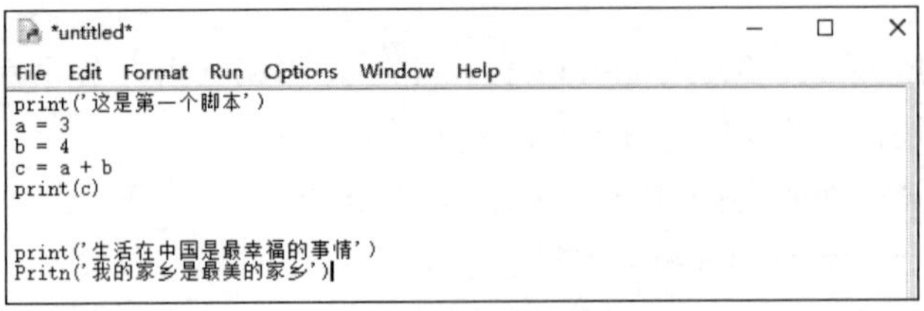

图 1-10　untitled 输入代码示例

03 按快捷键 Ctrl+S 保存文件，选择保存路径并保存，这里将文件名称设置为 demo.py。其中，".py"是 Python 文件的扩展名。

04 在菜单栏中执行 Run→Run Module 命令（也可以直接按快捷键 F5），运行程序，如图 1-11 和图 1-12 所示。

图 1-11 保存 Python 脚本示例　　　　　　　　图 1-12 运行 Python 程序

05 运行程序后，将打开 IDLE Shell 窗口显示运行结果，如图 1-13 所示。

图 1-13 运行结果

在程序开发过程中，合理使用快捷键不但可以减少代码的错误率，而且可以提高开发效率。在IDLE中，可通过执行菜单栏中的Options→Configure IDLE命令，在打开的Settings对话框的Keys选项卡中查看快捷键，如图1-14所示。

图 1-14 Python 3.10 快捷键示例

常用的Python快捷键如表1-1所示。

表 1-1　Python 3.10 IDLE 常用的快捷键

快　捷　键	说　　明	适用范围
F1	打开 Python 帮助文档	Python 文件窗口和 Shell 均可用
Alt+P	浏览历史命令（上一条）	仅 Python Shell 窗口可用
Alt+N	浏览历史命令（下一条）	仅 Python Shell 窗口可用
Alt+/	自动补全前面曾经出现过的单词，如果之前有多个单词具有相同前缀，可以连续按该快捷键，在多个单词中间循环选择	Python 文件窗口和Shell 窗口均可用
Alt+3	注释代码块	仅 Python 文件窗口可用
Alt+4	取消代码块注释	仅 Python 文件窗口可用
Alt+g	转到某一行	仅 Python 文件窗口可用
Ctrl+Z	撤销一步操作	Python 文件窗口和 Shell 窗口均可用
Ctrl+Shift+Z	恢复上一次的撤销操作	Python 文件窗口和 Shell 窗口均可用
Ctrl+S	保存文件	Python 文件窗口和 Shell 窗口均可用
Ctrl+]	缩进代码块	仅 Python 文件窗口可用
Ctrl+[	取消代码块缩进	仅 Python 文件窗口可用
Ctrl+F6	重新启动 Python Shell	仅 Python Shell 窗口可用

1.3.2　PyCharm

PyCharm是由JetBrains打造的一款Python IDE。PyCharm具备一般Python IDE的功能，如调试、语法高亮、项目管理、代码跳转、智能提示、自动完成、单元测试、版本控制等。另外，PyCharm还提供了一些很好的功能用于Django开发，同时还支持Google App Engine和IronPython。

可选择PyCharm官网下不同操作系统环境（Windows、macOS、Linux）的软件进行安装，如图1-15所示。其中Professional（专业）版是专用许可证下发布的，需要购买授权后才能使用，但新用户可以试用30天，很显然，专业版提供了更为强大的功能和对企业级开发的各种支持；Community（社区）版是免费版本，但是对于初学者来说，社区版已经足够强大和好用了。

图 1-15　PyCharm 软件下载

专业版的**PyCharm**是需要激活的，强烈建议读者在条件允许的情况下支付费用来支持优秀的产品，如果不用做商业用途或者不需要使用PyCharm的高级功能，可以暂时选择试用30天或者使用社区版的PyCharm。接下来将重点使用PyCharm IDE进行Python代码的编写和学习。

1. 安装及首次使用的设置

在PyCharm官网下载对应系统的软件安装包，以在Windows 10环境的安装为例进行介绍。

（1）下载完成后双击.exe文件进行安装，如图1-16所示。

（2）单击Next按钮进入下一步，如图1-17所示。

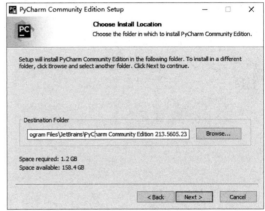

图 1-16　PyCharm 安装步骤 1　　　　　　图 1-17　PyCharm 安装步骤 2

（3）继续单击Next按钮进入下一步，如图1-18所示。各选项的含义如下：

- Create Desktop Shortcut：创建桌面快捷方式。
- Update PATH Variable(restart needed)：更新路径变量（需要重新启动），建议勾选。
- Update Context Menu：更新上下文菜单。
- Add "Open Folder as Project"：添加打开文件夹作为项目。
- Create Associations：创建关联，关联.py文件，双击都是以PyCharm形式打开的。

（4）继续单击Next按钮进入下一步，如图1-19所示。

（5）单击Install按钮进行安装，等待一会儿，会出现如图1-20所示的安装进度图。

（6）安装结束后会出现如图1-21所示的安装完成界面。

（7）安装完成后单击Finish（结束）按钮关闭安装向导。

通过双击桌面的快捷方式即可运行PyCharm。第一次使用PyCharm时，会有一个导入设置的向导，如果之前没有使用PyCharm或者没有保存过设置，就直接选择Do not import settings进入下一步。

（1）选择UI主题，根据个人喜好进行选择，深色的主题比较护眼，而浅色的主题对比度更好。

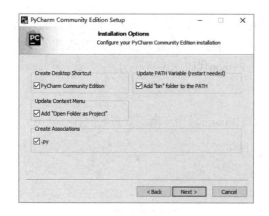

图 1-18　PyCharm 安装步骤 3

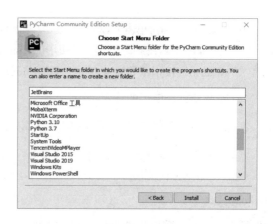

图 1-19　PyCharm 安装步骤 4

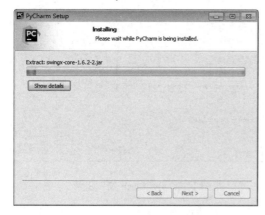

图 1-20　PyCharm 安装步骤 5

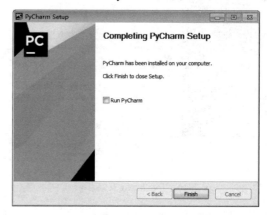

图 1-21　PyCharm 安装步骤 6

（2）创建可以在"终端"或"命令行提示符"中运行PyCharm的启动脚本，当然也可以不做任何勾选，直接单击Next: Featured plugins按钮进入下一环节。

（3）单击右下角的Start using PyCharm（开始使用PyCharm）就可以开启PyCharm的Python学习之旅。

2. 用PyCharm创建项目

启动PyCharm之后会来到一个启动页，在启动页上可以选择Create New Project（创建新项目）、Open（打开已有项目）和Get from Version Control（从版本控制系统中检出项目），如图1-22所示。

如果选择了Create New Project来创建新项目，就会打开一个创建项目的向导页。图1-23所示是PyCharm专业版创建新项目的向导页，可以看出专业版支持的项目类型非常多，而社区版只能创建纯Python项目（Pure Python），没有这一系列的选项。

图 1-22　PyCharm 启动页

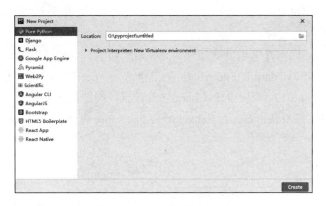

图 1-23　PyCharm 创建新项目

　　接下来，要为项目创建专属的虚拟环境，每个Python项目最好都在自己专属的虚拟环境中运行，因为每个项目对Python解释器和第三方库的需求并不相同，虚拟环境对不同的项目进行了隔离。

　　在图1-23所示的界面中选择新建虚拟环境（New Virtualenv Environment），这里的Virtualenv是PyCharm默认选择的创建虚拟环境的工具，只保留这个默认的选项就可以了。

　　项目创建完成后，就可以开始新建各种文件来书写Python代码了，如图1-24所示。左侧是项目浏览器，可以看到刚才创建的项目文件夹以及虚拟环境文件夹。

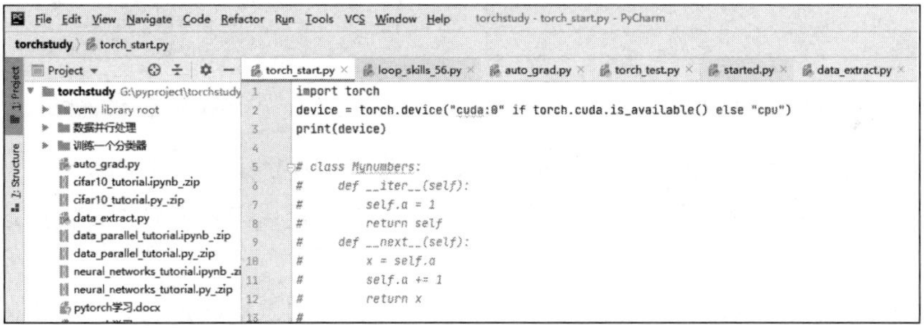

图 1-24　PyCharm 创建的项目.py 文件

　　在项目上右击，在弹出的快捷菜单中选择New，然后选择Python File来创建Python代码文件，此时创建了一个名为torch_start.py的Python文件。

　　在工作窗口右击，可以在上下文菜单中找到Run选项，例如要运行torch_start.py文件，右键菜单会显示Run 'torch_start'选项，单击该命令即可运行Python代码，运行结果显示在屏幕下方的窗口，如图1-25所示。

图 1-25　PyCharm 项目.py 文件运行结果示例

3. 常用操作和快捷键

PyCharm为写Python代码提供了自动补全和高亮语法功能，这也是PyCharm作为集成开发环境（IDE）的基本功能。执行PyCharm的File→Settings菜单命令（macOS上位于PyCharm→Preferences…菜单下），可以打开设置窗口，用于对PyCharm进行设置，如图1-26所示。

在Settings窗口下选择Appearance & Behavior→Appearance选项卡，可以选择自己喜欢的主题进行编程，如图1-27所示。

图 1-26 Pycharm 设置菜单

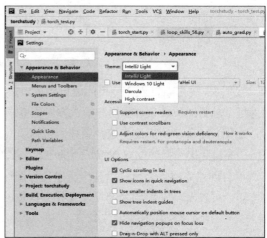

图 1-27 设置菜单

PyCharm的菜单项中有一个非常有用的Code菜单，菜单中提供了自动生成代码、自动补全代码、格式化代码、移动代码等选项，这些功能对开发者来说非常有用，读者可以尝试使用这些菜单项或者记住它们对应的快捷键。

除此之外，Refactor菜单提供了一些重构代码的选项。所谓重构，是在不改变代码执行结果的前提下调整代码的结构，这也是资深程序员的一项重要技能。

还有一个值得一提的菜单是VCS（Version Control System，版本控制系统），该菜单提供了对代码版本管理的支持。

表1-2列出了一些Windows环境下PyCharm中常用的快捷键，通过设置窗口中的Keymap菜单也可以自定义快捷键，PyCharm本身针对不同的操作系统和使用习惯对快捷键进行了分组。

表 1-2 PyCharm 常用快捷键

快 捷 键	作 用	快 捷 键	作 用
F2	快速定位到错误代码	Ctrl+d/Ctrl+y	复制/删除一行代码
Ctrl+j	显示可用的代码模板	Ctrl+Shift+– Ctrl+Shift++	折叠/展开所有代码
Ctrl+b	查看函数、类、方法的定义	Ctrl+Alt+l	格式化代码

（续表）

快　捷　键	作　　用	快　捷　键	作　　用
Alt+Enter	万能代码修复快捷键	Ctrl+Alt+F7	查看何处用到了指定的函数、类、方法
Ctrl+/	注释/反注释代码		

1.3.3　Anaconda 介绍

如果读者将Python用于数据处理或想要从事人工智能方面的工作，建议安装Python开发工具Anaconda。Anaconda是一个流行的Python数据科学包其中不仅包括了Python软件本身，内置了大量Python包和科学计算库，包括NumPy、Pandas、SciPy和Scikit-learn等常用工具，并且也包含了Jupyter Notebook、Spyder等常用Python IDE工具。在将Anaconda安装成功后，可以直接调用这些包或库，而不必在需要时再次安装。

读者可以登录官网（Https:\\www.anaconda.com）下载Anaconda，完成后一直单击Next按钮安装即可。

1.4　认识 Python 程序

本节通过示例帮助读者认识Python程序，学习Python程序的基本知识，包括命令行、脚本、代码行等，为后续的编程打下基础。

1.4.1　命令行

交互式编程不需要创建脚本文件，是通过Python解释器的交互模式来编写代码的。第一行Python代码是从命令行开始的，Python的命令行是指在Python命令行窗口中输入的Python语言命令，下面通过示例说明。

1. Python IDLE命令行

在Python IDLE中输入如图1-28所示的命令，会立即显示命令的结果。看起来很有趣，这是学习者开始控制计算机的第一步。

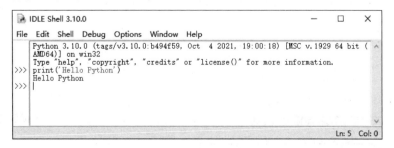

图 1-28　IDLE 命令行

从更现实的角度来说，这是交互式Python解释器。符号"＞＞＞"就是命令输入提示符，在其后面输入的Python命令就是命令行。

2．PyCharm命令行

类似于Python IDLE解释器的命令行，在PyCharm中也可以输入命令行进行Python编程。如图1-29所示是PyCharm中的命令行及其结果。

```
Python Console ×
Python 3.8.8 (default, Apr 13 2021, 15:08:03) [MSC v.1916 64 bit (AMD64)]
Type 'copyright', 'credits' or 'license' for more information
IPython 7.27.0 -- An enhanced Interactive Python. Type '?' for help.
PyDev console: using IPython 7.27.0

Python 3.8.8 (default, Apr 13 2021, 15:08:03) [MSC v.1916 64 bit (AMD64)] on win32
In[2]: 181/24
Out[2]: 7.541666666666667
In[3]: 125/9
Out[3]: 13.88888888888889
In[4]: 125/9/2
Out[4]: 6.944444444444445

In[22]:

TODO    Run    Python Console    Terminal
```

图 1-29　PyCharm 命令行

此处没有直接输入Python命令，而是使用Python运算符进行了一些简单的运算，命令提示符也由之前的"＞＞＞"变为"In[x]"，这里x表示数字，是行号。以数字表示十分有助于学习者区分自己的代码。

1.4.2　Python 代码行

Python程序是由符合Python语法的一行行Python代码构成的，Python程序一般用代码的行号标记代码。以下程序段共有4行代码：

```python
print('hello python')
print('hello world')
a, b = 4, 5
print(a+b)
```

在PyCharm编辑器中，执行菜单栏中的Navigate→Line/Column…命令（见图1-30），即可进入输入指定行对话框，如图1-31所示。

图 1-30　PyCharm 行选择选项卡

图 1-31　PyCharm 行选择输入栏

当某行的Python代码过长（超过一行）时，可以通过三引号等扩展至新的一行，也可以通过反斜杠"\"对Python程序进行换行。例如以下两段Python代码，其输出结果相同。

【例1-1】　Python代码示例。

输入代码：

```
print('''Python
        is a great programming language''')
```

或

```
01 print\
02   ('''Python
03       is a great programming language''')
```

运行结果都是：

```
"Python
        is a great programming language"
```

1.4.3　Python 脚本

通过脚本参数调用解释器开始执行脚本，直到脚本执行完毕，当脚本执行完成后，解释器不再有效。Python脚本一般是将编辑器中编写的多行代码存储为名字后缀为".py"的文件，如图1-32所示。

1.4.4　缩进

图 1-32　Python 脚本示例

Python语言不同于其他编程语言，其最大的特点在于采用严格的缩进和冒号":"来表明程序的框架逻辑，用来表示代码直接的包含和层次关系。缩进的空格数是可变的，但是同一个代码块的语句必须包含相同的缩进空格数，一般相邻层级相差4个空格。

【例1-2】　Python缩进示例。

输入如下代码：

```
if True:
    print ("This is level two")
else:
    print ("This is level two")
```

在Python中，对于类定义、函数定义、流程控制语句、异常处理语句等，行尾的冒号和下一行的缩进表示下一个代码块的开始，而缩进的结束则表示此代码块的结束。

Python中可以使用空格或者Tab键实现对代码的缩进，但无论是手动敲空格还是使用Tab键，通常情况下都是采用4个空格长度作为一个缩进量（默认情况下，一个Tab键表示4个空格）。另外，可以通过Shift+Tab组合键实现反缩进，即后退4个空格。

下面以示例来说明，由于还没有学习更多的Python语法知识，下面的代码读者可能不完全理解，此处只需体会缩进即可，代码含义在之后的学习中会逐渐理解。

【例1-3】　Python复杂缩进示例。

输入如下代码：

```python
class FaceDetector:
    def __init__(self, device="cuda", confidence_threshold=0.9,nms_thresh = 0.4):
        self.device = device
        self.confidence_threshold = confidence_threshold
        self.nms_thresh = nms_thresh
        self.cfg = cfg = cfg_re50
        self.variance = cfg["variance"]
        cfg["pretrain"] = False
        self.net = RetinaFace(cfg=cfg, phase="test").to(device).eval()
        self.decode_param_cache = {}
        self.off=torch.Tensor([104, 117, 123]).to(device).view(3,1,1)
    def load_checkpoint(self, path):
        checkpoint_=torch.load(path)
        checkpoint_={i[7:]:checkpoint_[i] for i in checkpoint_}
        self.net.load_state_dict(checkpoint_)
```

Python对代码的缩进要求非常严格，同一个级别代码块的缩进量必须一样，否则解释器会报SyntaxError异常错误。例如下面的代码，将位于同一作用域中的两行代码的缩进量分别设置为4个空格和3个空格，这段程序在编译时无法顺利执行，会报错。

【例1-4】　Python缩进错误示例。

输入如下代码：

```python
if age<18:
    print('未成年')
   print("还在上学")
```

对于Python缩进规则，初学者可以这样理解，Python要求属于同一作用域中的各行代码的缩进量必须一致，但具体缩进量为多少，Python解释器本身并不做硬性规定。

在IDLE开发环境中，可以自己调整空格缩进量，如图1-33所示。执行菜单栏中的Options→Configure IDLE命令，即可进入Settings对话框，选择Windows选项卡，利用其中的Indent spaces选项可以调整默认缩进量，如图1-34所示。

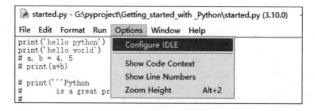

图 1-33　进入 IDLE 调整缩进量

01

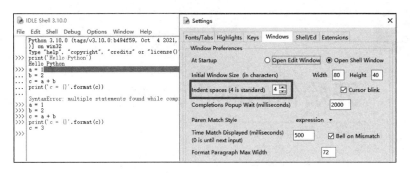

图 1-34　IDLE 调整缩进量

1.4.5　注释

Python代码的注释用于解释代码,增强代码的可读性,可以使用读者熟悉的语言完成(如汉语),当Python脚本执行时,Python语言会通过注释符号识别注释的部分,在执行代码时跳过它们。代码的注释主要有单行注释和多行注释两种方式。

Python中的单行注释以"#"开头,示例中"#这是单行注释"不执行,用于解释和理解Python程序。

【例1-5】　单行注释。

输入如下代码:

```
# 这是单行注释
print("This is a comment!")
```

多行注释用3个单引号'''或者3个双引号"""将注释引起来,示例中两个"""之间的代码不执行,只执行print("This is a comment!")命令。

【例1-6】　多行注释。

输入如下代码:

```
"""
这是多行注释
这是多行注释
这是多行注释
"""
print("This is a comment!")
```

1.5　小结

本章作为编程前的准备,介绍了Python在Windows、Ubuntu、macOS系统下的安装方法,常用的Python编译IDE,初步介绍了Python程序的基本概念,帮助读者做好学习Python编程的一些准备工作,以便顺利开启自己的Python学习之旅。

第 2 章

开始你的Python编程

2

　　本章主要介绍Python编程的基础知识，包括Python编码规划、运算符、数据类型、内置函数等。通过本章的学习，读者能够熟悉掌握Python编程的基本思路，从而能对Python的运算功能有一个全面的认识，开启Python编程的学习之路。本章有些内容对于没有编程基础的读者可能不能完全理解，没关系，先有个印象，随着后面章节的学习，慢慢都会理解本章的知识。本章的知识点较多，希望读者通过多编程实践掌握。

　　学习目标：

　　（1）掌握Python基本编程规则。
　　（2）掌握变量、关键字、运算符。
　　（3）掌握简单的数据类型和输出方法。

2.1　Python 的基本编码规范

　　很多语言都有其独特的代码风格，有些甚至发展成了一种编码规范。这种规范虽然对代码的运行没有太多影响，但却可以让程序员更好地阅读和理解代码。

　　Python采用PEP 8作为编码规范，其中PEP是Python Enhancement Proposal（Python增强建议书）的缩写，8代表的是Python代码的样式指南。

　　我们先来看图2-1所示的两段功能完全相同的代码。右侧的代码编写格式看上去比左侧的代码更加规整，阅读起来也更轻松、畅快，因为它遵循了基本的Python代码编写规范。如果在一个大的工程文件中出现较多的左边这种编码方式，将会给代码阅读者带来极大的困难。

　　下面仅给读者列出PEP 8中初学者应严格遵守的一些编码规范：

　　（1）建议每行不超过80个字符，如果超过，建议使用小括号将多行内容隐式地连接起来，而不推荐使用反斜杠"\"进行连接。例如，如果一个字符串文本无法实现一行完全显示，则可以使用小括号将其分开显示，代码如下：

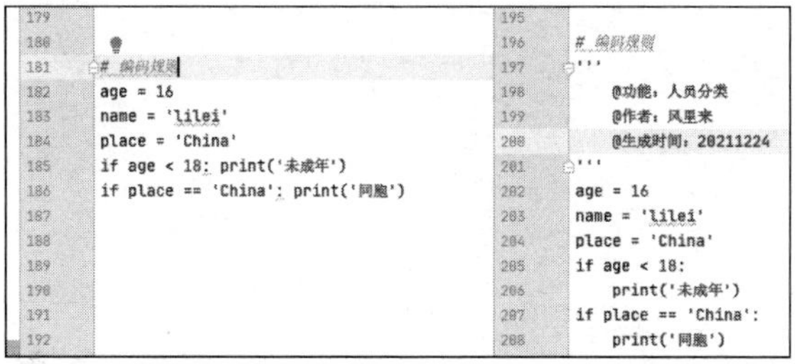

图 2-1　两段功能相同的 Python 代码

当Python程序代码太长需要换行时，可以使用括号"()"或者反斜杠"\"进行换行连接。这两种方式都可以实现代码换行，但使用括号"()"进行换行连接更加清晰和易于阅读，也更符合Python的代码风格规范：

```
#推荐使用括号"()"进行换行连接

long_string = ("这是一段非常非常非常非常非常非常非常非常非常长的字符"
               "串，为了不超过80个字符，我们使用了括号进行换行连接。")

#不推荐使用反斜杠"\"进行换行连接

long_string = "这是一段非常非常非常非常非常非常非常非常长的字符"  \
              "串，为了不超过80个字符，我们使用了反斜杠进行换行连接。"
```

注意，此编程规范适用于绝大多数情况，但以下两种情况除外：①导入模块的语句过长，②注释里的URL。

（2）通常情况下，在运算符两侧、函数参数之间以及逗号两侧，都建议使用空格进行分隔。

（3）使用必要的空行可以增加代码的可读性，通常在顶级定义（如函数或类的定义）之间空两行，而方法定义之间空一行，另外在用于分隔某些功能的位置也可以空一行。

（4）每个import语句只导入一个模块，尽量避免一次导入多个模块。

【例2-1】　模块导入示例。

输入如下代码：

```
#推荐
import os    #导入os模块
import sys   #导入sys模块
#不推荐
import os,sys
```

（5）不要在行尾加分号，也不要用分号将两条命令放在同一行。

（6）使用括号宁缺毋滥，除非是用于实现行连接，否则不要在返回语句或条件语句中使用括号。不过在元组两边使用括号是可以的。

【例2-2】　括号应用示例。

输入如下代码：

```
# 推荐
if foo:     # if是一个条件语句，未使用(foo )
```

```
    bar()
while x:
    x = bar()
if x and y:
    bar()
if not x:
    bar()
return foo    #return是一个返回语句，未使用( )
for (x, y) in dict.items(): ...

# 不推荐
if (x):       #条件语句不推荐使用( )
    bar()
if not (x):
    bar()
return (foo)  #返回语句不推荐使用( )
```

（7）缩进。用4个空格来缩进代码，绝对不要使用Tab和空格混用，很容易出错。要么垂直对齐换行的元素，要么使用4个空格的悬挂式缩进。

（8）空行。顶级定义之间空两行，比如函数或者类定义。方法定义、类定义与第一个方法之间都应该空一行。在函数或方法中，某些地方如果觉得合适，就空一行。

（9）空格。按照标准的排版规范来使用标点两边的空格，括号内不要有空格。

【例2-3】 空格应用示例。

输入如下代码：

```
# 推荐
x = 4
y = 5
if x == 4:
    print(x,y)
x, y = y, x
# 不推荐
if x == 4 :
    print(x, y)
    x, y
```

在二元操作符两边都加上一个空格，比如赋值操作符（=）、比较操作符（==、<、>、!=、<>、<=、>=、in、not in、is、is not）、布尔操作符（and、or、not）等。至于算术操作符两边空格的使用，需要自己认真判断，两侧务必要保持一致。

【例2-4】 操作符应用示例。

输入如下代码：

```
# 推荐
x = 1   #操作符=两边有空格
# 不推荐
x=4     #操作符=两边没有空格
```

当 "=" 用于指示关键字参数或默认参数值时，不要在其两侧使用空格。

【例2-5】　"=" 应用示例。

输入如下代码：

```
# 推荐
def complex(real, imag=0.0): return magic(r=real, i=imag)
# 不推荐
def complex(real, imag = 0.0): return magic(r = real, i = imag)
```

（10）TODO注释。为临时代码使用TODO注释是一种短期解决方案。TODO注释应该在所有开头处包含TODO字符串，紧跟着是用括号括起来的名字、E-mail地址或其他标识符，然后是一个可选的冒号。接着必须有一行注释，解释要做什么。

主要目的是为了有一个统一的TODO格式，这样添加注释的人就可以搜索到（并可以按需提供更多细节）。写了TODO注释并不保证写的人会亲自解决问题，当写了一个TODO时需要注上名字。如果TODO是 "将来做某事" 的形式，那么请确保包含一个指定的日期或者一个特定的事件。

```
# TODO(ww@163.com): Use a "*" here for string repetition.
# TODO(ZZZ) Change this to use relations.
```

（11）导入格式。每个导入应该独占一行。

【例2-6】　导入格式示例。

输入如下代码：

```
# 推荐
import time      #导入时间模块
import json      #导入json模块
# 不推荐
import time, json
```

导入应该放在文件顶部，位于模块注释和文档字符串之后，模块全局变量和常量之前。导入应该按照从最通用到最不通用的顺序分组：首先是标准库导入，然后是第三方库导入，最后是应用程序指定导入。

在每种分组中，应该根据每个模块的完整路径按字典序排序，忽略大小写。

【例2-7】　导入格式示例汇总。

输入如下代码：

```
import argparse
import os
import sys

import pandas as pd
from sklearn import metrics
import torch
from torch.utils.data import DataLoader
from torchvision.transforms import Compose, CenterCrop
```

```
from tqdm import tqdm

from data.transforms import NormalizeVideo, ToTensorVideo
from data.dataset_clips import ForensicsClips, CelebDFClips, DFDCClips, CelebDFTest
from data.samplers import ConsecutiveClipSampler
```

2.2 关键字

关键字是Python语言中一些已经被赋予特定意义的单词，开发者在开发程序时不能用这些保留字作为标识符给变量、函数、类、模板以及其他对象命名。

Python包含的保留字可以执行如图2-2所示的命令进行查看。

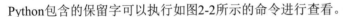

图 2-2 Python 关键字

> **注意** 由于Python严格区分大小写，保留字也不例外，因此if是保留字，而IF不是保留字。

在实际开发中，如果使用Python中的保留字作为标识符，则解释器会提示invalid syntax的错误信息，如图2-3所示。

```
>>> import ▌'我爱Pyhon'
SyntaxError: invalid syntax
>>> |
```

图 2-3 关键字作标识符报错信息

2.3 常量与变量

常量（Constant）顾名思义是一个永远不会改变的值，如10就是一个常量。变量（Variable）指的是会改变的值，变量由变量名构成，并通过赋值符号赋予这个变量值。Python语言可以直接通过赋值符号将值赋给某个变量。例如：

```
aba = 2
```

用户不仅可以赋值给变量，还可以改变变量的大小，变量也可以进行各种数值运算。

【**例2-8**】 变量赋值和运算示例。

输入如下代码：

02

```
aba = 2
abc = 3
aba = aba + 1
aba = aba - 1
abb = aba + abc
```

Python的变量名遵循一定的规则：

（1）变量名不能包含空格，可以通过下画线连接两个单词构造复杂的变量名。

（2）变量名不能以数字开头。

（3）变量名只能使用字母、数字、下画线。

（4）不能使用Python关键字作为变量名。

使用Python变量时，只要知道变量的名字即可，几乎在Python代码的任何地方都能使用变量。

【例2-9】　变量赋值和运算示例。

输入如下代码：

```
n = 10
print(n)                    #将变量传递给函数
m = n * 10 + 5              #将变量作为四则运算的一部分
print(m)
print(m-30)                 #将由变量构成的表达式作为参数传递给函数
m = m * 2                   #将变量本身的值翻倍
print(m)
url = "http://baidu.com/"
str = "搜索引擎: " + url    #字符串拼接
print(str)
```

运行结果如下：

```
10
105
75
210
搜索引擎: http://baidu.com/
```

Python是弱类型语言，和强类型语言相对应。Python、JavaScript、PHP等脚本语言一般都是弱类型的，具有以下两个特点：

（1）变量无须声明就可以直接赋值，对一个不存在的变量赋值就相当于定义了一个新变量。

（2）变量的数据类型可以随时改变，比如同一个变量可以一会儿被赋值为整数，一会儿被赋值为字符串。

注意，弱类型并不等于没有类型。弱类型是说在书写代码时不用刻意关注类型，但是在编程语言的内部仍然是有类型的。可以使用内置函数type()类检测某个变量或者表达式的类型，如图2-4所示。

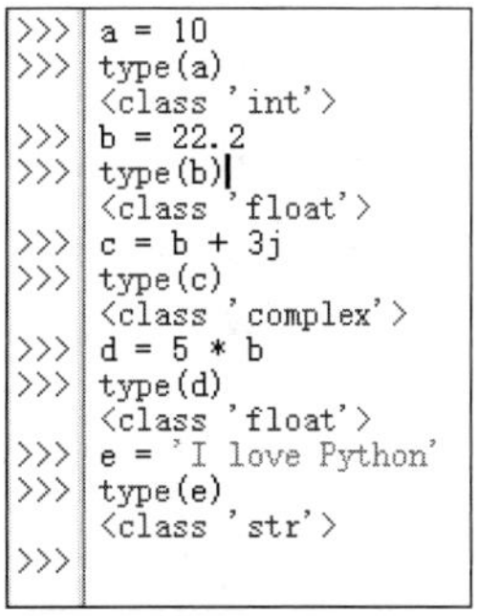

```
>>> a = 10
>>> type(a)
<class 'int'>
>>> b = 22.2
>>> type(b)
<class 'float'>
>>> c = b + 3j
>>> type(c)
<class 'complex'>
>>> d = 5 * b
>>> type(d)
<class 'float'>
>>> e = 'I love Python'
>>> type(e)
<class 'str'>
>>>
```

图 2-4　类型示例

2.4　标识符

简单地理解，Python标识符就是一个名字，就好像每个人都有属于自己的名字一样，它的主要作用就是作为变量、函数、类、模块以及其他对象的名称。

Python中标识符的命名不是随意的，而是要遵守一定的命令规则：

（1）标识符是由字符（A~Z和a~z）、下画线和数字组成的，但第一个字符不能是数字。

（2）标识符不能和Python中的关键字相同。

（3）Python中的标识符中不能包含空格、@、%以及$等特殊字符。

合法标识符示例：

```
WYID
home
tcp12
good_student
```

不合法的标识符示例：

```
4dogs        #不能以数字开头
if           #if是保留字，不能作为标识符
$money       #不能包含特殊字符
```

（4）在Python中，标识符中的字母严格区分大小写，也就是说，两个同样的单词，如果大小写格式不一样，所代表的意义是完全不同的。比如，下面这3个变量之间，就是完全独立、毫无关系的，它们彼此之间是相互独立的个体。

```
name = 'Lilei'
Name = 'Lilei'
NAME = 'Lilei'
```

（5）在Python中，以下画线开头的标识符有特殊含义，因此，除非特定场景需要，应避免使用以下画线开头的标识符。例如：

① 以单下画线开头的标识符（如_width），表示不能直接访问的类属性，其无法通过from…import*的方式导入。

② 以双下画线开头的标识符（如__add）表示类的私有成员。

③ 以双下画线作为开头和结尾的标识符（如__init__）是专用标识符。

标识符的命名除了要遵守以上这几条规则外，不同场景中的标识符的名称也有一定的规范可循，例如：

① 当标识符用作模块名时，应尽量短小，并且全部使用小写字母，可以使用下画线分隔多个字母，例如game_mian、game_register等。

② 当标识符用作包的名称时，应尽量短小，也全部使用小写字母，不推荐使用下画线，例如 com.mr、com.mr.book等。

③ 当标识符用作类名时，应采用单词首字母大写的形式。例如，定义一个图书类，可以命名为Book。

④ 模块内部的类名可以采用"下画线+首字母大写"的形式，如_Book。

⑤ 函数名、类中的属性名和方法名应全部使用小写字母，多个单词之间可以用下画线分隔。

⑥ 常量命名应全部使用大写字母，单词之间可以用下画线分隔。

2.5　运算符

Python运算符主要分为算术运算符、比较运算符、赋值运算符、逻辑运算符、位运算符、成员运算符和身份运算符七大类，运算符用于Python对象之间的运算，并且有优先级。

2.5.1　算术运算符

Python算术运算符主要用来执行数字的算术运算和字符串的拼接，Python的算术运算符如表2-1所示。

表 2-1　算术运算符

运　算　符	描　　述	运　算　符	描　　述
+	加：两个对象相加	%	取模：返回除法的余数
−	减：负数或一个数减去另一个数	**	幂：例如返回 x 的 y 次幂，即 x**y
*	乘：两个数相乘或返回一个被重复若干次的字符串	//	取整除：向下取接近商的整数
/	除：x 除以 y		

【例2-10】　算术运算符应用示例。

输入如下代码：

```
a = 1
b = 2
c = a + b    #两数相加
print('c = {}'.format(c))
d = a - b    #两数相减
print('d = {}'.format(d))
e = a * b    #两数相乘
print('e = {}'.format(e))
f = a / b    #两数相除
print('f = {}'.format(f))
g = a % b    #求a除以b的余数
print('g = {}'.format(g))
h = a ** b   #求a的b次幂
```

```
print('h = {}'.format(h))
i = a // b    #取整
print('i = {}'.format(i))
```

运行结果如下：

```
c = 3
d = -1
e = 2
f = 0.5
g = 1
h = 1
i = 0
```

2.5.2　比较运算符

比较运算符用来进行两个量的比较，其结果只有True（真）和False（假）两种，Python的比较运算符如表2-2所示。

表 2-2　比较运算符

运　算　符	描　　述	运　算　符	描　　述
==	等于：比较对象是否相等	<	小于：返回 x 是否小于 y。所有比较运算符返回 1 表示真，返回 0 表示假。这分别与特殊的变量 True 和 False 等价。注意这些变量名的大小写
!=	不等于：比较两个对象是否不相等	>=	大于等于：返回 x 是否大于或等于 y
>	大于：返回 x 是否大于 y	<=	小于等于：返回 x 是否小于或等于 y

【例2-11】　比较运算符应用示例。
输入如下代码：

```
a = 1
b = 2
print('a == b , {}'.format(a==b))      #输出a==b，{}表示输出format的判断结果True或False
print('a == b , {}'.format(a!=b))
print('a == b , {}'.format(a>b))
print('a == b , {}'.format(a<b))
print('a == b , {}'.format(a>=b))
print('a == b , {}'.format(a<=b))
```

运行结果如下：

```
a == b , False
a == b , True
a == b , False
a == b , True
a == b , False
a == b , True
```

format是Python的函数，主要用来构造字符串，基本语法是通过{}符号操作，可以在format前面设置多个{}符号，并且每一个{}符号都可以设置顺序，分别与format的参数顺序对应。关于format()的用法可参考2.7.2节。

2.5.3　逻辑运算符

逻辑运算符也称为布尔运算符，其用来进行两个量的逻辑运算，Python的逻辑运算符如表2-3所示。

表 2-3　逻辑运算符

运　算　符	逻辑表达式	描　　述
not	not x	布尔"非"：如果 x 为 True，则返回 False；如果 x 为 False，则返回 True
and	x and y	布尔"与"：如果 x 为 False，则 x and y 返回 x 的值，否则返回 y 的计算值
or	x or y	布尔"或"：如果 x 是 True，则返回 x 的值，否则返回 y 的计算值

【例2-12】　布尔运算符应用示例。

输入如下代码：

```
a = 0
b = 2
print('not a, {}'.format(not a))    #format(not a)为True，{}的取值是True
print('a and b, {}'.format(a and b))  #format(a and b)为False，{}的取值是False
print('a or b, {}'.format(a or b))    #format(a or b)为2，{}的取值是2
```

运行结果如下：

```
not a, True
a and b, 0
a or b, 2
```

2.5.4　位运算符

在Python中，位运算符是把数字看作二进制来进行计算的，位运算符如表2-4所示。

表 2-4　位运算符

运　算　符	描　　述	运　算　符	描　　述
&	按位与运算符：参与运算的两个值，如果两个相应位都为 1，则该位的结果为 1，否则为 0	~	按位取反运算符：对数据的每个二进制位反，即把 1 变为 0，把 0 变为 1。~x 类似于-x-1
|	按位或运算符：只要对应的两个二进位有一个为 1，结果位就为 1	<<	左移动运算符：运算数的各二进位全部左移若干位，由 "<<" 右边的数指定移动的位数，高位丢弃，低位补 0
^	按位异或运算符：当两个对应的二进位相异时，结果为 1	>>	右移动运算符：把 ">>" 左边的运算数的各二进位全部右移若干位，">>" 右边的数指定移动的位数

【例2-13】 位运算符应用示例。

输入如下代码：

```
a = 88
b = 66
print('a & b = {}'.format(a & b))
print('a | b = {}'.format(a | b))
print('a ^ b = {}'.format(a ^ b))
print('~a = {}'.format(~a))
print('a << 2 = {}'.format(a << 2))
print('a >> 2 = {}'.format(a >> 2))
```

运行结果如下：

```
a & b = 64
a | b = 90
a ^ b = 26
~a = -89
a << 2 = 352
a >> 2 = 22
```

2.5.5　成员运算符

Python的成员运算符用来判断指定的序列是否存在要找的元素，其结果为布尔类型，成员运算符如表2-5所示。

表2-5　成员运算符

运　算　符	描　　述
in	如果在指定的序列中找到值，则返回 True，否则返回 False
not in	如果在指定的序列中没有找到值，则返回 True，否则返回 False

【例2-14】 成员运算符应用示例。

输入如下代码：

```
a = 1
l1 = [1,2,3]
print('a in l1, {}'.format(a in l1))
print('a not in l1, {}'.format(a not in l1))
```

运行结果如下：

```
a in l1, True
a not in l1, False
```

2.5.6　身份运算符

Python的身份运算符主要用来判断两个标识符或对象是否相同（也可以称为是否引用自同一个对象），结果是布尔类型，如表2-6所示。

表 2-6　身份运算符

运　算　符	描　　述
is	is 用于判断两个标识符是不是引用自一个对象
is not	is not 用于判断两个标识符是不是引用自不同对象

【例2-15】　身份运算符应用示例。

输入如下代码：

```
a = 1
l1 = [1,2,3]
print('a is l1, {}'.format(a is l1))
print('a is not l1, {}'.format(a is not l1))
```

运行结果如下：

```
a is l1, False
a is not l1, True
```

2.5.7　赋值运算符

赋值运算符是指将某个常量、变量或表达式的运算结果赋给指定的变量，Python的赋值运算符如表2-7所示。

表 2-7　赋值运算符

运　算　符	描　　述	运　算　符	描　　述
=	简单的赋值运算符	%=	取模赋值运算符
+=	加法赋值运算符	**=	幂赋值运算符
-=	减法赋值运算符	//=	取整除赋值运算符
*=	乘法赋值运算符	:=	海象运算符，可在表达式内部为变量赋值
/=	除法赋值运算符		

【例2-16】　赋值运算符应用示例。

输入如下代码：

```
a = 2
b = 3
c = a + b
print('c = {}'.format(c))
a = 2
a += 1
print('a = {}'.format(a))
b = 3
b -= 1
print('b = {}'.format(b))
e = 3
e *= 2
print('e = {}'.format(e))
```

```
f = 3
f /= 2
print('f = {}'.format(f))
g = 3
g %= 2
print('g = {}'.format(g))
h = 3
h **= 2
print('h = {}'.format(h))
i = 3
i //= 2
print('i = {}'.format(i))
```

运行结果如下：

```
c = 5
a = 3
b = 2
e = 6
f = 1.5
g = 1
h = 9
i = 1
```

2.5.8   运算符优先级

运算符的优先级，就是当多个运算符同时出现在一个表达式中时，先执行哪个运算符。表2-8
列出了从最高到最低优先级的所有Python运算符。

表 2-8   运算符优先级

运　算　符	描　　述
**	指数（最高优先级）
~、+、−	按位翻转，一元加号和减号（最后两个方法名为+@和−@）
*、/、%、//	乘、除、求余数和取整除
+、−	加法、减法
>>、<<	右移运算符、左移运算符
&	位'AND'
^、|	位运算符
<=、<>、>=	比较运算符
==、!=	等于运算符和不等于运算符
=、%=、/=、//=、−=、+=、*=、**=	赋值运算符
is、is not	身份运算符
in、not in	成员运算符
not、and、or	逻辑运算符

【例2-17】　运算优先级应用示例。

输入如下代码:

```
a = 4
b = 8
c = 16
d = 32
e = 2
e = (a + b) * c / d
print('e = {}'.format(e))
f = ((a + b) * c) / d
print('f = {}'.format(e))
g = (a + b) * (c / d)
print('g = {}'.format(e))
h = a + (b * c) / d
print('h = {}'.format(e))
```

运行结果如下:

```
e = 6.0
f = 6.0
g = 6.0
h = 6.0
```

2.6　数据类型

数据类型主要有整数型、浮点型、复数型、字节型、布尔型、字符串型6种,
开发人员应该牢固掌握这些数据类型,只有这样才能减少在编写程序时犯的错误。

2.6.1　整数型

整数型(int)数据就是没有小数部分的数字,Python中的整数包括正整数、0和负整数,不同
于强类型的编程语言,它的整数不分类型,或者说它只有一种类型的整数。Python整数的取值范围
是无限的,无论多大或者多小的数字,Python都能轻松处理。当所用数值超过计算机自身的计算能
力时,Python会自动转用高精度计算(大数计算)。

提示　强类型的编程语言会提供多种整数类型,每种类型的长度都不同,能容纳的整数的大
小也不同,开发者要根据实际数字的大小选用不同的类型。例如C语言提供了short、
int、long、long long 4种类型的整数,它们的长度依次递增,初学者在选择整数类型
时往往比较迷惑。

【例2-18】　整数类型应用示例。

输入如下代码:

```
# 将21赋值给w
w = 21
print(w)
print(type(w))
# 给y赋一个很大的值
y = 9999999999999999
print(y)
print(type(y))
# 给z赋一个很小的值
z = -76543399988777779
print(z)
print(type(z))
```

运行结果如下：

```
21
<class 'int'>
9999999999999999
<class 'int'>
-76543399988777779
<class 'int'>
```

　　y是一个极大的数字，z是一个很小的数字，Python都能正确输出，不会发生溢出，这说明Python对整数的处理能力非常强大。无论对于多大或者多小的整数，Python只用一种类型存储，就是int。

　　在Python中，可以使用多种进制来表示整数。

　　（1）十进制。平时常见的整数就是十进制形式，它由0~9共10个数字排列组合而成。使用十进制形式的整数不能以0作为开头，除非这个数值本身就是0。

　　（2）二进制。由0和1两个数字组成，书写时以0b或0B开头。例如，101对应的十进制数是5。

　　（3）八进制。八进制整数由0~7共8个数字组成，以0o或0O开头。注意，第一个是数字0，第二个是大写或小写的字母O。

　　（4）十六进制。由0~9共10个数字以及A~F（或a~f）6个字母组成，书写时以0x或0X开头。

　　【例2-19】　不同进制数据Python代码应用示例。

　　尝试输入如下代码：

```
#二进制
bin1 = 0b101
print('bin1Value: ', bin1)
bin2 = 0B110
print('bin2Value: ', bin2)
#八进制
oct1 = 0o26
print('oct1Value: ', oct1)
oct2 = 0O41
print('oct2Value: ', oct2)
#十六进制
hex1 = 0x45
```

02

```
hex2 = 0x4Af
print("hex1Value: ", hex1)
print("hex2Value: ", hex2)
```

运行结果如下：

```
bin1Value:  5
bin2Value:  6
oct1Value:  22
oct2Value:  33
hex1Value:  69
hex2Value:  1199
```

为了提高数字的可读性，Python 3.x允许使用下画线"_"作为数字（包括整数和小数）的分隔符。通常每隔3个数字添加一个下画线，类似于英文数字中的逗号。下画线不会影响数字本身的值。

【例2-20】　数字分隔符应用示例。

输入如下代码：

```
pi = 3.141_159_265_3
c = 299_792_458
print('圆周率 = {}'.format(pi))
print('光速 = {} m/s'.format(c))
```

运行结果如下：

```
圆周率 = 3.1411592653
光速 = 299792458 m/s
```

2.6.2　浮点型

在编程语言中，小数通常以浮点数（float）的形式存储。浮点数和定点数是相对的：小数在存储过程中，如果小数点发生移动，就称为浮点数；如果小数点不动，就称为定点数。

Python中的小数有两种书写形式：aEn或aen。中间的字母e大小写都可以，a为尾数部分，是一个十进制数；n为指数部分，是一个十进制整数；E或e是固定的字符，用于分割尾数部分和指数部分。整个表达式等价于a乘以10的n次方。

注意　只要写成指数形式，就表示小数，即使它的最终值看起来像一个整数。例如14E3等价于14000，但14E3是一个小数。

提示　Python只有float一种小数类型。C语言有float和double两种小数类型，float能容纳的小数范围比较小，double能容纳的小数范围比较大。

【例2-21】　浮点类型应用示例。

输入如下代码：

```
a = 25.5
print("a : ", a)
print("Type a : ", type(a))
b = 0.6789123456
print("b : ", b)
print("Type b : ", type(b))
c = 0.000000000000000000000000957
print("c : ", c)
print("Type c: ", type(c))
d = 987654321123456789.789
print("d : ", d)
print("Type d : ", type(d))
e = 34e5
print("e: ", e)
print("Type e : ", type(e))
```

运行结果如下：

```
a : 25.5
Type a : <class 'float'>
b : 0.6789123456
Type b : <class 'float'>
c : 9.57e-24
Type c: <class 'float'>
d : 9.876543211234568e+17
Type d : <class 'float'>
e: 3400000.0
Type e : <class 'float'>
```

2.6.3　复数型

　　复数（complex）是Python的内置类型，直接书写即可。换句话说，Python语言本身就支持复数，而不依赖于标准库或者第三方库。复数由实部（real）和虚部（imag）构成，在Python中，复数的虚部以j或者J作为后缀，具体格式为：a + bj。

【例2-22】　复数类型应用示例。

输入如下代码：

```
# 内置函数生成复数
com1 = complex(12, 102)
print(com1)
# 定义生成复数
com2 = 12 + 102j
print(com2)
# 复数计算
print('com1 + com2 = {}'.format(com1 + com2))
print('com1 * com2 = {}'.format(com1 * com2))
```

运行结果如下：

```
(12+102j)
```

```
(12+102j)
com1 + com2 = (24+204j)
com1 * com2 = (-10260+2448j)
```

02

2.6.4　字节型

bytes只负责以字节序列的形式（二进制形式）存储数据，至于这些数据到底表 示什么内容（字符串、数字、图片、音频等），完全由程序的解析方式决定。如果 采用合适的字符编码方式（字符集），bytes可以恢复成字符串；反之亦然，字符串 也可以转换成bytes。

bytes是Python 3.x新增的类型。bytes只是简单地记录内存中的原始数据，至于如何使用这些数 据，bytes并不在意，bytes并不约束使用方式。bytes类型的数据非常适合在互联网上传输，可以用 于网络通信编程；bytes也可以用来存储图片、音频、视频等二进制格式的文件。

字符串和bytes存在着千丝万缕的联系，可以通过字符串来创建bytes对象，或者说将字符串转 换成bytes对象。有以下3种方法可以实现：

（1）如果字符串的内容都是ASCII字符，那么直接为字符串添加b前缀就可以转换成bytes。

（2）bytes是一个类，调用它的构造方法，也就是bytes()，可以将字符串按照指定的字符集转 换成bytes；如果不指定字符集，那么默认采用UTF-8。

（3）字符串本身有一个encode()方法，该方法专门用来将字符串按照指定的字符集转换成对 应的字节串；如果不指定字符集，那么默认采用UTF-8。

【例2-23】　使用不同方式创建bytes对象示例。

输入如下代码：

```
#通过构造函数创建空 bytes
b1 = bytes()
#通过空字符串创建空 bytes
b2 = b''
#通过b前缀将字符串转换成 bytes
b3 = b'I love python/'
print("b3: ", b3)
print(b3[3])
print(b3[7:22])
#为 bytes()方法指定字符集
b4 = bytes('大家好', encoding='UTF-8')
print("b4: ", b4)
#通过 encode()方法将字符串转换成 bytes
b5 = "大家好".encode('UTF-8')
print("b5: ", b5)
```

运行结果如下：

```
#通过构造函数创建空 bytes
b1 = bytes()
#通过空字符串创建空 bytes
```

```
b2 = b''
#通过b前缀将字符串转换成 bytes
b3 = b'I love python/'
print("b3: ", b3)
print(b3[3])
print(b3[7:22])
#为bytes()方法指定字符集
b4 = bytes('大家好', encoding='UTF-8')
print("b4: ", b4)
#通过encode()方法将字符串转换成 bytes
b5 = "大家好".encode('UTF-8')
print("b5: ", b5)
```

从运行结果可以发现，对于非ASCII字符，print输出的是它的字符编码值（十六进制形式），而不是字符本身。非ASCII字符一般占用2字节以上的内存，而bytes是按照单字节来处理数据的，所以不能一次处理多字节。

2.6.5　布尔型

类似于其他编程语言，Python提供了布尔（bool）类型来表示True或False，比如比较算式5>3，在程序世界称为真，Python使用True来代表；再比如比较算式4>20，在程序世界称为假，Python使用False来代表。True和False是Python中的关键字，当作为Python代码输入时，一定要注意字母的大小写，否则解释器会报错。

值得一提的是，布尔类型可以被作为整数对待，即True相当于整数值1，False相当于整数值0。

【例2-24】　布尔类型运算示例。

输入如下代码：

```
a = False + 10
b = True + 10
print('a = {}'.format(a))
print('b = {}'.format(b))
```

运行结果如下：

```
a = 10
b = 11
```

这里只是说明在Python中布尔类型可以这么使用，但不建议这么使用。

总的来说，布尔类型就是用于代表某个事情的真或假，如果这个事情是正确的，用True（或1）表示；如果这个事情是错误的，用False（或0）表示。

布尔类型在循环和判断语句中将大显身手，请看下面的例子。

【例2-25】　布尔类型真假示例。

输入如下代码：

```
print('me' == 'you')
print('100' == 100)
print(2 < 1)
print(4 > 2)
print('me' != 'you')
```

运行结果如下：

```
False
False
False
True
True
```

2.6.6　字符串型

所谓字符串，就是由零个或多个字符组成的有限序列，若干个字符的集合就是一个字符串（string）。Python中的字符串必须由双引号""或者单引号''包围，具体格式如下：

```
"字符串内容"
'字符串内容'
```

字符串的内容可以包含字母、标点、特殊符号、中文、韩文等全世界的所有文字。

Python字符串中的双引号和单引号没有任何区别，而有些编程语言的双引号字符串可以解析变量。以下字符串都是符合Python语法的字符串：

```
'我爱Python'
'www.hao123.com'
'love1314'
'3.141592653'
```

上面介绍了Python字符串的定义和构成，下面对Python字符串中的一些常见问题和用法进行讲解。

1. 字符串中的引号

当字符串内容中出现引号时，需要进行特殊处理，否则Python会解析出错，譬如下面的一行代码：

```
'I'm a good person!'
```

由于上面的字符串中包含单引号，此时Python会将字符串中的单引号与第一个单引号配对，这样就会把'I'当成字符串，而后面的m a great person!就变成了多余的内容，从而导致语法错误。对于这种情况，有以下两种处理方案：

1）使用不同的引号包围字符串

如果字符串内容中出现了单引号，那么可以使用双引号包围字符串，反之亦然。譬如以下代码：

```
str1 = "I'm a good person!"          #使用双引号包围含有单引号的字符串
str2 = '引文双引号是", 中文双引号是"'   #使用单引号包围含有双引号的字符串
print(str1)
print(str2)
```

2）对引号进行转义

在引号前面添加反斜杠"\"就可以对引号进行转义，让Python把它作为普通文本对待，譬如以下代码：

```
str1 = 'I\'m a good person!'
str2 = "引文双引号是\", 中文双引号是""
print(str1)
print(str2)
```

以上两种处理方法运行结果相同，如下所示：

```
I'm a good person!
引文双引号是", 中文双引号是"。
```

2. 字符串的换行

Python不是格式自由的语言，它对程序的换行、缩进都有严格的语法要求。要想换行书写一个比较长的字符串，必须在行尾添加反斜杠"\"。

【例2-26】　字符串转换应用示例。

输入如下代码：

```
str1 = 'I love Python. \
       I Love Coding.\
       I Love Monday.'
print(str1)
```

运行结果如下：

```
I love Python.        I Love Coding.        I Love Monday.
```

可以看出"\"对一行长代码进行了换行显示。

换行在之前简单介绍过，这里再使用字符串进行代码实践，希望读者对这种用法能有自己的理解，熟练掌握。

3. 长字符串

所谓长字符串，就是可以直接换行（不用加反斜杠"\"）书写的字符串。Python长字符串由3个双引号"""或者3个单引号'''包围，语法格式如下：

```
"""长字符串内容"""
'''长字符串内容'''
```

在长字符串中放置单引号或者双引号不会导致解析错误。如果长字符串没有赋值给任何变量，那么这个长字符串就不会起任何作用，和一段普通的文本无异，相当于被注释掉了。

当程序中有大段文本内容需要定义成字符串时，优先推荐使用长字符串形式，因为这种形式非常强大，可以在字符串中放置任何内容，包括单引号和双引号。

【例2-27】 长字符串应用示例。

输入如下代码：

```
long_str = '''黄山境内分为温泉、云谷、玉屏、北海、松谷、钓桥、浮溪、洋湖、福固9个管理区，有千米
以上高峰88座，黄山境内有大量的文化遗存，如古蹬道、古楹联、古桥、古亭、古寺、古塔等。
另有现存摩崖石刻300余处。'''
print(long_str)
```

运行结果如下：

```
黄山境内分为温泉、云谷、玉屏、北海、松谷、钓桥、浮溪、洋湖、福固9个管理区，有千米以上高峰88座，
黄山境内有大量的文化遗存，如古蹬道、古楹联、古桥、古亭、古寺、古塔等。
另有现存摩崖石刻300余处。
```

长字符串中的换行、空格、缩进等空白符都会原样输出，所以以上代码的输出就是"long_str"这个长字符串原有的格式。

4．Python原始字符串

Python字符串中的反斜杠"\"有着特殊的作用，就是转义字符。转义字符有时会带来一些麻烦，例如要表示一个包含Windows路径D:\Program Files\Python 3.10\python.exe的字符串，在Python程序中不能直接这样输入，无论是普通字符串还是长字符串。

因为"\"的特殊性，需要对字符串中的每个"\"都进行转义，也就是写成D:\\Program Files\\Python 3.10\\python.exe这种形式才行。这种写法需要特别谨慎，稍有疏忽就会出错。为了解决转义字符的问题，Python支持原始字符串。在原始字符串中，"\"不会被当作转义字符，所有的内容都保持"原汁原味"的样子。

在普通字符串或者长字符串的开头加上r前缀，就变成了原始字符串，具体格式如下：

```
str1 = r'原始字符串内容'
str2 = r"""原始字符串内容"""
```

以刚才的Windows环境路径为例进行代码实战。

【例2-28】 Windows环境路径应用示例。

输入如下代码：

```
ori_str = r'D:\Program Files\Python 3.10\python.exe'
print(ori_str)
```

运行结果如下：

```
D:\Program Files\Python 3.10\python.exe
```

如果普通格式的原始字符串中出现引号，程序同样需要对引号进行转义，否则Python照样无法对字符串的引号精确配对；但是和普通字符串不同的是，此时用于转义的反斜杠会变成字符串内容的一部分。

注意   Python原始字符串中的反斜杠仍然会对引号进行转义，因此原始字符串的结尾处不能是反斜杠，否则字符串结尾处的引号会被转义，导致字符串不能正确结束。

2.7 内置函数

Python解释器也是一个程序，它给用户提供了一些常用功能，并给它们起了独一无二的名字，这些常用功能就是内置函数。Python解释器启动以后，内置函数也就生效了，可以直接拿来使用。

2.7.1 内置函数的概念

Python解释器自带的函数叫作内置函数，这些函数可以直接使用，不需要导入某个模块。内置函数和标准库函数是不一样的。

Python标准库相当于解释器的外部扩展，其中包含大量的模块，这些模块并不会随着解释器的启动而启动，要想使用这些模块中的函数（称之为标准库函数），必须提前导入对应的模块，否则函数是无效的。

一般来说，内置函数的执行效率要高于标准库函数。

内置函数的数量是有限的，只有那些使用频繁或者和语言本身绑定比较紧密的函数，才会被提升为内置函数。

表2-9列出了Python 3.x的所有内置函数。

表 2-9 Python 3.x 的内置函数列表

内置函数					
abs()	delattr()	hash()	memoryview()	set()	all()
dict()	help()	min()	setattr()	any()	dir()
hex()	next()	slicea()	ascii()	divmod()	id()
object()	sorted()	bin()	enumerate()	input()	oct()
staticmethod()	bool()	eval()	int()	open()	str()
breakpoint()	exec()	isinstance()	ord()	sum()	bytearray()
filter()	issubclass()	pow()	super()	bytes()	float()
iter()	print()	tuple()	callable()	format()	len()
property()	type()	chr()	frozenset()	list()	range()
vars()	classmethod()	getattr()	locals()	repr()	zip()
compile()	globals()	__import__()	reversed()	map()	complex()
hasattr()	max()	round()			

各个内置函数的具体功能和用法可通过官方网站进行查看。

注意，不要将内置函数的名字作为标识符使用（例如变量名、函数名、类名、模板名、对象名等），虽然这样做Python解释器不会报错，但这会导致同名的内置函数被覆盖，从而无法使用，如图2-5所示。

```
>>> import █ '我爱Pyhon'
    SyntaxError: invalid syntax
>>> print = 'I love Python'
>>> print('I love Python') #print 被覆盖导致无法使用
    Traceback (most recent call last):
      File "<pyshell#4>", line 1, in <module>
        print('I love Python') #print 被覆盖导致无法使用
    TypeError: 'str' object is not callable
>>> |
```

图 2-5　内置函数被覆盖无法使用

2.7.2　几个常用的内置函数

下面介绍Python常用的3个内置函数的用法，即input()函数、print()函数、format()函数。

1．input()函数

Python内置input()函数用于从控制台读取用户输入的内容。input()函数总是以字符串的形式来处理用户输入的内容，所以用户输入的内容可以包含任何字符。input()函数的用法如下：

```
str = input(tipmsg)
```

参数说明：

- str表示一个字符串类型的变量，input会将读取到的字符串放入str中。
- tipmsg表示提示信息，它会显示在控制台上，告诉用户应该输入什么样的内容；如果不写tipmsg，就不会有任何提示信息。

【例2-29】　input()函数应用示例。

输入如下代码：

```
# input()函数应用示例
numa = input('Please input numa : ')
numb = input('Please input numb : ')
sumab = numa + numb
print('type numa is {}'.format(type(numa)))
print('type numb is {}'.format(type(numb)))
print('sumab is {}'.format(sumab))
print('type sumab is {}'.format(type(sumab)))
```

运行结果如下：

```
Please input numa : 33        #在命令控制行端输入33，然后按回车键
Please input numb : 44.44     #在命令控制行端输入44.44，然后按回车键
type numa is <class 'str'>
type numb is <class 'str'>
sumab is 3344.44
type sumab is <class 'str'>
```

观察输出结果发现，输入的是一个整数和一个浮点数，并计算两个数的和。但是，最终3个数的类型都是字符串类型，两个数的和只是实现了两个字符串的连接（字符串的相关知识后面章节会详细讲解，这里读者有个印象即可），这虽然不是想要的结果，但是和上面input()函数的参数说明是完全对应的，请读者仔细理解。

可以使用Python内置函数将字符串转换成想要的类型，然后使用input()函数输入数字，譬如：

（1）int(string)将字符串转换成int类型。

（2）float(string)将字符串转换成float类型。

（3）bool(string)将字符串转换成bool类型。

【例2-30】   使用input()函数输入数字，再使用内置函数转换类型。

输入如下代码：

```
# input()函数应用示例
numa = input('Please input numa : ')
numb = input('Please input numb : ')
numa = int(numa)
numb = float(numb)
sumab = numa + numb
print('type numa is {}'.format(type(numa)))
print('type numb is {}'.format(type(numb)))
print('sumab is {}'.format(sumab))
print('type sumab is {}'.format(type(sumab)))
```

运行结果如下：

```
Please input numa : 33
Please input numb : 44.44
type numa is <class 'int'>
type numb is <class 'float'>
sumab is 77.44
type sumab is <class 'float'>
```

观察程序运行结果，numa的类型为int，numb的类型为float，sumab的类型为float，而且sumab是输入的两个数字的和，这些结果正是预期的结果。

2. print()函数

print()函数可以在屏幕上输出文本，是使用最频繁的函数之一。

前面已经在众多示例中用到了print()函数，相信读者对print()函数的用法已经有了一定的理解。但之前使用print()函数时都只输出了一个变量，实际上print()函数完全可以同时输出多个变量，不仅如此，print()函数还具有更多丰富的功能。

print()函数的详细语法格式如下：

```
print (value,...,sep='',end='\n',file=sys.stdout,flush=False)
```

可以使用print()函数打印任何想要打印的内容。从print()函数的语法格式可以看出，value参数可以接受任意多个变量或值，因此print()函数完全可以输出多个值。

【例2-31】　print()函数应用示例。

输入如下代码：

```
# print()函数
university = 'Pecking'
age = 22
ID = 66666666666666666
print('university is ', university, ';', 'age is : ', age, ';', 'ID is : ', ID)
```

运行结果如下：

```
university is  Pecking ; age is :  22 ; ID is :  66666666666666666
```

从输出结果来看，使用print()函数输出多个变量时，print()函数默认以空格隔开多个变量，这里输入了分号作为分隔符使用。

在默认情况下，print()函数输出之后总会换行，这是因为print()函数的end参数的默认值是"\n"，这个"\n"就代表了换行。如果希望print()函数输出之后不会换行，则重设end参数即可。

【例2-32】　print()函数设置end参数应用示例。

输入如下代码：

```
# print()函数设置end 参数，指定输出之后不再换行
print(1, end='')
print(31, end='')
print(4, end='')
```

运行结果如下：

```
1314
```

观察代码运行结果，发现3个print()都指定了end＝""，因此每条print()语句的输出都不会换行，依然位于同一行，且中间没有任何分隔。

3．format()函数

以上示例中多次联合使用了print()函数和format()函数，下面介绍format()函数的用法。

format()也是Python内置函数。调用format(value,format_spec)会转换成type(value).__format__(value, format_spec)，所以实例字典中的__format__()方法将不会调用。

format函数可以接受不限个数的参数，位置可以不按顺序。

【例2-33】　format()函数应用示例。

输入如下代码：

```
print("{} {}".format("hello", "world"))        # 不设置指定位置，按默认顺序
print("{0} {1}".format("hello", "world"))       # 设置指定位置
```

```
print("{1} {0} {1}".format("hello", "world"))          # 设置指定位置
```

运行结果如下：

```
hello world
hello world
world hello world
```

也可以设置参数，示例代码如下：

```
print("姓名：{name}, 年龄 {age}".format(name="Lilei", age="18"))
```

运行结果如下：

```
姓名：Lilei, 年龄 18
```

也可以向str.format()传入对象，这种用法在之前的示例中经常用到，这里再次举例说明。

【例2-34】　　str.format()传入对象应用示例。

输入如下代码：

```
name = 'Lilei'
print('name 为: {}'.format(name))
```

运行结果如下：

```
name 为: Lilei
```

format()函数也可以对数字进行格式化。

【例2-35】　　format()函数对数字进行格式化应用示例。

输入如下代码：

```
print("{:.5f}".format(6.66666666))
```

运行结果如下：

```
6.66667
```

2.8　小结

本章详细讲解了Python编程的基础知识，包括Python编程的基本规则、运算符号、数据类型、常用内置函数等，每个知识点都附有示例，为后续Python代码编写打下基础。建议读者自己逐行输入代码，这样才有助于发现问题，提高学习效率，复制、粘贴将会产生眼高手低的效果，可能在后面章节的学习中会感到吃力。

第 3 章

字 符 串

3

字符串是Python编程中应用频率非常高的数据类型，该类型有很多非常好用的方法，对于实现代码的某些功能是非常方便的。通过本章的学习，读者将掌握字符串索引、字符串转义操作、字符串格式化和一些常用的字符串处理函数。

学习目标：

（1）掌握字符串索引切片、转义、格式化输出。

（2）掌握字符串大小写转换。

（3）掌握字符串常用操作。

（4）掌握字符串合并、对齐、检索。

（5）掌握字符串编码与填充。

3.1 字符串的基本操作

字符串的基本操作包括索引、切片、拼接、取最大值和最小值、求长度、填充等。请注意，使用字符串时，其长度是不可变的。

3.1.1 字符串索引和切片

字符串是可以迭代的，可使用索引查找字符串中的每个字符，字符串中的第一个字符所在的索引为0，其后每个索引递增1，字符串的索引数字在[]内。

【例3-1】 字符串索引示例。

输入如下代码：

```
country = '春江潮水连海平'
print(country[0])
```

```
print(country[1])
print(country[2])
print(country[3])
print(country[4])
print(country[5])
print(country[6])
```

运行结果如下：

```
春
江
潮
水
连
海
平
```

如果查找的索引大于最后一个索引的值，Python就会报告错误。

【例3-2】 字符串索引错误示例。

输入如下代码：

```
country = '春江潮水连海平'
print(country[8])
```

运行结果如下：

```
IndexError: string index out of range
Process finished with exit code 1
```

可以看到运行结果出现报错信息，提示翻译为中文就是字符串索引超出了范围。

另外，Python还支持字符串的负索引（negative index）查找字符串中的元素，可以用来从右向左查找字符串中的元素，但是这种索引方法数字必须是一个负数。

【例3-3】 字符串负索引示例。

输入如下代码：

```
country = '春江潮水连海平'
print(country[-1])
print(country[-2])
print(country[-3])
print(country[-4])
print(country[-5])
print(country[-6])
```

运行结果如下：

```
平
海
连
水
潮
江
```

运行结果可以看到-1索引字符串最后一个元素，-2索引字符串倒数第二个元素，-3索引字符串倒数第三个元素，以此类推。同样，负索引超出范围之后Python也会报错。

Python访问子字符串可以使用方括号来截取字符，还可以指定一个范围来获取多个字符，也就是一个子串或者片段，具体格式如下：

```
str_name[start : end : step]
```

参数说明：

- str_name：要截取的字符串。
- start：表示要截取的第一个字符所在的索引（截取时包含该字符）。如果不指定，则默认为0，也就是从字符串的开头截取。
- end：表示要截取的最后一个字符所在的索引（截取时不包含该字符）。如果不指定，则默认为字符串的长度。
- step：指的是从start索引处的字符开始，每step个距离获取一个字符，直至end索引出的字符。step默认值为1，当省略该值时，最后一个冒号也可以省略。

提示　这种索引方式也支持负数索引。

【例3-4】　字符串切片索引示例。
输入如下代码：

```
country = '春江潮水连海平'
print(country[-3:-1])
print(country[0:3])
```

运行结果如下：

```
连海
春江潮
```

另外，还有更高级的用法，start、end、step三个参数都可以省略。

【例3-5】　字符串复杂索引示例。
输入如下代码：

```
str1 = 'ChinaChina'
str2 = str1[2:]
str3 = str1[-3:]
str4 = str1[:-2]
print('str2 is {}'.format(str2))
print('str3 is {}'.format(str3))
print('str4 is {}'.format(str4))
```

运行结果如下：

```
str2 is inaChina
str3 is ina
str4 is ChinaChi
```

3.1.2 字符串是不可变的

字符串是不可修改的，如果想改变字符串中的元素，则必须新建一个字符串。

【例3-6】 字符串不可修改示例。

输入如下代码：

```
str1 = 'China'
print(str1)
str1 = 'France'
print(str1)
```

运行结果如下：

```
China
France
```

可以看到只能通过新建字符串的方法来改变字符串的值。

3.1.3 字符串拼接

在Python中，拼接（连接）字符串就是直接将两个字符串紧挨着写在一起，可以使用以下格式进行拼接：

```
strname = "str1" "str2"
```

strname表示拼接以后的字符串变量名，str1和str2是要拼接的字符串内容。使用这种写法，Python会自动将两个字符串拼接在一起。

【例3-7】 以连续书写的形式拼接字符串示例。

输入如下代码：

```
str1 = 'I'',''love'',''China'
print('str1 is {}'.format(str1))
str2 = 'China''Beijing'
print('str2 is {}'.format(str2))
```

运行结果如下：

```
str1 is I,love,China
str2 is ChinaBeijing
```

通过观察以上示例发现，以上拼接方式只适用于字符串常量的拼接，如果标识符是字符串变量，就需要借助"+"运算符来进行拼接。当然，"+"运算符也能拼接字符串常量。其一般格式如下：

```
strname = str1 + str2
```

【例3-8】 使用"+"运算符拼接字符串示例。

输入如下代码：

03

```
a = 'China'
b = ' '
c = 'is'
d = 'a'
e = 'great'
f = 'country'
g = '.'
seg = a + b + c + b + d + b + e + b + f + g
print(seg)
```

运行结果如下：

```
China is a great country.
```

从运行结果可以看到，即使是空格，也可以完整地被添加在字符串中，这种相加的字符串链接方式在实际编程中经常需要用到。

在Python的很多实际场景中，需要将字符串和数字拼接在一起，而Python不允许直接拼接数字和字符串，因此必须先将数字转换成字符串。这种转换可以借助str()和repr()函数将数字转换为字符串，它们的调用格式如下：

```
str(obj)
repr(obj)
```

obj表示要转换的对象，它可以是数字、列表、元组、字典等多种类型的数据（这些没有讲过的数据类型，会在以后的章节中逐渐学习）。

【例3-9】 数字转字符示例。

输入如下代码：

```
year = 2021
party_ann = 100
country_ann = 72
str1 = '年是中国共产党成立'
str2 = '周年，'
str3 = '中华人民共和国成立'
str4 = '周年的年份。'
seg = str(year) + str1 + str(party_ann) + str2 + str3 + str(country_ann) +str4
print(seg)
```

运行结果如下：

```
2021年是中国共产党成立100周年，中华人民共和国成立72周年的年份。
```

str()和repr()函数虽然都可以将数字转换成字符串，但它们之间是有区别的：

- str()用于将数据转换成适合人类阅读的字符串形式。
- repr()用于将数据转换成适合解释器阅读的字符串形式（Python表达式的形式），适合在开发和调试阶段使用，如果没有等价的语法，则会发生SyntaxError异常。

请读者观察验证以下示例的运行结果。

【例3-10】 字符串类型示例。

输入如下代码：

```
str1 = 'www.baidu.com'
str1_str = str(str1)
str1_repr = repr(str1)
print(type(str1_str))
print(str1_str)
print(type(str1_repr))
print(str1_repr)
```

运行结果如下：

```
<class 'str'>
www.baidu.com
<class 'str'>
'www.baidu.com'
```

从代码运行结果可以看到，虽然str1本身就是字符串，这里仍然使用两个字符串转换函数将str1进行了转换，其结果表明，str()保留了字符串最原始的样子，而repr()使用引号将字符串包围起来，这就是Python字符串的表达式形式。

 提示   在Python交互式编程环境中输入一个表达式（变量，加、减、乘、除，逻辑运算等）时，Python会自动使用repr()函数处理该表达式。

3.1.4 字符串长度

在Python中，想要知道一个字符串有多少个字符（获得字符串长度），或者一个字符串占用多少字节，可以使用len()函数。

该函数可以返回对象的长度（项目数），参数可以是序列（例如字符串、字节、元组、列表或范围）或集合（例如字典、集合或冻结集合）。

具体用法如下：

```
len(s)
```

其中s表示对象，函数返回的是对象的长度。

【例3-11】 字符串长度示例。

输入如下代码：

```
a = (1, 2, 3, 4, 5, 6)  # 元组
b = [1, 2, 3, 4]  # 列表
c = range(0, 11)  # range
d = {'name': 'lisi', 'age': 14}  # 字典
e = 'helloworld'  # 字符串
```

```
f = set([1, 2, 3, 4, 5])  # 集合
g = frozenset([1, 2, 3, 4, 5, 8])  # 冻结集合

print(len(a))
print(len(b))
print(len(c))
print(len(d))
print(len(e))
print(len(f))
print(len(g))
```

运行结果如下：

```
6
4
11
2
10
5
6
```

在实际开发中，除了经常要获取字符串的长度外，有时还要获取字符串的字节数。

在Python中，不同的字符所占的字节数不同，数字、英文字母、小数点、下画线以及空格各占一字节，而一个汉字可能占2~4字节，具体占多少字节，取决于采用的编码方式。例如，汉字在GBK/GB2312编码中占用2字节，而在UTF-8编码中一般占用3字节。

可以使用encode()方法将字符串编码后再获取它的字节数。

【例3-12】　采用UTF-8编码方式计算"人工智能，我选Python"的字节数。

输入如下代码：

```
str1 = '人工智能，我选Python'
print(len(str1.encode()))
```

运行结果如下：

```
27
```

因为汉字加中文标点符号共7个，占21字节，而英文字母和英文的标点符号占6字节，一共占用27字节。

【例3-13】　获取采用GBK编码的字符串的长度示例。

输入如下代码：

```
str1 = '人工智能，我选Python'
print(len(str1.encode('gbk')))
```

运行结果如下：

```
20
```

3.1.5　字符串分割

在Python中，除了可以使用一些内置函数获取字符串的相关信息外（例如len()函数获取字符串长度），字符串类型本身也拥有一些方法供使用。

从本小节开始，将逐个介绍一些常用的字符串类型方法，本小节先学习分隔字符串的Split()方法。

Split()方法可以实现将一个字符串按照指定的分隔符切分成多个子串，这些子串会被保存到列表中（不包含分隔符），作为方法的返回值反馈回来。该方法的基本语法如下：

```
str.split(sep,maxsplit)
```

参数说明：

- str：表示要进行分隔的字符串。
- sep：用于指定分隔符，可以包含多个字符。此参数默认为None，表示所有空字符，包括空格、换行符"\n"、制表符"\t"等。
- maxsplit：可选参数，用于指定分隔的次数，最后列表中子串的个数最多为 maxsplit+1。如果不指定或者指定为-1，则表示分隔次数没有限制。

在split()方法中，如果不指定sep参数，那么也不能指定maxsplit参数。

与内置函数（如type()）的使用方式不同，字符串变量所拥有的方法只能采用"字符串.方法名()"的方式调用。

【例3-14】　定义一个字符串，用split()方法根据不同的分隔符进行分隔。

输入如下代码：

```
str1 = 'Huangshan_is_very_beautiful.I-love-Huangshan.'
str2 = str1.split()
str3 = str1.split('_')
str4 = str1.split('.')
str5 = str1.split('-')
str6 = str1.split('_', 2)
print('str1 is {}'.format(str1))
print('str2 is {}'.format(str2))
print('str3 is {}'.format(str3))
print('str4 is {}'.format(str4))
print('str5 is {}'.format(str5))
print('str6 is {}'.format(str6))
```

运行结果如下：

```
str1 is Huangshan_is_very_beautiful.I-love-Huangshan.
str2 is ['Huangshan_is_very_beautiful.I-love-Huangshan.']
str3 is ['Huangshan', 'is', 'very', 'beautiful.I-love-Huangshan.']
str4 is ['Huangshan_is_very_beautiful', 'I-love-Huangshan', '']
str5 is ['Huangshan_is_very_beautiful.I', 'love', 'Huangshan.']
str6 is ['Huangshan', 'is', 'very_beautiful.I-love-Huangshan.']
```

可以看到运行结果str2是没有分隔符时的结果，保持了原始字符的样子；str3使用"_"作为分隔符；str4使用"."作为分隔符；str5使用"-"作为分隔符；请仔细对比str3和str6，str6多了一个参数，str6使用"-"作为分隔符，并规定最多只能分隔成两个子串。

 注意 在未指定sep参数时，split()方法默认采用空字符进行分隔，但当字符串中有连续的空格或其他空字符时，都会被视为一个分隔符对字符串进行分隔。

【例3-15】 默认字符串分隔示例。

输入如下代码：

```
str1 = 'Huangshan is very beautiful. I-love-Huangshan.'
str2 = str1.split()
str3 = str1.split('-')
str4 = str1.split('-', 2)
print('str1 is {}'.format(str1))
print('str2 is {}'.format(str2))
print('str3 is {}'.format(str3))
print('str4 is {}'.format(str4))
```

运行结果如下：

```
str1 is Huangshan is very beautiful. I-love-Huangshan.
str2 is ['Huangshan', 'is', 'very', 'beautiful.', 'I-love-Huangshan.']
str3 is ['Huangshan is very beautiful. I', 'love', 'Huangshan.']
str4 is ['Huangshan is very beautiful. I', 'love', 'Huangshan.']
```

3.1.6 返回字符串中最大的字母和最小的字母

Python的内置函数max()和min()可以用来查找字符串中最大的字母和最小的字母。

1．max()

max()函数返回有最大值的项目，或者iterable中有最大值的项目。

如果值是字符串，则按字母顺序进行比较。

语法格式如下：

```
max(n1, n2, n3, ...)
```

或者

```
max(iterable)
```

其参数n1、n2、n3表示一个或多个要比较的项目；iterable表示可迭代对象，包含一个或多个供比较的项目。

【例3-16】 寻找字符串中的最大字母示例。

输入如下代码：

```
str1 = 'Python'
l1 = ['P', 'y', 't', 'h', 'o', 'n']
print('str1 MAX is {}'.format(max(str1)))
print('l1 MAX is {}'.format(max(l1)))
```

运行结果如下：

```
str1 MAX is y
l1 MAX is y
```

2．min()函数

min()函数与max()函数类似，返回有最小值的项目，或者iterable中有最小值的项目。如果值是字符串，则按字母顺序进行比较。

语法格式如下：

```
min(n1, n2, n3, ...)
```

或者

```
min(iterable)
```

其参数与max()类似，这里不再赘述，直接看示例。

【例3-17】　寻找字符串中的最小字母示例。

输入如下代码：

```
str1 = 'Python'
l1 = ['P', 'y', 't', 'h', 'o', 'n']
print('str1 Min is {}'.format(min(str1)))
print('l1 Min is {}'.format(min(l1)))
```

运行结果如下：

```
str1 Min is P
l1 Min is P
```

3.1.7　字符串填充

Python中的zfill()方法返回指定长度的字符串，原字符串右对齐，前面填充0。zfill()方法的语法格式如下：

```
str.zfill(width)
```

其中，参数width指定字符串的长度。原字符串右对齐，前面填充0。

【例3-18】　字符串填充示例。

输入如下代码：

```
str1 = 'Python'
print('str1.zfill is {}'.format(str1.zfill(20)))
print('str1.zfill is {}'.format(str1.zfill(35)))
```

运行结果如下：

```
str1.zfill is 00000000000000Python
str1.zfill is 0000000000000000000000000000000Python
```

3.2 转义字符

转义字符是一个计算机专业词汇。在计算机中，可以写出123，也可以写出字母abcd，但有些字符无法手动书写，比如需要对字符进行换行处理，但不能写出换行符，当然也看不见换行符。像这种情况，需要在字符中使用特殊字符时，就需要用到转义字符，在Python中用反斜杠"\"转义符。

在交互式解释器中，输出的字符串用引号引起来，特殊字符用反斜杠"\"转义。虽然可能和输入看上去不太一样，但是两个字符串是相等的。

在Python中，转义字符"\"可以转义很多字符，比如\n表示换行，\t表示制表符，转义字符和其功能描述详见表3-1。

表 3-1 Python 转义字符

转义字符	描 述	转义字符	描 述
\（在行尾时）	续行符	\n	换行
\\	反斜杠符号	\v	纵向制表符
\'	单引号	\t	横向制表符
\"	双引号	\r	回车
\a	响铃	\f	换页
\b	退格（Backspace）	\oyy	八进制数，y 代表 0~7 的字符 例如\012 代表换行
\e	转义	\xyy	十六进制数，以\x 开头，yy 代表的字符 例如\x0a 代表换行
\000	空	\other	其他的字符以普通格式输出

在Python中定义一个字符串，可以采用单引号'...'或双引号"..."标识。比如s='abcd'，或s="abcd"，如果输入it's me，请观察以下错误代码和运行结果：

```
s = 'it's me'
SyntaxError: unterminated string literal (detected at line 1)
```

错误代码肯定是不会有运行结果的，Python解释器会直接报错，因为这个字符串是用单引号引起来的，如果中间又出现一个单引号，则需要判断到底3个单引号中哪两个单引号构成一个字符串。这里面就容易出现歧义，而计算机最怕的就是歧义。为了解决这种情况，就需要用到转义字符。

【例3-19】 转义字符示例（修改以上代码并运行）。

输入如下代码：

```
s = 'it\'s me'
print(s)
```

运行结果如下：

```
it's me
```

上述是单引号，双引号同理。

【例3-20】　双引号转义字符示例。

输入如下代码：

```
s = "使用\"创建字符串"
print(s)
```

运行结果如下：

```
使用"创建字符串
```

当然，有些情况下不用转义字符也可以实现需求，比如字符串中只有单引号而没有双引号，就用双引号引用，否则用单引号引用。

【例3-21】　单引号和双引号混合使用转义字符示例。

输入如下代码：

```
s1 = "it's me"
print(s1)
s2 = '使用"创建字符串'
print(s2)
```

运行结果如下：

```
it's me
使用"创建字符串
```

但还是推荐使用转义字符，转义字符更具有通用性，也不需要判断字符串中是否只有单引号或者双引号。

另外，print()函数会生成可读性更好的输出，它会省去引号并且打印出转义后的特殊字符。

如果要在字符串中使用"\"，即使得字符串中的"\"用作普通字符，那么就需要字符"\"本身也要转义，用"\\"表示，"\\"表示的字符就是"\"。

【例3-22】　"\\" 转义字符示例。

输入如下代码：

```
s = "换行符是\\n。"
print(s)
```

运行结果如下：

```
换行符是\n。
```

如果字符串里面有很多字符都需要转义，就需要加很多"\"，为了简化，Python还允许在字符串前加r，表示内部的字符串默认不转义。

【例3-23】 字符串前加r示例。

输入如下代码：

```
s = r"换行符是\n。"
print(s)
```

运行结果如下：

```
换行符是\n。
```

3.3 字符串运算符

字符串可以使用运算符进行操作，表3-2列出了可以进行字符串运算的运算符。

表 3-2 Python 字符串运算符

运　算　符	描　述
+	字符串连接
*	重复输出字符串
[]	通过索引获取字符串中的字符
[:]	截取字符串中的一部分
in	成员运算符，如果字符串中包含给定的字符，则返回 True
not in	成员运算符，如果字符串中不包含给定的字符，则返回 True
r/R	原始字符串，见表后说明
%	格式字符串

说明：所有的字符串都是直接按照字面的意思来使用的，没有转义特殊或不能打印的字符。原始字符串除在字符串的第一个引号前加上字母"r"（大小写都可以）外，与普通字符串有着几乎完全相同的语法。

【例3-24】 字符串运算符示例。

输入如下代码：

```
str1 = 'strong'
str2 = 'person'

c = str1 + str2
d = str1 * 2
e = str1[3]
f = str1[0:3]
g = 'Z' in str1
h = 'Z' not in str1
```

```
print('c is {}'.format(c))
print('d is {}'.format(d))
print('e is {}'.format(e))
print('f is {}'.format(f))
print('g is {}'.format(g))
print('h is {}'.format(h))
print(R'\n')
```

运行结果如下：

```
c is strongperson
d is strongstrong
e is o
f is str
g is False
h is True
\n
```

3.4　字符串格式化

Python支持格式化字符串的输出，尽管这样可能会用到非常复杂的表达式，但在实际编程中常用的是字符串操作，Python字符串格式化符号如表3-3所示。

表 3-3　Python 字符串格式化符号

符　　号	描　　述
%s	格式化字符串
%d	格式化整数
%u	格式化无符号整型
%o	格式化无符号八进制数
%x	格式化无符号十六进制数
%X	格式化无符号十六进制数（大写）
%f	格式化浮点数字，可指定小数点后的精度
%e	用科学记数法格式化浮点数
%E	作用同%e，用科学记数法格式化浮点数
%g	%f 和%e 的简写
%G	%F 和%E 的简写
%p	用十六进制数格式化变量的地址

另外，在Python中还有一些格式化操作辅助指令，如表3-4所示。

表 3-4　Python 字符串格式化辅助指令

符　号	描　述
*	定义宽度或者小数点精度
−	用于左对齐
+	在正数前面显示加号（+）
\<sp\>	在正数前面显示空格
#	在八进制数前面显示零（'0'），在十六进制前面显示'0x'或者'0X'（取决于使用的是'x'还是'X'）
0	在显示的数字前面填充'0'，而不是默认的空格
%	'%%'输出一个单一的'%'
(var)	映射变量（字典参数）
m.n.	m 是显示的最小总宽度，n 是小数点后的位数（如果可用的话）

【例3-25】　字符串格式化示例。

输入如下代码：

```
age = 29
print("my age is %d" %age)
name = "makes"
print("my name is %s" %name)
print("%6.3f" % 2.3)
print("%f" %2.3)
print("{0[0]}.{0[1]}".format(('baidu','com')))
print("{0}*{1}={2:0>2}".format(3,2,2*3))
print("{:*^30}".format('centered'))
```

运行结果如下：

```
my age is 29
my name is makes
2.300
2.300000
baidu.com
3*2=06
***********centered***********
```

3.5　字符串检索与统计

字符串检索与统计是字符串的常用操作，主要包括统计字符串出现的次数、检索子串等。

3.5.1　统计字符串出现的次数

在Python中，count()方法是非常重要的字符串方法，用于检索指定字符串在另一个字符串中出现的次数，如果检索的字符串不存在，则返回0，否则返回出现的次数。count()方法的语法格式如下：

```
str.count(sub[,start[,end]])
```

参数说明：

- str: 表示原字符串。
- sub: 表示要检索的字符串。
- start: 指定检索的起始位置，也就是从什么位置开始检测。如果不指定，则默认从头开始检索。
- end: 指定检索的终止位置，如果不指定，则表示一直检索到结尾。

【例3-26】 字符串统计方法示例。

输入如下代码：

```
str1 = 'Huangshan is very beautiful. Huangshan is very beautiful.'
H_num = str1.count('H')
i_num = str1.count('i')
z_num = str1.count('z')
print('H_num is {}'.format(H_num))
print('i_num is {}'.format(i_num))
print('z_num is {}'.format(z_num))
```

运行结果如下：

```
H_num is 2
i_num is 4
z_num is 0
```

熟悉count()方法的简单用法之后，再观察以下复杂的示例。

【例3-27】 复杂字符串统计方法示例1。

输入如下代码：

```
str1 = 'Huangshan is very beautiful. Huangshan is very beautiful.'
H_num = str1.count('H')
H_num0 = str1.count('H', 0)
H_num2 = str1.count('H', 2)
print('H_num is {}'.format(H_num))
print('H_num0 is {}'.format(H_num0))
print('H_num2 is {}'.format(H_num2))
```

运行结果如下：

```
H_num is 2
H_num0 is 2
H_num2 is 1
```

前面讲过，字符串中各字符对应的检索值从0开始，因此，本例中检索值2对应的是第3个字符'a'，从输出结果可以分析出，从指定索引位置开始检索，其中也包含此索引位置。

理解以上示例之后，请根据用法，自己运行并理解以下示例。

【例3-28】 复杂字符串统计方法示例2。

输入如下代码：

```
str1 = 'Huangshan is very beautiful. Huangshan is very beautiful.'
a_num = str1.count('a')
a_num0 = str1.count('a', 3, -1)
a_num2 = str1.count('a', 0, -2)
print('a_num is {}'.format(a_num))
print('a_num0 is {}'.format(a_num0))
print('a_num2 is {}'.format(a_num2))
```

运行结果如下：

```
a_num is 6
a_num0 is 5
a_num2 is 6
```

3.5.2 检测字符串中是否包含某子串

1．find()方法

在Python中，find()方法用于检索字符串中是否包含目标字符串，如果包含，则返回第一次出现该字符串的索引；反之，则返回−1。

该方法的调用格式如下：

```
str.find(sub[,start[,end]])
```

参数说明：

- str：表示原字符串。
- sub：表示要检索的目标字符串。
- start：表示开始检索的起始位置。如果不指定，则默认从头开始检索。
- end：表示结束检索的结束位置。如果不指定，则默认一直检索到结尾。

【例3-29】 检索子字符串示例，检索'a'首次出现的位置。

输入如下代码：

```
str1 = 'Huangshan is very beautiful.'
a = str1.find('a')
b = str1.find('a', 3)
c = str1.find('a', 3, 5)
d = str1.find('z')
print('a is {}'.format(a))
print('b is {}'.format(b))
print('c is {}'.format(c))
print('d is {}'.format(d))
```

运行结果如下：

```
a is 2
b is 7
c is -1
d is -1
```

2. index()方法

在Python中，类似于find()方法，index()方法也可以用于检索是否包含指定的字符串，不同之处在于，当指定的字符串不存在时，index()方法会输出异常。

index()方法的语法格式如下：

```
str.index(sub[,start[,end]])
```

参数说明：

- str：表示原字符串。
- sub：表示要检索的子字符串。
- start：表示检索开始的起始位置，如果不指定，则默认从头开始检索。
- end：表示检索的结束位置，如果不指定，则默认一直检索到结尾。

【例3-30】　index()方法检索示例。

输入如下代码：

```
str1 = 'Huangshan is very beautiful.'
a = str1.index('a')
print('a is {}'.format(a))
```

运行结果如下：

```
a is 2
```

当检索失败时，index()会抛出异常。

【例3-31】　index()方法检索错误示例。

输入如下代码：

```
str1 = 'Huangshan is very beautiful.'
d = str1.index('z')
print('d is {}'.format(d))
```

运行结果如下：

```
ValueError: substring not found
```

字符串变量还具有rindex()方法，其作用和index()方法类似，不同之处在于它是从右边开始检索的。

【例3-32】　rindex()方法检索示例。

输入如下代码：

```
str1 = 'Huangshan is very beautiful.'
b = str1.index('a')
d = str1.rindex('a')
print('b is {}'.format(b))
print('d is {}'.format(d))
```

运行结果如下：

```
b is 2
d is 20
```

3.5.3 检索字符串开头和结尾

Python字符串还可以使用startswith()和endswith()方法检查是否以指定字符串开头或者以指定字符串结尾。

1. startswith()方法

startswith()方法用于检索字符串是否以指定字符串开头，如果是，则返回True；否则返回False。此方法的语法格式如下：

```
str.startswith(sub[,start[,end]])
```

参数说明：

- str: 表示原字符串。
- sub: 要检索的子串。
- start: 指定检索开始的起始位置索引，如果不指定，则默认从头开始检索。
- end: 指定检索的结束位置索引，如果不指定，则默认一直检索至结束。

【例3-33】　判断字符串'Python'是否以'P'开头。

输入如下代码：

```
str1 = 'Python'
result1 = str1.startswith('P')
result2 = str1.startswith('p')
print('results1 is {}'.format(result1))
print('results2 is {}'.format(result2))
```

运行结果如下：

```
results1 is True
results2 is False
```

从结果中可以看出，该方法对大小写是敏感的。

再来看，从指定位置开始检索的示例。

【例3-34】　从指定位置开始检索字符串开头。

输入如下代码：

```
str1 = 'Python is good'
results1 = str1.startswith('y', 2)
results2 = str1.startswith('y', 1)
print('results1 is {}'.format(results1))
print('results2 is {}'.format(results2))
```

运行结果如下：

```
results1 is False
results2 is True
```

2．endswith()方法

endswith()方法用于检索字符串是否以指定字符串结尾，如果是，则返回True；否则返回False。该方法的语法格式如下：

```
str.endswith(sub[,start[,end]])
```

参数说明：

- str：表示原字符串。
- sub：表示要检索的字符串。
- start：指定检索开始时的起始位置索引（字符串第一个字符对应的索引值为0），如果不指定，则默认从头开始检索。
- end：指定检索的结束位置索引，如果不指定，则默认一直检索到结束。

【例3-35】　检索字符串'Python'是否以'on'结尾。

输入如下代码：

```
str1 = 'Python'
results1 = str1.endswith('on')
results2 = str1.endswith('ON')
print('results1 is {}'.format(results1))
print('results2 is {}'.format(results2))
```

运行结果如下：

```
results1 is True
results2 is False
```

3.6　字符串大小写转换

在Python实际编程应用中，字符串大小写转换是常用的操作。大小写转换分为3种方法：大小写全部转换、字符串头部大小写转换、大小写反转。

3.6.1 大小写全部转换

大小写全部转换函数分为大写转小写函数lower()和小写转大写函数upper()。

lower()方法用于将字符串中的所有大写字母转换为小写字母，转换完成后，该方法会返回新得到的字符串。如果字符串中原本都是小写字母，则该方法会返回原字符串。

lower()方法的语法格式如下：

```
str.lower()
```

其中，str表示要进行转换的字符串。

【例3-36】　大写字母转换为小写字母示例。

输入如下代码：

```
str1 = 'I LOVE CHINA'
str2 = 'I Love Football'
print('the lower of str1 is {}'.format(str1.lower()))
print('the lower of str2 is {}'.format(str2.lower()))
```

运行结果如下：

```
the lower of str1 is i love china
the lower of str2 is i love football
```

观察运行结果，该函数将字符中的全部字母转换为小写字母。

upper()方法的功能和lower()方法恰好相反，它用于将字符串中的所有小写字母转换为大写字母，如果转换成功，则返回新字符串；否则返回原字符串。

upper()方法的语法格式如下：

```
str.upper()
```

其中，str表示要进行转换的字符串。

【例3-37】　小写字母全部转换为大写字母示例。

输入如下代码：

```
str1 = 'i love china'
str2 = 'i Love Football'
print('the lower of str1 is {}'.format(str1.upper()))
print('the lower of str2 is {}'.format(str2.upper()))
```

运行结果如下：

```
the upper of str1 is I LOVE CHINA
the upper of str2 is I LOVE FOOTBALL
```

观察运行结果，该函数将字符中的全部字母转换为大写字母。

3.6.2 字符串头部大小写转换

大小写首部变更可使用title()和capitalize()两个方法。

1. title()方法

title()方法用于将字符串中每个单词的首字母转为大写，其他字母全部转为小写，转换完成后，此方法会返回转换得到的字符串。如果字符串中没有需要被转换的字符，此方法会将字符串原封不动地返回。

title()方法的语法格式如下：

```
str.title()
```

其中，str表示要进行转换的字符串。

【例3-38】 字符串中每个单词的首字母转换为大写示例。

输入如下代码：

```
str1 = 'i love china'
str2 = 'I love football'
print('the title of str1 is {}'.format(str1.title()))
print('the title of str2 is {}'.format(str2.title()))
```

运行结果如下：

```
the title of str1 is I Love China
The Title Of Str2 Is I Love Football
```

观察运行结果，该函数将字符中的所有单词首字母转换为大写字母。

2. capitalize()方法

capitalize()方法用于将给定的字符串首字母转换为大写，其他字母转换为小写，转换完成后，此方法会返回转换得到的字符串。如果字符串中没有需要被转换的字符，此方法会将字符串原封不动地返回。

capitalize()方法的语法格式如下：

```
str. capitalize()
```

其中，str表示要进行转换的字符串。

【例3-39】 字符串首字母转换为大写，其他字母转换为小写示例。

输入如下代码：

```
str1 = 'i love china'
str2 = 'i Love Football'
print('the capitalize of str1 is {}'.format(str1.capitalize()))
print('the capitalize of str2 is {}'.format(str2.capitalize()))
```

运行结果如下：

```
the capitalize of str1 is I love china
the capitalize of str2 is I love football
```

观察运行结果，该函数将字符串首字母转换为大写，其他字母转换为小写。
这两个函数主要用于文稿改写等方面。

3.6.3　大小写反转

在实际应用中，有时需要将大小写字母进行反转，Python中将原字符串中的大写改为小写，小写改为大写的方法为swapcase()。

swapcase()方法的语法格式如下：

```
str. swapcase()
```

其中，str表示要进行转换的字符串。

【例3-40】　大小写反转示例。

输入如下代码：

```
str1 = 'I LOVE CHINA'
str2 = 'i Love football'
print('the swapcase of str1 is {}'.format(str1.swapcase()))
print('the swapcase of str2 is {}'.format(str2.swapcase()))
```

运行结果如下：

```
the swapcase of str1 is i love china
the swapcase of str2 is I lOVE FOOTBALL
```

观察运行结果，该函数将字符串大小写字母依次进行了反转操作。

3.6.4　字符串替换

replace()方法用于替换字符串中指定的字母，其他字母全部转为小写，转换完成后，此方法会返回转换得到的字符串。如果字符串中没有需要被转换的字符，此方法会将字符串原封不动地返回。

replace()方法的语法格式如下：

```
str.replace()
```

其中，str表示要进行转换的字符串。

【例3-41】　字符串替换示例。

输入如下代码：

```
str1 = 'Lushan is a great mountain'
str2 = 'Football is very interesting'
str3 = str1.replace('L', 'F')
```

```
str4 = str2.replace('Foot', 'Basket')
print('str3 is {}'.format(str3))
print('str4 is {}'.format(str4))
```

运行结果如下：

```
str3 is Fushan is a great mountain
str4 is Basketball is very interesting
```

观察运行结果，该函数将字符串中指定的字符进行了替换。

3.7　删除指定字符串

编程输入代码时，很有可能会无意中输入多余的空格，或者在一些场景中，字符串前后不允许出现空格和特殊字符，此时就需要去除字符串中的指定字符串、空格和特殊字符等，这时需要用到处理字符串的 strip() 等方法。

1. strip() 方法

Python 中的 strip() 方法用于移除字符串头尾指定的字符或字符序列，返回移除字符串头尾指定的字符生成的新字符串。该方法只能删除开头或结尾的字符，不能删除中间部分的字符。strip() 方法的语法格式如下：

```
str.strip([chars])
```

其中，chars 为移除字符串头尾指定的字符序列。

【例3-42】　strip() 方法删除指定字符串示例。
输入如下代码：

```
str1 = 'aaabbbcccddd'
str2 = 'aaa bbb ccc ddd'
str3 = str1.strip('a')
str4 = str1.strip('d')
str5 = str2.strip('b')
print('str3 is {}'.format(str3))
print('str4 is {}'.format(str4))
print('str5 is {}'.format(str5))
```

运行结果如下：

```
str3 is bbbcccddd
str4 is aaabbbccc
str5 is aaa bbb ccc ddd
```

观察运行结果，该函数将字符串中头尾的指定字符删除了，但是却不能删除字符串中间的字符。

2．lstrip()方法和rstrip()方法

与strip()方法类似的还有lstrip()方法和rstrip()方法，下面分别介绍。

1）lstrip()方法

lstrip()方法用于删除字符串开头的空格或指定字符。lstrip()方法的语法格式如下：

```
str.lstrip([[chars])
```

【例3-43】 lstrip()方法删除指定字符串示例。

输入如下代码：

```
str1 = 'aabbccddaabbccdd'
str2 = str1.lstrip('aa')
str3 = str1.lstrip('dd')
str4 = str1.lstrip('bb')
print('str2 is {}'.format(str2))
print('str3 is {}'.format(str3))
print('str4 is {}'.format(str4))
```

运行结果如下：

```
str2 is bbccddaabbccdd
str3 is aabbccddaabbccdd
str4 is aabbccddaabbccdd
```

2）rstrip()方法

rstrip()方法用于删除字符串末尾的空格或指定的字符。

rstrip()方法的语法格式如下：

```
str.rstrip([[chars])
```

【例3-44】 rstrip()删除指定字符串示例。

输入如下代码：

```
str1 = 'aabbccddaabbccdd'
str2 = str1.rstrip('aa')
str3 = str1.rstrip('dd')
str4 = str1.rstrip('bb')
print('str2 is {}'.format(str2))
print('str3 is {}'.format(str3))
print('str4 is {}'.format(str4))
```

运行结果如下：

```
str2 is aabbccddaabbccdd
str3 is aabbccddaabbcc
str4 is aabbccddaabbccdd
```

请读者运行程序代码，仔细对比并体会以上3种字符串删除方法的区别。

3.8　字符串合并

join()方法也是非常重要的字符串方法，它是split()方法的逆方法，用来将列表（或元组）中包含的多个字符串连接成一个字符串。

使用join()方法合并字符串时，它会将列表（或元组）中多个字符串采用固定的分隔符连接在一起。join()方法的语法格式如下：

```
newstr = str.join(iterable)
```

参数说明：

- newstr：表示合并后生成的新字符串。
- str：用于指定合并时的分隔符。
- iterable：进行合并操作的源字符串数据，允许以列表、元组等形式提供。

【例3-45】　字符串合并示例。
输入如下代码：

```
l1 = ['P', 'y', 't', 'h', 'o', 'n']
t1 = ('P', 'y', 't', 'h', 'o', 'n')
str1 = ''.join(l1)
str2 = '.'.join(l1)
str3 = ''.join(t1)
str4 = '*'.join(t1)
print('str1 is {}'.format(str1))
print('str2 is {}'.format(str2))
print('str3 is {}'.format(str3))
print('str4 is {}'.format(str4))
```

运行结果如下：

```
str1 is Python
str2 is P.y.t.h.o.n
str3 is Python
str4 is P*y*t*h*o*n
```

请运行以上代码，观察结果并分析。

3.9　字符串对齐

Python提供了3种可用来进行文本对齐的方法，分别是ljust()、rjust()和center()方法，下面分别介绍。

3.9.1　ljust()方法

ljust()方法的功能是向指定字符串的右侧填充指定字符，从而达到左对齐文本的目的。ljust()方法的基本格式如下：

```
S.ljust(width[, fillchar])
```

参数说明：

- S：表示要进行填充的字符串。
- width：表示包括S本身长度在内，字符串要占的总长度。
- fillchar：作为可选参数，用来指定填充字符串时所用的字符，默认情况下使用空格。

【例3-46】　字符串对齐示例1。

输入如下代码：

```
str1 = 'I love Python'
str2 = 'good student'
str3 = str1.ljust(30)
str4 = str2.ljust(30)
print('str3 is {}'.format(str3))
print('str4 is {}'.format(str4))
```

运行结果如下：

```
str3 is I love Python
str4 is good student
```

注意，该输出结果中除了明显可见的字符串外，其后还有空格字符存在，每行一共 30个字符。为了更清楚地说明，请看以下示例。

【例3-47】　字符串对齐示例2。

输入如下代码：

```
str1 = 'I love Python'
str2 = 'good student'
str3 = str1.ljust(30, '*')
str4 = str2.ljust(30, '*')
print('str3 is {}'.format(str3))
print('str4 is {}'.format(str4))
```

运行结果如下：

```
str3 is I love Python*****************
str4 is good student******************
```

观察以上两个示例的代码和运行结果，读者应该对这个方法有更清晰的认识。

3.9.2 rjust()方法

rjust()方法和ljust()方法类似，唯一的不同在于，rjust()方法是向字符串的左侧填充指定字符，从而达到右对齐文本的目的。rjust()方法的基本格式如下：

```
S.rjust(width[, fillchar])
```

参数说明：

- S：表示要进行填充的字符串。
- width：表示包括S本身长度在内，字符串要占的总长度。
- fillchar：作为可选参数，用来指定填充字符串时所用的字符，默认情况下使用空格。

【例3-48】 使用rjust()方法进行字符串对齐示例1。
输入如下代码：

```
str1 = 'I love Python'
str2 = 'good student'
str3 = str1.rjust(30)
str4 = str2.rjust(30)
print('str3 is {}'.format(str3))
print('str4 is {}'.format(str4))
```

运行结果如下：

```
str3 is              I love Python
str4 is               good student
```

注意，该输出结果中除了明显可见的字符串外，其后还有空格字符存在，每行一共30个字符，这种对齐方法的结果可以观察得更明显。

为了对比更明显，请运行另一个示例。

【例3-49】 使用rjust()方法进行字符串对齐示例2。
输入如下代码：

```
str1 = 'I love Python'
str2 = 'good student'
str3 = str1.rjust(30, '*')
str4 = str2.rjust(30, '*')
print('str3 is {}'.format(str3))
print('str4 is {}'.format(str4))
```

运行结果如下：

```
str3 is *****************I love Python
str4 is ******************good student
```

观察以上两个示例的代码和运行结果，读者应该对rjust()方法有更充分的理解。

3.9.3 center()方法

center()字符串方法与ljust()方法和rjust()方法的用法类似，但它让文本居中，而不是左对齐或右对齐。center()方法的基本格式如下：

```
S.center(width[, fillchar])
```

参数说明：

- S：表示要进行填充的字符串。
- width：表示包括S本身长度在内，字符串要占的总长度。
- fillchar：作为可选参数，用来指定填充字符串时所用的字符，默认情况下使用空格。

【例3-50】 使用center()方法进行字符串对齐示例1。

输入如下代码：

```
str1 = 'I love Python'
str2 = 'good student'
str3 = str1.center(30)
str4 = str2.center(30)
print('str3 is {}'.format(str3))
print('str4 is {}'.format(str4))
```

运行结果如下：

```
str3 is        I love Python
str4 is         good student
```

注意，该输出结果中除了明显可见的字符串外，其后还有空格字符存在，每行一共30个字符，这种对齐方法的结果可以观察得更明显。

为了对比更明显，请运行以下示例。

【例3-51】 使用center()方法进行字符串对齐示例2。

输入如下代码：

```
str1 = 'I love Python'
str2 = 'good student'
str3 = str1.center(30, '*')
str4 = str2.center(30, '*')
print('str3 is {}'.format(str3))
print('str4 is {}'.format(str4))
```

运行结果如下：

```
str3 is ********I love Python*********
str4 is *********good student*********
```

3.10 字符串编解码

最早的字符串编码是ASCII编码，它仅对10个数字、26个大小写英文字母以及一些特殊字符进行编码。ASCII码最多只能表示256个符号，每个字符只需要占用1字节。

随着信息技术的发展，各国的文字都需要进行编码，于是相继出现了GBK、GB2312、UTF-8编码等。其中GBK和GB2312是我国制定的中文编码标准，规定英文字符占用1字节，中文字符占用2字节；而UTF-8是国际通用的编码格式，它包含全世界所有国家需要用到的字符，其规定英文字符占用1字节，中文字符占用3字节。

Python 3.x默认采用UTF-8编码格式，有效地解决了中文乱码的问题。

3.10.1 字符串编码

encode()方法为字符串类型（str）提供的方法，用于将str类型转换成bytes类型，这个过程也称为"编码"。encode()方法的语法格式如下：

```
str.encode([encoding="utf-8"][,errors="strict"])
```

注意，格式中用[]括起来的参数为可选参数，也就是说，在使用此方法时，可以使用[]中的参数，也可以不使用。

注意，使用encode()方法对原字符串进行编码，不会直接修改原字符串，如果想修改原字符串，则需要重新赋值。

该方法的参数较为复杂，表3-5给出了相关参数及使用方法。

表3-5　encode()方法的参数及说明

参　　数	说　　明
str	表示要进行转换的字符串
encoding = "UTF-8"	指定进行编码时采用的字符编码，该选项默认采用 UTF-8 编码。例如，如果想使用简体中文，可以设置为 GB2312 当方法中只使用这一个参数时，可以省略前面的"encoding="，直接写编码格式，例如 str.encode("UTF-8")
errors = "strict"	指定错误处理方式，其可选择值如下： strict：遇到非法字符就抛出异常。 ignore：忽略非法字符。 replace：用"？"替换非法字符。 xmlcharrefreplace：使用 XML 的字符引用。 该参数的默认值为 strict

【例3-52】 字符串转码为bytes类型示例。

输入如下代码：

```
str1 = '黄山是风景名胜区'
print(str1.encode())
```

运行结果如下：

```
b'\xe9\xbb\x84\xe5\xb1\xb1\xe6\x98\xaf\xe9\xa3\x8e\xe6\x99\xaf\xe5\x90\x8d\xe8\x83\x9c\xe5\x8c\xba'
```

【例3-53】 默认采用UTF-8编码示例。

encode()方法默认采用UTF-8编码，也可以手动指定其他编码格式，例如可以输入以下代码：

```
str1 = '黄山是风景名胜区'
print(str1.encode('GBK'))
```

运行结果如下：

```
b'\xbb\xc6\xc9\xbd\xca\xc7\xb7\xe7\xbe\xb0\xc3\xfb\xca\xa4\xc7\xf8'
```

请运行代码，观察以上两个示例运行结果的区别。

3.10.2　字符串解码

和encode()方法正好相反，decode()方法用于将bytes类型的二进制数据转换为str类型，这个过程也称为"解码"。decode()方法的语法格式如下：

```
bytes.decode([encoding="utf-8"][,errors="strict"])
```

类似于编码方法的参数，表3-6列举了解码方法decode()的参数及使用方法。

表 3-6　decode()方法的参数及说明

参　　数	说　　明
bytes	表示要进行转换的二进制数据
encoding="UTF-8"	指定解码时采用的字符编码，默认采用 UTF-8 格式。当方法中只使用这一个参数时，可以省略"encoding="，直接写编码方式即可。 注意，对 bytes 类型数据解码，要选择和当初编码时一样的格式
errors = "strict"	指定错误处理方式，其可选择值如下： strict：遇到非法字符就抛出异常。 ignore：忽略非法字符。 replace：用"？"替换非法字符。 xmlcharrefreplace：使用 XML 的字符引用。 该参数的默认值为 strict

【例3-54】　字符串解码示例。

输入如下代码：

```
str1 = '黄山好'
str1_bytes = str1.encode()
str2 = str1_bytes.decode()
print('str2 is {}'.format(str2))
str3 = '泰山好'
str3_bytes = str1.encode('GBK')
str4 = str3_bytes.decode('GBK')
print('str4 is {}'.format(str4))
```

运行结果如下：

```
str2 is 黄山好
str4 is 黄山好
```

注意，如果编码时采用的不是默认的UTF-8编码，则解码时要选择和编码时一样的格式，否则运行代码会报错。

限于篇幅，本章只能列举一些常用的方法，至于其他的方法，读者可通过dir()和help()函数自行查看。

3.11　小结

字符串是Python编程中应用频率非常高的数据类型，是后续编程的基础，熟练掌握这部分内容将为之后的学习打下良好基础。

本章系统地讲解了字符串的索引、切片、拼接、格式化、长度、分隔、统计字符串出现的次数、检查字符串中是否包含某子串、index()方法、字符串大小写转换、删除字符串中指定字符串、合并、对齐、编解码、返回字符串中的最小/最大字符、字符串填充等内容。本章是系统学习Python字符串内容的详细参考资料，读者认真、系统地学习本章内容后，可以深刻体会到Python语言的灵活和丰富多样。

## 第 4 章

容　器

　　容器就像一个Python存储柜，可以存储、整理各种Python数据，Python容器其实是一种数据存储结构，主要有列表、元组、字典和集合。序列是Python中基本的数据结构，序列中的每个元素都分配一个数字（它的位置）或索引，第一个索引是0，第二个索引是1，以此类推。Python的序列包括列表（list）、元组（tuple）、字典（dictionary）和集合（set）4种。

学习目标：

（1）掌握列表、元组的构建和基本操作方法。
（2）掌握字典、集合的构建和基本操作方法。
（3）掌握各种容器之间的差异和嵌套。

4.1　列表

　　前文的实例中已经用到了列表，读者会发现列表非常有用。本节我们将详细讨论列表的构造方法和各种基本操作。

　　列表是一个有序和可更改的集合，允许重复的成员，也是一种结构化的、非标量类型，它是值的有序序列，每个值都可以通过索引进行标识，定义列表可以将列表的元素放在[]中，多个元素用"，"进行分隔，可以使用for循环对列表元素进行遍历，也可以使用[]或[:]运算符取出列表中的一个或多个元素。

　　列表的数据项不需要具有相同的类型。

4.1.1　列表的创建方法

　　创建一个列表，只要把逗号分隔的不同的数据项使用方括号括起来即可。

【例4-1】 创建列表示例。

输入如下代码：

```
list1 = [1, 2, 3, 4, 5]
list2 = ['P', 'y', 't', 'h', 'o', 'n']
list3 = ['Python', 1, 2, 'study']
print('list1 is {}'.format(list1))
print('list2 is {}'.format(list2))
print('list3 is {}'.format(list3))
print('the type of list1 is {}'.format(type(list1)))
```

运行结果如下：

```
list1 is [1, 2, 3, 4, 5]
list2 is ['P', 'y', 't', 'h', 'o', 'n']
list3 is ['Python', 1, 2, 'study']
the type of list1 is <class 'list'>
```

以上示例创建了列表list1、list2、list3。

列表是可以嵌套的，可以直接构建二维列表或者更高维的列表。

【例4-2】 创建二维列表示例。

输入如下代码：

```
list1 = [1, 2, 3, 4, 5]
list2 = [list1, list1]
print('list1 is {}'.format(list1))
print('list2 is {}'.format(list2))
```

运行结果如下：

```
list1 is [1, 2, 3, 4, 5]
list2 is [[1, 2, 3, 4, 5], [1, 2, 3, 4, 5]]
```

观察运行结果，可以看到直接采用嵌套方法创建二维列表，当然也可以直接通过输入的方法创建二维列表。

也可以使用内置函数list()直接创建列表，这里可将任何序列（而不仅仅是字符串）作为列表的参数。

【例4-3】 使用内置函数list()直接创建列表示例。

输入如下代码：

```
list1 = list('Python')
list2 = list('12345')
list3 = list(list1)
print('list1 is {}'.format(list1))
print('list2 is {}'.format(list2))
print('list3 is {}'.format(list3))
```

运行结果如下：

```
list1 is ['P', 'y', 't', 'h', 'o', 'n']
list2 is ['1', '2', '3', '4', '5']
list3 is ['P', 'y', 't', 'h', 'o', 'n']
```

4.1.2　列表的基本操作

可对列表执行所有的标准序列操作，如索引、切片、拼接和相乘，但列表的有趣之处在于它是可以修改的。这里将介绍一些列表的基本操作方法。

1．访问列表中的值

类似于字符串，使用下标索引来访问列表中的值，同样也可以使用方括号的形式访问列表元素。

【例4-4】　访问列表中的元素示例。

输入如下代码：

```
list1 = list('Python')
list2 = [1, 2, 3, 4, 5, 6, 7 ]
print('list1[2] is {}'.format(list1[2]))
print('list2[1] is {}'.format(list2[1]))
```

运行结果如下：

```
list1[2] is t
list2[1] is 2
```

2．增加列表元素

可以直接使用运算符"+"来增加列表的元素。

【例4-5】　增加列表元素示例。

输入如下代码：

```
list1 = list('Python')
list2 = list1 + list1
list3 = list1 + list('P')
print('list1 is {}'.format(list1))
print('list2 is {}'.format(list2))
print('list3 is {}'.format(list3))
```

运行结果如下：

```
list1 is ['P', 'y', 't', 'h', 'o', 'n']
list2 is ['P', 'y', 't', 'h', 'o', 'n', 'P', 'y', 't', 'h', 'o', 'n']
list3 is ['P', 'y', 't', 'h', 'o', 'n', 'P']
```

 这里只能是列表类型的元素相加，不同的其他类型的元素添加到列表上运行时程序将会报错，无法顺利运行。

3. 删除列表元素

从列表中删除元素很容易，只需使用del语句即可。

【例4-6】　删除列表元素示例。

输入如下代码：

```
list1 = list('Python')
list2 = [1, 2, 3, 4, 5, 6, 7 ]
del list1[0]
del list2[1]
print('list1 is {}'.format(list1))
print('list2 is {}'.format(list2))
```

运行结果如下：

```
list1 is ['y', 't', 'h', 'o', 'n']
list2 is [1, 3, 4, 5, 6, 7]
```

可以看到使用del语句之后，分别删除了两个列表对应索引位置的元素。这两个列表的长度也发生了变化，list1长度从6变为5，list2长度从7变为6。

4. 修改列表元素值

修改列表很容易，只需使用普通的赋值语句即可，使用索引表示法给特定位置的元素赋值，即可实现改写列表元素的值。

【例4-7】　修改列表元素示例。

输入如下代码：

```
list1 = [1, 2, 3, 4, 5]
list2 = ['P', 'y', 't', 'h', 'o', 'n']
list1[0] = 100
list2[1] = 'Y'
print('list1 is {}'.format(list1))
print('list2 is {}'.format(list2))
```

运行结果如下：

```
list1 is [100, 2, 3, 4, 5]
list2 is ['P', 'Y', 't', 'h', 'o', 'n']
```

观察结果，两个列表的对应索引位置的值已经发生了变化。

5. 切片及切片赋值

切片是一项极其强大的功能，能够给切片赋值让这项功能显得更加强大。列表切片方法类似于字符串，也可以直接对列表的切片片段进行赋值。

【例4-8】 切片列表修改元素示例。

输入如下代码：

```
list1 = [1, 2, 3, 4, 5]
list2 = ['P', 'y', 't', 'h', 'o', 'n']
list1[0:3] = [100, 200, 300]
list2[1:3] = ['W', 'Z']
print('list1 is {}'.format(list1))
print('list2 is {}'.format(list2))
```

运行结果如下：

```
list1 is [100, 200, 300, 4, 5]
list2 is ['P', 'W', 'Z', 'h', 'o', 'n']
```

另外，通过使用切片赋值，可将切片替换为长度与其不同的序列。

【例4-9】 切片修改列表长度示例。

输入如下代码：

```
list1 = [1, 2, 3, 4, 5]
list2 = ['P', 'y', 't', 'h', 'o', 'n']
list1[0:0] = [100, 200, 300]
list2[1:1] = ['W', 'Z']
print('list1 is {}'.format(list1))
print('list2 is {}'.format(list2))
```

运行结果如下：

```
list1 is [100, 200, 300, 1, 2, 3, 4, 5]
list2 is ['P', 'W', 'Z', 'y', 't', 'h', 'o', 'n']
```

观察结果，分别在两个列表的指定位置，采用长度不同的元素替换了原列表中的元素，最终原列表的长度被改变了，这里相当于插入了一个序列。也可以采取相反的措施来删除切片。

【例4-10】 切片删除列表元素示例。

输入如下代码：

```
list1 = [1, 2, 3, 4, 5]
list2 = ['P', 'y', 't', 'h', 'o', 'n']
list1[0:3] = []
list2[2:4] = []
print('list1 is {}'.format(list1))
print('list2 is {}'.format(list2))
```

运行结果如下：

```
list1 is [4, 5]
list2 is ['P', 'y', 'o', 'n']
```

这种操作方法实现的结果与上文讲到的del方法实现的结果类似。同样，读者也可以尝试采用负值索引方法删除列表元素。

【例4-11】 负值索引删除列表元素示例。

输入如下代码：

```python
list1 = [1, 2, 3, 4, 5]
list2 = ['P', 'y', 't', 'h', 'o', 'n']
list1[-5:-2] = []
list2[-4:-2] = []
print('list1 is {}'.format(list1))
print('list2 is {}'.format(list2))
```

运行结果如下：

```
list1 is [4, 5]
list2 is ['P', 'y', 'o', 'n']
```

观察结果，采用负值索引可以实现与前一个示例相同的结果，这些操作在实际编程应用中是十分快捷和简便的，这里只是举例说明。

4.1.3 列表方法

方法是与对象（列表、数、字符串等）联系紧密的函数。通常，可像下面这样来调用方法：

```
object.method(arguments)
```

方法调用与函数调用很像，只是在方法名前加上了对象（**object**）和句点（.）。之前在学习字符串的时候，已经用到过，读者对方法肯定已经有了了解。列表包含多个可用来查看或修改其内容的方法。

1．append()方法

append()方法用于将一个对象附加到列表末尾，append()方法不会返回修改后的新列表，而是直接修改旧列表。

【例4-12】 append()方法应用示例。

输入如下代码：

```python
list1 = [1, 2, 3, 4, 5]
list1.append('P')
list2 = ['P', 'y', 't', 'h', 'o', 'n']
list2.append(1)
print('list1 is {}'.format(list1))
print('list2 is {}'.format(list2))
```

运行结果如下：

```
list1 is [1, 2, 3, 4, 5, 'P']
list2 is ['P', 'y', 't', 'h', 'o', 'n', 1]
```

2．clear()方法

clear()方法用于清空列表的内容。

【例4-13】　clear()方法应用示例。

输入如下代码：

```
list1 = [1, 2, 3, 4, 5]
list1.clear()
list2 = ['P', 'y', 't', 'h', 'o', 'n']
list2.clear()
print('list1 is {}'.format(list1))
print('list2 is {}'.format(list2))
```

运行结果如下：

```
list1 is []
list2 is []
```

3．copy()方法

copy()方法用于复制列表。

【例4-14】　copy()方法应用示例。

输入如下代码：

```
list1 = [1, 2, 3, 4, 5]
list3 = list1.copy()
list2 = ['P', 'y', 't', 'h', 'o', 'n']
list4 = list2[0:4].copy()
print('list3 is {}'.format(list3))
print('list4 is {}'.format(list4))
```

运行结果如下：

```
list3 is [1, 2, 3, 4, 5]
list4 is ['P', 'y', 't', 'h']
```

观察以上示例，copy()方法既可以实现整个列表的复制，又可以实现切片部分列表的复制。

4．count()方法

count()方法用于计算指定的元素在列表中出现的次数。

【例4-15】　count()方法应用示例。

输入如下代码：

```
list1 = [1, 2, 3, 4, 5, 1, 1, 1]
list2 = ['P', 'y', 't', 'h', 'o', 'n'] * 2
num_1 = list1.count(1)
```

```
num_P = list2.count('P')
print('num_1 is {}'.format(num_1))
print('num_P is {}'.format(num_P))
```

运行结果如下：

```
num_1 is 4
num_P is 2
```

5. extend()方法

extend()方法能够同时将多个值附加到列表末尾，为此可将这些值组成的序列作为参数提供给 extend()方法。换言之，可以用一个列表来扩展另一个列表。

【例4-16】　extend()方法应用示例。

输入如下代码：

```
list1 = [1, 2, 3, 4, 5]
list2 = ['P', 'y', 't', 'h', 'o', 'n']
list3 = list1 + list2
list1.extend(list2)
print('list3 is {}'.format(list3))
print('list1 is {}'.format(list1))
```

运行结果如下：

```
list3 is [1, 2, 3, 4, 5, 'P', 'y', 't', 'h', 'o', 'n']
list1 is [1, 2, 3, 4, 5, 'P', 'y', 't', 'h', 'o', 'n']
```

观察运行结果，list3和list1最终元素值相同，但是实现方法不同。extend看起来类似于拼接，但存在一个重要差别，那就是将修改被扩展的序列，在常规拼接中，将返回一个全新的序列，而使用extend()方法原列表依然存在，只是对原始列表进行了修改。还有一点，程序运行时，使用得到 list3的拼接方法将会比使用extend方法效率低很多。

6. index()方法

index()方法用于在列表中查找指定值第一次出现的索引。

【例4-17】　index()方法应用示例。

输入如下代码：

```
list1 = [1, 2, 3, 4, 5, 1, 1, 1]
list2 = ['P', 'y', 't', 'h', 'o', 'n'] * 2
index_1 = list1.index(1)
index_y = list2.index('y')
list1.extend(list2)
print('index_1 is {}'.format(index_1))
print('index_y is {}'.format(index_y))
```

运行结果如下：

```
index_1 is 0
index_y is 1
```

观察以上运行结果，发现list1中1出现多次，但是返回值是1第一次在列表list1中出现的位置0，其他1出现的位置则不返回。list2中y的index结果与之类似。

> **提示** 当列表中没有指定的搜索值时，将会发生异常。

7. insert()方法

insert()方法用于将一个对象插入列表中。

【例4-18】 insert()方法应用示例。

输入如下代码：

```
list1 = [1, 2, 3, 4, 5]
list2 = ['P', 'y', 't', 'h', 'o', 'n']
list1.insert(3, 'insert')
list2.insert(2, list1)
print('list1 is {}'.format(list1))
print('list2 is {}'.format(list2))
```

运行结果如下：

```
list1 is [1, 2, 3, 'insert', 4, 5]
list2 is ['P', 'y', [1, 2, 3, 'insert', 4, 5], 't', 'h', 'o', 'n']
```

8. pop()方法

pop()方法用于在列表中删除一个元素（末尾为最后一个元素），并返回这个元素。

【例4-19】 pop()方法应用示例。

输入如下代码：

```
list1 = [1, 2, 3, 4, 5]
list2 = ['P', 'y', 't', 'h', 'o', 'n']
list3 = list1.copy()
list1.pop()
list2.pop()
result = list3.pop(1)
print('list1 is {}'.format(list1))
print('list2 is {}'.format(list2))
print('list3 is {}'.format(list3))
print('result is {}'.format(result))
```

运行结果如下：

```
list1 is [1, 2, 3, 4]
list2 is ['P', 'y', 't', 'h', 'o']
list3 is [1, 3, 4, 5]
result is 2
```

提示　pop()是唯一既修改列表又返回一个非None值的列表方法。

　　观察list3使用pop()方法的结果和result的结果，list3为使用pop()方法删除指定位置的元素的结果，result为返回的非None值。

9．remove()方法

remove()方法用于删除第一个为指定值的元素。

【例4-20】　remove()方法应用示例。

输入如下代码：

```
list1 = [1, 2, 3, 4, 5, 1, 1, 1]
list2 = ['P', 'y', 't', 'h', 'o', 'n'] * 2
list1.remove(1)
list2.remove('y')
print('list1 is {}'.format(list1))
print('list2 is {}'.format(list2))
```

运行结果如下：

```
list1 is [2, 3, 4, 5, 1, 1, 1]
list2 is ['P', 't', 'h', 'o', 'n', 'P', 'y', 't', 'h', 'o', 'n']
```

　　观察运行结果，remove()方法只删除了第一个为指定值的元素，无法删除列表中其他为指定值的元素。

　　如果要被删除的元素不在列表中，则运行代码会报出异常：

```
ValueError: list.remove(x): x not in list
```

提示　remove()是就地修改且不返回值的方法之一。不同于pop()的是，它修改列表，但不返回任何值。

10．reverse()方法

　　reverse()方法用于按相反的顺序排列列表中的元素，这种操作在某些时候是十分方便的，比如将12306网站列出的列车从出发时间最早开始列出，转变为以出发时间最晚开始列出。

【例4-21】　reverse()方法应用示例。

输入如下代码：

```
list1 = [1, 2, 3, 4, 5]
list2 = ['P', 'y', 't', 'h', 'o', 'n']
list1.reverse()
list2.reverse()
print('list1 is {}'.format(list1))
print('list2 is {}'.format(list2))
```

运行结果如下：

```
list1 is [5, 4, 3, 2, 1]
list2 is ['n', 'o', 'h', 't', 'y', 'P']
```

11．sort()方法

sort()方法用于对列表排序，该方法只对原来的列表进行修改，使其元素按顺序排列，而不是返回排序后的列表的副本。

【例4-22】 sort()方法应用示例。

输入如下代码：

```
list1 = ['88', '99', '77', '66', '55']
list2 = [3, 5, 1, 0, -100]
list1.sort()
list2.sort()
print('list1 is {}'.format(list1))
print('list2 is {}'.format(list2))
```

运行结果如下：

```
list1 is ['55', '66', '77', '88', '99']
list2 is [-100, 0, 1, 3, 5]
```

需要强调的是sort()方法与前面介绍的许多方法类似，修改列表而不返回任何值，只是对原始列表进行修改。

【例4-23】 sort()方法（不返回值）应用示例。

输入如下代码：

```
list1 = ['88', '99', '77', '66', '55']
list2 = list1.sort()
print(list2)
```

运行结果如下：

```
None
```

本例只是为了说明没有返回值，不建议使用上面的操作。

4.1.4 创建数字列表

在实际编程中，很多时候需要存储一组数字，例如，在导航中，需要跟踪一组地理位置，需要定位一组位置信息，等等。在数据可视化中，需要处理大量的数据（如经济增长曲线、人口年度数量、地理位置经纬度信息等）组成的集合。

列表非常适合存储数字集合，正好Python提供了很多工具，可以帮助编程者高效处理数字列表。学习如何高效使用这些工具之后，即使列表中包含数10万数字，也能轻松编写代码运行。

使用Python的range()函数可以很容易地创建数字列表（关于函数本书第5章会详细介绍）。

range()函数的语法如下：

```
range(start, stop[, step])
```

参数说明：

- start: 计数从start开始。默认从0开始，例如range(4)等价于range(0,4)。
- stop: 计数到stop结束，但不包括stop。例如range（0,4）是[0, 1, 2, 3]，没有4。
- step: 步长，默认为1。例如range（0,5）等价于range（0, 5, 1）。

要创建数字列表，可以使用list()函数将range()函数的结果直接转换为列表。如果将range()函数作为list()的参数，输出将是一个数字列表。

【例4-24】 range()函数创建列表示例。

输入如下代码：

```
l1 = list(range(1, 10, 2))
l2 = list(range(10))
l3 = list(range(0, 10))
print('l1 is {}'.format(l1))
print('l2 is {}'.format(l2))
print('l3 is {}'.format(l3))
```

运行结果如下：

```
l1 is [1, 3, 5, 7, 9]
l2 is [0, 1, 2, 3, 4, 5, 6, 7, 8, 9]
l3 is [0, 1, 2, 3, 4, 5, 6, 7, 8, 9]
```

4.2　元组

元组是一个有序且不可更改的集合，允许重复的成员。与列表一样，元组也是序列，唯一的差别在于元组是不能修改的。

4.2.1　元组的创建方法

元组的语法很简单，只要将一些值用逗号分隔，就能自动创建一个元组。在Python中，元组通常使用小括号将元素括起来。

空元组用两个不包含任何内容的圆括号表示。

只包含一个值的元组有点特殊：虽然只有一个值，也必须在它后面加上逗号。

【例4-25】 创建元组示例。

输入如下代码：

```
tup1 = (1, 2, 3, 4, 5)          #创建元组
tup2 = ()                       #空元组
```

```
tup3 = (1,)                          #只有一个元素的元组
print('tup1 is {}'.format(tup1))
print('tup2 is {}'.format(tup2))
print('tup3 is {}'.format(tup3))
```

运行结果如下：

```
tup1 is (1, 2, 3, 4, 5)
tup2 is ()
tup3 is (1,)
```

逗号至关重要，仅将值用圆括号括起来不管用，为了验证元组中逗号的必要性，请看以下示例。

【例4-26】　在元组中添加逗号示例。

输入如下代码：

```
a = ('a' + 'i') * 4
b = ('a' + 'i',) * 4
print('a is {}'.format(a))
print('the type of a is {}'.format(type(a)))
print('b is {}'.format(b))
print('the type of b is {}'.format(type(b)))
```

运行结果如下：

```
a is aiaiaiai
the type of a is <class 'str'>
b is ('ai', 'ai', 'ai', 'ai')
the type of b is <class 'tuple'>
```

从结果可以看到，同样是使用小括号括起来，但是不添加逗号是字符串类型，添加逗号之后变为元组类型，初学者在编程时要注意这些容易犯错的细节。

4.2.2　元组的访问

由于元组不可修改，因此元组不会太复杂，而且除了创建和访问其元素外，可对元组执行的操作不多。

元组的创建及其元素的访问方式与列表等其他序列相同。

【例4-27】　访问元组示例。

输入如下代码：

```
tup1 = (1, 2, 3, 4, 5)
tup2 = ('P', 'y', 't', 'h', 'o', 'n')
print('tup1[1] is {}'.format(tup1[1]))
print('tup2[1:3] is {}'.format(tup2[1:3]))
```

运行结果如下：

```
tup1[1] is 2
tup2[1:3] is ('y', 't')
```

　　元组创建之后就不能对其进行修改了，如果创建元组之后试图修改元组的元素值，Python就会报告异常。

　　如果想要在元组中增加元素或者删除元素，就需要创建一个新的元组来实现。

【例4-28】 创建新元组并增加或删除元素示例。

输入如下代码：

```
tup1 = ('P', 'y', 't', 'h', 'o')
tup2 = ('P', 'y', 't', 'h', 'o', 'n')
tup3 = ('P', 'y', 't', 'h')
print('tup1 is {}'.format(tup1))
print('tup2 is {}'.format(tup2))
print('tup3 is {}'.format(tup3))
```

运行结果如下：

```
tup1 is ('P', 'y', 't', 'h', 'o')
tup2 is ('P', 'y', 't', 'h', 'o', 'n')
tup3 is ('P', 'y', 't', 'h')
```

可使用关键字in、not in查看元素是否在元组中。

【例4-29】 查看元素是否在元组中示例。

输入如下代码：

```
tup1 = ('P', 'y', 't', 'h', 'o', 'n')
a = 'P' in tup1
b = 'P' not in tup1
print('a is {}'.format(a))
print('b is {}'.format(b))
```

运行结果如下：

```
a is True
b is False
```

　　元组的切片也是元组，就像列表的切片也是列表一样。既然有列表类型，为什么还需要元组？这是因为元组有以下两个重要应用需求：

　　（1）元组可以用作映射中的键（以及集合的成员），而列表不行。

　　（2）有些内置函数和方法返回元组，这意味着必须跟元组打交道。只要不尝试修改元组，与元组打交道通常意味着像处理列表一样处理元组（需要使用元组没有的index和count等方法时例外）。

　　一般而言，使用列表足以满足对序列的需求。但是也有一些应用非常适合使用元组。在处理明确永远不会改变，并且不希望其他程序对其进行修改的值时，元组是非常有用的。地理坐标就是适合使用元组存储的数据。城市经纬度也适合保存为元组结构，因为这些值一旦确定就不再改变。保存为元组也就意味着程序不会意外对其进行修改。

4.3 字典

需要将一系列值组合成数据结构并通过编号来访问各个值时，列表很有用。如果想通过名称来访问序列中的各个值，使用字典更方便。

字典是一个无序、可变的索引的集合。除了列表之外，字典也许是Python中最灵活的内置数据结构。如果把列表看作有序的对象集合，就可以把字典看作无序的集合。其主要区别是，字典中的元素是通过键（key）来存取的，而不是通过索引存取的。键可能是数、字符串或元组。

4.3.1 字典的应用

字典的名称指出了这种数据结构的用途。普通图书适合按从头到尾的顺序阅读，如果愿意，可快速翻到任何一页，这有点像Python中的列表。字典（日常生活中的字典和Python字典）旨在让读者能够轻松地找到特定的单词（键），以获悉其定义（值）。

在很多情况下，使用字典都比使用列表更合适。以下是Python中字典的一些用途：

- 表示棋盘的状态，其中每个键都是由坐标组成的元组。
- 存储文件修改时间，其中的键为文件名。
- 数字电话/地址簿。

假设有如下名单：

```
names = ['li', 'wang', 'zhang']
```

如果要创建一个小型数据库，在其中存储这些人的电话号码。一种办法是再创建一个列表。假设只存储4位分机号，这个列表类似于：

```
nums = [113, 456, 789]
```

创建这个列表后，就可以像下面这样查找li的电话号码：

```
nums[names.index('li')]
```

这种办法可行，但不太实用。这个时候，字典就可以大显身手了。

4.3.2 创建字典

字典由键及其相应的值组成，这种键—值对称为项（item）。在前面的示例中，键为名字，而值为电话号码。每个键与其值之间都用冒号（:）分隔，项之间用逗号分隔，而整个字典放在花括号"{}"内。空字典（没有任何项）用两个花括号表示，类似于这样：{}。

在字典（以及其他映射类型）中，键必须是独一无二的，而字典中的值无须如此。可以使用{}直接创建字典：

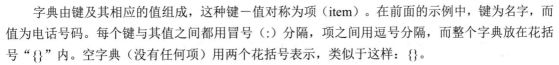

```
dict1 = {'li':123, 'wang':456, 'zhang':789}
```

还可以使用dict()函数来创建字典。

【例4-30】　　使用dict()函数创建字典示例。

输入如下代码：

```
items = [('li', 123), ('wang', 456), ('zhang', 789)]
dict1 = dict(items)
print('dict1 is {}'.format(dict1))
print('dict1["li"] is {}'.format(dict1['li']))
```

运行结果如下：

```
dict1 is {'li': 123, 'wang': 456, 'zhang': 789}
dict1["li"] is 123
```

还可使用关键字实参调用这个函数来创建字典。

【例4-31】　　使用关键字实参调用dict()函数来创建字典示例。

输入如下代码：

```
dict1 = dict(li=123, wang=456, zhang=789)
print('dict1 is {}'.format(dict1))
print('dict1[li] is {}'.format(dict1['li']))
```

运行结果如下：

```
dict1 is {'li': 123, 'wang': 456, 'zhang': 789}
dict1[li] is 123
```

尽管这可能是dict()函数最常见的用法，但也可以使用一个映射实参来调用它，这将创建一个字典，其中包含指定映射中的所有项。像list()、tuple()和str()函数一样，如果调用这个函数时没有提供任何实参，将返回一个空字典。

4.3.3　字典的常见操作

字典的基本操作在很多方面都类似于序列。

- len(d)：返回字典d包含的项（键－值对）数。
- d[k]：返回与键k相关联的值。
- d[k] = v：将值v关联到键k。
- del d[k]：删除键为k的项。
- k in d：检查字典d是否包含键为k的项。

虽然字典和列表有多个相同之处，但也有一些重要的不同之处。

（1）键的类型：字典中的键可以是整数，但并非必须是整数。字典中的键可以是任何不可变的类型，如浮点数（实数）、字符串或元组。

（2）自动添加：即便是字典中原本没有的键，也可以给它赋值，这将在字典中创建一个新项。然而，如果不使用append()或其他类似的方法，就不能给列表中没有的元素赋值。

（3）成员资格：表达式k in d（其中d是一个字典）查找的是键而不是值，而表达式v in l（其中l是一个列表）查找的是值而不是索引。这看似不太一致，但习惯后就会觉得相当自然。毕竟如果字典包含指定的键，检查相应的值就很容易。

相比于检查列表是否包含指定的值，检查字典是否包含指定的键的效率更高。数据结构越大，效率差距就越大。

键可以是任何不可变的类型，这是字典的主要优点。另外，即便是字典中原本没有的键，也可以给它赋值。以下示例说明字典的这种性能。

【例4-32】 键可以是任何不可变的类型，字典可自添加元素。

输入如下代码：

```
a = {}
a['li'] = 123
a[2] = 456
print(a)
```

运行结果如下：

```
{'li': 123, 2: 456}
```

如果是列表类型，随意添加元素Python将会报错，示例如下：

【例4-33】 列表随意索引添加元素报错示例。

输入如下代码：

```
a = []
a[23] = 123
print(a)
```

运行结果如下：

```
IndexError: list assignment index out of range
```

Python出现了报错信息。由于尝试将123赋值给一个空列表索引23的元素，这是不可能实现的，因此报错。

字典是可以嵌套的，对字典有了了解之后，这里采用嵌套字典的方法建立一个小型的数据库。将人名用作键的字典，每个人都可以用一个字典表示。然后嵌套的字典包含age和university两个键值，它们分别表示年龄和学校。

【例4-34】 使用字典建立小型数据库示例。

输入如下代码：

```
dataset = {'li': {'age': 21, 'university': 'Peking'},
           'wang': {'age': 22, 'university': 'Peking'},
```

```
               'zhang': {'age': 18, 'university': 'Tsinghua'},
               'zhao': {'age': 19, 'university': 'Tsinghua'}
             }
    print(dataset)
```

运行结果如下：

```
{'li': {'age': 21, 'university': 'Peking'}, 'wang': {'age': 22, 'university': 'Peking'},
'zhang': {'age': 18, 'university': 'Tsinghua'}, 'zhao': {'age': 19, 'university':
'Tsinghua'}}
```

4.3.4　字符串用于字典

字符串是可以嵌套在字典中的，同理，字符串中的各种格式化方法都可以用在被嵌套的字典中。这里使用嵌套字符串的方法再次建立小型数据库。

【例4-35】　字符串用于字典示例。

输入如下代码：

```
Peking = 'Peking university'
Tsinghua = 'Tsinghua universtiy'
dataset = {'li': {'age': 21, 'university': Peking},
            'wang': {'age': 22, 'university': Peking},
            'zhang': {'age': 18, 'university': Tsinghua},
            'zhao': {'age': 19, 'university': Tsinghua}
           }
print(dataset)
```

运行结果如下：

```
{'li': {'age': 21, 'university': 'Peking university'}, 'wang': {'age': 22, 'university':
'Peking university'}, 'zhang': {'age': 18, 'university': 'Tsinghua universtiy'}, 'zhao':
{'age': 19, 'university': 'Tsinghua universtiy'}}
```

可以看到运行结果，字符串被嵌套在了字典里面。

4.3.5　字典方法

与其他内置类型一样，字典也有方法。字典的方法很有用，但其使用频率可能没有列表和字符串的方法那样高。可以大致了解字典的常用方法，等需要使用特定方法时再回过头来详细研究具体的细节。

字典方法与列表方法类似，通常像下面这样调用方法：

```
object.method(arguments)
```

1．clear()方法

clear()方法用于删除所有的字典项，这种操作是就地执行的（就像list.sort一样），因此什么都不返回（或者说返回None）。

【例4-36】 clear()方法应用示例。

输入如下代码：

```
items = [('li', 123), ('wang', 456), ('zhang', 789)]
dict1 = dict(items)
print('dict1 is {}'.format(dict1))
result = dict1.clear()
print('result is {}'.format(result))
```

运行结果如下：

```
dict1 is {'li': 123, 'wang': 456, 'zhang': 789}
result is None
```

可以看到使用clear()方法删除字典项之后，返回值为None。

clear()方法是非常有用的，请看以下两个示例。

【例4-37】 clear()方法应用示例1。

输入如下代码：

```
dict1 = {}
items = [('li', 123), ('wang', 456), ('zhang', 789)]
dict1 = dict(items)
dict2 = dict1
dict1 = {}
print('dict1 is {}'.format(dict1))
print('dict2 is {}'.format(dict2))
```

运行结果如下：

```
dict1 is {}
dict2 is {'li': 123, 'wang': 456, 'zhang': 789}
```

【例4-38】 clear()方法应用示例2。

输入如下代码：

```
dict1 = {}
items = [('li', 123), ('wang', 456), ('zhang', 789)]
dict1 = dict(items)
dict2 = dict1
dict1.clear()
print('dict1 is {}'.format(dict1))
print('dict2 is {}'.format(dict2))
```

运行结果如下：

```
dict1 is {}
dict2 is {}
```

观察这两个示例，运行结果是不一样的。

在示例1中，通过将一个空字典赋给第二个字典来"清空"它。这对第二个字典没有任何影响，它依然指向原来的字典，这种行为可能正是预想得到的结果。但要删除原来字典的所有元素，必须使用clear()方法。如果这样做，第二个字典也将是空的，如示例2所示。

初学者要注意这样的应用场景。

2. copy()方法

copy()方法用于返回一个新字典，其包含的键−值对与原来的字典相同（这个方法执行的是浅复制，因为值本身是原件，而非副本）。

【例4-39】 copy()方法应用示例。

输入如下代码：

```
items = [('li', 123), ('wang', 456), ('zhang', 789)]
dict1 = dict(items)
dict2 = dict1.copy()
print('dict1 is {}'.format(dict1))
print('dict2 is {}'.format(dict2))
```

运行结果如下：

```
dict1 is {'li': 123, 'wang': 456, 'zhang': 789}
dict2 is {'li': 123, 'wang': 456, 'zhang': 789}
```

可以看到copy()方法实现了字典的复制，dict1和dict2的值完全一致。

copy()方法看起来简单，但初学者需要注意其容易出错的场景，请看以下示例。

【例4-40】 copy()方法易出错场景示例。

输出如下代码：

```
dict1 = {'li':123, 'wang':456, 'zhang': [789, 101, 102]}
dict2 = dict1.copy()
dict2['zhang'].remove(102)
print('dict1 is {}'.format(dict1))
print('dict2 is {}'.format(dict2))
```

运行结果如下：

```
dict1 is {'li': 123, 'wang': 456, 'zhang': [789, 101]}
dict2 is {'li': 123, 'wang': 456, 'zhang': [789, 101]}
```

观察运行结果，如果修改副本中的值（就地修改而不是替换），原件也将发生变化，因为原件指向的也是被修改的值（示例字典中的102被删除了）。这在某些情况下是不愿意看到的结果，容易引起意想不到的运行结果。

为避免这种问题，一种办法是执行深复制，即同时复制值及其包含的所有值。为此，可使用模块copy中的deepcopy()方法。

【例4-41】 deepcopy()方法应用示例。

输入如下代码：

```
from copy import deepcopy
dict1 = {'li':123, 'wang':456, 'zhang': [789, 101, 102]}
dict2 = deepcopy(dict1)
dict2['zhang'].remove(102)
print('dict1 is {}'.format(dict1))
print('dict2 is {}'.format(dict2))
```

运行结果如下：

```
dict1 is {'li': 123, 'wang': 456, 'zhang': [789, 101, 102]}
dict2 is {'li': 123, 'wang': 456, 'zhang': [789, 101]}
```

可以看到运行结果与copy()方法的运行结果不同，dict1的值没有被改变。

3．fromkeys()方法

fromkeys()方法用于创建一个新字典，其中包含指定的键，且每个键对应的值都是None。

【例4-42】 使用fromkeys()方法直接创建字典示例。
输入如下代码：

```
dict1 = {}.fromkeys(['name', 'age'])
print(dict1)
```

运行结果如下：

```
{'name': None, 'age': None}
```

这个示例首先创建了一个空字典，再对其调用fromkeys()方法来创建另一个字典，这显得有点多余。可以使用dict调用fromkeys()方法创建字典，请看下面的示例。

【例4-43】 dict调用fromkeys()方法创建字典示例。
输入如下代码：

```
dict1 = dict.fromkeys(['name', 'age'])
dict2 = dict.fromkeys(['name', 'age'], 18)
print('dict1 is {}'.format(dict1))
print('dict2 is {}'.format(dict2))
```

运行结果如下：

```
dict1 is {'name': None, 'age': None}
dict2 is {'name': 18, 'age': 18}
```

可以看到结果，dict1每个键对应的值都是None，dict2为每个键指定了对应的值。

4．get()方法

get()方法为访问字典项提供了宽松的环境。
通常，如果试图访问字典中没有的项，将引发错误。请看下面的代码：

```
dict1 = {}
print(dict1['name'])
```

由于dict1中没有键值name，因此Python返回如下错误：

```
KeyError: 'name'
```

而使用get()方法将不会出现错误，请看下面的示例。

【例4-44】 get()方法应用示例1。

输入如下代码：

```
dict1 = {}
print(dict1.get('name'))
```

运行结果如下：

```
None
```

如果字典包含指定的键，get()的作用将与普通字典的查找相同。

【例4-45】 get()方法应用示例2。

输入如下代码：

```
dict1 = {'li':123, 'wang':456, 'zhang': [789, 101, 102]}
print(dict1.get('li'))
```

运行结果如下：

```
123
```

在创建字典时创建了一个字符串，这里使用get()方法访问数据库中的条目。

【例4-46】 使用get()方法访问字典中的条目示例。

输入如下代码：

```
dataset = {'li': {'age': 21, 'university': 'Peking'},
           'wang': {'age': 22, 'university': 'Peking'},
           'zhang': {'age': 18, 'university': 'Tsinghua'},
           'zhao': {'age': 19, 'university': 'Tsinghua'}
          }
li = dataset.get('li')
li_age = li.get('age')
lin = dataset.get('lin')
print('li is {}'.format(li))
print('li_age is {}'.format(li_age))
print('lin is {}'.format(lin))
```

运行结果如下：

```
li is {'age': 21, 'university': 'Peking'}
li_age is 21
lin is None
```

观察结果，注意到get()方法提高了灵活性，让程序在用户输入的值出乎意料时也能妥善处理。

5．items()方法

items()方法返回一个包含所有字典项的列表，其中每个元素都为(key,value)的形式。字典项在列表中的排列顺序不确定。

【例4-47】 items()方法应用示例。

输入如下代码：

```
dataset = {'li': {'age': 21, 'university': 'Peking'},
           'wang': {'age': 22, 'university': 'Peking'},
           'zhang': {'age': 18, 'university': 'Tsinghua'},
           'zhao': {'age': 19, 'university': 'Tsinghua'}
          }
print(dataset.items())
```

运行结果如下：

```
dict_items([('li', {'age': 21, 'university': 'Peking'}), ('wang', {'age': 22,
'university': 'Peking'}), ('zhang', {'age': 18, 'university': 'Tsinghua'}), ('zhao',
{'age': 19, 'university': 'Tsinghua'})])
```

返回值属于一种名为字典视图的特殊类型。字典视图可用于迭代。另外，还可以确定其长度，以及对其执行成员的资格进行检查。

【例4-48】 查看items()的长度。

输入如下代码：

```
dataset = {'li': {'age': 21, 'university': 'Peking'},
           'wang': {'age': 22, 'university': 'Peking'},
           'zhang': {'age': 18, 'university': 'Tsinghua'},
           'zhao': {'age': 19, 'university': 'Tsinghua'}
          }
print(len(dataset.items()))
```

运行结果如下：

```
4
```

结果输出了items()的长度为4。

请再检查成员是否在items()中的示例。

【例4-49】 检查成员是否在items()中。

输入如下代码：

```
dataset = {'li': {'age': 21, 'university': 'Peking'},
           'wang': {'age': 22, 'university': 'Peking'},
           'zhang': {'age': 18, 'university': 'Tsinghua'},
           'zhao': {'age': 19, 'university': 'Tsinghua'}
          }
ITEMS = dataset.items()
print((('zhang', {'age': 18, 'university': 'Tsinghua'}) in ITEMS))
```

运行结果如下：

```
True
```

视图的一个优点是不复制，它始终是底层字典的反映，即便修改了底层字典也是如此。

6．keys()方法

keys()方法返回一个字典视图，其中包含指定字典中的键。

【例4-50】　keys()方法应用示例。

输入如下代码：

```
dataset = {'li': {'age': 21, 'university': 'Peking'},
           'wang': {'age': 22, 'university': 'Peking'},
           'zhang': {'age': 18, 'university': 'Tsinghua'},
           'zhao': {'age': 19, 'university': 'Tsinghua'}
          }
print(dataset.keys())
```

运行结果如下：

```
dict_keys(['li', 'wang', 'zhang', 'zhao'])
```

7．pop()方法

pop()方法可用于获取与指定键相关联的值，并将该键及其对应的值对从字典中删除。

【例4-51】　pop()方法应用示例。

输入如下代码：

```
dataset = {'li': {'age': 21, 'university': 'Peking'},
           'wang': {'age': 22, 'university': 'Peking'},
           'zhang': {'age': 18, 'university': 'Tsinghua'},
           'zhao': {'age': 19, 'university': 'Tsinghua'}
          }
dataset.pop('li')
dataset.pop('zhao')
print(dataset.items())
```

运行结果如下：

```
dict_items([('wang', {'age': 22, 'university': 'Peking'}), ('zhang', {'age': 18,
'university': 'Tsinghua'})])
```

8．popitem()方法

popitem()方法类似于list.pop，但list.pop弹出列表中的最后一个元素，而popitem()方法随机弹出一个字典项，因为字典项的顺序是不确定的，没有"最后一个元素"的概念。如果要以高效的方式逐个删除并处理所有字典项，这可能很有用，因为这样无须先获取键列表。

【例4-52】 popitem()方法应用示例。

输入如下代码：

```
dict1 = {'li':123, 'wang':456, 'zhang': [789, 101, 102]}
dict1.popitem()
print(dict1)
```

运行结果如下：

```
{'li': 123, 'wang': 456}
```

虽然popitem()方法类似于列表方法pop()，但字典没有与append（在列表末尾添加一个元素）对应的方法。这是因为字典是无序的，类似的方法毫无意义。

9．setdefault()方法

setdefault()方法有点像get()方法，因为它也获取与指定键相关联的值，但除此之外，setdefault()方法还在字典不包含指定的键时，在字典中添加指定的键－值对。

【例4-53】 setdefault()方法应用示例。

输入如下代码：

```
dict1 = {}
dict1.setdefault('age', 'None')
print(dict1)
```

运行结果如下：

```
{'age': 'None'}
```

如果指定的键存在，就返回其值，并保持字典不变，与get()方法一样，值是可选的；如果没有指定的键，则默认为None。

【例4-54】 setdefault()方法默认值示例。

输入如下代码：

```
dict1 = {}
dict1.setdefault('age')
print(dict1)
```

运行结果如下：

```
{'age': None}
```

10．update()方法

update()方法使用一个字典中的项来更新另一个字典。

【例4-55】 update()方法应用示例。

输入如下代码：

```
dataset = {'li': {'age': 21, 'university': 'Peking'},
           'wang': {'age': 22, 'university': 'Peking'},
           'zhang': {'age': 18, 'university': 'Tsinghua'},
           'zhao': {'age': 19, 'university': 'Tsinghua'},
           'qian': {'age': 19, 'university': 'Tsinghua'}
          }
dict1 = {'li': 21, 'wang': 'Peking', 'zhang': 'university', 'zhao': 'Tsinghua'}
dataset.update(dict1)
print(dataset)
```

运行结果如下：

```
{'li': 21, 'wang': 'Peking', 'zhang': 'university', 'zhao': 'Tsinghua', 'qian': {'age':
19, 'university': 'Tsinghua'}}
```

对于通过参数提供的字典，可将其项添加到当前字典中。如果当前字典包含键相同的项，就替换它。

调用update()方法时，可向它提供一个映射、一个由键－值对组成的序列（或其他可迭代对象）或关键字参数。

11．values()方法

values()方法返回一个由字典中的值组成的字典视图。不同于keys()方法，values()方法返回的视图可能包含重复的值。

【例4-56】 value()方法应用示例。

输入如下代码：

```
dataset = {'li': {'age': 21},
           'wang': {'age': 22},
           'zhang': {'age': 18},
           'zhao': {'age': 19},
           'qian': {'age': 19}
          }
print(dataset.values())
```

运行结果如下：

```
dict_values([{'age': 21}, {'age': 22}, {'age': 18}, {'age': 19}, {'age': 19}])
```

4.3.6　使用字典时的注意事项

一旦熟练掌握了字典，字典将成为Python中相当简单的工具，但在使用字典时，有几点需要注意：

（1）序列运算无效。字典是映射机制，不是序列。因为字典元素间没有顺序的概念，类似于级联（有序合并）和分片（提取相邻片段）这样的运算是不能用的。实际上，如果这样做，Python将会报错。

（2）对新索引赋值会添加项。当编写字典常量或者向现有字典对象的新键赋值时，都会生成键，最终结果是一样的。

（3）键不一定总是字符串。任何不可变对象（也就是说不是列表）都是可以的。例如，可以使用整数作为键，这样字典看起来像列表（至少进行索引时很像）。

（4）元组偶尔也可以作为字典的键。只要有合适的协议方法，类（将在之后的章节中重点讲解）对象也可以作为键。大体上可以这么认为，只要是值不变的Python量基本都可以作为键，否则将无法作为字典的键。当然，在实际编程中，根据需要，越简单、可读性越强的键越好。

4.4　集合

集合是无序和无索引的，没有重复的成员。集合和字典类似，也是一组key的集合，但不存储value。由于key不能重复，因此在集合中没有重复的key。

可以使用set()函数创建一个无序且不重复的元素集合，可对这个集合进行关系测试、删除重复数据，也可以计算交集、差集、并集等。

4.4.1　集合的创建

可以使用大括号"{}"或者set()函数创建集合。但是如果创建一个空集合，则必须使用set()而不是"{}"，因为"{}"是用来表示空字典类型的。

【例4-57】　创建集合示例。

输入如下代码：

```
#1.用"{}"创建set集合
person ={"student","teacher","babe",123,321,123}
print('the len of person is {}'.format(len(person)))
print('person is {}'.format(person))
#2空set集合用set()函数表示
person1 = set()
print('the len of person1 is {}'.format(len(person1)))
print('person1 is {}'.format(person1))
#3.用set()函数创建set集合
person2 = set(("hello","jerry",133,11,133,"jerru"))
print('the len of person2 is {}'.format(len(person2)))
print('person2 is {}'.format(person2))
```

运行结果如下：

```
the len of person is 5
person is {321, 'babe', 'student', 123, 'teacher'}
the len of person1 is 0
person1 is set()
```

```
the len of person2 is 5
person2 is {'jerru', 133, 'hello', 11, 'jerry'}
```

观察运行结果，集合person同样有各种类型嵌套，可以赋值重复数据，但是存储时会去重，存放了6个数据，长度显示5，存储是自动去重的。集合person1表示空set，不能用person1={}。集合person2是用set()函数创建的set集合，只能传入一个参数，可以是list、tuple等类型。

使用集合时需要注意，set()里不能使用"+"。set()对字符串也会去重，因为字符串属于序列。

【例4-58】　使用set()进行字符串去重示例。

输入如下代码：

```
s1 = 'aaabbbbcccccddddeeeeffff'
s2 = 'I love China' * 3
set1 = set(s1)
set2 = set(s2)
print('s1 is {}'.format(s1))
print('s2 is {}'.format(s2))
print('set1 is {}'.format(set1))
print('set2 is {}'.format(set2))
```

运行结果如下：

```
s1 is aaabbbbcccccddddeeeeffff
s2 is I love ChinaI love ChinaI love China
set1 is {'a', 'f', 'd', 'e', 'b', 'c'}
set2 is {'a', 'h', 'o', 'i', 'I', ' ', 'n', 'e', 'C', 'l', 'v'}
```

可以看到，set2中的空格也属于字符，请运行代码时仔细观察。

4.4.2　集合方法

集合方法类似于列表方法，通常像下面这样调用方法：

```
object.method(arguments)
```

集合方法有的用于单个集合，有的用于多个集合。集合常见的方法介绍如下。

1. add()方法

add()方法用于向集合中添加数字、字符串、元组或者布尔类型。

【例4-59】　add()方法应用示例。

输入如下代码：

```
set1 = {'P', 'y', 't', 'h', 'o', 'n'}
set2 = {1, 2, 3, 4, 5}
set1.add(1)
set2.add('Love')
print('set1 is {}'.format(set1))
print('set2 is {}'.format(set2))
```

运行结果如下：

```
set1 is {1, 'h', 'n', 't', 'o', 'y', 'P'}
set2 is {1, 2, 3, 4, 5, 'Love'}
```

2．clear()方法

clear()方法用来清空集合中的所有元素。

【例4-60】　clear()方法应用示例。

输入如下代码：

```
set1 = {'P', 'y', 't', 'h', 'o', 'n'}
set2 = {1, 2, 3, 4, 5}
set1.clear()
set2.clear()
print('set1 is {}'.format(set1))
print('set2 is {}'.format(set2))
```

运行结果如下：

```
set1 is set()
set2 is set()
```

3．copy()方法

copy()方法用于复制集合并生成一个新的集合。

【例4-61】　copy()方法应用示例。

输入如下代码：

```
set1 = {'P', 'y', 't', 'h', 'o', 'n'}
set2 = set1.copy()
print('set1 is {}'.format(set1))
print('set2 is {}'.format(set2))
```

运行结果如下：

```
set1 is {'P', 'y', 'h', 't', 'n', 'o'}
set2 is {'t', 'n', 'P', 'y', 'o', 'h'}
```

4．difference()方法

difference()方法用来将set1中有而set2中没有的元素给set3。

【例4-62】　difference()方法应用示例。

输入如下代码：

```
set1 = {'P', 'y', 't', 'h', 'o', 'n'}
set2 = {'P', 'y', 't', '1', '2', '3'}
set3 = set1.difference(set2)
set4 = set2.difference(set1)
print('set3 is {}'.format(set3))
print('set4 is {}'.format(set4))
```

运行结果如下：

```
set3 is {'o', 'n', 'h'}
set4 is {'1', '3', '2'}
```

5. difference_update()方法

difference_update()方法用来从set1中删除与set2相同的元素。

【例4-63】 difference_update()方法应用示例。

输入如下代码：

```
set1 = {'P', 'y', 't', 'h', 'o', 'n'}
set2 = {'P', 'y', 't', '1', '2', '3'}
set3 = set1.difference_update(set2)
set4 = set2.difference_update(set1)
print('set3 is {}'.format(set3))
print('set4 is {}'.format(set4))
```

运行结果如下：

```
set3 is None
set4 is None
```

6. discard()方法

discard()方法用于删除set1中的指定元素。

【例4-64】 discard()方法应用示例。

输入如下代码：

```
set1 = {'P', 'y', 't', 'h', 'o', 'n'}
set2 = {'P', 'y', 't', 1, 2, '3'}
set1.discard('y')
set2.discard('t')
print('set1 is {}'.format(set1))
print('set2 is {}'.format(set2))
```

运行结果如下：

```
set1 is {'h', 'P', 'n', 't', 'o'}
set2 is {1, 2, 'y', 'P', '3'}
```

7. intersection()方法

intersection()方法用于取set1和set2的交集给set3。

【例4-65】 intersection()方法应用示例。

输入如下代码：

```
set1 = {'P', 'y', 't', 'h', 'o', 'n'}
set2 = {'P', 'y', 't', 1, 2, '3'}
set3 = set1.intersection(set1)
```

```
set4 = set1.intersection(set2)
print('set3 is {}'.format(set3))
print('set4 is {}'.format(set4))
```

运行结果如下：

```
set3 is {'n', 'h', 'y', 't', 'P', 'o'}
set4 is {'t', 'y', 'P'}
```

8．intersection_update()方法

intersection_update()方法用来取set1和set2的交集，并更新给set1。

【例4-66】 intersection_update()方法应用示例。

输入如下代码：

```
set1 = {'P', 'y', 't', 'h', 'o', 'n'}
set2 = {'P', 'y', 't', 1, 2, '3'}
set1.intersection_update(set1)
set2.intersection_update(set1)
print('set1 is {}'.format(set1))
print('set2 is {}'.format(set2))
```

运行结果如下：

```
set1 is {'y', 'P', 'h', 'o', 'n', 't'}
set2 is {'P', 't', 'y'}
```

9．isdisjoint()方法

isdisjoint()方法用来判断set1和set2是否没有交集，有交集返回False，没有交集返回True。

【例4-67】 isdisjoint()方法应用示例。

输入如下代码：

```
set1 = {'P', 'y', 't', 'h', 'o', 'n'}
set2 = {'P', 'y', 't', 1, 2, '3'}
print('set1.isdisjoint(set1) is {}'.format(set1.isdisjoint(set1)))
print('set2.isdisjoint(set1) is {}'.format(set2.isdisjoint(set1)))
```

运行结果如下：

```
set1.isdisjoint(set1) is False
set2.isdisjoint(set1) is False
```

10．issubset()方法

issubset()方法用来判断set1是不是set2的子集。

【例4-68】 issubset()方法应用示例。

输入如下代码：

```
set1 = {'P', 'y', 't', 'h', 'o', 'n'}
set2 = {'P', 'y', 't', 1, 2, '3'}
```

```
set3 = {'P', 'y', 't'}
r1 = set1.issubset(set1)
r2 = set1.issubset(set2)
r3 = set3.issubset(set2)
print('r1 is {}'.format(r1))
print('r2 is {}'.format(r2))
print('r3 is {}'.format(r3))
```

运行结果如下：

```
r1 is True
r2 is False
r3 is True
```

11．issuperset()方法

issuperset()方法用来判断set2是不是set1的子集。

【例4-69】   issuperset()方法应用示例。

输入如下代码：

```
set1 = {'P', 'y', 't', 'h', 'o', 'n'}
set2 = {'P', 'y', 't', 1, 2, '3'}
set3 = {'P', 'y', 't'}
r1 = set1.issuperset(set1)
r2 = set1.issuperset(set2)
r3 = set3.issuperset(set2)
print('r1 is {}'.format(r1))
print('r2 is {}'.format(r2))
print('r3 is {}'.format(r3))
```

运行结果如下：

```
r1 is True
r2 is False
r3 is False
```

12．pop()方法

pop()方法用来从set1中取一个元素并返回。

【例4-70】   pop()方法应用示例。

输入如下代码：

```
set1 = {'P', 'y', 't', 'h', 'o', 'n'}
set2 = {'P', 'y', 't', 1, 2, '3'}
r1 = set1.pop()
r2 = set2.pop()
print('r1 is {}'.format(r1))
print('r2 is {}'.format(r2))
```

运行结果如下：

```
r1 is o
r2 is 1
```

13．remove()方法

remove()方法用来移除set1中的指定元素。

【例4-71】　remove()方法应用示例。

输入如下代码：

```
set1 = {'P', 'y', 't', 'h', 'o', 'n'}
set2 = {'P', 'y', 't', 1, 2, '3'}
set1.remove('P')
set2.remove('3')
print('set1 is {}'.format(set1))
print('set2 is {}'.format(set2))
```

运行结果如下：

```
set1 is {'t', 'y', 'n', 'o', 'h'}
set2 is {'t', 2, 1, 'y', 'P'}
```

当使用remove()移除方法中不存在的元素时，Python将会报错。

14．symmetric_difference()方法

symmetric_difference()方法用来取出set1和set2中互不相同的元素，并返回set3。

【例4-72】　symmetric_difference()方法应用示例。

输入如下代码：

```
set1 = {'P', 'y', 't', 'h', 'o', 'n'}
set2 = {'P', 'y', 't', 1, 2, '3'}
set3 = set1.symmetric_difference(set2)
set4 = set2.symmetric_difference(set1)
print('set3 is {}'.format(set3))
print('set4 is {}'.format(set4))
```

运行结果如下：

```
set3 is {1, 2, 'n', 'h', '3', 'o'}
set4 is {1, 2, 'n', '3', 'h', 'o'}
```

15．symmetric_difference_update()方法

symmetric_difference_update()方法用来取set1和set2中互不相同的元素，并更新给set1。

【例4-73】　symmetric_difference_update()方法应用示例。

输入如下代码：

```
set1 = {'P', 'y', 't', 'h', 'o', 'n'}
set2 = {'P', 'y', 't', 1, 2, '3'}
set1.symmetric_difference_update(set2)
```

```
set2.symmetric_difference_update(set1)
print('set1 is {}'.format(set1))
print('set2 is {}'.format(set2))
```

运行结果如下：

```
set1 is {1, 2, 'o', '3', 'n', 'h'}
set2 is {'o', 'P', 't', 'n', 'y', 'h'}
```

16．union()方法

union()方法用来取set1和set2的并集并返回。

【例4-74】　union()方法应用示例。

输入如下代码：

```
set1 = {'P', 'y', 't', 'h', 'o', 'n'}
set2 = {'P', 'y', 't', 1, 2, '3'}
set3 = {1, 4, 5, 6}
set4 = set2.union(set2)
set5 = set3.union(set2)
print('set4 is {}'.format(set4))
print('set5 is {}'.format(set5))
```

运行结果如下：

```
set4 is {1, 2, 'P', '3', 't', 'y'}
set5 is {1, 2, 'P', 4, 5, 6, '3', 'y', 't'}
```

17．update()方法

update()方法用来添加列表或集合中的元素到set1。

【例4-75】　update()方法应用示例。

输入如下代码：

```
set1 = {'P', 'y', 't', 'h', 'o', 'n'}
set2 = {'P', 'y', 't', 1, 2, '3'}
set3 = {1, 4, 5, 6}
l1 = (7, 8, 4)
set1.update(set2)
set3.update(l1)
print('set1 is {}'.format(set1))
print('set3 is {}'.format(set3))
```

运行结果如下：

```
set1 is {1, 2, 'n', '3', 'h', 'y', 'P', 'o', 't'}
set3 is {1, 4, 5, 6, 7, 8}
```

4.5　容器嵌套

容器之间是可以互相嵌套的，这样可以包含更多的信息，建立更加灵活和符合实际需求的数据结构。比如，有时候需要将一系列字典存储在列表中，或将列表作为值存储在字典中，这时就可以使用容器嵌套。

4.5.1 字典列表

有时需要将字典存储在列表中。例如，构建一个统计学生信息的字典。

```
{'name': 'Li', 'age': 8, 'sex': girl}
```

但是一个班级中这样的学生可能有几十个，这时就需要将这些字典存储在列表中，构建一个字典列表来存储整个班级学生的信息。

```
list_classes = [{'name': 'Li', 'age': 8, 'sex': girl},
                {'name': 'Qian', 'age': 8, 'sex': boy},
                {'name': 'Sun', 'age': 8, 'sex': girl},
                {'name': 'Liu', 'age': 8, 'sex': girl}]
```

4.5.2 在字典中存储列表

有时候，需要将列表存储在字典中，而不是将字典存储在列表中。例如，当在字典中需要将一个键关联多个值时，可以在字典中嵌套一个列表。例如，调查某人喜欢的运动，可能每个人不止喜欢一样，如果将这些运动存储在列表中，被调查者就可以有多个选择。

【例4-76】 在字典中存储列表示例。

输入如下代码：

```
love_sports = {
    'LI': ['Badminton', 'weightlifting'],
    'Wang': ['swimming', 'baseball'],
    'Sun': [' fencing ', 'race']
    }
print(love_sports)
```

运行结果如下：

```
{'LI': ['Badminton', 'weightlifting'], 'Wang': ['swimming', 'baseball'], 'Sun': ['
fencing ', 'race']}
```

4.6 小结

本章详细介绍了Python常见容器的用法。选择容器类型时，需要充分了解该类型的属性。为特定数据集选择正确的容器类型可能意味着保留意义，并且可能意味着提高容器效率或安全性。基于此，本章详细讲解了各种容器的方法，这些容器方法极大地扩充了容器的灵活性。学好这些容器和方法是熟练掌握Python编程的基础。

## 第 5 章

函　数

函数是带名字的代码块，用于实现指定的工作。例如，要使用Python执行某项指定任务时，可以调用函数，或者需要在Python中多次执行同一项任务时，无须重复编写完成该任务的代码，只需调用实现该任务的函数即可。

学习目标：

（1）掌握函数的定义和调用。
（2）掌握函数参数定义的多种方法。
（3）掌握函数参数的传递。
（4）掌握变量的作用域。
（5）掌握局部函数、编程式函数、eval()函数等。
（6）掌握函数的递归。

5.1　函数的定义和调用

通过前面的学习，我们知道，Python提供了许多内置函数，比如常用的print()。本章将学习自己创建函数，这种用户自己编写的函数叫作用户自定义函数。

可以将函数提前保存起来，并给它起一个独一无二的名字，只要知道它的名字就能使用这段代码。函数还可以接收数据，并根据不同的数据进行不同的操作，最后把处理结果返回给Python。

函数的本质是一段有特定功能、可以重复使用的代码，这段代码已经被提前编写好了，并且为其起了一个名字。在后续编写程序的过程中，如果需要同样的功能，直接通过起的名字就可以调用这段代码。

函数的这一特性使其应用十分广泛，在实际使用中，函数还支持多个输入参数和多个返回参数。

5.1.1 函数的定义

定义函数也就是创建一个函数，可以理解为创建一个具有某些用途的工具。定义函数需要用def关键字实现，具体的语法格式如下：

```
def 函数名(参数列表):
    //实现特定功能的多行代码
    [return [返回值] ]
```

其中，用"[]"括起来的为可选择部分，既可以使用，也可以省略。

此格式中，各部分参数的含义如下：

- 函数名：其实就是一个符合Python语法的标识符，但不建议读者使用 A、B、C这类简单的标识符作为函数名，函数名最好能够体现出该函数的功能（如len()函数）。
- 参数列表：也可是形参列表，设置该函数可以接收多少个参数，多个参数之间用逗号（,）分隔。
- [return [返回值]]：整体作为函数的可选参数，用于设置该函数的返回值。也就是说，一个函数可以有返回值，也可以没有返回值，是否需要根据实际情况而定。

 在创建函数时，即使函数不需要参数，也必须保留一对空的"()"，否则Python解释器将提示invalid syntax错误。另外，如果想定义一个没有任何功能的空函数，可以使用pass语句作为占位符。

【例5-1】 函数的定义示例。

输入如下代码：

```python
# 定义一个实现打印功能的函数
def print_python():
    print('Python')

# 定义一个空函数
def none_function():
    pass

# 定义一个具有返回值的函数
def print_return():
    print('Python')
    return 'done'
```

观察以上代码，分别定义了一个没有返回值的函数，一个空函数，使用pass语句作为占位符，以及一个具有一个返回值的函数。再观察发现，作为示例，以上函数都没有输入参数，而有的函数具有输出参数，有的函数没有输出参数。

5.1.2 函数的调用

调用函数也就是执行函数。如果把创建的函数理解为一个具有某种用途的工具，那么调用函数就相当于使用该工具。

函数调用的基本语法格式如下：

```
[返回值列表] = 函数名([输入参数列表])
```

其中，函数名指的是要调用的函数的名称；输入参数列表指的是当初创建函数时要求传入的各个形参的值序列。如果该函数有返回值，则可以通过一个变量来接收该值，当然也可以不接收，而采用直接调用的方式，可以根据实际需要编写函数的返回值列表。

> **注意** 创建函数时有多少个形参，调用时就需要传入多少个值，且顺序必须和创建函数时一致。

【例5-2】 函数的调用示例。

输入如下代码：

```python
# 函数的调用
def print_dic(dic):
    print(dic)
    return 'done'


dic = {1: 'Python', 2: 'student'}
zz = print_dic(dic)
print_dic('zz is {}'.format(zz))
```

运行结果如下：

```
{1: 'Python', 2: 'student'}
zz is done
```

根据Python编程的习惯，Python函数之后建议空两行，请初学者注意这种编程习惯，这对于Python编程的规范性、可读性十分有用，尤其是在大规模编程时。

可以看到，输出有两行，第一行输出的字典是执行函数print_dic()实现的功能，第二行输出的是zz的结果，这个结果是函数print_dic()的返回值。

5.1.3 提供说明文档

前面的章节已经学习过，通过调用Python中的help()内置函数或者__doc__属性，可以查看某个函数的使用说明文档。事实上，无论是Python提供的函数，还是自定义的函数，都需要提供说明文档，且其说明文档都需要设计该函数的人员自己编写。

其实，函数的说明文档本质就是一段字符串，只不过作为说明文档，字符串的放置位置是有讲究的，函数的说明文档通常位于函数内部，所有代码的最前面。

【例5-3】 函数的说明文档1。

输入如下代码：

```
def print_python():
    '''
    打印Python，返回done
    '''
    print('Python')
    return 'done'

help(print_python)
```

运行结果如下：

```
print_python()
    打印Python，返回done
```

观察以上示例和输出结果，使用help()函数实现了帮助文档的输出。使用__doc__属性同样可以实现该功能，请运行实现以下示例代码。

【例5-4】 函数的说明文档2。

输入如下代码：

```
def print_python():
    '''
    打印Python，返回done
    '''
    print('Python')
    return 'done'

help(print_python)
print(print_python.__doc__)
```

运行结果如下：

```
打印Python，返回done
```

5.2 函数参数和返回值

通常情况下，定义函数时都会选择有参数的函数形式，函数参数的作用是传递数据给函数，令其对接收的数据进行具体的操作。

5.2.1 函数参数及其传递

1. 形参与实参

在使用函数时，经常会用到形参和实参，二者都叫参数，它们的区别如下。

（1）形参：在定义函数时，函数名后面括号中的参数就是形参。

【例5-5】 形参示例。

```
def i_love_python(love):
    print(love)
```

定义函数时这里的love就是形参。

（2）实参：在调用函数时，函数名后面括号中的参数称为实参，也就是函数的调用者给函数的参数。

【例5-6】 实参示例。

```
love = 'I_LOVE_CHINA'
i_love_python(love)
```

调用已经定义好的i_love_python函数，此时传入的函数参数love就是实参。

2．参数传递

接下来讲解实参传递给形参的过程和示例。

在Python中，根据实参的类型不同，函数参数的传递方式可分为两种，分别为值传递和引用（地址）传递。

（1）值传递：适用于实参类型为不可变类型（字符串、数字、元组）。

（2）引用（地址）传递：适用于实参类型为可变类型（列表、字典）。

值传递和引用传递的区别是，函数参数进行值传递后，若形参的值发生改变，则不会影响实参的值；而函数参数继续引用传递后，改变形参的值，实参的值也会一同改变。

【例5-7】 参数传递示例。

输入如下代码：

```
def print_love(love):
    print(love)
print('****参数传递****')
p = 'Python'
print('p is {}'.format(p))
print_love(p)
print('实参是 {}'.format(p))
print('****引用传递****')
p = '123'
print('p is {}'.format(p))
print_love(p)
print('实参是 {}'.format(p))
```

运行结果如下：

```
****参数传递****
p is Python
Python
实参是 Python
```

```
****引用传递****
p is 123
123
实参是 123
```

观察运行结果可以看出，在执行值传递时，改变形参的值，实参并不会发生改变；而在进行引用传递时，改变形参的值，实参也会发生同样的改变。

5.2.2　关键字参数

关键字参数是指使用形参的名字来确定输入的参数值。通过这种方式指定函数的实参时，不再需要与形参的位置完全一致，只要将参数名写正确即可。

【例5-8】　关键字参数示例。

输入如下代码：

```
def demo1(s1, s2):
    print('s1 is {}'.format(s1))
    print('s2 is {}'.format(s2))
    return None
demo1('I LOVE PYTHON', 'PYTHON IS GOOD')
print('*'*10)
demo1(s1 = 'I LOVE PYTHON', s2 = 'PYTHON IS GOOD')
print('*'*10)
demo1(s2 = 'I LOVE PYTHON', s1 = 'PYTHON IS GOOD')
```

运行结果如下：

```
s1 is I LOVE PYTHON
s2 is PYTHON IS GOOD
**********
s1 is I LOVE PYTHON
s2 is PYTHON IS GOOD
**********
s1 is PYTHON IS GOOD
s2 is I LOVE PYTHON
```

可以看到，3次调用函数的输出结果相同，第一次直接根据函数定义调用参数，第二次和第三次采用关键词参数调用函数。

5.2.3　位置参数

位置参数有时也称必备参数，指的是必须按照正确的顺序将实参到函数中，换句话说，调用函数时传入实参的数量和位置都必须和定义函数时保持一致。

在调用函数时，指定的实参的数量必须和形参的数量一致（传多传少都不行），否则Python解释器会抛出TypeError异常，并提示缺少必要的位置参数。

【例5-9】 位置参数错误示例1。

输入如下代码：

```
def demo1(wid, hei):
    area = wid * hei
    return area
area1 = demo1(1)
Python将会报错
TypeError: demo1() missing 1 required positional argument: 'hei'
```

可以看到，抛出的异常类型为TypeError，这是由于缺少一个参数。

【例5-10】 位置参数错误示例2。

输入如下代码：

```
def demo1(wid, hei):
    area = wid * hei
    return area
area1 = demo1(1, 2, 3, 4)
```

Python将会报错：

```
TypeError: demo1() takes 2 positional arguments but 4 were given
```

可以看到，抛出的异常类型为TypeError，这是由于多了两个参数。

另外，实参和形参的位置必须一致，否则Python可能也会报错。

在调用函数时，传入实参的位置必须和形参的位置一一对应，否则会产生以下两种结果。

1. 抛出TypeError异常

当实参类型和形参类型不一致，并且在函数中这两种类型之间不能正常转换时，Python就会抛出TypeError异常。

【例5-11】 参数类型错误示例。

输入如下代码：

```
def demo1(wid, hei):
    area = wid * hei
    return area
area1 = demo1('abc', (1, 2, 3))
print(area1)
```

运行结果如下：

```
TypeError: can't multiply sequence by non-int of type 'tuple'
```

这是因为输入的数据类型应该不是数字类型，而是字符串、元组类型的参数。

2．产生的结果和预期结果不符合

假设计算梯形的面积，梯形上底为3，下底为4，高为5，demo1()函数用于计算梯形的面积，而形参和实参的位置不一致，产生的结果和预期结果将会不符合。

【例5-12】 形参和实参的位置不一致导致产生的结果和预期结果不符合示例。

输入如下代码：

```
def demo1(wid_up, wid_low, hei):
    wid = (wid_low + wid_up)/2
    area = wid * hei
    return area
print('正确面积是{}'.format(demo1(7, 8, 9)))
print('错误面积是{}'.format(demo1(8, 9, 7)))
```

运行结果如下：

```
正确面积是67.5
错误面积是59.5
```

观察结果，发现参数输入顺序不一致时，将会产生错误的计算结果。初学者一定要严格规范编程，避免一些因编程不规范而出现的错误。

5.2.4　默认参数

在调用函数时，如果不指定某个参数，Python解释器会抛出异常。为了解决这个问题，Python允许为参数设置默认值，即在定义函数时，直接给形参指定一个默认值。这样的话，即便调用函数时没有给拥有默认值的形参传递参数，该参数也可以直接使用定义函数时设置的默认值。

Python定义带有默认值参数的函数，其语法格式如下：

```
def 函数名(..., 形参名, 形参名=默认值):
    代码块
```

> **注意**　使用此格式定义函数时，指定有默认值的形参必须在所有没默认值的参数的最后，否则会产生语法错误。

【例5-13】 默认参数示例。

输入如下代码：

```
def demo1(s1, s2, s3 = 'I love Python'):
    print(s1)
    print(s2)
    print(s3)

print('*'*10)
demo1('I love China', 'Huangshan is great')
print('*'*10)
demo1(s2 = 'Huangshan is great', s1 = 'I love China')
```

05

```
print('*'*10)
demo1('I love China', 'Huangshan is great', 'I love Python')
```

运行结果如下：

```
**********
I love China
Huangshan is great
I love Python
**********
I love China
Huangshan is great
I love Python
**********
I love China
Huangshan is great
I love Python
```

可以观察到，3次调用函数得到的运行结果一致，这里第一次调用采用了默认函数调用，之后的调用既采用了默认参数调用，也采用了位置参数和关键字参数调用，读者可以用之前学的知识运行并分析代码，认真理解。

5.2.5 不定长参数

有时定义一个函数时，输入的参数的个数不确定，可能需要一个函数能处理比当初声明时更多的参数。这些参数叫作不定长参数，和之前的参数不同，声明时不会命名。其语法如下：

```
def functionname([formal_args,] *var_args_tuple ):
    "函数_文档字符串"
    function_suite
    return [expression]
```

加了星号（*）的变量名会存放所有未命名的变量参数。

【例5-14】 不定长参数示例。

输入如下代码：

```
# 定义不定长参数
def nolong(input1, *inputx):
    print(input1)
    for x in inputx:
        print(x)
    return None

# 调用不定长参数函数
print(nolong(1))
print('*'*10)
print(nolong(1, 2, 3, 4, 5))
```

运行结果如下：

```
1
None
**********
1
2
3
4
5
None
```

可以看到，两次调用定义的不定长函数，第一次直接打印了输入参数input1并返回了函数的返回值None，第二次新增了不定长参数输入，打印结果依次打印了不定长输入的参数，并返回了函数的返回值None（这里用到了for语句，为了说明不定长参数，会在后面的学习中详细讲解）。

5.2.6　函数的返回值

在Python中，用def语句创建函数时，可以用return语句指定应该返回的值，该返回值可以是任意类型的。注意，return语句在同一函数中可以出现多次，但是只要有一个得到执行，就会直接结束函数的执行。

前文我们已经见过return语句，这里进行详细说明。在函数中，使用return语句的语法格式如下：

```
return [返回值]
```

其中，返回值参数可以指定，也可以省略不写（将返回空值None）。

【例5-15】　return语句的返回值示例。

输入如下代码：

```
def sumnums(num1, num2):
    nums = num1 + num2
    return nums

w = sumnums(7, 8)
print(w)
```

运行结果如下：

```
15
```

这个示例中，返回的是两个数的和。

通过return语句指定返回值后，在调用函数时，既可以将该函数赋值给一个变量，用变量保存函数的返回值，也可以将函数再作为某个函数的实参。

函数中也可以有多个return语句。

【例5-16】　函数中含有多个return语句示例。

输入如下代码：

```
def more_return(input):
    if input > 10:
        return 'Big'
    else:
        return 'Small'
print(more_return(8))
print(more_return(12))
```

运行结果如下：

```
Small
Big
```

可以看到，本例中的函数含有多个return语句，当输入不同时，其输出结果也不同，即通过不同的return语句返回（这里用到了if语句，将在之后的章节中详细讲解）。

> **注意**　最终真正执行的最多只有1个，且一旦执行，函数运行会立即结束。

另外，return语句也可以返回多个值，请看下面的示例。

【例5-17】　return语句返回多个值示例。

输入如下代码：

```
def rectangle(width, length):
    areas = width * length
    perimeter = 2 * (width + length)
    return areas, perimeter

[area, per] = rectangle(10, 20)
print('area is {}'.format(area))
print('per is {}'.format(per))
```

运行结果如下：

```
area is 200
per is 60
```

可以看到本例中的函数含有两个输入参数和两个返回参数。

在Python中，函数的定义相当灵活。函数可以返回任何类型的值，包括列表和字典等复杂的数据类型。

【例5-18】　函数返回字典示例。

输入如下代码：

```
def student(Classes, Name, Age):
    student_dic = {'classes':Classes, 'name':Name, 'age':Age}
    return student_dic

student1 = student(3, 'LI', 10)
print(student1.items())
```

```
print(type(student1))
```

运行结果如下：

```
dict_items([('classes', 3), ('name', 'LI'), ('age', 10)])
<class 'dict'>
```

student()函数接收了年纪、姓名、年龄，并将这些值封装到字典中。从打印出的信息可以看到，这个函数接收了简单的信息，将这些信息存放到了一个更合理的数据结构中，可以更方便地处理这些信息。从type()函数的打印信息可以看出，该函数返回的确实是一个字典数据类型。由于返回值是字典类型的，因此不仅可以方便地打印查看输出值，也可以轻松地扩展这个函数。例如这里给student增加一个键school。

【例5-19】　函数返回字典增加键示例。

输入如下代码：

```
def student(Classes, Name, Age, School = ''):
    student_dic = {'classes':Classes, 'name':Name, 'age':Age}
    if School:
        student_dic['school'] = School
    return student_dic

student1 = student(3, 'LI', 10, 'No.1')
print(student1.items())
print(type(student1))
```

运行结果如下：

```
dict_items([('classes', 3), ('name', 'LI'), ('age', 10), ('school', 'No.1')])
<class 'dict'>
```

可以看到，这里增加了一个形参School，并且采用了默认参数的形式，将其默认值设置为空字符串。如果函数调用中包含这个形参的值，则这个值将会存储在字典中并返回。在任何情况下，这个函数都会存储前3个形参的值，但也可以对其进行修改。

5.3　空值

在Python中，有一个特殊的常量None（N必须大写）。和False不同，它不表示0，也不表示空字符串，而表示没有值，也就是空值。在Python中，空值常量None是经常要用到的量。

空值并不代表空对象，即None和[]、" "不同。None有自己的数据类型，可以在Python中使用type()函数查看它的类型。

【例5-20】　Python中的None详解。

输入如下代码：

```
print(None == [])
```

```
print(None == '')
print(type(None))
```

运行结果如下：

```
False
False
<class 'NoneType'>
```

观察运行结果，可以看到Python中的None属于NoneType类型。

注意，Python中的None是NoneType数据类型的唯一值，也就是说，不能再创建其他NoneType类型的变量，但是可以将None赋值给任何变量。如果希望变量中存储的东西不与任何其他值混淆，就可以使用None。

除此之外，None常用于断言（assert）、判断以及函数无返回值的情况。例如，之前一直使用print()函数输出数据，其实该函数的返回值就是None。因为它的功能是在屏幕上显示文本，根本不需要返回任何值，所以print()就返回None。可以编写Python代码验证。

【**例5-21**】　验证print()的返回类型示例。

输入如下代码：

```
t_p = print('Python')
print('*'*10)
print(None == t_p)
```

运行结果如下：

```
Python
**********
True
```

另外，对于所有没有return语句的函数定义，Python都会在末尾加上return None，使用不带值的return语句（也就是只有return关键字本身），那么就返回None。

5.4　变量的作用域

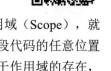

变量的作用域决定了哪一部分程序可以访问哪个特定的变量名称。所谓作用域（Scope），就是变量的有效范围，就是变量可以在哪个范围内使用。例如，有些变量可以在整段代码的任意位置使用，有些变量只能在函数内部使用，有些变量只能在while循环内部使用等。由于作用域的存在，使得Python的变量被分成两种类型，即局部变量和全局变量。

5.4.1　局部变量

在函数内部定义的变量，它的作用域也仅限于函数内部，出了函数就不能使用了，这样的变量称为局部变量（Local Variable）。

要知道，当函数被执行时，Python会为其分配一块临时的存储空间，所有在函数内部定义的变量都会存储在这块空间中。而在函数执行完毕后，这块临时存储空间随即会被释放并回收，该空间中存储的变量自然也就无法再被使用。

【例5-22】 函数的局部变量示例。

输入如下代码：

```
def local_variable():
    s1 = 'local variable'
    print(s1)
    return

local_variable()
print('函数外调用局部变量s1={}'.format(s1))
```

运行结果如下：

```
local variable
Traceback (most recent call last):
  File "G:/pyproject/Getting_started_with _Python/hanshu.py", line 323, in <module>
    print('函数外调用局部变量s1={}'.format(s1))
NameError: name 's1' is not defined
Process finished with exit code 1
```

可以看到运行结果，直接调用函数时，函数执行并打印了输出结果。当在函数外调用函数的局部变量s1时，Python报错NameError，提示没有定义要访问的变量，这也证实了当函数执行完毕后，其内部定义的变量会被销毁并回收。

> **注意** 函数的参数也属于局部变量，只能在函数内部使用。

【例5-23】 函数参数为局部变量示例。

输入如下代码：

```
def rectangle(width, length):
    areas = width * length
    perimeter = 2 * (width + length)
    print('函数参数width = {}'.format(width))
    print('函数参数length = {}'.format(length))
    return areas, perimeter

rectangle(5, 6)
print('*'*10)
print('函数外部width = {}'.format(width))
print('函数外部length = {}'.format(length))
```

运行结果如下：

```
Traceback (most recent call last):
  File "G:/pyproject/Getting_started_with _Python/hanshu.py", line 336, in <module>
    print('函数外部width = {}'.format(width))
```

```
NameError: name 'width' is not defined
函数参数width = 5
函数参数length = 6
**********
```

从运行结果可以看出，调用函数时函数的内部变量可以执行，当在函数外部调用函数参数时，Python解释器会报错，提示width没有定义，说明函数的参数也属于局部变量，只能在函数内部使用。

5.4.2　全局变量

除了在函数内部定义变量外，Python应用最多的是在所有函数的外部定义变量，这样的变量称为全局变量（Global Variable）。

和局部变量不同，全局变量的默认作用域是整个程序，即全局变量既可以在各个函数的外部使用，也可以在各函数内部使用。

定义全局变量的方式有两种：

（1）在函数体内和函数体外定义全局变量，即使用global关键字对变量进行修饰后，该变量就会变为全局变量。这里以在函数体内使用global关键字定义全局变量为例进行介绍。

【例5-24】　使用global关键字定义全局变量示例。

输入如下代码：

```
def rectangle(width, length):
    global areas, perimeter
    areas = width * length
    perimeter = 2 * (width + length)
    print('函数内部areas = {}'.format(areas))
    print('函数内部perimeter = {}'.format(perimeter))
    return

rectangle(5, 6)
print('*'*10)
print('函数外部areas = {}'.format(areas))
print('函数外部perimeter = {}'.format(perimeter))
```

这里使用global关键字定义了rectangle()函数内的两个变量areas和perimeter，使它们由局部变量变为全局变量，在函数外可以调用这些变量。

运行结果如下：

```
函数内部areas = 30
函数内部perimeter = 22
**********
函数外部areas = 30
函数外部perimeter = 22
```

观察运行结果，发现在函数外部同样可以调用在函数内部定义的全局变量。

（2）在函数体外定义变量，这类变量为全局变量。

【例5-25】　在函数体外定义全局变量示例。

输入如下代码：

```
width = 5
length = 6
def rectangle():
    global areas, perimeter
    areas = width * length
    perimeter = 2 * (width + length)
    print('函数内部width = {}'.format(width))
    print('函数内部length = {}'.format(length))
    return areas, perimeter

rectangle()
print('*'*10)
print('函数外部width = {}'.format(width))
print('函数外部length = {}'.format(length))
```

运行结果如下：

```
函数内部width = 5
函数内部length = 6
**********
函数外部width = 5
函数外部length = 6
```

需要重点说明的是，在函数体外定义的变量一定是全局变量。在函数体内和函数体外都可以调用这类变量。

5.5　局部函数

Python函数内部不仅可以定义变量，也可以定义函数。在Python函数内部定义的函数称为局部函数。和局部变量类似，默认情况下局部函数只能在其所在函数的作用域内使用。

【例5-26】　默认情况下的局部函数示例。

输入如下代码：

```
# 全局函数
def global_fun():
    width = 5
    length = 6
    # 局部函数
    def local_fun():
        areas = width * length
        perimeter = 2 * (width + length)
        print('函数外部areas = {}'.format(areas))
        print('函数外部perimeter = {}'.format(perimeter))
```

```
    local_fun()
global_fun()
```

运行结果如下：

```
函数外部areas = 30
函数外部perimeter = 22
```

可以看到，在全局函数中定义了一个局部函数，然后在全局函数中调用了这个新定义的局部函数，函数定义完毕后，直接调用全局函数，全局函数将会自动调用局部函数，最后得到预想的输出结果。

就如同全局函数返回其局部变量就可以扩大该变量的作用域一样，通过将局部函数作为所在函数的返回值也可以扩大局部函数的使用范围。

【例5-27】 扩大局部函数的作用域示例。

输入如下代码：

```
def global_fun():
    width = 5
    length = 6
    # 局部函数
    def local_fun():
        areas = width * length
        perimeter = 2 * (width + length)
        print('函数外部areas = {}'.format(areas))
        print('函数外部perimeter = {}'.format(perimeter))
    # 返回值直接调用内部函数
    return local_fun()
global_fun()
```

运行结果如下：

```
函数外部areas = 30
函数外部perimeter = 22
```

通过以上示例可以观察到，对于局部函数的作用域，如果所在函数没有返回局部函数，则局部函数的可用范围仅限于所在函数内部；反之，如果所在函数将局部函数作为返回值，则局部函数的作用域会扩大，既可以在所在函数内部使用，也可以在所在函数的作用域中使用。

注意 如果局部函数中定义的变量名和所在全局函数中定义的变量名相同，则会发生"遮蔽"的问题。

【例5-28】 变量名"遮蔽"问题示例。

输入如下代码：

```
def global_fun():
    width = 5
    length = 6
```

```
def local_fun():
    areas = width * length
    perimeter = 2 * (width + length)
    print('函数外部areas = {}'.format(areas))
    print('函数外部perimeter = {}'.format(perimeter))
    width = 3
    length = 4
local_fun()

global_fun()
```

Python解释器会报如下错误：

```
UnboundLocalError: local variable 'width' referenced before assignment
```

这个错误提示的意思是变量width还没有定义就已经使用了。导致该错误的原因在于，局部函数local_fun()中定义的width变量遮蔽了所在全局函数global_fun()中定义的width变量，在调用width时找不到定义的width变量，因此程序报错。

另外，局部函数的变量和全局函数的变量同名时，还可能导致变量覆盖现象的发生，修改以上代码并运行。

【例5-29】 局部函数的变量覆盖全局函数示例。

输入如下代码：

```
def global_fun():
    width = 5
    length = 6
    def local_fun():
        width = 3
        length = 4
        areas = width * length
        perimeter = 2 * (width + length)
        print('areas = {}'.format(areas))
        print('perimeter = {}'.format(perimeter))
    local_fun()

global_fun()
```

运行结果如下：

```
areas = 12
perimeter = 14
```

这里在局部函数local_fun()中使用width、length两个变量之前重新赋值了这两个变量，导致它们的值覆盖了全局函数中的值。读者在学习时要注意避免此类问题的发生，这种类型的问题很难在代码调试中被发现。

为了解决遮蔽问题，Python提供了nonlocal关键字。

【例5-30】 使用nonlocal关键字解决"遮蔽"问题示例。

输入如下代码：

```
def global_fun():
    width = 5
    length = 6
    def local_fun():
        nonlocal width
        nonlocal length
        areas = width * length
        perimeter = 2 * (width + length)
        print('areas = {}'.format(areas))
        print('perimeter = {}'.format(perimeter))
        width = 3
        length = 4
        areas = width * length
        print('*'*10)
        perimeter = 2 * (width + length)
        print('areas = {}'.format(areas))
        print('perimeter = {}'.format(perimeter))
    local_fun()

global_fun()
```

运行结果如下：

```
areas = 30
perimeter = 22
**********
areas = 12
perimeter = 14
```

可以看到加上nonlocal关键字之后，Python代码可以正确执行。在局部函数中重新赋值的width、length变量也可以被成功调用。

5.6   exec()函数和 eval()函数

eval()函数和exec()函数都属于Python的内置函数，具有广泛的应用场景。

eval()函数和exec()函数的功能相似，都可以执行一个字符串形式的Python代码（代码以字符串的形式提供），相当于一个Python解释器。二者的不同之处在于，eval()函数执行完要返回结果，而exec()执行完不返回任何结果。

eval()函数的语法格式如下：

```
eval(source, globals=None, locals=None, /)
```

exec()函数的语法格式如下：

```
exec(source, globals=None, locals=None, /)
```

可以看到，二者的语法格式除了函数名不同外，其他都相同，其中各个参数的具体含义如下：

- source: 这个参数是一个字符串，代表要执行的语句。该语句受后面两个字典类型参数 globals和locals的限制，只有在globals字典和locals字典作用域内的函数和变量才能被执行。
- globals: 这个参数管控的是一个全局的命名空间，即expression可以使用全局命名空间中的函数。如果只提供globals参数，而没有提供自定义的__builtins__，则系统会将当前环境中的__builtins__复制到自己提供的globals中，然后才会进行计算；如果连globals参数都没有被提供，则使用Python的全局命名空间。
- locals: 这个参数管控的是一个局部的命名空间，和globals类似，当它和globals中有重复或冲突时，以locals为准。如果没有提供locals，则默认为globals。

【例5-31】 globals参数的作用。

输入如下代码：

```
# 定义字典
dic1 = {'num1': 10, 'num2': 20}
print(dic1.keys())
print('*'*15)
# 使用exec()函数执行，后面加了一个全局作用域字典dic1
exec('num3 = 100', dic1)
print(dic1.keys())
```

运行结果如下：

```
dict_keys(['num1', 'num2'])
***************
dict_keys(['num1', 'num2', '__builtins__', 'num3'])
```

根据运行结果可以看出，exec()执行之前dic1中的key只有num1和num2，执行完exec()之后，系统在dic1中生成了两个新的key，分别是num3和__builtins__。其中，num3为执行语句生成的变量，系统将它放到指定的作用域字典里；__builtins__是系统加入的内置key。

接着演示locals参数的作用。

【例5-32】 locals参数的作用。

输入如下代码：

```
num1 = 12
num2 = 22
num3 = 32
dic1 = {'num1': 10, 'num2': 20}
dic2 = {'num2': 200, 'num3': 300}
print(eval('num1 + num2 + num3', dic1, dic2))
```

运行结果如下：

```
510
```

读者可以根据参数说明和代码运行结果自己体会参数的含义。

这两个函数是有区别的：eval()函数执行完会返回结果，而exec()函数执行完不返回结果，举例说明如下。

【例5-33】　　eval()函数和exec()函数的区别示例。

输入如下代码：

```python
# 直接执行num1 = 2
exec('num1 = 2')
print(num1)
print('*'*15)
# 直接执行4+5，但不返回值，num2应该为None
num2 = exec('4 + 5')
print(num2)
print('*'*15)
# 执行4+5，并返回值给num3
num3 = eval('4 + 5')
print(num3)
```

运行结果如下：

```
2
***************
None
***************
9
```

这里需要了解的是，在使用Python开发服务端程序时，这两个函数应用得非常广泛。例如，客户端向服务端发送一段字符串代码，服务端无须关心具体的内容，直接跳过eval()或exec()来执行，这样的设计会使服务端与客户端的耦合度更低，系统更易扩展。

另外，如果读者学习深度学习技术，会发现经常需要用到这些函数，目前最流行的深度学习框架PyTorch和TensorFlow中都大量使用这两个函数。

注意　在使用eval()或exec()来处理请求代码时，eval()和exec()经常会被黑客利用，成为可以执行系统级命令的入口点，进而来攻击网站。解决的方法是：通过设置其命名空间中的可执行函数来限制eval()和exec()的执行范围。

5.7　函数的高级话题

本节将会介绍一系列更高级的与函数相关的话题：如lambda表达式、函数式编程等函数式编程工具以及生成器函数等。使用函数的部分优势在于函数的接口，所以本节将继续探索一些通用的函数设计高级原则。

5.7.1 lambda 匿名函数

对于定义一个简单的函数，Python还提供了另一种方法，即lambda表达式。Python使用lambda表达式来创建匿名函数。lambda只是一个表达式，函数体比def简单很多。lambda表达式是一种小的匿名函数。

（1）lambda表达式又称为匿名函数，常用来表示内部仅包含一行表达式的函数。如果一个函数的函数体仅有一行表达式，则该函数就可以用lambda表达式来代替。

（2）lambda表达式可接受任意数量的参数，但只能有一个表达式。

（3）lambda的主体是一个表达式，而不是一个代码块，仅能在lambda表达式中封装有限的逻辑进去。

（4）lambda表达式拥有自己的命名空间，且不能访问自有参数列表之外或全局命名空间中的参数。

lambda表达式的语法只包含一条语句，语法如下：

```
lambda [arg1 [,arg2,...,argn]]:expression
```

其中，定义lambda表达式必须使用lambda关键字；[arg1 [,arg2,…,argn]]作为可选参数，等同于定义函数时指定的参数列表；expression为该表达式对变量执行的操作。

该语法格式转换成Python函数的形式如下：

```
def lambda([arg1 [,arg2,...,argn]]):
    return expression
lambda (list)
```

观察以上语法，显然，使用普通Python函数定义方法定义函数至少需要3行代码，而使用lambda表达式仅需一行代码。

【例5-34】 lambda表达式应用示例。
输入如下代码：

```
area = lambda x, y: x * y
print(area(3, 4))
```

运行结果如下：

```
12
```

可以这样理解，lambda表达式其实就是简单函数（函数体仅是单行的表达式）的简单版本。相比函数，lambda表达式具有以下两个优点：

- 对于单行函数，使用lambda表达式可以省去定义函数的过程，让代码更加简洁易懂。
- 对于不需要多次复用的函数，使用lambda表达式可以在用完之后立即释放，提高Python程序执行的性能。

5.7.2　函数式编程

Python函数式编程是指代码中每一块都是不可变的，都由纯函数的形式组成。这里的纯函数是指函数本身相互独立、互不影响，对于相同的输入总会有相同的输出。

另外，函数式编程还有一个特点，即允许把函数本身作为参数传入另一个函数，还允许返回一个函数。

函数式编程的优点主要在于其纯函数和不可变的特性使程序更加健壮，易于调试和测试；缺点主要在于限制多，难写。

纯粹的函数式编程语言编写的函数中是没有变量的，因此可以保证只要输入是确定的，输出就是确定的；而允许使用变量的程序设计语言，由于函数内部的变量状态不确定，同样的输入可能得到不同的输出。

Python中允许使用变量，所以它并不是一门纯函数式编程语言。Python仅对函数式编程提供了部分支持，主要包括map()、filter()和reduce()这3个函数，它们通常都结合lambda匿名函数一起使用。接下来对这3个函数的用法逐一介绍。

1．map()函数

map()函数的功能是对可迭代对象中的每个元素都调用指定的函数，并返回一个map对象。

map()函数的基本语法格式如下：

```
map(function, iterable)
```

其中，function参数表示要传入一个函数，其可以是内置函数、自定义函数或者lambda匿名函数；iterable表示一个或多个可迭代对象，可以是列表、字符串等。

提示　该函数返回的是一个map对象，不能直接输出，需要通过for循环或者list()函数来显示。

【例5-35】　map()函数应用示例。

输入如下代码：

```
list1 = list(range(0, 10, 2))
list2 = list(range(10, 20, 2))
print('list1 is {}'.format(list1))
print('list2 is {}'.format(list2))
list3 = map(lambda x, y : x * y, list1, list2)
print('*'*15)
print('list3 is {}'.format(list(list3)))
```

运行结果如下：

```
list1 is [0, 2, 4, 6, 8]
list2 is [10, 12, 14, 16, 18]
***************
list3 is [0, 24, 56, 96, 144]
```

该例是一个较为综合的示例，定义list1时运用了之前学过的range()函数和list()函数，然后输出时运用了lambda()函数，最后由于是map对象，不可以直接输出，运用list()函数使结果可以显示。

同时，可以看到这里的map()函数采用了多个迭代对象进行输入。

另外，由于map()函数是直接用C语言写的，运行时不需要通过Python解释器间接调用，并且内部做了诸多优化，因此相比其他方法，此方法的运行效率最高。

2．filter()函数

filter()函数的基本语法格式如下：

```
filter(function, iterable)
```

其中，function参数表示要传入一个函数，iterable表示一个可迭代对象。

filter()函数的功能是对iterable中的每个元素都使用function函数判断，并返回True或者False，最后将返回True的元素组成一个新的可遍历的集合。

【例5-36】 filter()函数应用示例。
输入如下代码：

```
l1 = list(range(0, 20))
l_filter = filter(lambda x : x % 3 == 0, l1)
print(list(l_filter))
```

运行结果如下：

```
[0, 3, 6, 9, 12, 15, 18]
```

与map()函数不同，filter()函数不可以接受多个迭代对象输入。

【例5-37】 filter()函数不接受多个迭代对象输入示例。
输入如下代码：

```
list1 = list(range(0, 10, 2))
list2 = list(range(10, 20, 2))
print('list1 is {}'.format(list1))
print('list2 is {}'.format(list2))
list3 = filter(lambda x, y : x > y, list1, list2)
print('*'*15)
print('list3 is {}'.format(list(list3)))
```

Python报错：

```
Traceback (most recent call last):
  File "G:/pyproject/Getting_started_with _Python/hanshu.py", line 519, in <module>
    list3 = filter(lambda x, y : x > y, list1, list2)
TypeError: filter expected 2 arguments, got 3
list1 is [0, 2, 4, 6, 8]
list2 is [10, 12, 14, 16, 18]
```

3．reduce()函数

reduce()函数通常用来对一个集合做一些累积操作，其基本语法格式如下：

```
reduce(function, iterable)
```

其中，与filter()函数类似，function规定必须是一个包含两个参数的函数；iterable表示可迭代对象。

提示　由于reduce()函数在Python 3.x中已经被放入了functools模块，因此在使用该函数之前，需要先导入functools模块（模块导入在后续章节会讲到）。

【例5-38】 reduce()函数应用示例。

输入如下代码：

```
import functools
l1 = list(range(1, 20, 2))
p = functools.reduce(lambda x, y : y * x, l1)
print(p)
```

运行结果如下：

```
654729075
```

通常来说，当对集合中的元素进行一些操作时，如果操作非常简单，比如相加、累积等，那么应该优先考虑使用map()、filter()、reduce()实现。另外，在数据量非常多的情况下（比如深度学习的应用），一般更倾向于函数式编程的表示，因为效率更高。

5.7.3　闭包函数

闭包又称闭包函数，闭包中的外部函数返回的不是一个具体的值，而是一个函数。一般情况下，返回的函数会赋值给一个变量，这个变量可以在后面被继续执行调用。

【例5-39】 闭包函数应用示例。

输入如下代码：

```
def n_power(num):              #闭包函数，num是自由变量
    def x_of(base_num):
        return base_num ** num
    return x_of                #返回值是x_of函数
square = n_power(2)            #计算一个数的平方
cube = n_power(3)              #计算一个数的立方

print(square(4))              #计算2的平方
print(cube(4))               #计算4的立方
```

运行结果如下：

```
16
64
```

示例中函数的返回值是x_of函数，而不是一个具体的数值。

闭包比普通的函数多了一个__closure__属性，该属性记录着自由变量的地址。当闭包被调用时，系统就会根据该地址找到对应的自由变量，完成整体的函数调用。

【例5-40】　闭包函数__closure__属性应用示例。

输入如下代码：

```python
def n_power(num):
    def x_of(base_num):
        return base_num ** num
    return x_of

square = n_power(4)
print(square.__closure__)
```

运行结果如下：

```
(<cell at 0x000001A4A5337970: int object at 0x00007FFE71952790>,)
```

可以看到，显示的内容是一个int（整数）类型的值，这就是square中自由变量num的初始值。还可以看到，__closure__属性的类型是一个元组，这表明闭包可以支持多个自由变量的形式。

5.7.4　递归

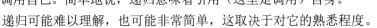

学过其他编程语言的读者，一定知道递归的概念，Python也有递归，即函数还可以调用自己。简单地说，递归意味着引用（这里是调用）自身。

递归可能难以理解，也可能非常简单，这取决于对它的熟悉程度。

递归的Python函数定义如下：

```python
def recursion():
    return recursion()
```

这个定义显然什么都没有做，让人有些看不懂。如果运行它，将发现运行一段时间后，这个程序崩溃了（引发异常）。从理论上讲，这个程序将不断运行下去，但每次调用函数时都将消耗一些内存。因此，函数调用次数达到一定程度（且之前的函数调用未返回）后，将耗尽所有的内存空间，导致程序终止并显示错误消息"超过最大递归深度"。

这个函数中的递归称为无穷递归，因为从理论上讲它永远不会结束。我们需要的是能有所帮助的递归函数，这样的递归函数通常包含以下两部分：

- 基线条件（针对最小的问题）：满足这种条件时函数将直接返回一个值。
- 递归条件：包含一个或多个调用，这些调用旨在解决一部分问题。

这里的关键是，通过将问题分解为较小的部分，可以避免递归没完没了，因为问题终将被分解成基线条件可以解决的最小问题。

每次调用函数时，都将为此创建一个新的命名空间。这意味着函数调用自身时，是两个不同的函数（更准确地说，是不同版本（命名空间不同）的同一个函数）在交流，可将此视为两个属于相同物种的动物在彼此交流。

这些定义的概念比较抽象，难以理解，下面我们还是从实践入手，举例说明递归的概念。

1. 阶乘

假设要计算数字n的阶乘。n的阶乘在数学领域的用途非常广泛。例如，计算将n个人排成一队有多少种方式，可使用循环计算阶乘。

```python
# 阶乘循环实现
def factorial(n):
    result = n
    for i in range(1, n):
        result *= i
    return result
```

这种实现可行，而且直截了当。大致而言，它是这样做的：首先将result设置为n，再将它依次乘以1到n的每个数字，最后返回result。但如果愿意，可采取不同的做法。关键在于阶乘的数学定义，可表述为：1的阶乘为1，大于1的数字n的阶乘为n–1的阶乘再乘以n。

根据定义可以有其他的Python代码实现方法。

```python
def factorial(n):
    if n == 1:
        return 1
    else:
        return n * factorial(n - 1)
```

这是阶乘定义的直接实现，这里使用了函数递归，其中函数调用factorial(n)和factorial(n – 1)是不同的实体。

2. 幂

假设要计算幂，就像内置函数pow()和运算符"**"所做的那样。要定义一个数字的整数次幂，有多种方式，但先来看一个简单的定义：power(x, n)（x的n次幂）是将数字x自乘n–1次的结果，即将n个x相乘的结果。换言之，power(3, 3)是3自乘两次的结果，即$3 \times 3 \times 3 = 27$。

这实现起来很容易：

```python
# 幂循环实现
def power(x, n):
    result = 1
    for i in range(n):
        result *= x
    return result
```

这是一个非常简单的小型函数，也可将定义修改成递归式的：

```python
# 幂递归实现
def power(x, n):
```

```
    if n == 0:
        return 1
    else:
        return x * power(x, n - 1)
```

在大多数情况下，使用循环的效率可能更高。然而，在很多情况下，使用递归的可读性更高，且有时要高得多，在理解函数的递归式定义时尤其如此。另外，虽然完全能够避免编写递归函数，但必须能够读懂其他人编写的递归算法和函数。

5.8　小结

本章详细介绍了Python函数的相关知识，主要包括函数的定义方法、函数的参数、作用域、函数式编程、递归等。

Python中函数的应用非常广泛，函数能提高Python编程的重复利用率。Python中的函数是一个相当灵活的结构，程序编写者可以根据自己的想法实现任意目的的函数，并且可以随时验证调试代码，验证预想输出与实际输出的可行性。学习并逐渐熟练掌握函数，就会逐渐有一种可以控制计算机的成就感。

第 6 章

循　　环

循环是让计算机自动完成重复工作的常见方式之一，它是Python编程中非常有用且使用频率非常高的语句。Python循序语句主要用于不断重复的命令，直到遇到终止条件。Python中的主要循环语句有for和while两种，本章将会介绍Python循序语句和循环中断语句。

学习目标：

（1）掌握while循环。

（2）掌握for循环。

（3）掌握循环中断方法。

（4）掌握循环中常用的内置函数。

6.1　while 循环

在Python中，while循环在条件（表达式）为真的情况下，会执行相应的代码块，只要条件为真，while就会一直重复执行程序代码块。

6.1.1　while 的用法

While循环的语法格式如下：

```
while 条件表达式:
    代码块
```

这里的代码块指的是缩进格式相同的多行代码，不过在循环结构中，它又称为循环体。while执行的具体流程如图6-1所示。

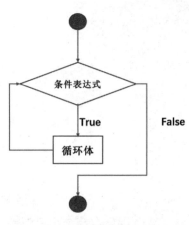

图 6-1　while 循环执行流程示意图

首先判断条件表达式的值，其值为真（True）时，则执行代码块中的语句，当执行完毕后，再回过头来重新判断条件表达式的值是否为真，若仍为真，则继续重新执行代码块，如此循环，直到条件表达式的值为假（False），才终止循环。

提示 while条件表达式后面的冒号是必需的。

【例6-1】 使用while循环打印*符号示例。
输入如下代码：

```
n = 1
limit1 = 6
while n < limit1:
    print('*'*n)
    n += 1
print('while is done')
```

运行结果如下：

```
*
**
***
****
*****
while is done
```

运行程序会发现，程序只输出了1到5行，最后输出了5个"*"结束。这是因为，当循环至n的值为6时，条件表达式的值为False（6<6），当然就不会再去执行代码块中的语句，因此不会输出新的"*"。

注意，在使用while循环时，一定要保证循环条件变成假的时候，否则这个循环将成为一个死循环。所谓死循环，指的是无法结束循环的循环结构，如将上面while循环中的n += 1代码注释掉，再运行程序就会发现，Python解释器一直在输出"*"，永远不会结束（因为n<6一直为True），除非Python强制关闭解释器。

除此之外，while循环还常用来遍历列表、元组和字符串，因为它们都支持通过下标索引获取指定位置的元素。

【例6-2】 while遍历列表示例。
输入如下代码：

```
l1 = list(range(1, 18, 3))
n = 0
while n < len(l1):
    print('$'*l1[n])
    n += 1
```

06

运行结果如下：

```
$
$$$$
$$$$$$
$$$$$$$$$$
$$$$$$$$$$$$
$$$$$$$$$$$$$$
```

6.1.2　while···else 语句

在Python中，while···else在循环条件为False时执行else语句块。

【例6-3】　while···else语句应用示例。

输入如下代码：

```
n = 0
while n < 6:
    print("@"*n*2)
    n += 1
else:
    print('n is big enough')
```

运行结果如下：

```
@@
@@@@
@@@@@@
@@@@@@@@
@@@@@@@@@@
n is big enough
```

可以看到，当n不小于6时，else部分的语句得到运行。

6.1.3　while 嵌套

while循环可以进行嵌套使用，以实现想要实现的功能。

【例6-4】　while循环嵌套实现乘法口诀示例。

输入如下代码：

```
row = 1
while row <= 7:
    col = 1
    while col <= row:
        print('%d * %d = %d\t' %(row,col,col * row),end='')
        col += 1
    print('')
    row += 1
```

运行结果如下：

```
1 * 1 = 1
2 * 1 = 2   2 * 2 = 4
3 * 1 = 3   3 * 2 = 6   3 * 3 = 9
4 * 1 = 4   4 * 2 = 8   4 * 3 = 12  4 * 4 = 16
5 * 1 = 5   5 * 2 = 10  5 * 3 = 15  5 * 4 = 20  5 * 5 = 25
6 * 1 = 6   6 * 2 = 12  6 * 3 = 18  6 * 4 = 24  6 * 5 = 30  6 * 6 = 36
7 * 1 = 7   7 * 2 = 14  7 * 3 = 21  7 * 4 = 28  7 * 5 = 35  7 * 6 = 42  7 * 7 = 49
```

可以看到，使用while循环嵌套实现输出了乘法口诀表。

while循环先学习到这里，下面学习更有意思的for循环。

6.2　for 循环

for循环是编程语言中经常使用的一种循环，在Python编程中，它常用于遍历字符串、列表、元组、字典、集合等序列类型，以逐个获取序列中的各个元素。

for循环的语法格式如下：

```
for 迭代变量 in 迭代体:
    代码块
```

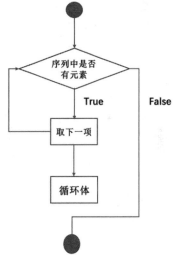

迭代变量用于存放从序列类型变量中读取出来的元素，所以一般不会在循环中对迭代变量手动赋值；代码块指的是具有相同缩进格式的多行代码（类似于while的代码块），由于和循环结构联用，因此代码块又称为循环体。

注意　for迭代体表达式后面的冒号是必需的。

------

for循环的执行流程如图6-2所示。

编写for循环时，对于存储在循环列表中每个值的临时变量，可以指定任何名称。需要说明的是，选择有意义的名称描述单个列表元素将会有很大帮助。下面实践for的用法。

图 6-2　for 循环执行流程示意图

6.2.1　for 的用法

对于小猫、小狗和一般性列表，如下编写for循环的第一行就是很好的选择：

```
for cat in cats:
for dog in dogs:
for item in list_of_items:
```

这些约定命名有助于帮助理解for循环中将对每个元素执行的操作。使用单数和复数形式的名称可以帮助判断代码段处理的是单个元素还是整个列表。

在for循环中，可以对每个元素执行操作。

【例6-5】 使用for循环对元素执行操作示例。

输入如下代码：

```
str_love = ['i', 'love', 'python']
for Str in str_love:
    print(Str.title())
```

运行结果如下：

```
I
Love
Python
```

这个循环第一次迭代时，变量Str的值为i，因此Python打印的第一条信息为I（关于title的用法在第3章已经讲过），第二次迭代时变量Str的值为love，以此类推。

在for循环中，包含多少行代码都可以。这里可以修改以上示例，对元素再执行一次操作。

【例6-6】 使用for循环对元素执行多次操作示例。

输入如下代码：

```
str_love = ['i', 'love', 'python']
for Str in str_love:
    print(Str.title())
    print(Str.upper())
```

运行结果如下：

```
I
I
Love
LOVE
Python
PYTHON
```

实际上，使用for循环对每个元素执行众多不同的操作是非常有意义的。

---

 for循环体中的语句需要正确缩进，不然Python会报错，或者得到的结果与预想的结果不符合。

【例6-7】 for循环缩进示例1。

输入如下代码：

```
str_love = ['i', 'love', 'python']
n = 0
for Str in str_love:
    print(Str.title())
    n += 1
    print('这是第{}次打印'.format(n))
```

运行结果如下：

```
I
这是第1次打印
Love
这是第2次打印
Python
这是第3次打印
```

可以看到，得到了想要得到的打印结果，每次打印后都会显示是第几次打印，若第二个print()的缩进不缩进，则会得到不同的结果。请看下面的示例。

【例6-8】　for循环缩进示例2。

输入如下代码：

```
str_love = ['i', 'love', 'python']
n = 0
for Str in str_love:
    print(Str.title())
    n += 1
print('这是第{}次打印'.format(n))
```

运行结果如下：

```
I
Love
Python
这是第3次打印
```

观察输入的代码与上面示例的不同，只是第二个print()没有缩进在for循环内，导致结果不同，这是由于在之前的示例中，n每次都返回值并且打印，在循环执行完成之后直接返回n的值为3，再进行打印的。

Python语言与其他编程语言不同，其缩进具有严格的逻辑意义，希望读者多加注意，不然编程过程中会给自己带来意想不到的麻烦。

6.2.2　for…else 语句

在Python中，for…else表示这样的意思：for中的语句和普通的语句没有区别，else中的语句会在循环正常执行完的情况下执行，与while…else类似。

【例6-9】　for…else语句应用示例。

输入如下代码：

```
for i in range(1, 16, 3):
    print('^'*i)
else:
    print("loop is done!")
```

运行结果如下：

```
^
^^^^
^^^^^^
^^^^^^^^
^^^^^^^^^^
loop is done!
```

可以看到，for循环语句执行完成之后，else语句也执行了，这种用法在实际编程应用中是有用的，不了解的初学者会以为这种语法不正确或有缩进错误，其实这是正确的Python语法，请读者注意。

总结起来比较简单，如果for循环正常结束，则会执行else中的语句。

6.2.3　for 嵌套

for循环是可以无限嵌套的，嵌套之后可以实现很多有意思的功能。嵌套代码需要严格注意缩进，才能得到预期的结果。下面举例说明for循环嵌套，请读者自己思考如何编写代码，然后参考代码运行实现。

1．实心等腰直角三角形

使用Python嵌套打印一个实心等腰直角三角形。

【例6-10】　打印实心等腰直角三角形示例。

输入如下代码：

```
rows = 5
# i用于控制外层循环（图形行数），j用于控制空格的个数，k用于控制*的个数
i = j = k = 1
#等腰直角三角形1
print("等腰直角三角形1")
for i in range(0, rows):
    for k in range(0, rows - i):
        # end=''作用是不换行
        print(" ¥ ", end='')
        k += 1
    i += 1
    print("\n")
```

运行结果如下：

```
等腰直角三角形1
 ¥  ¥  ¥  ¥  ¥
 ¥  ¥  ¥  ¥
 ¥  ¥  ¥
 ¥  ¥
 ¥
```

可以看到打印出了一个等腰直角三角形。

2. 实心等边三角形

使用Python嵌套打印一个实心等边三角形。

【例6-11】 打印实心等边三角形示例。

输入如下代码：

```
rows = 5
# i用于控制外层循环（图形行数），j用于控制空格的个数，k用于控制*的个数
i = j = k = 1
print('打印实心等边三角形')
for i in range(0, rows + 1):
    for j in range(0, rows - i):
        print(" ", end='')
        j += 1
    for k in range(0, 2 * i - 1):#(1,2*i)
        print("$", end='')
    print("\n")
    i += 1
```

运行结果如下：

```
打印实心等边三角形

    $
   $$$
  $$$$$
 $$$$$$$
$$$$$$$$$
```

可以看到打印出了一个边长为5的实心等边三角形。

3. 实心正方形

使用Python嵌套打印一个实心正方形。

【例6-12】 打印实心正方形示例。

输入如下代码：

```
rows = 5
# i用于控制外层循环（图形行数），j用于控制空格的个数，k用于控制*的个数
i = j = k = 1
print("实心正方形")
for i in range(0, rows):
    for k in range(0, rows):
        print(" $ ", end='')
        k += 1
    i += 1
    print("\n")
```

运行结果如下：

```
实心正方形
$  $  $  $  $
$  $  $  $  $
$  $  $  $  $
$  $  $  $  $
$  $  $  $  $
```

可以看到打印出了一个边长为5的实心正方形。

6.2.4 使用 for 循环遍历字典

我们知道，一个Python字典可能只包含几个键－值对，也可能包含成千上万甚至百万个键－值对。鉴于字典中可能包含大量的数据，Python支持对字典的各种遍历方法。字典也可以以各种方式存储信息，因此遍历字典的方式可以分为3类：遍历字典的所有键－值对，遍历字典的所有键，遍历字典的所有值。

1. 遍历字典的所有键－值对

先来建立一个字典，该字典用于存储学生信息，包括姓名、性别、年龄、年级。要想使用for循环对字典进行遍历，要声明两个变量，分别用于存储键－值对中的键和值。对于这两个变量可以采用任何名称。然后调用字典的items方法（该方法之前学习过），这里以示例说明。

【例6-13】 使用for循环遍历字典的键和值示例。

输入如下代码：

```
stduent = {1:['Li', 'boy', 10, 3], 2: ['Wang', 'boy', 10, 3], 3: ['Liu', 'girl', 10,
3], 4: ['Ma', 'girl', 10, 3]}
for k, v in stduent.items():
    print('key: {}'.format(k))
    print('value: {}'.format(v))
    print('*'*16)
```

运行结果如下：

```
key: 1
value: ['Li', 'boy', 10, 3]
****************
key: 2
value: ['Wang', 'boy', 10, 3]
****************
key: 3
value: ['Liu', 'girl', 10, 3]
****************
key: 4
value: ['Ma', 'girl', 10, 3]
****************
```

可以看到，已经成功遍历并打印了新建字典的内容。遍历字典的时候，键－值对的返回顺序可能与存储顺序不同。这是由于Python中的字典是无序的序列，Python只跟踪键和值之间的对应关系。

2. 遍历字典的所有键

在只需要遍历字典的键，而不需要使用字典的值时，keys()方法很有用。

【例6-14】 使用for循环遍历字典的键示例。

输入如下代码：

```
student = {1:['Li', 'boy', 10, 3], 2: ['Wang', 'boy', 10, 3], 3: ['Liu', 'girl', 10,
3], 4: ['Ma', 'girl', 10, 3]}
for k in student.keys():
    print('key: {}'.format(k))
    print('*'*16)
```

运行结果如下：

```
key: 1
****************
key: 2
****************
key: 3
****************
key: 4
****************
```

可以看到运行结果，keys()方法成功遍历了字典的所有键。这种直接写出.keys()的遍历方法让
Python代码简单易懂。这里还可以尝试另一种遍历键的方法，尝试运行以下代码：

```
student = {1:['Li', 'boy', 10, 3], 2: ['Wang', 'boy', 10, 3], 3: ['Liu', 'girl', 10,
3], 4: ['Ma', 'girl', 10, 3]}
for k in student:
    print('key: {}'.format(k))
    print('*'*16)
```

其运行结果和以上示例的运行结果相同，请读者自行验证，但是这种代码编写方法可读性稍
微差一点。

字典总是明确记录了字典中键和值之间的对应关系，但遍历字典的元素时，其顺序是不可预
测的。这是由Python中字典的数据类型决定的，它只关心键和值之间的对应关系。

若想以特定关系返回元素，则需要在for循环中对返回的键进行排序。这里可以使用sorted()方
法来获得按特点顺序的键排列的返回值。

【例6-15】 以特定顺序返回字典示例。

输入如下代码：

```
student = {
    'Li': ['boy', 10, 3],
    'Wang': ['boy', 10, 3],
    'Liu': ['girl', 10, 3],
    'Ma': ['girl', 10, 3]
    }
```

```
for name in sorted(student.keys()):
    print(name)
```

运行结果如下：

```
Li
Liu
Ma
Wang
```

这条for语句与其他for语句类似，但对.keys()方法的结果调用了sorted()方法。这让Python列出了字典中所有的键，并在遍历前对这些键进行了排序。代码运行结果表明，按顺序显示了学生的名字。

3．遍历字典的所有值

如果感兴趣的信息是字典中的值，则可以调用values()方法，它的返回值是一个值的列表，而不包含任何键。例如，想获得这样一个列表，其中只包含被调查者在消费节的花费，而不包含被调查者的名字，可以按照以下方式进行尝试。

【例6-16】　遍历字典的所有值示例。

输入如下代码：

```
student = {
    'Li': 90,
    'Wang': 50000,
    'Liu': 300,
    'Ma': 800,
    'Zhang': 20000
    }
print('消费节消费金额分别为：')
for cost in student.values():
    print(cost)
```

运行结果如下：

```
消费节消费金额分别为：
90
50000
300
800
20000
```

这种做法提取了字典中的所有值，而没有考虑重复。当涉及的值很少时，这种做法没有问题，但如果被调查者足够多，最终列表可能包含大量的重复项，若想剔除重复项，则可以使用set()方法进行处理，这样其中的元素就是独一无二的了。

类似于这种消费金额，可以进行各种数理统计，如均值、方差等，甚至可以画图可视化观察，随着Python学习的深入，这些功能将会一一实现。

4．遍历嵌套字典

类似于列表，字典也是可以嵌套的。被嵌套的字典也是可以使用for循环进行嵌套遍历的。字典嵌套字典，代码可能会复杂，但有时会有这样的应用场景。

例如，建立一个学生信息的字典，每个字典存储学生的性别、年龄等信息。这里遍历嵌套的字典信息并打印显示。

【例6-17】 使用for循环遍历嵌套字典示例。

输入如下代码：

```python
students = {
    'Li': {'sex': 'boy', 'age': 5},
    'Wang': {'sex': 'girl', 'age': 4},
    'Sun': {'sex': 'boy', 'age': 6},
     }
for name in students.keys():
    for v in students[name].values():
        print('{} is {}'.format(name, v))
    print('*'*10)
```

运行结果如下：

```
Li is boy
Li is 5
**********
Wang is girl
Wang is 4
**********
Sun is boy
Sun is 6
**********
```

可以看到，首先遍历了字典students的keys()，然后遍历了嵌套字典的value()，最后对这些代码信息进行了打印。

6.3 break 语句

在执行while循环或者for循环时，只要循环条件满足，程序将会一直执行循环体，不停地转圈。但在某些场景下，可能希望在循环结束前就强制结束循环，Python提供了两种强制离开当前循环体的办法：

- 使用continue语句，可以跳过执行本次循环体中剩余的代码，转而执行下一次循环。
- 使用break语句，可以完全终止当前循环。

本节先讲解break语句的用法，continue语句将在下一节详细介绍。

break语句可以立即终止当前循环的执行，跳出当前所在的循环结构。无论是while循环还是for循环，只要执行break语句，就会直接结束当前正在执行的循环体。

break语句的语法非常简单，只要在while或for语句中的相应位置加入break即可。

【例6-18】 使用break中断for循环示例。

输入如下代码：

```python
str1 = "Sun,love,Python"
for i in str1:
    if i == ',' :
        #终止循环
        break
    print(i,end="")
else:
    print("执行 else 语句中的代码")
print("\n执行循环体外的代码")
```

运行结果如下：

```
Sun
执行循环体外的代码
```

从运行结果可以看出，使用break跳出当前循环体之后，该循环后的else代码块也不会被执行。但是，如果将else代码块中的代码直接放在循环体的后面，则该部分代码将会被执行。

另外，对于嵌套的循环结构来说，break语句只会终止所在循环体的执行，而不会作用于所有循环体。

【例6-19】 使用break中断嵌套循环示例。

输入如下代码：

```python
str1 = "Sun,love,Python"
for i in range(3):
    for j in str1:
        if j == ',':
            break
        print(j,end="")
    print("\n跳出内循环")
```

运行结果如下：

```
Sun
跳出内循环
Sun
跳出内循环
Sun
跳出内循环
Sun
跳出内循环
```

　　根据运行结果，分析上面的程序，每当执行内层循环时，只要循环至str1字符串中的逗号(,)，就会执行break语句，它会立即停止执行当前所在的内存循环体，转而继续执行外层循环。

　　在嵌套循环结构中，这里思考同时跳出内层循环和外层循环的编程方法。最易实现的方法就是借用一个bool类型的变量。

　　【例6-20】　使用break语句同时跳出嵌套的内层循环和外层循环示例。

　　输入如下代码：

```python
str1 = "Sun,love,Python"
#提前定义一个bool变量，并为其赋初值
flag = False
for i in range(4):
    for j in str1:
        if j == ',':
            # 在break前修改flag的值
            flag = True
            break
        print(j,end="")
    print("\n跳出内循环")
    # 在外层循环体中再次使用break
    if flag == True:
        print("跳出外层循环")
        break
```

运行结果如下：

```
Sun
跳出内循环
跳出外层循环
```

　　从运行结果可以看到，通过借助一个布尔（bool）类型的变量flag，在跳出内循环时更改flag的值，同时在外层循环体中判断flag的值是否发生改动，如有改动，则再次执行break跳出外层循环；反之，则继续执行外层循环。

　　同理，此方法支持跳出多层嵌套循环。

6.4　continue 语句

　　和break语句相比，continue语句的作用则没有那么强大，它只会终止执行本次循环中剩下的代码，直接从下一次循环继续执行。

　　continue语句的用法和break语句一样，只要在while或for语句中的相应位置加入continue即可。

　　【例6-21】　使用continue语句跳出循环示例。

　　输入如下代码：

```
str1 = "Sun,love,Python"
for i in str1:
    if i == ',' :
        # 跳过本次循环的剩下语句
        print('\n')
        continue
    print(i,end="")
```

运行结果如下：

```
Sun
love
Python
```

可以看出，当遍历str1字符串至逗号（,）时，会进入if判断语句执行print()语句和continue语句。其中，print()语句起到换行的作用，而continue语句会使Python解释器忽略执行该次循环，直接从下一次循环开始执行。

6.5　pass 语句

在实际开发中，有时会先搭建起程序的整体逻辑结构，但是暂时不去实现某些细节，而是在这些地方加一些注释，方便以后再添加代码，这时就要用到空语句。

在Python中使用空语句pass是为了保持程序结构的完整性。pass不做任何事情，一般用作占位语句。其语法格式如下：

```
pass
```

【例6-22】　pass语句应用示例。

输入如下代码：

```
age = 8
if age < 3:
    print("未入学")
elif age >= 3 and age < 6:
    print("幼儿园")
elif age >= 6 and age < 12:
    print("小学")
elif age >= 12 and age < 18:
    print("中学")
elif age >= 18 and age < 22:
    print("大学")
else:
    # TODO: 成年人
    pass
```

运行结果如下：

```
小学
```

当年龄大于22时，没有使用print()语句，而是使用了一个注释，希望以后再处理。当Python执行到该else分支时，会跳过注释，什么都不执行。

pass是Python中的关键字，用来让解释器跳过此处，什么都不做。使用pass语句比使用注释更加优雅。

6.6 循环中的常用内置函数

Python中的有些内置函数会经常出现在循环中，用于优化循环代码，轻松实现一些复杂的功能。这里讲解zip()函数、reversed()函数、sorted()函数的用法。

6.6.1 zip()函数

zip()函数是Python的内置函数之一，它可以将多个序列（列表、元组、字典、集合、字符串以及range()区间构成的列表）"压缩"成一个ZIP对象。所谓"压缩"，其实就是将这些序列中对应位置的元素重新组合，生成一个个新的元组。其语法格式如下：

```
zip(iterable, ...)
```

其中iterable,…表示多个列表、元组、字典、集合、字符串，甚至还可以为range()区间。

【例6-23】 zip()函数应用示例。

输入如下代码：

```
# zip()函数的应用
l1 = [1, 2, 3]
t1 = (4, 5, 6)
print([x for x in zip(l1, t1)])
print('*'*10)
dic1 = {66: 8, 88: 6, 99: 9}
print([x for x in zip(dic1)])
print('*'*10)
s1 = 'Python'
s2 = 'China'
print([x for x in zip(s1, s2)])
```

运行结果如下：

```
[(1, 4), (2, 5), (3, 6)]
**********
[(66,), (88,), (99,)]
**********
[('P', 'C'), ('y', 'h'), ('t', 'i'), ('h', 'n'), ('o', 'a')]
```

分析以上程序和相应的输出结果不难发现，在使用zip()函数"压缩"多个序列时，它会分别取各序列中第1个元素、第2个元素、…、第n个元素，各自组成新的元组。

注意 当多个序列中的元素个数不一致时，会以最短的序列为准进行压缩。

另外，对于zip()函数返回的zip对象，既可以像上面的程序那样，通过遍历提取其存储的元组，也可以向下面的程序这样，通过调用list()函数等将zip()对象强制转换成其他数据类型，如调用list()转换为列表类型，调用tuple()转换为元组类型。

【例6-24】 使用zip()函数进行数据转换示例。

输入如下代码：

```
# 使用zip()函数进行数据转换
l1 = [1, 2, 3]
t1 = (4, 5, 6)
print(list(zip(l1, t1)))
print('*'*10)
print(tuple(zip(l1, t1)))
print('*'*10)
print(set(zip(l1, t1)))
print('*'*10)
print(dict(zip(l1, t1)))
```

运行结果如下：

```
[(1, 4), (2, 5), (3, 6)]
**********
((1, 4), (2, 5), (3, 6))
**********
{(2, 5), (1, 4), (3, 6)}
**********
{1: 4, 2: 5, 3: 6}
```

从运行结果可以看到，使用list()、tuple()、set()、dict()函数分别将zip()数据转换为了对应的数据类型。

从这里也可以看出，Python代码是相当灵活的。

6.6.2 reversed()函数

reserved()是Python的内置函数之一，其功能是对给定的序列（包括列表、元组、字符串以及range(n)区间）执行逆序操作，该函数可以返回一个逆序序列的迭代器（用于遍历该逆序序列）。其语法格式如下：

```
reversed(seq)
```

其中，seq可以是列表、元素、字符串以及range()生成的区间列表。

【例6-25】 reversed()函数应用示例。

输入如下代码：

```
#  reversed()函数的应用
l1 = [1, 2, 3]
t1 = (4, 5, 6)
s1 = 'Python'
r1 = range(5)
d1 = {1:3, 2:4}
print('*'*10)
print([x for x in reversed(l1)])
print('*'*10)
print([x for x in reversed(t1)])
print('*'*10)
print([x for x in reversed(s1)])
print('*'*10)
print([x for x in reversed(r1)])
print('*'*10)
print([x for x in reversed(d1)])
```

运行结果如下：

```
**********
[3, 2, 1]
**********
[6, 5, 4]
**********
['n', 'o', 'h', 't', 'y', 'P']
**********
[4, 3, 2, 1, 0]
**********
[2, 1]
```

从运行结果可以看到，列表、元组、字符串、range数据分别进行了逆序，并使用for循环对逆序的数据进行了打印。上述程序最后一个示例中，对字典的key也进行了逆序排列，但是其实字典原本是无序的，只关心键－值之间的对应关系，因此对于字典数据的逆序其实意义不大，但是有这种语法。

类似于zip()函数，reversed()函数返回的reversed对象既可以像上面的程序那样，通过遍历提取其存储的元组，也可以像下面的程序这样，通过调用list()函数等将reversed()对象强制转换成其他数据类型，如调用list()转换为列表类型、调用tuple()转换为元组类型。

【例6-26】　使用reversed()函数进行数据转换示例。

输入如下代码：

```
l1 = [1, 2, 3]
t1 = (4, 5, 6)
print(list(reversed(t1)))
print('*'*10)
print(tuple(reversed(l1)))
print('*'*10)
print(set(reversed(l1)))
```

运行结果如下：

```
[6, 5, 4]
**********
(3, 2, 1)
**********
{1, 2, 3}
```

从运行结果可以看到，使用list()、tuple()、set()函数分别将reversed()数据转换为了对应的数据类型。

6.6.3   sorted()函数

sorted()作为Python的内置函数之一，其功能是对序列（列表、元组、字典、集合，还包括字符串）进行排序。其语法格式如下：

```
list = sorted(iterable, key=None, reverse=False)
```

其中，iterable表示指定的序列，key参数可以自定义排序规则，reverse参数指定以升序（False，默认）还是降序（True）进行排序。sorted()函数会返回一个排好序的列表。

【例6-27】   sorted()函数应用示例。

输入如下代码：

```
# sorted()函数的基本用法
# 字符串进行排序
s1 = 'Python'
print(sorted(s1))
print('*'*10)
# 元组进行排序
t1 = (4, 5, 6)
print(sorted(t1))
print('*'*10)
# 列表进行排序
l1 = [1, 2, 3]
print(sorted(l1))
print('*'*10)
# 字典进行排序
d1 = {1: 3, 2: 4}
print(sorted(d1))
print('*'*10)
# 集合进行排序
set1 = {3, 2, 1}
print(sorted(set1))
```

运行结果如下：

```
['P', 'h', 'n', 'o', 't', 'y']
**********
[4, 5, 6]
**********
[1, 2, 3]
```

```
**********
[1, 2]
**********
[1, 2, 3]
```

可以看到对以上各种类型的数据进行了排序。

注意 使用sorted()函数对序列进行排序，并不会在原序列的基础上进行修改，而是重新生成一个排好序的列表。

【例6-28】 使用sorted()函数输出数据验证示例。

输入如下代码：

```
# 使用sorted()函数输出数据验证
s1 = 'Python'
print(s1)
print(sorted(s1))
print('*'*10)
t1 = (6, 5, 3)
print(t1)
print(sorted(t1))
```

运行结果如下：

```
Python
['P', 'h', 'n', 'o', 't', 'y']
**********
(6, 5, 3)
[3, 5, 6]
```

可以看到，输出数据是对原数据的重新排序，并不生成新的数据。

另外，在调用sorted()函数时，还可以传入一个key参数，它可以接收一个函数，该函数的功能是指定sorted()函数按照什么标准进行排序。

【例6-29】 sorted()中的key参数示例。

输入如下代码：

```
s1=['Love', 'python', 'shell', 'golang']
#默认排序
print(sorted(s1))
print('*'*10)
#自定义按照字符串长度排序
print(sorted(s1, key=lambda x: len(x)))
```

运行结果如下：

```
['Love', 'golang', 'python', 'shell']
**********
['Love', 'shell', 'python', 'golang']
```

可以看到第一次排序是sorted()函数默认排序的结果，第二次排序指定了排序方式，这种排序方式就是根据字符的长度进行排序，观察排序结果两次的排序结果是不同的。

6.7　小结

本章详细介绍了Python循环的相关知识，主要包括while循环、for循环、pass语句以及循环嵌套。循环这种概念很重要，它是让计算机自动完成重复工作的常见方式之一，因此本章用了大量示例说明了Python各种循环语句的用法。

重复做某件事情是计算机常需要做的事情，这就是循环的用武之地。逐渐熟练循环，是学好Python的重要基础。

## 第 7 章

条 件 选 择

编程时经常需要检查一系列条件，并据此条件采取相应的措施。在Python中，if条件选择语句可以检查代码当前的状态，并根据代码状态进入相应的条件选择。在Python中，可以使用if else语句对条件进行判断，然后根据不同的结果执行不同的代码，这称为选择结构或者分支结构。

本章将学习条件测试，以检查感兴趣的任何条件，还将学习简单的if语句，以及创建一系列复杂的if语句来确定当前代码处于什么情形。

学习目标：

（1）掌握if语句的使用方法。
（2）掌握条件测试方法。
（3）掌握条件语句与循环语句的嵌套。

7.1 if 语句详解

前面我们介绍的代码大多数都是顺序执行的，也就是先执行第1条语句，然后是第2条、第3条等，一直到最后一条语句，这种代码结构称为顺序结构。

但是很多情况下，顺序结构的代码是远远不够的，比如一个程序限制了只能成年人使用，儿童因为年龄不够，没有权限使用。这时候程序就需要做出判断，看用户是不是成年人，并给出提示。

上述程序就可以使用条件语句if else来实现。Python中的if else语句可以细分为三种形式，分别是if语句、if else语句和if elif else语句。

 在三种形式中，第二种和第三种形式是相通的，如果第三种形式中的elif块不出现，就变成了第二种形式。另外，elif和else都不能单独使用，必须和if一起出现，并且要正确配对，由于这是Python语言，因此还需要特别注意每个if语句的缩进。

下面详细说明这三种类型的if语句。

7.1.1　if 语句

执行过程最简单的是第一种形式——只有一个if部分。如果表达式成立（真），就执行后面的代码块；如果表达式不成立（假），就什么也不执行。

if语句的语法格式如下：

```
if 表达式:
    代码块
```

说明：

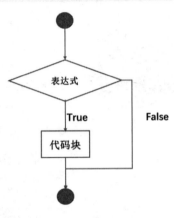

（1）"表达式"可以是一个单一的值或者变量，也可以是由运算符组成的复杂语句，形式不限，只要它能得到一个值就行。无论"表达式"的结果是什么类型，if else都能判断它是否成立（真或者假）。

（2）"代码块"由具有相同缩进量的若干条语句组成。

（3）if、elif、else语句的最后都有冒号"："，不要忘记。

上述if语句的执行流程图如图7-1所示。

下面通过一个简单的示例演示如何使用if语句正确处理特殊情形。

图 7-1　if 语句流程图

【例7-1】　假设有一个学生名字列表，当找到需要特别关注的名字时，就大写打印。

输入如下代码：

```
names = ['li', 'wang', 'zhang', 'sun']
for name in names:
    if name == 'sun':
        print(name.upper())
```

运行结果如下：

```
SUN
```

可以看到，这里的if语句执行了判断名字的特殊条件，并进行了结果打印。

7.1.2　if else 语句

一旦某个表达式成立，Python就会执行它后面对应的代码块；如果所有表达式都不成立，那就执行else后面的代码块；如果没有else部分，那就什么也不执行。

对于这种形式，如果表达式成立，就执行if后面紧跟的代码块1；如果表达式不成立，就执行else后面紧跟的代码块2。

if else语句的语法格式如下:

```
if 表达式:
    代码块 1
else:
    代码块 2
```

其执行流程图如图7-2所示。

前面讲过,if和elif后面的"表达式"的形式是很自由的,只要表达式有一个结果,无论这个结果是什么类型的,Python都能判断它是"真"还是"假"。

布尔类型(bool)只有两个值,分别是True和False,Python会把True当作"真",把False当作"假"。

对于数字,Python会把0和0.0当作"假",把其他值当作"真"。

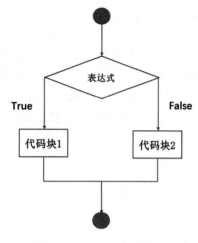

图 7-2　if else 语句流程图

对于其他类型,当对象为空或者None时,Python会把它们当作"假",其他情况当作"真"。比如,下面的表达式都是不成立的:

```
""          #空字符串
[ ]         #空列表
( )         #空元组
{ }         #空字典
None        #空值
```

即这些量会被Python当作False处理。

【例7-2】　修改例7-1的代码,当不需要被特别关注时,以小写打印名字,当需要被特别关注时,以大写打印名字。

输入如下代码:

```
names = ['li', 'wang', 'zhang', 'sun']
for name in names:
    if name == 'sun':
        print(name.upper())
    else:
        print(name)
```

运行结果如下:

```
li
wang
zhang
SUN
```

可以看到,这里打印了所有名字,但是特别关注的名字以大写打印。

7.1.3   if elif else

对于这类形式，Python会从上到下逐个判断表达式是否成立，一旦遇到某个成立的表达式，就执行后面紧跟的语句块；此时，剩下的代码就不再执行了，无论后面的表达式是否成立。如果所有的表达式都不成立，就执行else后面的代码块。

if elif else语句的语法格式如下：

```
if 表达式 1:
    代码块 1
elif 表达式 2:
    代码块 2
elif 表达式 3:
    代码块 3
...//其他elif语句
else:
    代码块 n
```

其执行流程图如图7-3所示。

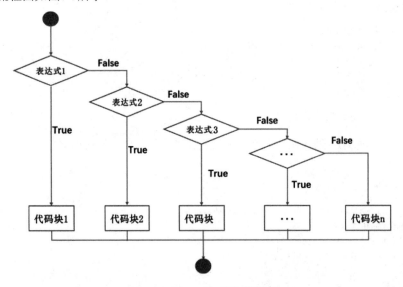

图 7-3   if elif else 语句流程图

总的来说，无论有多少个分支，都只能执行一个分支，或者一个也不执行，不能同时执行多个分支。

【例7-3】   if多分支语句应用示例。

输入如下代码：

```
age = 8
if age < 3:
    print("未入学")
```

```
elif age >= 3 and age < 6:
    print("幼儿园")
elif age >= 6 and age < 12:
    print("小学")
elif age >= 12 and age < 18:
    print("中学")
elif age >= 18 and age < 22:
    print("大学")
else:
    # TODO: 成年人
    print('参加工作')
```

运行结果如下：

```
小学
```

Python是一门非常独特的编程语言，它通过缩进来识别代码块，具有相同缩进量的若干行代码属于同一个代码块，所以不能乱用缩进。

7.2 条件测试

每条if语句的核心都是一个值为True或者False的表达式，这种表达式被称为条件测试。Python根据条件测试的值为True或者False来决定是否执行if语句中的代码。如果条件测试的值为True，Python就会执行后面的if代码，如果为False，Python就不执行这些代码，直接跳过这次条件测试。

7.2.1 是否相等

很多时候，需要将一个变量和当前计算出的特定值进行比较。最简单的条件测试就是检查变量的值是否与特定的值相等。

【例7-4】 条件测试应用示例。

输入如下代码：

```
grade = int(input())
Grade = [1, 2, 3]
print(Grade[0])
if grade==Grade[0]:
    print('good')
elif grade==Grade[1]:
    print('middle')
else:
    print('bad')
```

运行结果如下：

```
2
middle
```

这里使用grade表示输入的等级1，Grade表示所有的等级列表，然后使用等号（==）来判断输入的等级grade是否和等级列表中的某个等级对应，如果是相等的，则会返回True，直接执行后面的print()语句。

注意，在Python中检查是否相等时是区分大小写的，两个大小写不同的值会被认为是不同的值。如果有必要，也可以进行大小写转换。

【例7-5】　if大小写条件语句应用示例。

输入如下代码：

```
name = 'Li'
if name == 'li':
    print("name == 'li' 结果为：{}",format(name == 'li'))
else:
    print("name == 'li' 结果为：{}", format(name == 'li'))
```

运行结果如下：

```
name == 'li' 结果为：{} False
```

可以看到变量name的值Li为大写，if语句要判断相等的值li为小写，根据执行结果可以看到，Python中的if语句是大小写敏感的。

如果实际应用中需要大小写不敏感的代码段，可以将以上代码修改如下：

```
name = 'Li'
if name.lower() == 'li':
    print(format(name.lower() == 'li'))
```

当运行代码结束后，看到运行结果如下：

```
True
```

7.2.2　是否不相等

要判断两个值是否不相等，可以调用不相等运算符!=。下面使用if语句来说明如何使用不相等运算符。

【例7-6】　使用if语句判断是否相等示例。

输入如下代码：

```
name = 'Wu'
if name != 'Wang':
    print('not the right person')
```

运行结果如下：

```
not the right person
```

此处编写的代码，如果两个值不相等，则返回True；如果两个值相等，则跳过if语句。

7.2.3 比较数字

检查数字十分简单，下面通过示例讲解。

【例7-7】 检查一个人是不是60岁。
输入如下代码：

```
age = 60
if age == 60:
    print(age == 60)
```

运行结果如下：

```
True
```

使用if语句检查age是否等于60，如果相等，则输出True。

另外，条件中还可以包含各种数学比较，比如小于、小于或等于、大于、大于或等于。

【例7-8】 比较数字示例。
输入如下代码：

```
age = 22
print(age < 22)
print('*'*10)
print(age <= 21)
print('*'*10)
print(age > 22)
print('*'*10)
print(age >= 22)
```

运行结果如下：

```
False
**********
False
**********
False
**********
True
```

在if语句中可以使用各种运算符进行比较，方便编程者便利地检查关心的条件。

7.2.4 检查多个条件

有时可能需要同时检查多个条件。比如，有时需要在两个条件都是True或者两个条件都是False时才能执行相应的操作，而有时只需要一个关键字就可以执行相应的操作。这时，可以使用and、or等关键字进行操作。

1．使用and检查多个条件

要检查两个条件或者多个条件同时为True或者为False，可以使用and关键字将多个条件测试合为一个。如果每个条件都通过了，则整个表达式结果为True，如果某个表达式没有通过，则整个表达式结果为False。

【例7-9】 使用and检查多个条件示例。

输入如下代码：

```
class1 = 1
class2 = 6
limit1 = 3
limit2 = 7
print(class1 <= limit1 and class2 >= limit2)
print('*'*10)
print(class1 <= limit2 and class2 <= limit2)
```

运行结果如下：

```
False
**********
True
```

这里使用and进行了联合条件判断，同理也可以使用or进行联合条件判断。

2．检查多个条件

使用or关键字也可以进行多个条件判断。

【例7-10】 使用or检查多个条件示例。

输入如下代码：

```
class1 = 1
class2 = 6
limit1 = 3
limit2 = 7
print(class1 <= limit1 or class2 >= limit2)
print('*'*10)
print(class1 >= limit2 and class2 <= limit2)
```

运行结果如下：

```
True
**********
False
```

7.2.5 检查字典中的特定值

有些时候需要检查列表中是否包含某个特定的值，比如，在地图程序中，可能需要检查用户提交的地理位置是否在包含的列表中。要判断特定的值是否包含在列表中，可以使用in关键字。

【例7-11】 检查列表中包含某个特定元素示例。

输入如下代码：

```
names = ['LI', 'WANG', 'WU', 'SUN']
print('SUN' in names)
```

运行结果如下：

```
True
```

在这个示例中，检查名字是否在names中。这种技术很有用，它可以在创建一个列表之后，轻松地检查其中是否包含特定的值。

7.3   if 语句处理列表

将if语句和列表结合可以完成一些非常有意思的功能。例如，对列表中特定的元素执行特殊处理或快速处理不断变化的情形等。

7.3.1   确定列表不是空的

有的时候列表可能是空的，因此在运行for循环之前，确定列表不是空的很重要。例如某个班级的花名册，使用之前一定要确定不是空的。

【例7-12】 列表不为空示例。

输入如下代码：

```
names = ['LI', 'WANG', 'WU', 'SUN']
if names:
    for name in names:
        print(name)
else:
    print('the list may be wrong')
```

运行结果如下：

```
LI
WANG
WU
SUN
```

这里首先创建了一个列表，然后使用if判断列表是否非空，如果不是空的，就打印列表中的内容，如果是空的，则输出else语句中的错误提示。

7.3.2   处理列表中的特殊元素

有这样一个应用场景：商店中有各种商品，但是只有一件蛋糕，当蛋糕售出之后，需要提醒进货。这就需要对蛋糕进行特殊处理。

【例7-13】　处理列表中的特殊商品示例。

输入如下代码：

```
goods = ['chicken', 'crayfish', 'dumpling', 'noodle', 'cake']
for good in goods:
    if good == 'cake':
        print('cake is sold out')
    else:
        print('nothing')
```

运行结果如下：

```
nothing
nothing
nothing
nothing
cake is sold out
```

该列表中，遇到cake即打印已经售完了，提示店家注意。

7.3.3　多个列表

现实中遇到的情况往往是复杂多变的，单个列表往往无法解决现实问题。这里举两个列表和if语句结合的示例，来解决现实中的点餐问题。

【例7-14】　某餐厅可以提供的餐食存储在列表list1（如果每天提供的餐食不变，也可以使用元组来表示）中，某顾客想点的餐食存储在列表list2中，如果顾客点的餐该餐厅可以提供，则打印出该餐食的名字，如果不可以提供，则打印出不能提供的提示信息。

输入如下代码：

```
list1 = ['roast Beijing duck', 'saute diced chicken with hot peppers', 'saute diced
chicken with peanuts', 'instant boiled sliced mutto']
list2 = ['roast Beijing duck', 'saute diced chicken with hot peppers', 'pork fillets
with sweet&sour sauce', 'saute pork in hot sauce']
for requested in list2:
    if requested in list1:
        print(requested)
    else:
        print('Sorry, do not have {}'.format(requested))
```

运行结果如下：

```
roast Beijing duck
saute diced chicken with hot peppers
Sorry, do not have pork fillets with sweet&sour sauce
Sorry, do not have saute pork in hot sauce
```

可以看出，这里定义了两个列表：一个表示餐厅食谱，另一个表示顾客点餐需求。这里通过条件判断实现了一个简单的点餐环境。

7.4 条件语句和循环语句结合应用

本节将循环语句和条件语句结合来实现一些有意思的功能。

7.4.1 实现简单的用户登录验证程序

用户登录系统是常用的系统，每次登录网站、邮箱等都需要输入用户名和密码。这里模拟实现一个简单的用户登录次数验证程序。

【例7-15】 用户登录次数验证示例。

输入如下代码：

```
trycount = 0
while trycount<=2:
    name = input("用户名:")
    passwd = input("密码:")
    if name == 'westos' and passwd == 'redhat':
        print('登录成功')
        exit()
    else:
        trycount+=1
        print('请重新登录')
else:
    print("登录超过三次")
```

运行结果如下：

```
用户名:11
密码:11
请重新登录
用户名:2
密码:2
请重新登录
用户名:3
密码:3
请重新登录
登录超过三次
```

这里可以假设是某个网站登录的用户名密码验证系统（如12306），验证密码登录的次数，如果输错超过三次，就不让再次登录了，或者通过程序限制此IP或者用户名超过某段时间后才能再次登录。如果再加一个界面，就可以看作一个简单的应用程序。

7.4.2 打印空心等边三角形

在之前的学习中打印了实心等边三角形，已经学习过了if条件判断语句，下面增加难度，尝试打印输出空心等边三角形。

【例7-16】 打印空心等边三角形示例。

输入如下代码：

```
# 打印空心等边三角形
rows = 5
# i用于控制外层循环（图形行数），j用于控制空格的个数，k用于控制*的个数
i = j = k = 1
print('打印空心等边三角形')
for i in range(0, rows + 1):
    for j in range(0, rows - i):
        print(" ", end='')
        j += 1
    for k in range(0, 2 * i - 1):#(1,2*i)
        if k == 0 or k == 2 * i - 2 or i == rows:
            if i == rows:
                if k % 2 == 0:
                    print("$", end='')
                else:
                    print(" ", end='')
            else:
                print("$", end='')
        else:
            print(" ", end='')
        k += 1
    print("\n")
    i += 1
```

运行结果如下：

```
打印空心等边三角形
    $
   $ $
  $   $
 $     $
$ $ $ $ $
```

这里打印了一个边长为5的空心等边三角形。rows用于控制边长，i用于控制外层循环（图形行数），j用于控制空格的个数，k用于控制*的个数。代码中的if语句用于帮助实现三角形是空心的功能。

7.4.3　打印空心菱形

菱形可以看作两个空心三角形的组合，即上下两部分都是空心三角形，但上面的三角形不要底边，下面的三角形不要顶边。

【例7-17】 打印空心菱形示例。

输入如下代码：

```
print('打印空心菱形')
#菱形的上半部分
```

```
#变量i控制行数
rows = 5
i = j = k = 1
for i in range(rows):
    for j in range(rows - i):
        print(' ', end='')
        j += 1
    for k in range(2 * i - 1):
        if k == 0 or k == 2 * i - 2:
            print('$', end='')
        else:
            print(' ', end='')
        k += 1
    print('\n')
    i += 1
    #菱形的下半部分
for i in range(rows):
    for j in range(i):
        print(' ', end='')
        j += 1
    for k in range(2 * (rows - i) - 1):
        if k == 0 or k == 2 * (rows - i) - 2:
            print('$', end='')
        else:
            print(' ', end='')
        k += 1
    print('\n')
    i += 1
```

运行结果如下:

```
打印空心菱形
    $
   $ $
  $   $
 $     $
$       $
 $     $
  $   $
   $ $
    $
```

可以看到,打印结果是一个边长为5个$的菱形。因为菱形可以看作两个三角形的组合,这里打印两个三角形,最终实现了打印输出空心菱形。注意print()语句后面的end="一定要输入,否则得不到正确的输出结果。这里if语句用于判断输出$和菱形的空心。

7.4.4 打印空心正方形

以上打印输出了空心三角形和空心菱形,接下来使用if和for语句打印输出空心正方形。

【例7-18】　打印空心正方形示例。

输入如下代码：

```
#空心正方形
rows = 5
i = j = k = 1
print('打印正方形')
for i in range(0, rows):
    for k in range(0, rows):
        if i != 0 and i != rows - 1:
            if k == 0 or k == rows - 1:
                print(' $ ', end='')
            else:
                print('   ', end='')
        else:
            print(' $ ', end='')
        k += 1
    i += 1
    print('\n')
```

运行结果如下：

```
打印正方形
 $  $  $  $  $
 $           $
 $           $
 $           $
 $  $  $  $  $
```

可以看到，这里输出了一个边长为5个$的空心正方形，不同于上一例中输出的空心三角形和空心菱形，本例使用if语句的嵌套来实现空心正方形。

读者可以参考代码自行体会，注意print()语句后面的end=''一定要输入，否则得不到正确的输出结果。

7.5　小结

本章介绍了Python中if条件判断的相关知识，详细讲解了if语句的三种形式，分别举例说明了if语句的用法。if语句一个重要的作用是用于条件测试，本章分别介绍了各种常用的条件测试，可以根据条件测试实现编程中的特殊处理。条件语句与循环语句也可以嵌套，条件语句与循环语句的嵌套可以实现很多复杂的代码功能。

第 8 章

模块、包和标准库

8

　　通过前面章节的学习，我们已经掌握了Python语言的大部分基础知识，实际上，Python不仅语言核心非常强大，还提供了其他工具以供使用。其标准安装包含一组称为标准库（Standard Library）的模块，极大地增强了Python的功能。本章将详述模块和包的用法，简要介绍模块的工作原理及其提供的功能，然后概述标准库，重点是几个很有用的模块。

学习目标：

（1）掌握模块和包的创建方法。

（2）掌握模块和包的调用用法。

（3）掌握常用的标准库。

8.1　模块

　　在计算机程序的开发过程中，随着程序代码越写越多，一个文件中的代码就会越来越长，造成代码的维护变得越来越困难。

　　Python提供了强大的模块支持，不仅Python标准库中包含大量的模块（称为标准模块），还有大量的第三方模块，开发者自己也可以开发自定义模块。通过这些强大的模块可以极大地提高开发效率。

　　Python中的模块英文为Modules，至于模块到底是什么，可以用一句话总结：模块就是Python程序。换句话说，任何Python程序都可以作为模块，包括在前面章节中写得所有Python程序，都可以作为模块。

　　模块可以比作一盒积木，通过它可以拼出多种主题的玩具，这与前面介绍的函数不同，一个函数仅相当于一块积木，而一个模块（.py文件）中可以包含多个函数，也就是很多积木。

　　为了编写可维护的代码，把很多函数分组，分别放到不同的文件中，这样每个文件包含的代码就相对较少，很多编程语言都采用这种组织代码的方式。在Python中，一个.py文件就称为一个模块。

使用模块最大的好处是大大提高了代码的可维护性。其次，编写代码不必从零开始。当一个模块编写完毕，就可以被其他地方引用。在编写程序的时候，也经常引用其他模块，包括Python内置的模块和来自第三方的模块。

使用模块还可以避免函数名和变量名冲突。相同名字的函数和变量完全可以存在于不同的模块中，因此，在编写模块时，不必考虑名字会与其他模块冲突。但是也要注意，尽量不要与内置函数名字冲突。尤其是不要和Python的内置函数冲突。

Python模块包含Python对象定义和Python语句。

模块让编程者能够有逻辑地组织Python代码段。把相关的代码分配到一个模块中能让代码更好用，更易懂。模块能定义函数、类和变量，模块中也能包含可执行的代码。模块是一个具有任意命名属性的Python对象，可以绑定和引用。简单来说，模块是一个由Python代码组成的文件。

接下来从模块的创建和导入语句开始学习模块。

8.1.1　创建模块

模块是一组Python代码的集合，可以使用其他模块，也可以被其他模块使用。创建自己的模块时要注意两点：

（1）模块名要遵循Python变量命名规范，不要使用中文和特殊字符。

（2）模块名不要和系统模块名冲突，最好先查看系统是否已存在该模块，检查方法是在Python交互环境执行import语句，若成功，则说明系统存在此模块。

比如创建模块love_python.py，该模块的完整代码如下：

```
def print_f():
    print('love Python')
```

将其保存在文件love_python.py中，这个文件的名称（不包括扩展名.py）将成为模块的名称。文件的存储位置也很重要，后续用到再介绍。

模块在首次被导入程序时执行。这看似有点用，但用处不大。让模块值得被创建的原因在于它有自己的作用域。这意味着在模块中定义的类和函数以及对其进行赋值的变量都将成为模块的属性。这看似复杂，但实际上非常简单。

1.在模块中定义函数

这里还以模块love_python.py为例，在该模块中再添加一个函数，添加完成后的love_python.py代码如下：

```
def print_f():
    print('love Python')

def love_f():
```

```
    print('*'*10)
    print('China is Great')
```

可以看到该模块中定义了两个函数。

在模块的全局作用域内定义的名称都可以像上面这样访问。定义模块和函数主要是为了重用代码。通过将代码放在模块中，就可以在多个程序中使用它们。这意味着如果编写了一个出色的客户数据库，并将其放在模块clientdb中，就可以在记账时、发送垃圾邮件（但愿不会这样做）时以及任何需要访问客户数据的程序中使用它。如果没有放在独立的模块中，就需要在每个这样的程序中重新编写它。因此，要让代码是可重用的，务必将其模块化。

2. 在模块中添加测试代码

模块可用于定义函数和类等，但有些情况下（实际上是经常），添加一些测试代码来检查情况是否符合预期也很有用。

在主程序中（包括解释器的交互式提示符），变量__name__的值是'__main__'，而在导入的模块中，这个变量被设置为该模块的名称。因此，要让模块中测试代码的行为更合理，可将其放在一条if语句中。

这里修改代码，重新定义一个模块love_python2.py：

```
def love_f():
    print('*'*10)
    print('China is Great')
def test():
    love_f()
if __name__ == '__main__': test()
```

然后导入执行测试代码。

【例8-1】　包含有条件地执行测试代码的模块示例。

输入如下代码：

```
# 包含有条件地执行测试代码的模块
import love_python2
love_python2.love_f()
print('@'*10)
love_python2.test()
```

运行结果如下：

```
**********
China is Great
@@@@@@@@@@
**********
China is Great
```

观察运行结果，如果将这个模块作为程序运行，将执行函数love_f；如果导入它，其行为将像普通模块一样。

将测试代码放在了test函数中。原本可以将这些代码直接放在if语句中，但通过将其放在一个独立的测试函数中，可在程序中导入模块并对其进行测试。

8.1.2　使用模块

这里以前面创建的模块为例讲解模块的导入，常用的模块导入方法有import语句、from…import语句、from…import*语句。

1．import语句

模块定义好后，可以使用import语句来引入模块，语法如下：

```
import module1[, module2[,... moduleN]]
```

比如要引用模块os，就可以在文件最开始的地方用import os来引入。在调用模块中的函数时，必须这样引用：

```
模块名.函数名
```

当Python解释器遇到import语句时，如果模块在当前的搜索路径，就会被导入。

搜索路径是一个解释器会先搜索的所有目录的列表。若想要导入模块love_python.py，则需要把导入命令放在脚本的顶端。

【例8-2】　love_python模块调用示例。

输入如下代码：

```
# love_python模块的调用
import love_python
love_python.print_f()
```

运行结果如下：

```
love Python
```

这就是一个最简单的模块调用，可以看到已经成功调用并执行了模块love_python中定义的print_f()函数。

当导入模块时，可能发现其所在目录中除源代码文件外，还新建了一个名为__pycache__的子目录（在较旧的Python版本中，是扩展名为.pyc的文件）。这个目录包含处理后的文件，Python能够更高效地处理它们。以后导入这个模块时，如果.py文件未发生变化，Python将导入处理后的文件，否则将重新生成处理后的文件。删除目录__pycache__不会有任何害处，因为必要时会重新创建它。

一个模块只会被导入一次（无论执行了多少次import），这样可以防止导入模块被一遍又一遍地执行。

在大多数情况下，只导入一次是重要的优化，且在以下特殊情况下显得尤为重要：两个模块彼此导入对方。在很多情况下，可能编写两个这样的模块，需要彼此访问对方的函数和类才能正确地发挥作用。

例如，可能创建了两个模块clientdb和billing，分别包含客户数据库和记账系统的代码。客户数据库可能包含对记账系统的调用（如每月自动向客户发送账单），而记账系统可能需要访问客户数据库的功能才能正确地完成记账。在这里，如果每个模块都可以导入多次，就会出现问题。模块clientdb导入billing，而billing又导入clientdb，结果可想而知，最终将形成无穷的导入循环。然而，由于第二次导入时什么都不会发生，这种循环被打破。如果一定要重新加载模块，可使用模块importlib中的函数reload，它接受一个参数（要重新加载的模块），并返回重新加载的模块。如果在程序运行时修改了模块，并希望这种修改反映到程序中，这将很有用。

2．from…import语句

Python的from语句从模块中导入一个指定的部分到当前命名空间中，语法如下：

```
from modname import name1[, name2[, ... nameN]]
```

例如以下代码：

```
from torch.utils.data import DataLoader, TensorDataset, Dataset
```

该语句不会把整个torch.utils.data模块导入当前的命名空间中，它只会将torch.utils.data中的DataLoader、TensorDataset、Dataset引入执行这个声明的模块的全局符号表中。

导入之后就可以使用被导入的模块了，这里不再赘述。

3．from…import*语句

把一个模块的所有内容全都导入当前的命名空间也是可行的，只需使用如下声明：

```
from modname import *
```

这里提供了一个简单的方法来导入一个模块中的所有项目，但是这种声明不应该被过多地使用。需要注意命名空间和函数的作用域。

前面已经讲过，变量是拥有匹配对象的名字（标识符）。命名空间是一个包含变量名称（键）和它们各自相应的对象（值）的字典。

一个Python表达式可以访问局部命名空间和全局命名空间中的变量，如果一个局部变量和一个全局变量重名，则局部变量会覆盖全局变量。每个函数都有自己的命名空间。Python会智能地猜测一个变量是局部的还是全局的，它假设任何在函数内赋值的变量都是局部的。因此，如果要给函数内的全局变量赋值，则必须使用global语句。

基于这一点，为了让模块可以使用，要告诉解释器模块在哪里。一般有两种方法。

1）将模块放在正确的位置

将模块放在正确的位置很容易，只需找出Python解释器到哪里去查找模块，再将文件放在这个地方即可。在使用计算机时，如果Python解释器是管理员安装的，而使用者没有管理员权限，就可能无法将模块保存到Python使用的目录中。在这种情况下，需要采用随后介绍的另一种解决方案：告诉解释器到哪里查找。

2）告诉解释器到哪里查找

将模块放在正确的位置可能不是合适的解决方案，其中的原因很多，比如没有必要的权限，无法将文件保存到Python解释器的目录中，再比如想将模块放在其他地方。

最重要的是，如果将模块放在其他地方，就必须告诉解释器到哪里查找。要告诉解释器到哪里查找模块，办法之一是直接修改sys.path，但这种做法不常见，标准做法是将模块所在的目录包含在环境变量PYTHONPATH中。

环境变量并不是Python解释器的一部分，而是操作系统的一部分。大致而言，它类似于Python变量，但是在Python解释器外面设置的。如果读者使用的是bash shell（在大多数类UNIX系统、macOS系统和较新的Windows版本中都有），就可以使用如下命令将~/python附加到环境变量PYTHONPATH末尾：

```
export PYTHONPATH=$PYTHONPATH:~/python
```

如果要对所有启动的shell都执行这个命令，可将其添加到主目录的.bashrc文件中。关于如何以其他方式编辑环境变量，请参阅操作系统文档。

除使用环境变量PYTHONPATH外，还可以使用路径配置文件。这些文件的扩展名为.pth，位于一些特殊目录中，包含要添加到sys.path中的目录。有关这方面的详细信息，请参阅有关模块site的标准库文档。

8.2   包

为了避免模块名冲突（不同的人编写的模块名可能相同），Python又引入了按目录来组织模块的方法，称为包（Package）。

8.2.1   创建包

为了组织模块，可将其编组为包。包其实就是另一种模块，但有趣的是它可以包含其他模块。模块存储在扩展名为.py的文件中，而包则是一个目录。要被Python视为包，目录必须包含__init__.py文件。如果像普通模块一样导入包，__init__.py文件的内容就将是包的内容。例如，如果有一个名为constants的包，而constants/__init__.py文件包含语句PI = 3.14，就可以像下面这样做：

```
import constants
print(constants.PI)
```

要将模块加入包中，只需将模块文件放在包目录中即可。还可以在包中嵌套其他包。例如，要创建一个名为drawing的包，其中包含模块shapes和colors，需要创建以下目录和文件：

```
~/python/ PYTHONPATH中的目录
~/python/drawing/ 包目录（包drawing）
~/python/drawing/__init__.py 包代码（模块drawing）
```

```
~/python/drawing/colors.py 模块colors
~/python/drawing/shapes.py 模块shapes
```

完成以上准备工作后，下面的语句都是合法的：

```
import drawing # (1) 导入drawing包
import drawing.colors # (2) 导入drawing包中的模块colors
from drawing import shapes # (3) 导入模块shapes
```

执行第1条语句后，便可使用目录drawing中__init__.py文件的内容，但不能使用模块shapes和colors的内容。执行第2条语句后，便可使用模块colors，但只能通过全限定名drawing.colors来使用。执行第3条语句后，便可通过简化名（shapes）来使用模块shapes。请注意，这些语句只是示例，并不用像这里做的一样，先导入包，再导入其中的模块。换言之，完全可以只使用第2条语句，第3条语句也是如此。

8.2.2　安装包

进行Python程序开发时，除了使用Python内置的标准模块以及自定义的模块之外，还有很多第三方模块可以使用，这些第三方模块可以借助Python官方提供的查找包页面找到。

使用第三方模块之前，需要先下载并安装该模块，然后就能像使用标准模块和自定义模块那样导入并使用了。因此，这里主要讲解如何下载并安装第三方模块。

pip是Python包或模块的包管理器。如果使用的是Python 3.4或更高版本，则默认情况下会包含pip。使用pip安装包可以简单地分为以下几个步骤：

（1）打开命令行界面并使用pip下载需要的软件包。

（2）将命令行导航到Python脚本目录的位置，然后输入pip安装命令。

pip命令的语法格式如下：

```
pip install|uninstall|list 模块名
```

其中，install、uninstall、list是常用的命令参数，各自的含义如下：

- install：用于安装第三方模块，当pip使用install作为参数时，后面的模块名不能省略。
- uninstall：用于卸载已经安装的第三方模块，选择uninstall作为参数时，后面的模块名也不能省略。
- list：用于显示已经安装的第三方模块。

以安装torch模块为例（该模块用于进行科学计算），可以在命令行窗口输入以下代码：

```
pip install torch
```

执行此代码，它会在线自动安装torch模块。

还可以通过以下命令查看已经安装的模块的版本：

```
pip show torch
```

输入该命令后可以看到以下结果：

```
Name: torch
Version: 1.10.0
Summary: Tensors and Dynamic neural networks in Python with strong GPU acceleration
Home-page: https://pytorch.org/
Author: PyTorch Team
Author-email: packages@pytorch.org
License: BSD-3
Location: /home/anaconda3/envs/CEaViT/lib/python3.8/site-packages
Requires: typing-extensions
Required-by: vit-pytorch, torchvision, torchaudio
```

可以看到安装的torch模块的名字、版本、作者、位置、需要的依赖等基本信息。

 注意
- 每个人的Python解释器环境不同，可能得到不同的结果。
- 单纯使用pip命令进行安装时，好多第三方模块下载比较慢，甚至出现无法下载的情况，这时使用国内的一些镜像资源进行安装会达到事半功倍的效果，常用的镜像如清华大学的镜像、豆瓣的镜像，需要时可以自行搜索。

在大型程序中，往往需要导入很多模块，建议初学者在导入模块时，优先导入Python提供的标准模块，然后导入第三方模块，最后导入自定义模块。

使用以下命令可以查看已经安装的所有包的列表：

```
pip list
```

如笔者Python解释环境中安装的部分包：

```
Package              Version
-------------------- -----------
argon1-cffi          21.1.0
attrs                21.2.0
backcall             0.2.0
bleach               4.1.0
cffi                 1.14.6
colorama             0.4.4
debugpy              1.4.3
decorator            5.1.0
defusedxml           0.7.1
entrypoints          0.3
ipykernel            6.4.1
ipython              7.27.0
ipython-genutils     0.2.0
ipywidgets           7.6.5
jedi                 0.18.0
```

其中列出了安装的模块和对应的版本。版本也是一个重要信息，不同模块之间需要相互依赖，这时有的版本可能不匹配，只有匹配的版本模块才能安装在一起顺利运行。

8.3　探索模块

介绍Python标准库模块前，先来学习如何探索模块，了解模块包含什么以及如何查看模块的帮助文档。这是一种很有用的技能，因为在Python编程生涯中，将遇到很多很有用的模块，借助帮助文档可以快速了解它们的功能和用法。

Python标准库很强大，而且还在不断增大。每个新Python版本都新增了模块，通常还会对一些既有模块进行细微的修改和改进，有的模块还会被逐渐废弃。

另外，在网络上肯定会找到一些很有用的模块。如果能快速而轻松地理解它们，编程工作将有趣和高效得多。这里需要用到之前学到的一些方法和函数。

8.3.1　模块包含什么

要了解模块，最直接的方式是使用Python解释器进行研究。为此，首先需要将模块导入。假设有一个名为numpy的标准模块，输入以下代码：

```
import numpy
```

Python解释器没有报错，说明已经安装好了该模块。

下面说明查看模块包含的内容和功能的方法。

1．使用dir

要查明模块包含的内容，可使用dir函数，它列出了对象的所有属性（对于模块，它列出了所有的函数、类、变量等）。如果将dir(numpy)的结果打印出来，将是一个很长的名称列表（读者可以自行尝试看）。在这些名称中，有几个以下画线打头，根据约定，这意味着它们并非供外部使用。为了不显示这些信息，可以使用一个简单的列表表达式将这些名称过滤掉。

【例8-3】　查看numpy中不带下画线的属性。

输入如下代码：

```
import numpy
for n in dir(numpy):
    if not n.startswith('_'):
        print(n)
```

运行结果如下：

```
ALLOW_THREADS
AxisError
BUFSIZE
Bytes0
CLIP
ComplexWarning
...
```

该运行结果其实是一个很长的列表，这里只列出了前几个。结果包含dir(numpy)返回的不以下画线打头的名称，这比完整清单要好懂一些。

2. 变量__all__

通过前面的学习，我们可以使用简单的正则表达式推导来猜测可在模块numpy中看到哪些内容，也可以直接咨询该模块来获得正确的答案。

注意，在dir(numpy)返回的完整清单中，包含名称__all__。这个变量包含一个列表，它与前面使用列表推导创建的列表类似，但是在模块内部设置的。下面查看该列表包含的内容。

【例8-4】   查看numpy模块的__all__。

输入如下代码：

```
import numpy
print(numpy.__all__)
```

运行结果如下：

```
['ModuleDeprecationWarning', 'VisibleDeprecationWarning', '__version__',
'show_config', 'char', 'rec', 'memmap', 'newaxis', 'ndarray', 'flatiter', 'nditer',
'nested_iters', 'ufunc', ... , 'ctypeslib', 'ma']
```

注意，numpy模块的__all__有好几页，这里只给出了部分结果进行示例。

这个__all__列表是在模块copy中像下面这样设置的（这些代码是直接从numpy.py复制而来的，下面给出部分代码进行示例）：

```
__all__ = ['ModuleDeprecationWarning', 'VisibleDeprecationWarning', '__version__',
'show_config', 'char', 'rec', 'memmap', 'newaxis', 'ndarray', 'flatiter', 'nditer',
'nested_iters', 'ufunc', ... , 'ctypeslib', 'ma']
```

提供__all__旨在定义模块的公有接口。具体地说，它告诉解释器从这个模块导入所有的名称意味着什么。因此，如果使用如下代码：

```
from numpy import *
```

将只能得到变量__all__中列出的函数。要导入ndarray，必须显式地导入numpy并使用numpy.ndarray，或者使用from numpy import ndarray。

编写模块时，像这样设置__all__也很有用。因为模块可能包含大量其他程序不需要的变量、函数和类，比较周全的做法是将它过滤掉。如果不设置__all__，则会在以import *方式导入时，导入所有不以下画线打头的全局名称。

8.3.2   使用 help 获取帮助

前面一直在巧妙地利用熟悉的各种Python函数和特殊属性来探索模块numpy。对于这种探索来说，Python解释器是一个强大的工具，因为使用它来探测模块时，探测的深度仅受限于对Python语言的掌握程度。然而，有一个标准函数通常可提供需要的所有信息，它就是help。

【例8-5】　获取numpy的帮助信息。

输入如下代码：

```
import numpy
help(numpy)
```

运行结果如下：

```
se see `ndarray.std`.
    |
    |  sum(...)
    |      Scalar method identical to the corresponding array attribute.
    |
    |      Please see `ndarray.sum`.
    |
    |  swapaxes(...)
    |      Scalar method identical to the corresponding array attribute.
    |
    |      Please see `ndarray.swapaxes`.
    |
    |  take(...)
    |      Scalar method identical to the corresponding array attribute.
    |
    |      Please see `ndarray.take`.
```

注意，help(numpy)命令将返回特别长的返回值，以上只是截取了一小部分进行示例。

8.3.3　文档

显然，文档是有关模块信息的自然来源。之所以到现在才讨论文档，是因为查看模块本身要快得多。例如，要想知道range的参数，与其在Python图书或标准Python文档中查找对range的描述，不如直接检查这个函数的文档。

【例8-6】　查看os文档。

输入如下代码：

```
import os
print(os.__doc__)
```

运行结果如下：

```
OS routines for NT or Posix depending on what system we're on.

This exports:
  - all functions from posix or nt, e.g. unlink, stat, etc.
  - os.path is either posixpath or ntpath
  - os.name is either 'posix' or 'nt'
  - os.curdir is a string representing the current directory (always '.')
  - os.pardir is a string representing the parent directory (always '..')
  - os.sep is the (or a most common) pathname separator ('/' or '\\')
  - os.extsep is the extension separator (always '.')
```

```
- os.altsep is the alternate pathname separator (None or '/')
- os.pathsep is the component separator used in $PATH etc
- os.linesep is the line separator in text files ('\r' or '\n' or '\r\n')
- os.defpath is the default search path for executables
- os.devnull is the file path of the null device ('/dev/null', etc.)

Programs that import and use 'os' stand a better chance of being
portable between different platforms. Of course, they must then
only use functions that are defined by all platforms (e.g., unlink
and opendir), and leave all pathname manipulation to os.path
(e.g., split and join).
```

这样就获得了os的准确描述。由于通常会在编程时想了解模块的功能，而此时Python解释器很可能正在运行，因此获取这些信息只需几秒钟。

就学习Python编程而言，最有用的文档是Python库参考手册，它描述了标准库中的所有模块。在需要获悉一些有关Python的知识时，十有八九能在这里找到。

8.3.4　使用源代码

在大多数情况下，前面讨论的探索技巧都够用了。但要真正理解Python语言，可能需要了解一些不阅读源代码就无法了解的事情。事实上，要学习Python，阅读源代码是除动手编写代码外的最佳方式。

实际上阅读源代码应该不成问题，假设要阅读标准模块os的代码，可以像解释器那样通过sys.path来查找，但更快捷的方式是查看模块的__file__特性。

【例8-7】　查看os源代码的路径。

输入如下代码：

```
import os
print(os.__file__)
```

运行结果如下：

```
C:\Users\anaconda3\lib\os.py
```

可在代码编辑器（如IDLE）中打开os.py文件，并开始研究其工作原理。如果列出的文件名以.pyc结尾，则可打开以.py结尾的相应文件。

在文本编辑器中打开标准库文件时，存在不小心修改它的风险，这可能会破坏文件。因此，关闭文件时，千万不要保存可能对其所做的修改。

8.4　标准库

在Python中，短语"开箱即用"（Batteries Included）最初是由Frank Stajano提出的，指的是Python丰富的标准库。安装Python后，就可以免费获得大量很有用的模块。

鉴于有很多方式可以获取有关这些模块的详细信息（本章前面介绍过），这里只介绍几个常用的标准模块。这里对模块的描述并非面面俱到，只是将重点放在模块的一些有趣功能上。

8.4.1 os

模块os能够访问多个操作系统服务。它包含的内容很多，os及其子模块os.path还包含多个查看、创建和删除目录及文件的函数，以及一些操作路径的函数（例如os.path.split和os.path.join在大多数情况下都可以忽略os.pathsep）。

有关该模块的详细信息，请参阅标准库文档。在标准库文档中，还可以找到有关模块pathlib的描述，它提供了一个面向对象的路径操作接口，如表8-1所示。

表 8-1 模块 os 中一些重要的函数和变量

函数/变量	描　　述
environ	包含环境变量的映射
system(command)	在子 shell 中执行操作系统命令
sep	路径中使用的分隔符
pathsep	分隔不同路径的分隔符
linesep	行分隔符（'\n'、'\r'或'\r\n'）
urandom(n)	返回 n 字节的强加密随机数据

映射os.environ包含环境变量。例如，要访问环境变量PYTHONPATH，可使用表达式os.environ['PYTHONPATH']，这个映射也可用于修改环境变量，但并非所有的平台都支持这样做。函数os.system用于运行外部程序。还有其他用于执行外部程序的函数，如execv和popen，前者退出Python解释器，并将控制权交给被执行的程序，而后者创建一个到程序的链接（这个链接类似于文件）。

变量os.sep用于路径名中的分隔符。在UNIX（以及macOS的命令行Python版本）中，标准分隔符为/。在Windows中，标准分隔符为"\\"（这种Python语法表示单个反斜杠）。在旧式macOS中，标准分隔符为":"。

可使用os.pathsep来组合多条路径，就像PYTHONPATH中那样。pathsep用于分隔不同的路径名：在UNIX/macOS中为":"，而在Windows中为";"。

变量os.linesep用于文本文件中的行分隔符：在UNIX/OS中为单个换行符（\n），在Windows中为回车和换行符（\r\n）。

函数urandom使用随系统而异的"真正"（至少是强加密）随机源。如果平台没有提供这样的随机源，将引发NotImplementedError异常。

例如，看看启动Web浏览器的问题。system命令可用于执行任何外部程序，这在UNIX等环境中很有用，因为可从命令行执行程序（或命令）来列出目录的内容、发送电子邮件等。它还可用于启动图形用户界面程序，如Web浏览器。在UNIX中，可以像下面这样做（这里假定/usr/bin/firefox处有浏览器）：

```
os.system('/usr/bin/firefox')
```

在Windows中，可以这样做（同样，这里指定的是安装浏览器的路径）：

```
os.system(r'C:\"Program Files (x86)"\"Mozilla Firefox"\firefox.exe')
```

请注意，这里用引号将Program Files和Mozilla Firefox引起来了。如果不这样做，底层shell将受阻于空白处（对于PYTHONPATH中的路径，也必须这样做）。另外，这里必须使用反斜杠，因为Windows shell无法识别斜杠。如果执行这个命令，将发现浏览器试图打开名为Files"\Mozilla…（空白后面的命令部分）的网站。另外，如果在IDLE中执行这个命令，将出现一个DOS窗口，关闭这个窗口后浏览器才会启动。总之，结果不太理想。

另一个函数更适用于完成这项任务，它就是Windows特有的函数os.startfile。

```
os.startfile(r'C:\Program Files (x86)\Mozilla Firefox\firefox.exe')
```

os.startfile接受一个普通路径，即便该路径包含空白也没关系（无须像os.system示例中那样用引号将Program Files引起来）。

 在Windows中，使用os.system或os.startfile启动外部程序后，当前Python程序将继续运行；而在UNIX中，当前Python程序将等待命令os.system结束。

8.4.2　sys

模块sys能够访问与Python解释器紧密相关的变量和函数，表8-2列出了其中的一些变量和函数。

表 8-2　模块 sys 中一些重要的函数和变量

函数/变量	描　述
argv	命令行参数，包括脚本名
exit([arg])	退出当前程序，可通过可选参数指定返回值或错误消息
modules	一个字典，将模块名映射到加载的模块
path	一个列表，包含要在其中查找模块的目录的名称
platform	一个平台标识符，如 sunos5 或 win32
stdin	标准输入流，一个类似于文件的对象
stdout	标准输出流，一个类似于文件的对象
stderr	标准错误流，一个类似于文件的对象

变量sys.argv包含传递给Python解释器的参数，其中包括脚本名。

函数sys.exit用于退出当前程序。可向它提供一个整数，指出程序是否成功，这是一种UNIX约定。在大多数情况下，使用该参数的默认值（0，表示成功）即可。也可向它提供一个字符串，这个字符串将成为错误消息，对用户找出程序终止的原因很有帮助。在这种情况下，程序退出时将显示指定的错误消息以及一个表示失败的编码。

映射sys.modules用于模块名映射到模块（仅限于当前已导入的模块）。

变量sys.path是一个字符串列表，其中的每个字符串都是一个目录名，执行import语句时将在这些目录中查找模块。

变量sys.platform（一个字符串）是运行解释器的"平台"名称。这可能是表示操作系统的名称（如sunos5或win32），也可能是表示其他平台类型（如Java虚拟机）的名称（如Java 1.4.0）。

变量sys.stdin、sys.stdout和sys.stderr是类似于文件的流对象，表示标准的UNIX概念：标准输入、标准输出和标准错误。简单地说，Python从sys.stdin获取输入（例如，用于input中），并将输出打印到sys.stdout。

例如，来看看按相反顺序打印参数的问题。从命令行调用Python脚本时，可能指定一些参数，也就是所谓的命令行参数。这些参数将放在列表sys.argv中，其中sys.argv[0]为Python脚本名。按相反的顺序打印这些参数非常容易。

【例8-8】　反转并打印命令行参数示例。

输入如下代码：

```
import sys
args = sys.argv[1:]
args.reverse()
print(' '.join(reversed(sys.argv[1:])))
```

在命令行中输入：

```
python reverseargs.py this is a test
```

将会得到以下结果：

```
test a is this
```

8.4.3　random

模块random包含生成伪随机数的函数，有助于编写模拟程序或生成随机输出的程序。请注意，虽然这些函数生成的数字好像是完全随机的，但它们背后的系统是可预测的。如果要求真正的随机（如用于加密或实现与安全相关的功能），应考虑使用模块os中的函数urandom。模块random中的SystemRandom类基于的功能与urandom类似，可提供接近于真正随机的数据，如表8-3所示。

表 8-3　模块 random 中一些重要的函数

函　　数	描　　述
random()	返回一个 0～1（含）的随机实数
getrandbits(n)	以长整数方式返回 n 个随机的二进制位
uniform(a, b)	返回一个 a～b（含）的随机实数
randrange([start], stop, [step])	从 range(start, stop, step)中随机地选择一个数
choice(seq)	从序列 seq 中随机地选择一个元素

（续表）

函　　数	描　　述
shuffle(seq[, random])	就地打乱序列 seq
sample(seq, n)	从序列 seq 中随机地选择 n 个值不同的元素

（1）函数random.random是基本的随机函数之一，它返回一个0~1（含）的伪随机数。

（2）函数random.getrandbits以一个整数的方式返回指定数量的二进制位。

（3）函数random.uniform提供了两个数字参数a和b，它返回一个a~b（含）的随机（均匀分布的）实数。例如，如果需要一个随机角度，可使用uniform(0, 360)。

（4）函数random.randrange是生成随机整数的标准函数。为指定这个随机整数所在的范围，可像调用range那样给这个函数提供参数。例如，要生成一个1~100（含）的随机整数，可使用randrange(1,101)或randrange(100)+1。要生成一个小于100的随机正偶数，可使用randrange(0,100,2)。

（5）函数random.choice从给定序列中随机（均匀）地选择一个元素。

（6）函数random.shuffle随机地打乱一个可变序列中的元素，并确保每种可能的排列顺序出现的概率相同。

（7）函数random.sample从给定序列中随机（均匀）地选择指定数量的元素，并确保所选择元素的值各不相同。

下面来看几个使用模块random的示例。

【例8-9】　询问用户要掷多少个骰子、每个骰子有多少面。

掷骰子的机制是使用randrange和for循环实现的。输入如下代码：

```
# 掷骰子
from random import randrange
num = int(input('How many dice? '))
sides = int(input('How many sides per die? '))
sum = 0
for i in range(num):
    sum += randrange(sides) + 1
print('The result is', sum)
```

运行结果如下：

```
How many dice? 6
How many sides per die? 7
The result is 24
```

这里分别输入了6和7，读者可以运行代码自己输入想要的数字。

现在假设创建了一个文本文件，其中每行都包含一种运气情况（fortune），那么可以使用前面介绍的模块fileinput将这些情况放到一个列表中，再随机地选择一种。

```
# 随机文件输入
import fileinput, random
```

```
fortunes = list(fileinput.input())
print(random.choice(fortunes))
```

在Ubuntu中，可使用标准字典文件**/usr/share/dict/words**来测试这个程序，这将获得一个随机的单词。读者可以自行尝试。

假设要编写一个程序，在用户每次按回车键时都发给他一张牌。另外，还要确保发给用户的每张牌都不同。为此，首先创建"一副牌"，也就是一个字符串列表。

【例8-10】　纸牌游戏。

输入如下代码：

```
from random import shuffle
from pprint import pprint
values = list(range(1, 11)) + 'Jack Queen King'.split()
suits = 'diamonds clubs hearts spades'.split()
deck = ['{} of {}'.format(v, s) for v in values for s in suits]
shuffle(deck)
pprint(deck[:15])
```

运行结果如下：

```
['6 of spades',
 'King of hearts',
 'Queen of diamonds',
 'King of spades',
 '6 of diamonds',
 'Queen of spades',
 '5 of spades',
 '7 of spades',
 '5 of clubs',
 '8 of clubs',
 '1 of diamonds',
 '10 of hearts',
 '8 of hearts',
 'Jack of spades',
 '8 of diamonds']
```

这里为了节省篇幅，只打印了开头15张牌，根据需要，完全可以自己查看整副牌。

最后，要让Python在用户每次按回车键时给他发一张牌，直到牌发完为止，只需创建一个简单的while循环。如果将创建整副牌的代码放在了一个程序文件中，那么只需在这个文件末尾添加如下代码即可：

```
while deck: input(deck.pop())
```

注意，如果在交互式解释器中尝试运行这个while循环，那么每当按回车键时都将打印一个空字符串。这是因为input返回输入的内容（什么都没有），然后这些内容将被打印出来。

在普通程序中，将忽略input返回的值。要在交互式解释器中也忽略input返回的值，只需将其赋给一个不会再理会的变量，并将这个变量命名为ignore。

8.4.4　re

模块re提供了对正则表达式的支持。本节描述模块re和正则表达式的主要功能，目的在于让读者快速上手。

1．正则表达式

正则表达式是可匹配文本片段的模式。最简单的正则表达式为普通字符串，与它自己匹配。换言之，正则表达式'python'与字符串'python'匹配。可使用这种匹配行为来完成如下工作：在文本中查找模式，将特定的模式替换为计算得到的值，以及将文本分割成片段。

1）通配符

正则表达式可与多个字符串匹配，可使用特殊字符来创建这种正则表达式。例如，句点与除换行符外的其他字符都匹配，因此正则表达式'.ython'与字符串'python'和'jython'都匹配。它还与'qython'、'+ython'和' ython'（第一个字符为空格）等字符串匹配，但不与'cpython'、'ython'等字符串匹配，因为句点只与一个字符匹配，而不与零或两个字符匹配。

句点与除换行符外的任何字符都匹配，因此被称为通配符（wildcard）。

2）对特殊字符进行转义

普通字符只与自己匹配，但特殊字符的情况完全不同。例如，假设要匹配字符串'python.org'，可以直接使用模式'python.org'，但它也与'pythonzorg'匹配，这可能不是想要的结果。要让特殊字符的行为与普通字符一样，可对其进行转义，在它前面加上一个反斜杠。因此，在这个示例中，可使用模式'python\\.org'，它只与'python.org'匹配。

请注意，为表示模块re要求的单个反斜杠，需要在字符串中书写两个反斜杠，让解释器对其进行转义。换言之，这里包含两层转义：解释器执行的转义和模块re执行的转义。实际上，在有些情况下也可使用单个反斜杠，让解释器自动对其进行转义，但请不要这样依赖解释器。

3）字符集

匹配任何字符很有用，但有时需要更细致地控制。为此，可以用方括号将一个子串括起来，创建一个所谓的字符集。这样的字符集与其包含的字符都匹配，例如'[pj]ython'与'python'和'jython'都匹配，但不与其他字符串匹配。也可以使用范围，例如'[a-z]'与a~z的任何字母都匹配。还可以组合多个访问，方法是依次列出它们，例如'[a-zA-Z0-9]'与大写字母、小写字母和数字都匹配。请注意，字符集只能匹配一个字符。

要指定排除字符集，可在开头添加一个^字符，例如'[^abc]'与除a、b和c外的其他任何字符都匹配。

4）二选一和子模式

需要以不同的方式处理每个字符时，字符集很好，但如果只想匹配字符串'python'和'perl'，则使用字符集或通配符无法指定这样的模式，必须使用表示二选一的特殊字符：管道字符（|）。所需的模式为'python|perl'。

然而，有时不想将二选一运算符用于整个模式，而只想将其用于模式的一部分。为此，可将这部分（子模式）放在圆括号内。对于前面的示例，可重写为'p(ython|erl)'。请注意，单个字符也可称为子模式。

5）可选模式和重复模式

通过在子模式后面加上问号，可将其指定为可选的，即可包含，也可不包含。

6）字符串的开头和末尾

到目前为止，讨论的都是模式是否与整个字符串匹配，但也可以查找与模式匹配的子串，如字符串'www.python.org'中的子串'www'与模式'w+'匹配。像这样查找字符串时，有时在整个字符串开头或末尾查找很有用。例如，可能想确定字符串的开头是否与模式'ht+p'匹配，为此可使用脱字符（'^'）来指出这一点。例如，'^ht+p'与'http://python.org'和'httttttp://python.org'匹配，但与'www.http.org'不匹配。同样，要指定字符串末尾，可使用美元符号（$）。

2．模块 re 的内容

如果没有用武之地，知道如何书写正则表达式也没多大意义。模块 re 包含多个使用正则表达式的函数，可以充分发挥正则表达式的作用。表8-4给出了一些重要的函数。

表 8-4 模块 re 中一些重要的函数

函 数	描 述
compile(pattern[, flags])	根据包含正则表达式的字符串创建模式对象
search(pattern, string[, flags])	在字符串中查找模式
match(pattern, string[, flags])	在字符串开头匹配模式
split(pattern, string[, maxsplit=0])	根据模式来分割字符串
findall(pattern, string)	返回一个列表，其中包含字符串中所有与模式匹配的子串
sub(pat, repl, string[, count=0])	将字符串中与模式 pat 匹配的子串都替换为 repl
escape(string)	对字符串中所有的正则表达式特殊字符都进行转义

（1）re.compile()函数将用字符串表示的正则表达式转换为模式对象，以提高匹配效率。调用search()、match()等函数时，如果提供的是用字符串表示的正则表达式，则必须在内部将它们转换为模式对象。通过使用compile()函数对正则表达式进行转换后，每次使用它时都无须再进行转换。模式对象也有搜索/匹配方法，因此re.search(pat,string)（其中pat是一个使用字符串表示的正则表达式）等价于pat.search(string)（其中pat是使用compile创建的模式对象）。编译后的正则表达式对象也可用于模块re中的普通函数。

（2）re.search()函数在给定字符串中查找第一个与指定正则表达式匹配的子串。如果找到这样的子串，则返回MatchObject（结果为真），否则返回None（结果为假）。鉴于返回值的这种特征，可在条件语句中使用这个函数，如下所示：

```
if re.search(pat, string):
    print('Found it!')
```

然而，如果需要获悉有关匹配的子串的详细信息，可查看返回的MatchObject。

（3）re.match()函数尝试在给定字符串开头查找与正则表达式匹配的子串，因此re.match('p','python')返回真（MatchObject），而re.match('p', 'www.python.org')返回假（None）。

（4）re.split()函数根据与模式匹配的子串来分隔字符串。这类似于字符串方法split()，但使用正则表达式来指定分隔符，而不是指定固定的分隔符。例如，使用字符串方法split()时，可以字符串', '为分隔符来分隔字符串，但使用re.split()函数时，可以空格和逗号为分隔符来分隔字符串。

【例8-11】 re.split()函数应用示例。

输入如下代码：

```
# re.split使用示例
import re
some_text = 'ABCDE, DFGHI,,,,JKLM OPQRS'
print(re.split('[, ]+', some_text))
```

运行结果如下：

```
['ABCDE', 'DFGHI', 'JKLM', 'OPQRS']
```

从这个示例可知，返回值为子串列表。参数maxsplit指定最多分隔多少次。

【例8-12】 re.split()函数的参数maxsplit应用示例。

输入如下代码：

```
import re
some_text = 'ABCDE, DFGHI,,,,JKLM OPQRS'
print(re.split('[, ]+', some_text, maxsplit=2))
print('*'*10)
print(re.split('[, ]+', some_text, maxsplit=1))
```

运行结果如下：

```
['ABCDE', 'DFGHI', 'JKLM OPQRS']
**********
['ABCDE', 'DFGHI,,,,JKLM OPQRS']
```

（5）re.findall()函数返回一个列表，其中包含所有与给定模式匹配的子串。

【例8-13】 使用re.findall()函数查找所有单词示例。

输入如下代码：

```
import re
pat = '[a-zA-Z]+'
text = '"Hm... Err -- are you sure?" he said, sounding insecure.'
print(re.findall(pat, text))
```

运行结果如下：

```
['Hm', 'Err', 'are', 'you', 'sure', 'he', 'said', 'sounding', 'insecure']
```

查找所有的标点符号，可以按照以下示例操作。

【例8-14】　使用re.findall()函数查找标点符号示例。

输入如下代码：

```
import re
pat = r'[.?\-",]+'
text = '"Hm... Err -- are you sure?" he said, sounding insecure.'
print(re.findall(pat, text))
```

运行结果如下：

```
['"', '...', '--', '?"', ',', '.']
```

（6）re.sub()函数从左往右将与模式匹配的子串替换为指定内容。

【例8-15】　re.sub()函数应用示例。

输入如下代码：

```
import re
pat = '{name}'
text = 'Dear {name}...'
print(re.sub(pat, 'Mr. Gumby', text))
```

运行结果如下：

```
Dear Mr. Gumby...
```

（7）re.escape()是一个工具函数，用于对字符串中所有可能被视为正则表达式运算符的字符进行转义。使用这个函数的情况有：字符串很长，其中包含大量特殊字符，而不想输入大量的反斜杠；从用户那里获取了一个字符串（例如，通过input()函数），想将其用于正则表达式中。

【例8-16】　re.escape()函数应用示例。

输入如下代码：

```
import re
print(re.escape('www.baidu.com'))
print('*'*10)
print(re.escape('He is good at playing!'))
```

运行结果如下：

```
www\.baidu\.com
**********
He\ is\ good\ at\ playing!
```

3．匹配对象和编组

在模块re中，查找与模式匹配的子串的函数都在找到时返回MatchObject对象。这种对象包含与模式匹配的子串的信息，还包含模式的哪部分与子串的哪部分匹配的信息。这些子串部分称为编组（Group）。

编组就是放在圆括号内的子模式，它是根据左边的括号数编号的，其中编组0指的是整个模式。因此，在下面的模式中：

```
'There (was a (wee) (cooper)) who (lived in Fyfe)'
```

包含如下编组：

```
0 There was a wee cooper who lived in Fyfe
1 was a wee cooper
2 wee
3 cooper
4 lived in Fyfe
```

通常，编组包含诸如通配符和重复运算符等特殊字符，因此读者可能想知道与给定编组匹配的内容。例如，在下面的模式中：

```
r'www\.(.+)\.com$'
```

编组0包含整个字符串，而编组1包含'www.'和'.com'之间的内容。通过创建类似于这样的模式，可提取字符串中感兴趣的部分。

表8-5给出了re匹配对象的重要方法。

表 8-5　re 匹配对象的重要方法

方　　法	描　　述
group([group1, …])	获取与给定子模式（编组）匹配的子串
start([group])	返回与给定编组匹配的子串的起始位置
end([group])	返回与给定编组匹配的子串的终止位置（与切片一样，不包含终止位置）
span([group])	返回与给定编组匹配的子串的起始和终止位置

（1）group()方法返回与模式中给定编组匹配的子串。如果没有指定编组号，则默认为0。如果只指定了一个编组号（或使用默认值0），则只返回一个字符串；否则返回一个元组，其中包含与给定编组匹配的子串。

（2）start()方法返回与给定编组（默认为0，即整个模式）匹配的子串的起始索引。

（3）end()方法类似于start()方法，但返回终止索引加1。

（4）span()方法返回一个元组，其中包含与给定编组（默认为0，即整个模式）匹配的子串的起始索引和终止索引。

【例8-17】　re匹配对象示例。

输入如下代码：

```
import re
m = re.match(r'www\.(.*)\..{3}', 'www.baidu.com')
print(m.group(1))
print('*'*10)
print(m.start(1))
print('*'*10)
print(m.end(1))
print('*'*10)
print(m.span(1))
```

运行结果如下：

```
baidu
**********
4
**********
9
**********
(4, 9)
```

4．替换字符中的组号和函数

为了利用re.sub()的强大功能，最简单的方式是在替换字符串中使用组号。在替换字符串中，任何类似于'\\n'的转义序列都将被替换为与模式中编组n匹配的字符串。

例如，将'*something*'替换为'something'，其中前者是在纯文本文档（如电子邮件）中表示突出的普通方式，而后者是相应的HTML代码（用于网页中）。下面先来创建一个正则表达式。

```
emphasis_pattern = r'\*([^\*]+)\*'
```

请注意，正则表达式容易变得难以理解，因此为方便其他人（也包括自己）以后阅读代码，使用有意义的变量名很重要。

创建模式后，就可使用re.sub()来完成所需的替换了。

【例8-18】　re.sub()替换示例。

输入如下代码：

```
import re
emphasis_pattern = r'\*([^\*]+)\*'
print(re.sub(emphasis_pattern, r'<em>\1</em>', 'Hello, *python*!'))
```

运行结果如下：

```
Hello, <em>python</em>!
```

由此所见，运行结果成功地将纯文本转换成了HTML代码。

然而，通过将函数用作替换内容，可执行更复杂的替换。这个函数将MatchObject作为唯一的参数，它返回的字符串将用作替换内容。换言之，可以对匹配的字符串做任何处理，并通过细致的处理来生成替换内容。等开始尝试使用正则表达式后，将发现这种机制的用途非常多。

5．模板系统示例

模板（Template）是一种文件，可在其中插入具体的值来得到最终的文本。例如，可能有一个只需插入收件人姓名的邮件模板。Python提供了一种高级模板机制：字符串格式设置。使用正则表达式可让这个系统更加高级。假设要把所有的'[something]'（字段）都替换为将something作为Python表达式计算得到的结果。因此，下面的字符串：

```
'The sum of 8 and 10 is [8 + 10].'
```

应转换为：

```
'The sum of 8 and 10 is 18.'
```

另外，还希望能够在字段中进行赋值，使得下面的字符串：

```
'[name="Mr. Gree"]Hello, [name]'
```

转换成：

```
'Hello, Mr. Gree'
```

这看似很复杂，可供使用的工具有：

（1）使用正则表达式来匹配字段并提取其内容。

（2）使用eval来计算表达式字符串，并提供包含作用域的字典。可在try/except语句中执行这种操作。如果出现SyntaxError异常，就说明处理的可能是语句（如赋值语句），而不是表达式，应使用exec来执行它。

（3）使用exec来执行语句字符串（和其他语句），并将模板的作用域存储到字典中。

（4）使用re.sub将被处理的字符串替换为计算得到的结果。突然间，这看起来并不那么吓人了。

8.4.5　其他常用的标准模块

下面简单介绍几个在以后的编程中经常会用到的其他标准库。

（1）cmd：这个模块能够编写类似于Python交互式解释器的命令行解释器，可以定义命令，让用户能够在提示符下执行它们。

（2）csv：CSV指的是逗号分隔的值（Comma-Seperated Values），很多应用程序（如很多电子表格程序和数据库程序）都使用这种简单格式来存储表格数据。这种格式主要用于在不同的程序之间交换数据。模块csv能够轻松地读写CSV文件，它以非常透明的方式处理CSV格式的一些棘手部分。

（3）difflib：这个库能够确定两个序列的相似程度，还能够从很多序列中找出与指定序列最为相似的序列。例如，可使用difflib来创建简单的搜索程序。

（4）enum：枚举类型是一种只有少数几个可能取值的类型。很多语言都内置了这样的类型，如果在使用Python时需要这样的类型，则模块enum可以提供极大的帮助。

（5）functools：这个模块提供的功能是，能够在调用函数时只提供部分参数（部分求值，Partial Evaluation），以后再填充其他的参数。在Python中，这个模块包含filter和reduce。

（6）hashlib：使用这个模块可以计算字符串的小型签名（数）。计算两个不同字符串的签名时，几乎可以肯定得到的两个签名是不同的。可使用它来计算大型文本文件的签名，这个模块在加密和安全领域有很多用途。

（7）itertools：包含大量用于创建和合并迭代器（或其他可迭代对象）的工具，其中包括可以串接可迭代对象、创建返回无限连续整数的迭代器（类似于range，但没有上限）、反复遍历可迭代对象以及具有其他作用的函数。

（8）logging：使用print语句来确定程序中发生的情况很有用。要避免跟踪时出现大量调试输出，可将这些信息写入日志文件中。这个模块提供了一系列标准工具，可用于管理一个或多个中央日志，它还支持多种优先级不同的日志消息。

（9）statistics：计算一组数的平均值并不那么难，但是要正确地获得中位数，以确定总体标准偏差和样本标准偏差之间的差别，即便对于偶数个元素来说，也需要费点心思。在这种情况下，不要手工计算，而应使用模块statistics。

（10）timeit、profile和trace：模块timeit（和配套的命令行脚本）是一个测量代码段执行时间的工具。这个模块暗藏玄机，度量性能时应该使用它而不是模块time。模块profile（和配套模块pstats）可用于对代码段的效率进行更全面的分析。模块trace可帮助进行覆盖率分析（代码的哪些部分执行了，哪些部分没有执行），这在编写测试代码时很有用。

8.5 小结

本章介绍了Python中的模块，包括如何创建模块、如何探索模块以及如何使用Python标准库中的模块。模块可以帮助代码编写者快速实现编程的目的，如果读者想更深入地学习模块，建议浏览"Python库参考手册"。

## 第 9 章

类

　　类和对象是Python的重要特征，相比于其他面向对象语言，Python很容易就可以创建出一个类和对象。同时，Python也支持面向对象的三大特征：封装、继承和多态。本章将重点介绍Python类和对象的基本语法，并带领读者深入了解Python面向对象的实现原理。

　　学习目标：

　　（1）掌握类的创建方法。

　　（2）掌握类的实例化方法。

　　（3）掌握类的继承方法。

　　（4）掌握类的封装方法。

　　（5）掌握类的多态方法。

9.1 一切皆对象

　　Python语言在设计之初，就定位为一门面向对象的编程语言，"Python中一切皆对象"就是对Python这门编程语言的完美诠释。本节我们首先介绍面向对象编程的基本概念。

9.1.1 面向对象概述

　　面向对象编程（Object-Oriented Programming，OOP）是在面向过程编程的基础上发展而来的，它比面向过程编程具有更强的灵活性和扩展性。

　　面向对象编程是一种封装代码的方法。其实，在前面的章节中，已经接触了封装，比如将乱七八糟的数据扔进列表中，这就是一种简单的封装，是数据层面的封装；把常用的代码块打包成一个函数，这也是一种封装，是语句层面的封装。

　　代码封装其实就是隐藏实现功能的具体代码，仅留给用户使用的接口，就好像使用计算机，用户只需要使用键盘、鼠标就可以实现一些功能，而根本不需要知道其内部是如何工作的。

　　本节所讲的面向对象编程也是一种封装的思想，不过比以上两种封装更先进，它可以更好地模拟真实世界中的事物（将其视为对象），并把描述特征的数据和代码块（函数）封装到一起。

　　例如，若在某网页中设计一个凤凰的角色，使用面向对象的思想更容易理解和方便重复调用，可以分为如下两个方面对凤凰进行描述：

　　（1）从其表面特征来描述，例如彩色的、有两条腿、尖嘴、有羽毛等。

　　（2）从其所具有的行为来描述，例如会飞、会叫、会魔法、会吃、会休息等。

　　如果将凤凰用代码来表示，则其表面特征可以用变量来表示，其行为特征可以通过建立各种函数来表示。

　　【例9-1】　凤凰类参考代码。

　　输入如下代码：

```python
# 凤凰类参考代码
class fenghuang():
    bodycolor = 'colourful'
    footnum = 2
    mouth = True
    feather = True

    # 会飞
    def fly(self):
        print('flying')
    # 会吃
    def eating():
        print('eating')
    # 会休息
    def sleeping():
        print('sleeping')
    # 会叫
    def yelling():
        print(yelling)
```

　　从某种程序上讲，在Python中，相比较只用变量或只用函数，使用面向对象的思想可以更好地模拟现实生活中的事物。

　　注意，这里只是给出了一个凤凰类的参考代码说明凤凰，而没有将代码进行实例化，代码无法运行出结果。代码仅是为了演示面向对象的编程思想，具体细节后续会详细介绍。

　　实际上，在Python中，所有的变量其实都是对象，包括整型（int）、浮点型（float）、字符串（str）、列表（list）、元组（tuple）、字典（dict）和集合（set）。以字典为例，它包含多个函数供Python代码编写者使用，例如使用keys()获取字典中所有的键，使用values()获取字典中所有的值，使用items()获取字典中所有的键—值对，等等。

9.1.2　面向对象相关术语

在系统学习面向对象编程之前，初学者要了解有关面向对象的一些术语。当和其他人讨论代码的时候，或者尝试查找遇到的问题的解决方案时，知道正确的术语会很有帮助。

在面向对象中，常用术语包括：

（1）类：可以理解为一个模板，通过它可以创建出无数个具体实例。比如，前面编写的fenghuang表示的只是凤凰这个物种，通过它可以创建出无数个实例来代表各种不同特征的凤凰（这一过程又称为类的实例化）。

（2）对象：类并不能直接使用，通过类创建出的实例（又称对象）才能使用。这有点像火车图纸和火车的关系，图纸本身（类）并不能为人们使用，通过图纸创建出的火车（对象）才能为人们使用。

（3）属性：类中的所有变量称为属性。例如，在fenghuang类中，bodycolor、footnum、mouth、feather都是这个类拥有的属性。

（4）方法：类中的所有函数通常称为方法。不过，和函数有所不同的是，类方法至少要包含一个self参数（后续会详细介绍）。例如，在fenghuang类中，fly()、eating()、sleeping()、yelling()都是这个类所拥有的方法，类方法无法单独使用，只能和类的对象一起使用。

9.2　创建和使用类

在面向对象编程中，需要编写表示现实世界中的事物和情景的类，并基于这些类创建对象。编写类时，可定义一大类对象都有通用的行为，并基于类创建对象，每个对象都自动具备这种通用行为，然后可以根据需要赋予每个对象独特的个性。

9.2.1　如何定义类

在Python程序中，类的使用顺序是这样的：

（1）创建（定义）类。

（2）创建类的实例对象，并通过实例对象实现特定的功能。

Python中定义一个类使用class关键字实现，其基本语法格式如下：

```
class 类名:
    多个（≥0）类属性…
    多个（≥0）类方法…
```

可以参考上一节的fenghuang类的示例，更好地理解这个定义。

无论是类属性还是类方法，对于类来说，它们都不是必需的，可以有，也可以没有。另外，Python类中的属性和方法所在的位置是任意的，即它们之间并没有固定的前后次序。

和变量名一样，类名本质上就是一个标识符，因此在给类起名字时，必须让其符合Python的语法。有初学者可能会问，用a、b、c作为类的类名，从Python语法上讲是完全没有问题的，但作为一名合格的程序员，还必须考虑程序的可读性。

因此，在给类起名字时，最好使用能代表该类功能的单词，例如用Student作为学生类的类名；甚至如果有必要，可以使用多个单词组合而成，例如初学者定义的第一个类的类名可以是TheFirstDemo。

提示 对于Python编程习惯，如果由单词构成类名，建议每个单词的首字母大写，其他字母小写。

给类定义好名字之后，其后要跟冒号（:）（这里的冒号是英文字符冒号，中文字符冒号Python则会报错），表示告诉Python解释器，这是一个Python类，接下来开始定义类的内部功能，也就是编写类属性和类方法。

这里再次说明，类属性指的是包含在类中的变量，而类方法指的是包含在类中的函数。换句话说，类属性和类方法其实分别是包含在类中的变量和函数的别称。需要注意的一点是，同属一个类的所有类属性和类方法要保持统一的缩进格式，通常统一缩进4个空格。

通过上面的分析，可以得出这样一个结论，即Python类是由类头（class类名）和类体（统一缩进的变量和函数）构成的。例如，下面定义一个ClassDemo类。

【例9-2】 ClassDemo类应用示例。

输入如下代码：

```python
class ClassDemo():
    '''
    Python class 类示例
    '''
    # 定义类属性
    attribute_demo = 'demo'
    #定义类方法
    def method_demo(self, demo):
        print(demo)
```

和函数类似，也可以为类定义说明文档，说明文档要放到类名之后、类体之前的位置，如上面程序中第二行的字符串，就是ClassDemo类的说明文档。

另外，分析上面的代码可以看到，创建了一个名为ClassDemo的类，其包含一个名为attribute_demo的类属性。注意，根据定义属性位置的不同，在各个类方法之外定义的变量称为类属性或类变量（如attribute_demo属性），而在类方法中定义的属性称为实例属性（或实例变量）。

同时，ClassDemo类中还包含一个method_demo()类方法，读者可能已经看到，该方法包含两个参数，分别是self和demo。可以肯定的是，demo参数只是一个普通参数，没有特殊含义，但self比较特殊，并不是普通的参数，它的作用会在后续章节中详细介绍。

更确切地说，method_demo()是一个实例方法，除此之外，Python类中还可以定义类方法和静态方法。

事实上，Python完全支持创建一个没有任何类属性和类方法的类，换句话说，Python允许创建空类。

【例9-3】 创建一个Python空类。

输入如下代码：

```
class Empty_demo():
    pass
```

可以看到，如果一个类没有任何类属性和类方法，那么可以直接用pass关键字作为类体。但在实际应用中，需要用到空类的地方很少，因为空类没有任何实际意义。

9.2.2 __init__()类的构造方法

在创建类时，可以手动添加一个__init__()方法，该方法是一个特殊的类实例方法，称为构造方法（或构造函数）。

构造方法在创建对象时使用，每当创建一个类的实例对象时，Python解释器都会自动调用它。在Python类中，手动添加构造方法的语法格式如下：

```
def __init__(self,...):
    代码块
```

需要重点说明的是，此方法的方法名中，开头和结尾各有两个下画线，且中间不能有空格。Python中很多这种以双下画线开头、双下画线结尾的方法，都具有特殊的意义，后续会一一为读者讲解。

另外，__init__()方法可以包含多个参数，但必须包含一个名为self的参数，且必须作为第一个参数。也就是说，类的构造方法最少要有一个self参数。

【例9-4】 以ClassDemo类为例，添加构造方法。

输入如下代码：

```
class ClassDemo():
    '''
    Python class 类示例
    '''
    #构造方法
    def __init__(self):
        print('构造方法')
    #定义类属性
    attribute_demo = 'demo'
    #定义类方法
    def method_demo(self, demo):
        print(demo)
```

提示　即便不手动为类添加任何构造方法，Python也会自动为类添加一个仅包含self参数的构造方法。

仅包含self参数的__init__()构造方法又称为类的默认构造方法。

在上面示例代码的后面，顶头（不缩进）直接添加如下代码：

```
demo = ClassDemo()
```

这行代码的含义是创建一个名为demo的ClassDemo类对象。运行代码可看到如下结果：

```
构造方法
```

观察运行结果，显然，在创建demo对象时，隐式调用了以上手动创建的__init__()构造方法。

不仅如此，在__init__()构造方法中，除了self参数外，还可以自定义一些参数，参数之间使用逗号"，"进行分割。请看下面的代码示例。

【例9-5】　在创建__init__()方法时，添加构造函数自定义参数示例。

输入如下代码：

```
class Addpara():
    '''
    自定义类
    '''
    # 添加构造函数和自定义参数
    def __init__(self, name, grade, school):
        print('{} is in grade {} in {} Middle School'.format(name, grade, school))
PARA = Addpara('Lilei', 3, 'No.1')
```

运行结果如下：

```
Lilei is in grade 3 in No.1 Middle School
```

注意，由于创建对象时会调用类的构造方法，因此，如果构造函数有多个参数，则需要手动传递参数。

可以看到，虽然构造方法中有self、name、grade、school 4个参数，但实际需要传参的仅有name、grade、school，也就是说，self不需要手动传递参数。关于self参数，后续章节会详细介绍，这里只需要知道，在创建类对象时，无须给self传递参数即可。

9.2.3　类的实例化

通过前面章节的学习，已经学会了如何定义一个类，但要想使用它，必须创建该类的对象。创建类对象的过程又称为类的实例化。对已定义好的类进行实例化，其语法格式如下：

```
类名(参数)
```

定义类时，如果没有手动添加__init__()构造方法，又或者添加的__init__()中仅有一个self参数，则创建类对象时的参数可以省略不写。

【例9-6】   创建类并实例化。

输入如下代码：

```python
class Instantiation():
    # name = 'Lilei'
    # age = 8
    def __init__(self, name, age):
        # 定义两个实例变量
        self.name = name
        self.age = age
        print('{} is {} years old.'.format(name, age))
    # 定义一个实例方法
    def  school_age(self, limit_age):
        if self.age < limit_age:
            print('Age is too small')
        else:
            print('Welcome to school')
Students = Instantiation('Lilei', 8)
```

运行结果如下：

```
Lilei is 8 years old.
```

观察上面的代码，由于构造方法除self参数外，还包含两个参数，且这两个参数没有设置默认参数，因此在实例化类对象时，需要传入相应的name值和age值（self参数是特殊参数，不需要手动传值，Python会自动传值给它）。

简单地理解，定义在各个类方法之外（包含在类中）的变量为类变量（或者类属性），定义在类方法中的变量为实例变量（或者实例属性）。

9.2.4   类对象的使用

定义的类只有进行实例化，也就是使用该类创建对象之后，才能得到利用。总的来说，实例化后的类对象可以执行以下操作：

- 访问或修改类对象具有的实例变量，甚至可以添加新的实例变量或者删除已有的实例变量。
- 调用类对象的方法，包括调用现有的方法，以及给类对象动态添加方法。

1. 类对象访问变量或方法

使用已创建好的类对象访问类中实例变量的语法格式如下：

```
类对象名.变量名
```

使用类对象调用类中方法的语法格式如下：

```
对象名.方法名(参数)
```

注意，对象名和变量名以及方法名之间用点"."连接。

接下来采用上面定义的类说明类的实例化方法。

【例9-7】 类的实例化并调用类的方法。

输入如下代码：

```
class Instantiation():
    def __init__(self, name, age):
        # 定义两个实例变量
        self.name = name
        self.age = age
        print('{} is {} years old.'.format(name, age))
    # 定义一个实例方法
    def  school_age(self, limit_age):
        if self.age < limit_age:
            print('Age is too small')
        else:
            print('Welcome to school')

Students = Instantiation('Lilei', 8)
Students.school_age(7)
print('*'*10)
Students = Instantiation('Wanghai', 6)
Students.school_age(7)
```

运行结果如下：

```
Lilei is 8 years old.
Welcome to school
**********
Wanghai is 6 years old.
Age is too small
```

从运行结果可以看到，首先定义了类，然后实例化了类，最后调用了类的方法。这里初步看到了类对象的优势之一，可以在这个被定义的类上随意定义需要的对象。

2. 给类对象动态添加/删除变量

Python支持为已创建好的对象动态增加实例变量，方法也很简单。举例说明如下。

【例9-8】 为类对象增加变量。

输入如下代码：

```
class Instantiation():
    def __init__(self, name, age):
        self.name = name
        self.age = age
        print('{} is {} years old.'.format(name, age))
    def  school_age(self, limit_age):
        if self.age < limit_age:
            print('Age is too small')
        else:
```

```
        print('Welcome to school')
Students = Instantiation('Lilei', 8)
Students.grade = 3
print(Students.grade)
```

运行结果如下：

```
Lilei is 8 years old.
3
```

可以看到，上面定义的类增加了 grade 变量。

既然能动态添加，那么也可以动态删除，使用 del 语句即可实现，示例如下。

【例9-9】 类对象删除变量。

输入如下代码：

```
class Instantiation():
    def __init__(self, name, age):
        self.name = name
        self.age = age
        print('{} is {} years old.'.format(name, age))
    def school_age(self, limit_age):
        if self.age < limit_age:
            print('Age is too small')
        else:
            print('Welcome to school')
Students = Instantiation('Lilei', 8)
Students.grade = 3
del Students.grade
print(Students.grade)
```

运行结果如下：

```
Traceback (most recent call last):
  File "G:/pyproject/Getting_started_with _Python/lei/lei.py", line 156, in <module>
    print(Students.grade)
AttributeError: 'Instantiation' object has no attribute 'grade'
Lilei is 8 years old.
```

可以看到，Python 运行结果报错，提示对象 Instantiation 没有属性 grade，这就表明该对象的属性 grad 已经被动态删除了。

3．给类对象动态添加方法

既然可以给类对象动态增加变量，那么也可以给类对象动态增加方法，Python 允许为类对象动态增加方法。举例说明如下。

【例9-10】 为类对象增加方法，只含有 self 参数。

输入如下代码：

```
from types import MethodType
class Temp():
    def __init__(self):
        pass

t = Temp()
def methodAdd(self):
        print("这是要动态添加的方法")
t.newMethod = MethodType(methodAdd,t)
t.newMethod()
```

运行结果如下：

这是要动态添加的方法

下面看含有多个参数的示例。

【例9-11】 为类对象增加方法，含有多个参数。

输入如下代码：

```
import types
class Person:
    def __init__(self,name):
        self.name=name
    def eat(self):
        print('{}正在吃....'.format(self.name))
def run(self):
    print('{}正在跑'.format(self.name))

p=Person('小明')
p.eat()
#给对象添加方法
p.run=types.MethodType(run,p)    #将p当成参数传给run函数，然后赋值给p.run

p.run()
print(p.__dict__)

print(type(p.eat))
print(type(p.run))
```

运行结果如下：

```
小明正在吃...
小明正在跑
{'name': '小明', 'run': <bound method run of <__main__.Person object at
0x0000021AF7241220>>}
<class 'method'>
<class 'method'>
```

可以看到给定义的类增加了新的方法run。

需要注意，为类对象动态增加的方法，Python不会自动将调用者绑定到第一个参数（即使将第一个参数命名为self也没用）。

9.2.5　self 用法详解

在定义类的过程中，无论是显式创建类的构造方法，还是向类中添加实例方法，都要求将self参数作为方法的第一个参数。本小节我们介绍self参数的用法。请看下面的示例。

【例9-12】 定义一个Student类。

输入如下代码：

```
class Student:
    def __init__(self):
        print("正在执行构造方法")
    # 定义一个study()实例方法
    def study(self,name):
        print(name, "正在学Python")
```

事实上，Python只是规定，无论是构造方法还是实例方法，最少要包含一个参数，并没有规定该参数的具体名称。之所以将其命名为self，只是程序员之间约定俗成的一种习惯，遵守这个约定，可以使编写的代码具有更好的可读性（大家一看到self，就知道它的作用）。

接下来讲解self参数的具体作用。打个比方，如果把类比作造房子的图纸，那么类实例化后的对象是真正可以住的房子。根据一张图纸（类），可以设计出成千上万的房子（类对象），每个房子的长相都是类似的（都有相同的类变量和类方法），但它们都有各自的主人。

self参数就相当于每个房子的门钥匙，可以保证每个房子的主人仅能进入自己的房子（每个类对象只能调用自己的类变量和类方法）。如果接触过其他面向对象的编程语言（例如C++），其实Python类方法中的self参数就相当于C++中的this指针。

也就是说，同一个类可以产生多个对象，当某个对象调用类方法时，该对象会把自身的引用作为第一个参数自动传给该方法，换句话说，Python会自动绑定类方法的第一个参数指向调用该方法的对象。如此，Python解释器就能知道到底要操作哪个对象的方法了。

因此，程序在调用实例方法和构造方法时，不需要手动为第一个参数传值。例如，更改上面示例的Student类，请看下面的示例。

【例9-13】 self参数应用示例。

输入如下代码：

```
class Student:
    def __init__(self):
        print("正在执行构造方法")
    # 定义一个study()实例方法
    def study(self):
        print(self,"正在学Python")

Lilei = Student()
Lilei.study()
print('*'*10)
```

```
Hanmeimei = Student()
Hanmeimei.study()
```

运行结果如下：

```
正在执行构造方法
<__main__.Student object at 0x000001C97FF591F0> 正在学Python
**********
正在执行构造方法
<__main__.Student object at 0x000001C97FEE1D30> 正在学Python
```

另外，对于构造函数中的self参数，其代表的是当前正在初始化的类对象。举例说明如下：

【例9-14】 self参数代表当前正在初始化的类对象。

输入如下代码：

```
class Student:
    age = 8
    def __init__(self,age):
        self.age = age

Lilei = Student(9)
print(Lilei.age)
print('*'*10)
Hanmeimei = Student(6)
print(Hanmeimei.age)
```

运行结果如下：

```
9
**********
6
```

从代码可以看到，这里构建一个类之后，分别实例化了两个类，结合类代码可以看出，self在代码中表示当前正在初始化的类对象。Lilei在进行初始化时，调用的构造函数中，self代表的是Lilei；而Hanmeimei在进行初始化时，调用的构造函数中，self代表的是Hanmeimei。

值得一提的是，除了类对象可以直接调用类方法外，还有一种函数调用的方式，请看下面的示例。

【例9-15】 函数调用类对象。

输入如下代码：

```
class Student():
    def who(self):
        print(self)

Lilei = Student()
# 第一种调用方法
Lilei.who()
# 第二种调用方法
who = Lilei.who()
```

运行结果如下：

```
<__main__.Student object at 0x000001FF4A2591F0>
<__main__.Student object at 0x000001FF4A2591F0>
```

显然，无论采用哪种方法，self表示的都是实际调用该方法的对象。

总之，无论是类中的构造函数还是普通的类方法，实际调用它的是谁，第一个参数self就代表谁。

9.2.6　使用 type()函数动态创建类

type()函数属于Python内置函数，通常用来查看某个变量的具体类型。其实，type()函数还有一个更高级的用法，即创建一个自定义类型（也就是创建一个类）。

type()函数的语法格式有两种，分别如下：

```
type(obj)
```

或者：

```
type(name, bases, dict)
```

以上这两种语法格式，各参数的含义及功能分别如下：

- 第一种语法格式用来查看某个变量（类对象）的具体类型，obj表示某个变量或者类对象。
- 第二种语法格式用来创建类，其中name表示类的名称；bases表示一个元组，其中存储的是该类的父类；dict表示一个字典，用于表示类内定义的属性或者方法。

对于使用type()函数查看某个变量或类对象的类型，相当简单，这里不再做过多解释，请看下面给出的示例。

【例9-16】　使用type()函数查看类型。

输入如下代码：

```
class learn():
    pass
print(type(learn))
print('*'*10)
print(type(5))
print('*'*10)
print(type('a'))
print('*'*10)
w = [1, 2, 3]
print(type(w))
```

运行结果如下：

```
**********
<class 'int'>
**********
```

```
<class 'str'>
**********
<class 'list'>
```

这里重点介绍type()函数的另一种用法,即创建一个新类,举例说明如下。

【例9-17】 使用type()函数创建类。

输入如下代码:

```
#定义一个实例方法
def show(self):
    print('I love Python')
#使用type()函数创建类
Learnpython= type('Learnpython',(object,),dict(show = show, name = 'Lilei'))
#创建一个Learnpython实例对象
learn = Learnpython()
#调用show方法和name属性
learn.show()
print(learn.name)
```

运行结果如下:

```
I love Python
Lilei
```

注意,Python元组语法规定,当(object,)元组中只有一个元素时,最后的逗号(,)不能省略。

可以看到,此程序中通过type()创建了类,其类名为Learnpython,继承自objects类,且该类中还包含一个show()方法和一个name属性。

判断dict字典中添加的是方法还是属性的方法很简单,如果在该键-值对中,值为普通变量(如'I love Python'),则表示为类添加了一个类属性;反之,如果值为外部定义的函数(如show()),则表示为类添加了一个实例方法。

从运行结果可以看到,使用type()函数创建的类和直接使用class定义的类并无差别。事实上,在使用class定义类时,Python解释器底层依然是用type()来创建这个类的。

9.2.7 MetaClass 元类

MetaClass元类本质也是一个类,但和普通类的用法不同,它可以对类内部的定义(包括类属性和类方法)进行动态的修改。可以这么说,使用元类的主要目的就是为了实现在创建类时能够动态地改变类中定义的属性或者方法。

例如,根据实际场景的需要,要为多个类添加一个name属性和一个show()方法。显然有多种方法可以实现,其中一种方法就是使用MetaClass元类。

如果在创建类时想用MetaClass元类动态地修改内部的属性或者方法,则类的创建过程将变得复杂:先创建MetaClass元类,然后用元类去创建类,最后使用该类的实例化对象实现功能。

和前面的章节创建的类不同,如果想把一个类设计成MetaClass元类,则必须符合以下条件:

（1）必须显式继承自type类。

（2）类中需要定义并实现__new__()方法，该方法一定要返回该类的一个实例对象，因为在使用元类创建类时，该__new__()方法会自动被执行，用来修改新建的类。

【例9-18】 MetaClass元类应用示例1。

输入如下代码：

```
#定义一个元类
class SampeleMetaClass(type):
    # cls代表动态修改的类
    # name代表动态修改的类名
    # bases代表被动态修改的类的所有父类
    # attr代表被动态修改的类的所有属性、方法组成的字典
    def __new__(cls, name, bases, attrs):
        # 动态为该类添加一个name属性
        attrs['name'] = 'Lilei'
        attrs['show'] = lambda self: print('调用 show() 方法')
        return super().__new__(cls, name, bases, attrs)
```

以上代码中，首先可以断定SampleMetaClass是一个类。其次，由于该类继承自type类，并且内部实现了__new__()方法，因此可以断定FirstMetaCLass是一个元类。

可以看到，在这个元类的__new__()方法中，手动添加了一个name属性和show()方法。这意味着，通过SampleMetaClass元类创建的类会额外添加name属性和show()方法。通过如下示例可以验证这个结论。

【例9-19】 MetaClass元类应用示例2。

输入如下代码：

```
#定义一个元类
class SampeleMetaClass(type):
    def __new__(cls, name, bases, attrs):
        # 动态为该类添加一个name属性
        attrs['name'] = 'Lilei'
        attrs['show'] = lambda self: print('调用 show() 方法')
        return super().__new__(cls, name, bases, attrs)
#定义类时，指定元类
class Learnpython(object, metaclass=SampeleMetaClass):
    pass

learn = Learnpython()
print(learn.name)
print('*'*10)
learn.show()
```

运行结果如下：

```
Lilei
**********
调用 show() 方法
```

可以看到，在创建类时，通过在标注父类的同时指定元类（格式为metaclass=元类名），则当Python解释器创建这个类时，SampleMetaClass元类中的__new__方法就会被调用，从而实现动态修改类属性或者类方法的目的。

显然，SampleMetaClass元类的__new__()方法动态地为Learnpython类添加了name属性和show()方法，因此，即便该类在定义时是空类，它依然有name属性和show()方法。

MetaClass元类多用于创建API，因此之后的学习中几乎不会使用到它。

9.3　类属性和实例属性

无论是类属性还是类方法，都无法像普通变量或者函数那样，在类的外部直接使用它们。如果将类看作一个独立的空间，则类属性就是在类体中定义的变量，类方法是在类体中定义的函数。

在类体中，根据变量定义的位置不同，以及定义的方式不同，类属性又可以细分为以下3种类型：

（1）在类体中、所有函数之外：此范围定义的变量称为类属性或类变量。

（2）在类体中、所有函数内部：以"self.变量名"的方式定义的变量称为实例属性或实例变量。

（3）在类体中、所有函数内部：以"变量名=变量值"的方式定义的变量称为局部变量。

接下来详细地讲解类变量、实例变量以及局部变量之间的不同。

09

9.3.1　类变量（类属性）

类变量指的是在类中，但在各个类方法外定义的变量。举例说明如下。

【例9-20】　类变量应用示例。

输入如下代码：

```python
class Lovepython():
    # 定义3个类变量
    language = 'Python'
    like = True
    study_years = 3
    # 定义一个显示方法
    def show(self, message):
        print(message)

Wang = Lovepython()
print(Wang.language)
print('*'*10)
Li = Lovepython()
print(Wang.language)
```

运行结果如下：

```
Python
```

```
**********
Python
```

上面的代码中，language、like和study_years就属于类变量。

类变量的特点是，所有类的实例化对象都同时共享类变量，也就是说，类变量在所有实例化对象中是作为公用资源存在的。类方法的调用方式有两种，既可以使用类名直接调用，也可以使用类的实例化对象调用。以上示例中，两个实例化对象Wang和Li共享三个类变量。

通过类名不仅可以调用类变量，也可以修改它的值。举例说明如下。

【例9-21】　调用类变量并修改其值。

输入如下代码：

```
class Jobs():
    # 定义2个类变量
    job1 = 'teacher'
    job2 = 'scientist'
    # 定义类方法
    def show_job(self, job):
        print(job)

Zhangsan = Jobs()
print(Zhangsan.job1)
print(Zhangsan.job2)
print('*'*10)
Zhangsan.job1 = 'sales assistant'
Zhangsan.job2 = 'administrator'
print(Zhangsan.job1)
print(Zhangsan.job2)
```

运行结果如下：

```
teacher
scientist
**********
sales assistant
administrator
```

可以看到实例化类对象Zhangsan的job1、job2类属性分别被调用了，然后又被修改了。

需要重点说明的是，因为类变量为所有实例化对象共有，通过类名修改类变量的值会影响所有的实例化对象。举例说明如下：

【例9-22】　修改类变量影响所有实例化对象。

输入如下代码：

```
class Fruits():
    # 定义2个类变量
    fruit1 = 'Apple'
    fruit2 = 'Arbutus'
    # 定义类方法
```

```
        def show_fruit(self, fruit):
            print(fruit)
print("修改前，各类对象中类变量的值：")
bottle1 = Fruits()
bottle2 = Fruits()
print(bottle1.fruit1)
print(bottle1.fruit2)
print('*'*10)
print(bottle2.fruit1)
print(bottle2.fruit2)
print("修改后，各类对象中类变量的值：")
Fruits.fruit1 = 'Cumquat'
Fruits.fruit2 = 'Chestnut'
print(bottle1.fruit1)
print(bottle1.fruit2)
print('*'*10)
print(bottle2.fruit1)
print(bottle2.fruit2)
```

运行结果如下：

```
修改前，各类对象中类变量的值：
Apple
Arbutus
**********
Apple
Arbutus
修改后，各类对象中类变量的值：
Cumquat
Chestnut
**********
Cumquat
Chestnut
```

　　显然，通过类名修改类变量会作用到所有的实例化对象，这里分别改变了实例对象bottle1和bottle2的类变量fruits1和fruits2的值。

 注意　通过类对象是无法修改类变量的。通过类对象对类变量赋值，其本质不再是修改类变量的值，而是在给该对象定义新的实例变量。

【例9-23】　通过类对象无法修改类变量。

输入如下代码：

```
class Fruits():
    # 定义2个类变量
    fruit1 = 'Apple'
    fruit2 = 'Arbutus'
    # 定义类方法
    def show_fruit(self, fruit):
```

```
        print(fruit)
print("修改前，各类对象中类变量的值：")
bottle1 = Fruits()
bottle2 = Fruits()
print(bottle1.fruit1)
print(bottle1.fruit2)
print('*'*10)
print(bottle2.fruit1)
print(bottle2.fruit2)
print("修改后，各类对象中类变量的值：")
bottle1.fruit1 = 'Cumquat'
bottle1.fruit2 = 'Chestnut'
print(bottle1.fruit1)
print(bottle1.fruit2)
print('*'*10)
print(bottle2.fruit1)
print(bottle2.fruit2)
```

运行结果如下：

```
修改前，各类对象中类变量的值：
Apple
Arbutus
**********
Apple
Arbutus
修改后，各类对象中类变量的值：
Cumquat
Chestnut
**********
Apple
Arbutus
```

从运行结果可以看到，这里改变了实例化对象bottle1的类变量fruits1和fruits2的值，但是bottle2的类变量fruits1和fruits2的值却未发生任何改变。

值得一提的是，除了可以通过类名访问类变量之外，还可以动态地为类和对象添加类变量。

【例9-24】 动态地为类和对象添加类变量。

输入如下代码：

```
class Fruits():
    # 定义2个类变量
    fruit1 = 'Apple'
    fruit2 = 'Arbutus'
    # 定义类方法
    def show_fruit(self, fruit):
        print(fruit)

print("添加前：")
bottle1 = Fruits()
```

```
print(bottle1.fruit1)
print(bottle1.fruit2)
print("添加类变量: ")
Fruits.fruit3 = 'Bryony'
print(bottle1.fruit3)
print("添加对象变量: ")
bottle1.fruit4 = 'Chestnut'
print(bottle1.fruit4)
```

运行结果如下:

```
添加前:
Apple
Arbutus
添加类变量:
Bryony
添加对象变量:
Chestnut
```

可以看到,这里定义了类Fruits,然后实例化了一个类对象bottle1,该对象有两个类变量fruit1和fruit2,之后通过添加类变量的方法添加了属性fruit3,最后通过添加实例对象的方法添加了属性fruit4。

9.3.2　实例变量(实例属性)

实例变量指的是在任意类方法内部,以“self.变量名”的方式定义的变量,其特点是只作用于调用方法的对象。另外,实例变量只能通过对象名访问,无法通过类名访问。

【例9-25】　实例变量。

输入如下代码:

```
class Fruits():
    def __init__(self):
        self.fruit1 = 'Apple'
        self.fruit2 = 'Arbutus'
    def show_fruit(self):
        self.fruit3 = 'Bryony'

bottle1 = Fruits()
print(bottle1.fruit1)
print(bottle1.fruit2)
# 由于bottle1对象未调用show_fruit方法,因此其没有fruit3变量,下面这行代码会报错
# print(bottle1.fruit3)
print('*'*10)
bottle2 = Fruits()
print(bottle2.fruit1)
print(bottle2.fruit2)
#只有调用show_fruit,才会拥有fruit3实例变量
bottle2.show_fruit()
print(bottle2.fruit3)
```

运行结果如下：

```
Apple
Arbutus
**********
Apple
Arbutus
Bryony
```

从运行结果可以看出，此bottle1类中，fruit1、fruit2以及fruit3都是实例变量。其中，由于__init__()
函数在创建类对象时会自动调用，而show_fruit()方法需要类对象手动调用。因此，Fruits类的类对
象都会包含fruit1和fruit2实例变量，而只有调用了show_fruit方法的类对象，才包含fruit3实例变量。

通过类对象可以访问类变量，但无法修改类变量的值。这是因为，通过类对象修改类变量的
值不是在给"类变量赋值"，而是定义新的实例变量。举例说明如下。

【例9-26】　通过类对象可以访问类变量，但无法修改类变量的值。
输入如下代码：

```
class Fruits():
    def __init__(self):
        self.fruit1 = 'Apple'
        self.fruit2 = 'Arbutus'
    def show_fruit(self):
        self.fruit3 = 'Bryony'

bottle1 = Fruits()
# 访问类变量
print(bottle1.fruit1)
print(bottle1.fruit2)
# 改变类变量
Fruits.fruit1 = 'Chestnut'
Fruits.fruit2 = 'Cherry'
print('*'*10)
print('类变量的值')
print(Fruits.fruit1)
print(Fruits.fruit2)
print('*'*10)
print('实例变量的值')
print(bottle1.fruit1)
print(bottle1.fruit2)
```

运行结果如下：

```
Apple
Arbutus
**********
类变量的值
Chestnut
Cherry
**********
```

实例变量的值
```
Apple
Arbutus
```

从运行结果看到，首先定义了Fruits类，之后实例化得到bottle1，然后观察了改变之后的类变量的值，最后观察了类变量变化后bottle1的实例变量的值，显然，通过类对象可以访问类变量，但无法修改类变量的值。

在类中，实例变量和类变量可以同名，但这种情况下使用类对象无法调用类变量，它会首选实例变量，这也是不推荐"类变量使用对象名调用"的原因。

和类变量不同，通过某个对象修改实例变量的值不会影响类的其他实例化对象，更不会影响同名的类变量。

【例9-27】 通过某个对象修改实例变量的值不会影响类的其他实例化对象。

输入如下代码：

```
class Fruits():
    # 定义类变量
    fruit1 = 'yzz'
    fruit2 = 'wzz'
    # 定义实例变量
    def __init__(self):
        self.fruit1 = 'Apple'
        self.fruit2 = 'Arbutus'
    # 定义实例方法
    def show_fruit(self):
        self.fruit3 = 'Bryony'

# 实例化类
bottle1 = Fruits()
# 修改bottle1的实例变量
bottle1.fruit1 = 'uzz'
bottle1.fruit2 = 'vzz'
print(bottle1.fruit1)
print(bottle1.fruit2)
print('*'*10)

# # 实例化类
bottle2 = Fruits()
print(bottle2.fruit1)
print(bottle2.fruit2)
bottle2.fruit1 = 'tr'
bottle2.fruit2 = 'kl'
# 输出类变量的值
print(Fruits.fruit1)
print(Fruits.fruit2)
```

运行结果如下：

```
uzz
vzz
```

09

```
**********
Apple
Arbutus
yzz
wzz
```

结合这里讲解的知识点，读者可以运行代码，分析代码的运行结果，深入理解通过某个对象修改实例变量的值不会影响类的其他实例化对象。

9.3.3　类的局部变量

在类方法中还可以定义局部变量。和前者不同，局部变量直接以"变量名=值"的方式进行定义。局部变量主要出现在类的方法之中，类的局部变量比较简单。

【例9-28】　类的局部变量。

输入如下代码：

```
class Fruits():
    # 定义实例变量
    def __init__(self):
        self.fruit1 = 'Apple'
        self.fruit2 = 'Arbutus'
    # 定义实例方法
    def show_fruit(self):
        # 定义局部变量
        fruit3 = 'Bryony'
        # 调用局部变量
        print('fruit3 is {}'.format(fruit3))

bottle = Fruits()
bottle.show_fruit()
```

运行结果如下：

```
fruit3 is Bryony
```

这里Fruits类的show_fruit方法中的fruit3即为局部变量。

通常情况下，定义局部变量是为了所在类方法功能的实现。需要注意的一点是，局部变量只能用于所在函数中，函数执行完成后，局部变量就会被销毁。

9.3.4　使用 property()函数定义属性

前面一直在用"类对象.属性"的方式访问类中定义的属性，其实这种做法是欠妥的，因为它破坏了类的封装原则。正常情况下，类包含的属性应该是隐藏的，只允许通过类提供的方法来间接实现对类属性的访问和操作。

因此，在不破坏类封装原则的基础上，为了能够有效操作类中的属性，类中应包含读（或写）类属性的多个getter（或setter）方法，这样就可以通过"类对象.方法(参数)"的方式操作属性，举例说明如下。

【例9-29】 定义读写类的方法，然后访问属性。

输入如下代码：

```python
# 定义读写类的方法，然后访问属性
class Learnpython():
    #构造函数
    def __init__(self,name):
        self.name = name
    #设置name属性值的函数
    def setname(self,name):
        self.name = name
    #访问name属性值的函数
    def getname(self):
        return self.name
    #删除name属性值的函数
    def delname(self):
        self.name="Python"
learn = Learnpython("study")
#获取name属性值
print(learn.getname())
#设置name属性值
learn.setname("Python教程")
print(learn.getname())
#删除name属性值
learn.delname()
print(learn.getname())
```

运行结果如下：

```
study
Python教程
Python
```

可能会发现，这种操作类属性的方式比较麻烦，建议使用"类对象.属性"这种方式。

Python语言编写者也注意到了这一点，因此Python中提供了property()函数，可以实现在不破坏类封装原则的前提下，让开发者依旧使用"类对象.属性"的方式操作类中的属性。

property()函数的基本使用格式如下：

```
属性名=property(fget=None, fset=None, fdel=None, doc=None)
```

其中，fget参数用于指定获取该属性值的方法，fset参数用于指定设置该属性值的方法，fdel参数用于指定删除该属性值的方法，最后的doc是一个文档字符串，用于说明此函数的作用。

注意，在使用property()函数时，以上4个参数可以仅指定第一个、前两个或者前三个，当然也可以全部指定。也就是说，property()函数中参数的指定并不是完全随意的。

修改以上示例，使用property()函数。

【例9-30】   属性配置——property()函数应用示例。

输入如下代码：

```python
# 属性配置，property()函数应用示例
class Learnpython:
    #构造函数
    def __init__(self,n):
        self.__name = n
    #设置name属性值的函数
    def setname(self,n):
        self.__name = n
    #访问name属性值的函数
    def getname(self):
        return self.__name
    #删除name属性值的函数
    def delname(self):
        self.__name = 'python'
    #为name属性配置property()函数
    name = property(getname, setname, delname, '说明')
#调取说明文档的两种方式
#print(CLanguage.name.__doc__)
help(Learnpython.name)
learn = Learnpython("Python")
#调用getname()方法
print(learn.name)
#调用setname()方法
learn.name = 'Python教程'
print(learn.name)
#调用delname()方法
del learn.name
print(learn.name)
```

运行结果如下：

```
Help on property:
    说明
Python
Python教程
python
```

注意，在此程序中，由于getname()方法中需要返回name属性，如果使用self.name的话，其本身又被调用getname()，那么将会进入无限死循环。为了避免这种情况的出现，程序中的name属性必须设置为私有属性，即使用__name（前面有两个下画线）。

当然，property()函数也可以少传入几个参数。以上述示例程序为例，可以修改property()函数如下：

```python
name = property(getname, setname)
```

这意味着，name是一个可读写的属性，但不能删除，因为property()函数中并没有为name配置用于该属性的方法。也就是说，即便Learnpython类中设计了delname()函数，这种情况下也不能用来删除name属性。

同理，还可以这样使用property()函数：

```
name = property(getname)      # name 属性可读，不可写，也不能删除
#name属性可读、可写，也可删除，就是没有说明文档
name = property(getname, setname,delname)
```

9.3.5　限制类实例动态添加属性和方法

以上章节已经学习了如何动态地为单个实例对象添加属性，甚至如果有必要的话，还可以为所有的类实例对象统一添加属性（通过给类添加属性）。

Python也允许动态地为类或实例对象添加方法。Python类的方法可细分为实例方法、静态方法和类方法，Python语言允许为类动态地添加这3种方法；但对于实例对象，则只允许动态地添加实例方法，不能添加类方法和静态方法。

为单个实例对象添加方法不会影响该类的其他实例对象，而如果为类动态地添加方法，则所有的实例对象都可以使用。

【例9-31】　为类动态地添加实例方法和为类对象添加实例方法。

输入如下代码：

```
class Leaarnpython:
    pass
#下面定义了一个实例方法
def info(self):
    print("正在调用实例方法")
#下面定义了一个类方法
@classmethod
def info2(cls):
    print("正在调用类方法")
#下面定义了一个静态方法
@staticmethod
def info3():
    print("正在调用静态方法")
#类可以动态添加以上 3 种方法，这会影响所有实例对象
Leaarnpython.info = info
Leaarnpython.info2 = info2
Leaarnpython.info3 = info3
learn = Leaarnpython()
#如今，clang 具有以上 3 种方法
learn.info()
learn.info2()
learn.info3()
#类实例对象只能动态添加实例方法，不会影响其他实例对象
learn1 = Leaarnpython()
```

09

```
learn1.info = info
#必须手动为 self 传值
learn1.info(learn1)
```

运行结果如下：

```
正在调用实例方法
正在调用类方法
正在调用静态方法
正在调用实例方法
```

显然，动态给类或者实例对象添加属性或方法是非常灵活的。但与此同时，如果不规范地使用，也会给程序带来一定的隐患，即程序中已经定义好的类，如果不做任何限制，是可以做动态修改的。

Python提供了__slots__属性，通过它可以避免用户频繁地给实例对象动态添加属性或方法。__slots__只能限制为实例对象动态添加属性和方法，而无法限制为类动态添加属性和方法。__slots__属性值其实就是一个元组，只有其中指定的元素，才可以作为动态添加的属性或者方法的名称。

【例9-32】 __slots__属性应用示例。

输入如下代码：

```
class Learnpython:
    __slots__ = ('name', 'age', 'class')
```

可以看到，Learnpython类中指定了__slots__属性，这意味着该类的实例对象仅限于动态添加name、age、class这3个属性以及name()、age()和class()这3个方法。

注意，对于动态添加的方法，__slots__限制的是其方法名，并不限制参数的个数。

【例9-33】 Learnpython类添加__slots__限制的message方法。

输入如下代码：

```
class Learnpython:
    __slots__ = ('name', 'age', 'message')
def message(self,name):
    print('调用实例方法', self.name)
learn = Learnpython()
learn.name = "Lilei"
#为对象动态添加实例方法
learn.message = message
learn.message(learn, 'Python教程')
```

运行结果如下：

```
调用实例方法 Lilei
```

从运行结果可以看到添加了message方法。

【例9-34】　Learnpython类添加__slots__未限制的方法。

输入如下代码：

```
class Learnpython:
    __slots__ = ('name', 'age', 'message')
def message(self,name):
    print('调用实例方法', self.name)
learn = Learnpython()
learn.name = "Lilei"
#为对象动态添加实例方法
learn.show = message
learn.message(learn, 'Python教程')
```

运行结果如下：

```
AttributeError: 'Learnpython' object has no attribute 'show'
```

可以看到运行结果报错，Python代码无法顺利运行。

显然，根据__slots__属性的设置，Learnpython类的实例对象是不能动态添加以show为名称的方法的。另外，__slots__属性限制的对象是类的实例对象，而不是类，因此下面的示例代码是合法的。

【例9-35】　__slots__属性应用示例1。

输入如下代码：

```
class Learnpython:
    __slots__ = ('name', 'age', 'message')
def message(self):
    print('调用实例方法')
#为对象动态添加实例方法
Learnpython.show = message
learn = Learnpython()
learn.show()
```

运行结果如下：

```
调用实例方法
```

从运行结果可以看到Learnpython类尽管进行了__slots__属性限制，但是Learnpython类仍然添加了message方法。

当然，还可以为类动态添加类方法和静态方法，这里不再给出具体示例，读者可根据之前学过的知识自行编写代码尝试。

此外，__slots__属性对由该类派生出来的子类也是不起作用的，请看下述示例。

【例9-36】　__slots__属性应用示例2。

输入如下代码：

```
class Learnpython:
    __slots__ = ('name', 'age', 'message')
#Learnpython的空子类
class learn(Learnpython):
    pass
#定义的实例方法
def message(self):
    print('调用实例方法')

love = learn()
#为子类对象动态添加show()方法
love.show = message
love.show(love)
```

运行结果如下：

调用实例方法

观察运行结果，__slots__属性只对当前所在的类起限制作用。

 提示　如果为子类也设置了__slots__属性，那么子类实例对象允许动态添加的属性和方法是子类中__slots__属性和父类__slots__属性的和。

9.4　方法

Python中至少有3种比较常见的方法类型，分别为实例方法、静态方法和类方法。接下来分别举例说明其区别和作用。

9.4.1　实例方法

通常情况下，在类中定义的方法默认都是实例方法。在前面的讲解中，已经定义了不止一个实例方法。不仅如此，类的构造方法理论上也属于实例方法，只不过它比较特殊。

【例9-37】　类的实例方法应用示例。

输入如下代码：

```
class Students():
    # 类的构造方法也属于类的实例方法
    def __init__(self):
        self.name = 'Lilei'
        self.age = 8
    # 定义实例方法
    def message(self):
        print('{} love Python'.format(self.name))

students = Students()
students.message()
```

运行结果如下：

```
Lilei love Python
```

实例方法最大的特点就是，它最少也要包含一个self参数，用于绑定调用此方法的实例对象（Python会自动完成绑定）。实例方法通常会用类对象直接调用。

当然，Python支持使用类名调用实例方法，但此方式需要手动给self参数传值。

【例9-38】　类名调用实例方法。

输入如下代码：

```
class Students():
    # 类的构造方法也属于实例方法
    def __init__(self):
        self.name = 'Lilei'
        self.age = 8
    # 定义实例方法
    def message(self):
        print('{} love Python'.format(self.name))

# 类名调用实例方法，需要手动给self参数传值
students = Students()
Students.message(students)
```

运行结果如下：

```
Lilei love Python
```

观察运行结果，和上例的运行结果相同。但是这里采用了类名调用实例方法，并且手动给self进行了参数传递，最终实现了和上例一样的代码功能。

9.4.2　静态方法

静态方法其实就是学过的函数，和函数唯一的区别是，静态方法定义在类这个空间（类命名空间）中，而函数则定义在程序所在的空间（全局命名空间）中。

静态方法没有类似于self、cls这样的特殊参数，因此Python解释器不会对它包含的参数做任何类或对象的绑定。正因为如此，类的静态方法中无法调用任何类属性和类方法。

静态方法需要使用@staticmethod修饰。静态方法的调用既可以使用类名，也可以使用类对象。

【例9-39】　类静态方法应用示例。

输入如下代码：

```
# 类静态方法举例
class Students():
    @staticmethod
    def message(name):
        print('{} love Python'.format(name))

# 使用类名直接调用静态方法
```

```
Students.message('Lilei')
# 使用类对象调用静态方法
print('*'*10)
student = Students()
student.message('Lilei')
```

运行结果如下：

```
Lilei love Python
**********
Lilei love Python
```

从以上静态方法的运行结果可以看到，分别使用类名和类对象调用了类静态方法，得到了相同的运行结果。注意，如果不加@staticmethod进行修饰，代码将会报错。

9.4.3　类方法

Python的类方法和实例方法相似，它最少要包含一个参数，只不过类方法中通常将其命名为cls，Python会自动将类本身绑定给cls参数（注意，绑定的不是类对象）。也就是说，在调用类方法时，无须显式为cls参数传参。

和self一样，cls参数的命名也没有规定（可以随意命名），只是Python程序员约定俗成的习惯而已。

和实例方法最大的不同在于，类方法需要使用@classmethod修饰符进行修饰。

【例9-40】　类方法应用示例。

输入如下代码：

```
# 类方法举例
class Students():
    # 类的构造方法也属于实例方法
    def __init__(self):
        self.name = 'Lilei'
        self.age = 8
    # 定义类方法
    @classmethod
    def message(cls):
        print('{} love Python'.format(cls))

#使用类名直接调用类方法
Students.message()
#使用类对象调用类方法
stuent = Students()
stuent.message()
```

运行结果如下：

```
<class '__main__.Students'> love Python
<class '__main__.Students'> love Python
```

类方法推荐使用类名直接调用，当然也可以使用实例对象来调用（不推荐）。

注意，如果没有@classmethod，则Python解释器会将这些方法认定为实例方法，而不是类方法。

在实际编程中，几乎不会用到类方法和静态方法，因为完全可以使用函数代替它们实现想要的功能，但在一些特殊的场景中（例如工厂模式中），使用类方法和静态方法也是很不错的选择。

9.4.4　调用实例方法

Python类的方法大体分为3类，分别是类方法、实例方法和静态方法，其中实例方法用的是最多的。实例方法的调用方式其实有两种，既可以采用类对象调用，也可以直接通过类名调用。

通常情况下，Python习惯使用类对象调用类中的实例方法，但如果想用类调用实例方法，可以参照如下示例这样做。

【例9-41】　类名调用实例方法。

输入如下代码：

```python
# 类名调用实例方法
class Students():
    # 类的构造方法也属于实例方法
    def __init__(self):
        self.name = 'Lilei'
        self.age = 8
    # 定义实例方法
    def message(self):
        print('{} love Python'.format(self.name))

# 类名调用实例方法
Students().message()
```

运行结果如下：

```
Lilei love Python
```

总的来说，Python中允许使用类名直接调用实例方法。

9.4.5　描述符

在Python中，通过使用描述符可以让程序员在引用一个对象属性时自定义要完成的工作。从本质上看，描述符就是一个类，只不过它定义了另一个类中属性的访问方式。换句话说，一个类可以将属性管理全权委托给描述符类。

描述符是Python中复杂属性访问的基础，它在内部被用于实现property、方法、类方法、静态方法和super类型。描述符类基于以下3个特殊方法，换句话说，这3个方法组成了描述符协议：

（1）__set__(self, obj, type=None)：在设置属性时将调用这个方法。

（2）__get__(self, obj, value)：在读取属性时将调用这个方法。

（3）__delete__(self, obj)：对属性调用del时将调用这个方法。

　　其中，实现了setter和getter方法的描述符类被称为数据描述符；反之，如果只实现了getter方法，则称为非数据描述符。

　　实际上，在每次查找属性时，描述符协议中的方法都由类对象的特殊方法__getattribute__()调用（注意不要和__getattr__()弄混）。也就是说，每次使用类对象.属性（或者getattr(类对象, 属性值)）的调用方式时，都会隐式地调用__getattribute__()，它会按照下列顺序查找该属性：

　　（1）验证该属性是否为类实例对象的数据描述符。

　　（2）如果不是，就查看该属性是否能在类实例对象的__dict__中找到。

　　（3）最后，查看该属性是否为类实例对象的非数据描述符。

【例9-42】 描述符应用示例。

输入如下代码：

```
#描述符类
class revealAccess:
    def __init__(self, initval = None, name = 'var'):
        self.val = initval
        self.name = name
    def __get__(self, obj, objtype):
        print("Retrieving",self.name)
        return self.val
    def __set__(self, obj, val):
        print("updating",self.name)
        self.val = val
class myClass:
    x = revealAccess(10,'var "x"')
    y = 5
m = myClass()
print(m.x)
m.x = 20
print(m.x)
print(m.y)
```

运行结果如下：

```
Retrieving var "x"
10
updating var "x"
Retrieving var "x"
20
5
```

　　从该例中可以看到，如果一个类的某个属性有数据描述符，那么每次查找这个属性时，都会调用描述符的__get__()方法，并返回它的值；同样，每次在对该属性赋值时，也会调用__set__()方法。

　　注意，虽然上面的示例中没有使用__del__()方法，但也很容易理解，当每次使用del类对象.属性（或者delattr(类对象, 属性)）语句时，都会调用该方法。

除了使用描述符类自定义类属性被调用时进行的操作外，还可以使用property()函数或者@property装饰器。

9.4.6 @property 装饰器

既要保护类的封装特性，又要让开发者可以使用"对象.属性"的方式操作类属性，除了使用property()函数外，Python还提供了@property装饰器。通过@property装饰器可以直接通过方法名来访问方法，不需要在方法名后添加一对小括号"()"。

@property的语法格式如下：

```
@property
def 方法名(self)
    代码块
```

以下通过示例介绍@property装饰器的用法。

【例9-43】 定义一个矩形类，并使用@property修饰的方法操作类中的area私有属性。

输入如下代码：

```
class Rect:
    def __init__(self,area):
        self.__area = area
    @property
    def area(self):
        return self.__area
rect = Rect(50)
#直接通过方法名来访问area方法
print("矩形的面积是: ",rect.area)
```

运行结果如下：

```
矩形的面积是: 50
```

上面的程序中，使用@property修饰了area()方法，这样就使得该方法变成了area属性的getter方法。如果类中只包含该方法，那么area属性将是一个只读属性。

也就是说，在使用Rect类时，无法对area属性重新赋值，如果这样做，将会报错。

【例9-44】 使用Rect类时，对area属性重新赋值导致错误。

输入如下代码：

```
class Rect:
    def __init__(self,area):
        self.__area = area
    @property
    def area(self):
        return self.__area
rect.area = 90
print("修改后的面积: ",rect.area)
```

运行结果如下：

```
Traceback (most recent call last):
  File "G:/pyproject/Getting_started_with_Python/lei/lei.py", line 679, in <module>
    rect.area = 90
NameError: name 'rect' is not defined
```

可以看到，程序没有被顺利运行，而是报错了。

想实现修改area属性的值，还需要为area属性添加setter方法，这就需要用到setter装饰器，它的语法格式如下：

```
@方法名.setter
def 方法名(self, value):
    代码块
```

请看下述示例。

【例9-45】 为Rect类中的area方法添加setter方法。

输入如下代码：

```
class Rect:
    def __init__(self,area):
        self.__area = area
    @property
    def area(self):
        return self.__area
    @area.setter
    def area(self, value):
        self.__area = value

rect = Rect(30)
print("修改前的面积：{}".format(rect.area))
rect.area = 90
print("修改后的面积：{}".format(rect.area))
```

运行结果如下：

```
修改前的面积：30
修改后的面积：90
```

这样，area属性就有了getter和setter方法，该属性就变成了具有读写功能的属性。

另外，还可以使用deleter装饰器来删除指定属性，其语法格式如下：

```
@方法名.deleter
def 方法名(self):
    代码块
```

具体用法请看下述示例。

【例9-46】 给area()方法添加deleter方法。

输入如下代码：

```
class Rect:
    def __init__(self,area):
        self.__area = area
    @property
    def area(self):
        return self.__area
    @area.setter
    def area(self, value):
        self.__area = value
    @area.deleter
    def area(self):
        self.__area = 0
rect = Rect(30)
del rect.area
print("删除后的area值为: ",rect.area)
```

运行结果如下：

```
删除后的area值为:  0
```

9.5　Python 类命名空间

所有位于class语句中的代码其实都位于特殊的命名空间中，通常称为类命名空间。Python中编写的整个程序默认处于全局命名空间内，而类体则处于类命名空间内。

Python允许在全局范围内放置可执行代码，当Python执行该程序时，这些代码就会获得执行的机会。类似地，Python同样允许在类范围内放置可执行代码，当Python执行该类定义时，这些代码同样会获得执行的机会。

【例9-47】　测试类命名空间。

输入如下代码：

```
class test():
    # 直接在类空间中放置可执行代码
    print('正在定义test类')
    for i in range(10):
        if i % 2 == 0:
            print('偶数:{}'.format(i))
        else:
            print('奇数:{}'.format(i))
```

运行结果如下：

```
正在定义test类
偶数:0
奇数:1
偶数:2
奇数:3
```

```
偶数:4
奇数:5
偶数:6
奇数:7
偶数:8
奇数:9
```

从运行结果可以看到，程序直接在test类体中放置普通的输出语句、循环语句、分支语句都是合法的。当程序执行test类时，test类命名空间中的这些代码都会被执行。

从执行效果来看，这些可执行代码被放在Python类命名空间与全局空间并没有太大的区别。确实如此，这是因为程序并没有定义"成员"（变量或函数），这些代码执行之后就完了，不会留下什么。

但下面的代码就有区别。下面的代码示范了在全局空间和类命名空间内分别定义lambda表达式。

【例9-48】　在全局空间和类命名空间内分别定义lambda表达式。

输入如下代码：

```
global_fn = lambda p: print('执行lambda表达式, p参数: ', p)
class Category:
    cate_fn = lambda p: print('执行lambda表达式, p参数: ', p)
# 调用全局范围内的global_fn，为参数p传入参数值
global_fn('fkit')  # ①
c = Category()
# 调用类命名空间内的cate_fn，Python自动绑定第一个参数
c.cate_fn()  # ②
```

运行结果如下：

```
执行lambda表达式, p参数:  fkit
执行lambda表达式, p参数:  <__main__.Category object at 0x00000113DBEF18E0>
```

上面的程序分别在全局空间、类命名空间内定义了两个lambda表达式，在全局空间内定义的lambda表达式就相当于一个普通函数，因此程序使用调用函数的方式来调用该lambda表达式，并显式地为第一个参数绑定参数值，如上面的程序中①处的代码所示。

对于在类命名空间内定义的lambda表达式，相当于在该类命名空间中定义了一个函数，该函数就变成了实例方法，因此程序必须使用调用方法的方式来调用该lambda表达式，Python同样会为该方法的第一个参数（相当于self参数）绑定参数值，如上面的程序中②处的代码所示。

9.6　封装

不只是Python，大多数面向对象编程语言（如C++、Java等）都具备3个典型特征，即封装、继承和多态。本节重点讲解Python类的封装特性，继承和多态会在下一节中介绍。

简单地理解封装，即在设计类时刻意地将一些属性和方法隐藏在类的内部，这样在使用此类时将无法直接以"类对象.属性名"（或者"类对象.方法名(参数)"）的形式调用这些属性（或方法），而只能用未隐藏的类方法间接操作这些隐藏的属性和方法。

打个比方，就像使用计算机，只需要学会如何使用键盘和鼠标就可以了，不用关心内部是怎么实现的，因为那是生产人员和设计人员该操心的。封装绝不是将类中所有的方法都隐藏起来，一定要留一些像键盘、鼠标这样可供外界使用的类方法。

下面介绍类封装的好处。

首先，封装机制保证了类内部数据结构的完整性，因为使用类的用户无法直接看到类中的数据结构，只能使用类允许公开的数据，很好地避免了外部对内部数据的影响，提高了程序的可维护性。

除此之外，对一个类实现良好的封装，用户只能借助暴露出来的类方法来访问数据。通过在这些暴露的方法中加入适当的控制逻辑,可以轻松实现用户对类中属性或方法的不合理操作的限制。除此之外，对类进行良好的封装还可以提高代码的复用性。

9.6.1 Python 类的封装

和其他面向对象的编程语言（如C++、Java）不同，Python类中的变量和函数不是公有的（类似于public属性）就是私有的（类似于private属性），这两种属性的区别如下。

（1）public：公有属性的类变量和类函数在类外部、类内部以及子类（后续讲继承特性时会详细介绍）中都可以正常访问。

（2）private：私有属性的类变量和类函数只能在本类内部使用，在类的外部以及子类都无法使用。

但是，Python并没有提供public、private这些修饰符。为了实现类的封装，Python采取了下面的方法：

（1）默认情况下，Python类中的变量和方法都是公有（public）的，它们的名称前都没有下画线（_）。

（2）如果类中的变量和函数的名称以双下画线"__"开头，则该变量（函数）为私有变量（私有函数），其属性等同于private。

除此之外，还可以定义以单下画线"_"开头的类属性或者类方法（例如_age、_message(self)），这种类属性和类方法通常被视为私有属性和私有方法，虽然它们也能通过类对象正常访问，但这是一种约定俗成的用法，初学者一定要遵守。

提示　Python类中还有以双下画线开头和结尾的类方法（例如类的构造函数__init__(self)），这些都是Python内部定义的，用于Python内部调用。Python学习者自己定义类属性或者类方法时不要使用这种格式。

【例9-49】   Python的封装机制。

输入如下代码：

```python
class Learnpython:
    def setname(self, name):
        if len(name) < 3:
            raise ValueError('name can not less than 3! ')
        self.__name = name
    def getname(self):
        return self.__name
    # 为 name 配置 setter 和 getter 方法
    name = property(getname, setname)
    def setadd(self, add):
        if add.startswith('note'):
            self.__add = add
        else:
            raise ValueError('工具名称')
    def getadd(self):
        return self.__add
    # 为 add 配置 setter 和 getter 方法
    add = property(getadd, setadd)
    # 定义私有方法
    def __display(self):
        print(self.__name, self.__add)

learn = Learnpython()
learn.name = 'Python is usefull'
learn.add = 'notepad++'
print(learn.name)
print(learn.add)
```

运行结果如下：

```
Python is usefull
notepad++
```

以上代码中，Learnpython将name和add属性都隐藏起来了，但同时也提供了可操作它们的“窗口”，也就是各自的setter和getter方法，这些方法都是公有（public）的。

不仅如此，以add属性的setadd()方法为例，可以通过在该方法内部添加控制逻辑，即通过调用startswith()方法，控制用户输入的地址必须以note开头，否则程序将会执行raise语句抛出ValueError异常。

通过此程序的运行逻辑不难看出，通过对Learnpython类进行良好的封装，使得用户仅能通过暴露的setter()和getter()方法操作name和add属性，而通过对setname()和setadd()方法进行适当的设计，可以避免用户对类中属性的不合理操作，从而提高类的可维护性和安全性。

细心的读者可能还会发现，Learnpython类中还有一个__display()方法，由于该类方法为私有（private）方法，且该类没有提供操作该私有方法的“窗口”，因此无法在类的外部使用它。换句话说，如下调用__display()方法是不可行的，例如继续以上示例的代码，再输入以下调用代码：

```
#尝试调用私有的 display() 方法
clang.__display()
```

Python解释器将会报错：

```
AttributeError: 'Learnpython' object has no attribute '__display'
```

9.6.2 封装底层实现原理

事实上，Python封装特性的实现纯属"投机取巧"，之所以类对象无法直接调用以双下画线开头命名的类属性和类方法，是因为Python在底层实现时将它们的名称都偷偷改成了"_类名__属性（方法）名"的格式。

继续上面的示例，以Learnpython类中的__display()为例，Python在底层将其方法名偷偷改成了_Learnpython__display()。例如，在Learnpython类的基础上执行如下代码。

【例9-50】 调用类的私有属性。

输入如下代码：

```
class Learnpython:
    def setname(self, name):
        if len(name) < 3:
            raise ValueError('name can not less than 3! ')
        self.__name = name
    def getname(self):
        return self.__name
    # 为 name 配置 setter 和 getter 方法
    name = property(getname, setname)
    def setadd(self, add):
        if add.startswith('note'):
            self.__add = add
        else:
            raise ValueError('工具名称')
    def getadd(self):
        return self.__add
    # 为 add 配置 setter 和 getter 方法
    add = property(getadd, setadd)
    # 定义私有方法
    def __display(self):
        print(self.__name, self.__add)

learn = Learnpython()
# 调用add的setadd()方法
learn.name = 'Python is usefull'
#调用add的setadd()方法
learn.add = 'notepad++'
#直接调用隐藏的display()方法
learn._Learnpython__display()
print('*'*15)
#直接调用name和add私有属性
```

```
print(learn._Learnpython__name, learn._Learnpython__add)
print('*'*15)
# 还可以通过以下方式修改私有属性
learn._Learnpython__name = 'C++ is useful'
learn._Learnpython__add = "notebook"
print(learn._Learnpython__name, learn._Learnpython__add)
```

运行结果如下：

```
Python is usefull notepad++
***************
Python is usefull notepad++
***************
C++ is useful notebook
```

观察运行结果，代码中那些原本认为是私有的类属性（例如__name和__add），其底层的名称也改成了"_类名__属性名"这种格式。另外，还可以通过代码中的方式修改learn对象的私有属性。

Python类中所有的属性和方法都是公有（public）属性，如果希望Python底层修改类属性或者类方法的名称，以此将它们隐藏起来，只需在它们的名称前添加双下画线"__"即可。

9.7　类的继承

继承机制经常用于创建和现有类功能类似的新类，或者新类只需要在现有类的基础上添加一些成员（属性和方法），但又不想直接将现有类的代码复制给新类。也就是说，通过使用继承这种机制可以轻松实现类的重复使用。

例如，假设现有一个Shape类，该类的draw()方法可以在屏幕上画出指定的形状，现在需要创建一个Form类，要求此类不但可以在屏幕上画出指定的形状，还可以计算出所画形状的面积。要创建这样的类，笨方法是将draw()方法直接复制到新类中，并添加计算面积的方法。实现代码如下：

```
class Shape:
    def draw(self,content):
        print("画",content)
class Form:
    def draw(self,content):
        print("画",content)
    def area(self):
        ...
        print("此图形的面积为...")
```

当然，还有更简单的方法，就是使用类的继承机制。实现方法为：让From类继承Shape类，这样当From类对象调用draw()方法时，Python解释器会先在From中查找以draw为名的方法，如果找不到，它会继续自动在Shape类中查找。如此，只需在From类中添加计算面积的方法即可，示例代码如下：

```
class Shape:
```

```
    def draw(self,content):
        print("画",content)
class Form(Shape):
    def area(self):
        ...
        print("此图形的面积为...")
```

上面的代码中，class From(Shape)表示From类继承Shape类。

在Python中，实现继承的类称为子类，被继承的类称为父类（也可称为基类、超类）。因此，在上面的示例中，From是子类，Shape是父类。

9.7.1　单继承

子类继承父类时，只需在定义子类时将父类（可以是多个）放在子类之后的圆括号里即可。语法格式如下：

```
class DerivedClassName(BaseClassName):
    <statement-1>
    ⋮
    <statement-N>
```

子类（派生类DerivedClassName）会继承父类（基类BaseClassName）的属性和方法。

BaseClassName（实例中的基类名）必须与派生类定义在一个作用域内。除了类之外，还可以使用表达式，基类定义在另一个模块中时这一点非常有用：

```
class DerivedClassName(modname.BaseClassName):
```

【例9-51】　类的继承。

输入如下代码：

```
# 类定义
class people:
    # 定义基本属性
    name = ''
    age = 0
    # 定义私有属性,私有属性在类外部无法直接访问
    __weight = 0

    # 定义构造方法
    def __init__(self, n, a, w):
        self.name = n
        self.age = a
        self.__weight = w
    def speak(self):
        print('%s 说: 我 %d 岁。' % (self.name, self.age))

# 单继承示例
class student(people):
    grade = ''

    def __init__(self, n, a, w, g):
```

```
        # 调用父类的构造函数
        people.__init__(self, n, a, w)
        self.grade = g

    # 覆写父类的方法
    def say(self):
        print('%s 说：我 %d 岁了，我在读 %d 年级。' % (self.name, self.age, self.grade))
s1 = student('Lilei', 8, 35, 2)
s1.say()
```

运行结果如下：

```
Lilei 说：我 8 岁了，我在读 2 年级。
```

9.7.2 多继承

Python支持多继承形式。多继承的类定义如下：

```
class DerivedClassName(Base1, Base2, Base3):
    <statement-1>
    .
    .
    .
    <statement-N>
```

与单继承不同的是，这里有多个父类。

【**例9-52**】 类的多继承。
输入如下代码：

```
# 类定义
class people:
    # 定义基本属性
    name = ''
    age = 0
    # 定义私有属性，私有属性在类外部无法直接访问
    __weight = 0
    # 定义构造方法
    def __init__(self, n, a, w):
        self.name = n
        self.age = a
        self.__weight = w
    def speak(self):
        print('%s 说：我 %d 岁。' % (self.name, self.age))
# 单继承示例
class student(people):
    grade = ''
    def __init__(self, n, a, w, g):
        # 调用父类的构造函数
        people.__init__(self, n, a, w)
```

```
        self.grade = g
    # 覆写父类的方法
    def speak(self):
        print('%s 说: 我 %d 岁了, 我在读 %d 年级.' % (self.name, self.age, self.grade))
# 多重继承之前的准备, 定义另一个父类
class speaker():
    topic = ''
    name = ''
    def __init__(self, n, t):
        self.name = n
        self.topic = t
    def speak(self):
        print('我叫 %s, 我是一个学者, 我研究的主题是 %s' % (self.name, self.topic))

# 多重继承
class sample(speaker, student):
    a = ''
    def __init__(self, n, a, w, g, t):
        student.__init__(self, n, a, w, g)
        speaker.__init__(self, n, t)
test = sample('Lilei', 25, 80, 4, 'Python')
test.speak()    # 方法名同, 默认调用的是在括号中参数位置排在前面的父类的方法
```

运行结果如下：

```
我叫 Lilei, 我是一个学者, 我研究的主题是 Python
```

使用多继承经常需要面临的问题是，多个父类中包含同名的类方法。对于这种情况，Python 的处置措施是：根据子类继承多个父类时这些父类的前后次序决定，即排在前面的父类中的类方法会覆盖排在后面的父类中的同名类方法。

【例9-53】　多继承父类方法重名。

输入如下代码：

```
class People:
    def __init__(self):
        self.name = People
    def say(self):
        print("People类",self.name)
class Animal:
    def __init__(self):
        self.name = Animal
    def say(self):
        print("Animal类",self.name)
#People中的name属性和say()会遮蔽Animal类中的
class Person(People, Animal):
    pass
zhangsan = Person()
```

```
zhangsan.name = 'Lilei'
zhangsan.say()
```

运行结果如下：

```
People类 Lilei
```

可以看到，当Person同时继承People类和Animal类时，People类在前，因此如果People和Animal拥有同名的类方法，那么实际调用的是People类中的。

9.7.3　子类继承父类构造函数说明

如果在子类中需要父类的构造方法，就需要显式地调用父类的构造方法，或者不重写父类的构造方法。子类不重写__init__，实例化子类时会自动调用父类定义的__init__。

【例9-54】　子类不重写__init__。

输入如下代码：

```
# 子类不重写__init__
class Father(object):
    def __init__(self, name):
        self.name = name
        print('name: %s' % (self.name))

    def getName(self):
        return 'Father ' + self.name

class Son(Father):
    def getName(self):
        return 'Son ' + self.name

if __name__ == '__main__':
    son = Son('Python')
    print(son.getName())
```

运行结果如下：

```
name: Python
Son Python
```

如果重写了__init__，实例化子类就不会调用父类已经定义的__init__。

【例9-55】　子类重写__init__。

输入如下代码：

```
# 子类重写__init__
class Father(object):
    def __init__(self, name):
        self.name = name
        print('name: %s' % (self.name))
    def getName(self):
        return 'Father ' + self.name
```

```
class Son(Father):
    def __init__(self, name):
        print("hello, son class")
        self.name = name
    def getName(self):
        return 'Son ' + self.name
if __name__ == '__main__':
    son = Son('Python')
    print(son.getName())
```

运行结果如下:

```
hello, son class
Son Python
```

如果重写了__init__,要继承父类的构造方法,可以使用super关键字,该方法前面用过,其语法结构如下:

```
super(子类, self).__init__(参数1, 参数2, …)
```

还有一种经典写法:

```
父类名称.__init__(self, 参数1, 参数2, …)
```

【例9-56】 super调用父类构造方法。

输入如下代码:

```
# super调用父类构造方法
class Father(object):
    def __init__(self, name):
        self.name = name
        print("name: %s" % (self.name))
    def getName(self):
        return 'Father ' + self.name
class Son(Father):
    def __init__(self, name):
        super(Son, self).__init__(name)
        print("hello")
        self.name = name
    def getName(self):
        return 'Son ' + self.name
if __name__ == '__main__':
    son = Son('Python')
    print(son.getName())
```

运行结果如下:

```
name: Python
hello
Son Python
```

9.7.4 父类方法重写

子类继承了父类，那么子类就拥有了父类所有的类属性和类方法。通常情况下，子类会在此基础上扩展一些新的类属性和类方法。

但凡事都有例外，可能会遇到这样一种情况，即子类从父类继承得来的类方法中，大部分是适合子类使用的，但有个别类方法并不能直接照搬父类的，如果不对这部分类方法进行修改，子类对象就无法使用。针对这种情况，需要在子类中重新编写父类的方法。

例如，鸟通常是有翅膀的，也会飞，因此可以如下定义和鸟相关的类。

【例9-57】 定义和鸟相关的类。

输入如下代码：

```python
class Bird:
    #鸟有翅膀
    def isWing(self):
        print("鸟有翅膀")
    #鸟会飞
    def fly(self):
        print("鸟会飞")
```

但是，对于鸵鸟来说，它虽然也属于鸟类，也有翅膀，但是它只会奔跑，并不会飞。针对这种情况，可以如下定义鸵鸟类。

【例9-58】 定义和鸵鸟相关的类。

输入如下代码：

```python
class Bird:
    #鸟有翅膀
    def isWing(self):
        print("鸟有翅膀")
    #鸟会飞
    def fly(self):
        print("鸟会飞")
class Ostrich(Bird):
    # 重写Bird类的fly()方法
    def fly(self):
        print("鸵鸟不会飞")
```

这里通过集成bird类定义了一个Ostrich相关的类。

可以看到，因为Ostrich类继承自Bird类，因此Ostrich类拥有Bird类的isWing()和fly()方法。其中，isWing()方法同样适用于Ostrich类，但fly()方法明显不适用，因此在Ostrich类中对fly()方法进行重写。重写有时又称为覆盖，指的是对类中已有方法的内部实现进行修改。

【例9-59】 定义鸵鸟类并建立对象。

输入如下代码：

```
class Bird:
    #鸟有翅膀
    def isWing(self):
        print("鸟有翅膀")
    #鸟会飞
    def fly(self):
        print("鸟会飞")
class Ostrich(Bird):
    # 重写Bird类的fly()方法
    def fly(self):
        print("鸵鸟不会飞")

# 创建Ostrich对象
ostrich = Ostrich()
#调用 Ostrich 类中重写的fly()类方法
ostrich.fly()
```

运行结果如下：

```
鸵鸟不会飞
```

显然，ostrich调用的是重写之后的fly()类方法。

事实上，如果在子类中重写了从父类继承来的类方法，那么当在类的外部通过子类对象调用该方法时，Python总是会执行子类中重写的方法。

下面讲解如何调用父类中被重写的这个方法。

很简单，前面讲过，Python中的类可以看作一个独立空间，而类方法其实就是该空间中的一个函数。如果想要在全局空间中调用类空间中的函数，则只需要在调用该函数时备注类名即可。

【例9-60】 调用被重写的方法。

输入如下代码：

```
class Bird:
    #鸟有翅膀
    def isWing(self):
        print("鸟有翅膀")
    #鸟会飞
    def fly(self):
        print("鸟会飞")
class Ostrich(Bird):
    # 重写Bird类的fly()方法
    def fly(self):
        print("鸵鸟不会飞")
# 创建Ostrich对象
ostrich = Ostrich()
#调用Bird类中的fly()方法
Bird.fly(ostrich)
```

运行结果如下：

```
鸟会飞
```

此代码中，需要读者注意的一点是，使用类名调用其类方法，Python不会为该方法的第一个self参数自动绑定值，因此采用这种调用方法需要手动为self参数赋值。

9.7.5 super()使用注意事项

在Python中，由于基类不会在__init__()中被隐式地调用，因此需要程序员显式调用它。这种情况下，当程序中包含多重继承的类层次结构时，使用super()是非常危险的，往往会在类的初始化过程中出现问题。

1．混用super()与显式类调用

【例9-61】 混用super()与显式类调用。

输入如下代码：

```
class A:
    def __init__(self):
        print("A",end=" ")
        super().__init__()
class B:
    def __init__(self):
        print("B",end=" ")
        super().__init__()
class C(A,B):
    def __init__(self):
        print("C",end=" ")
        A.__init__(self)
        B.__init__(self)
print("MRO:",[x.__name__ for x in C.__mro__])
C()
```

运行结果如下：

```
MRO: ['C', 'A', 'B', 'object']
C A B B
```

出现以上这种情况的原因在于，C的实例调用A.__init__(self)，使得super(A,self).__init__()调用了B.__init__()方法。换句话说，super应该被用到整个类的层次结构中。

但是，有时这种层次结构的一部分位于第三方代码中，无法确定外部包的代码中是否使用super()，因此，当需要对某个第三方类进行子类化时，最好查看其内部代码以及MRO（Method Resolution Order，方法解析顺序）中其他类的内部代码。

2．不同种类的参数

使用super的另一个问题是初始化过程中的参数传递。如果没有相同的签名，那么一个类调用其基类的__init__()代码会导致出现问题。

【例9-62】 不同种类的参数。

输入如下代码：

```
class commonBase:
    def __init__(self):
        print("commonBase")
        super().__init__()
class base1(commonBase):
    def __init__(self):
        print("base1")
        super().__init__()
class base2(commonBase):
    def __init__(self):
        print("base2")
        super().__init__()
class myClass(base1,base2):
    def __init__(self,arg):
        print("my base")
        super().__init__(arg)
myClass(10)
```

运行结果如下：

```
TypeError: __init__() takes 1 positional argument but 2 were given
```

可以看出，代码不能顺利运行，Python解释器报错。

一种解决方法是使用*args和**kwargs包装的参数和关键字参数，这样即使不使用它们，所有的构造函数也会传递所有参数，请看下面的示例。

【例9-63】 使用*args和**kwargs传入不同参数。

输入如下代码：

```
class commonBase:
    def __init__(self,*args,**kwargs):
        print("commonBase")
        super().__init__()
class base1(commonBase):
    def __init__(self,*args,**kwargs):
        print("base1")
        super().__init__(*args,**kwargs)
class base2(commonBase):
    def __init__(self,*args,**kwargs):
        print("base2")
        super().__init__(*args,**kwargs)
class myClass(base1,base2):
    def __init__(self,arg):
        print("my base")
        super().__init__(arg)
myClass(200)
```

运行结果如下：

```
my base
base1
base2
commonBase
```

不过，这是一种很糟糕的解决方法，由于任何参数都可以传入，所有构造函数都可以接受任何类型的参数，因此会导致代码变得脆弱。

如果想要避免程序中出现以上问题，这里给出几点建议：

（1）尽可能避免使用多继承，可以使用一些设计模式来替代它。

（2）super的使用必须一致，即在类的层次结构中，要么全部使用super，要么全不用。混用super和传统调用是一种混乱的写法。

（3）调用父类时应提前查看类的层次结构，也就是使用类的__mro__属性或者mro()方法查看有关类的MRO。

9.8　多态及用法详解

在面向对象程序设计中，除了封装和继承特性外，多态也是一个非常重要的特性，本节就带领读者详细了解什么是多态。

众所周知，Python是弱类型语言，其最明显的特征是在使用变量时无须为其指定具体的数据类型。这会导致一种情况，即同一变量可能会被先后赋值不同的类对象，下面的示例演示了这种情况。

【例9-64】　Python同一对象被赋予不同的数据类型。

输入如下代码：

```
class Learnpython1:
    def show(self):
        print('1的实例对象')
class Learnpython2:
    def show(self):
        print('2的实例对象')
demo = Learnpython1()
demo.show()
print('*'*10)
demo = Learnpython2()
demo.show()
```

运行结果如下：

```
1的实例对象
**********
2的实例对象
```

可以看到，demo被先后赋值为Learnpython1类和Learnpython2类的对象，但这并不是多态。类的多态特性还要满足以下两个前提条件：

（1）继承：多态一定发生在子类和父类之间。

（2）重写：子类重写了父类的方法。

【例9-65】 Python多态应用示例1。

输入如下代码：

```
class Learnpython1:
    def show(self):
        print('调用1的方法show')
class Learnpython2(Learnpython1):
    def show(self):
        print('调用2的方法show')
class demoC(Learnpython1):
    def show(self):
        print("调用的是demoC类的show方法")
print('多态举例')
demo = Learnpython1()
demo.show()
print('*'*10)
demo = Learnpython2()
demo.show()
print('*'*10)
demo = demoC()
demo.show()
```

运行结果如下：

```
多态举例
调用1的方法show
**********
调用2的方法show
**********
调用的是demoC类的show方法
```

可以看到，Learnpython2和demoC都继承自Learnpython1类，且各自都重写了父类的show()方法。从运行结果可以看出，同一变量demo在执行同一个shows()方法时，由于demo实际表示不同的类实例对象，因此demo.show()调用的并不是同一个类中的show()方法，这就是多态。

但是，仅学到这里，只是学习了多态的概念，读者还无法领略Python类使用多态特性的精髓。其实，Python在多态的基础上衍生出了一种更灵活的编程机制。继续看以下示例。

【例9-66】 Python多态应用示例2。

输入如下代码：

```
class Showwho:
    def show(self, who):
```

```
        who.show()
class Learnpython1:
    def show(self):
        print('调用1的方法show')
class Learnpython2(Learnpython1):
    def show(self):
        print('调用2的方法show')
class demoC(Learnpython1):
    def show(self):
        print("调用的是demoC类的show方法")

demo = Showwho()
print('*'*10)
#调用Learnpython1类的show()方法
demo.show(Learnpython1())
print('*'*10)
#调用Learnpython2类的say()方法
demo.show(Learnpython2())
print('*'*10)
#调用demoC类的show()方法
demo.show(demoC())
```

运行结果如下：

```
**********
调用1的方法show
**********
调用2的方法show
**********
调用的是demoC类的show方法
```

此例代码中，通过给Showwho类中的show()函数添加一个who参数，其内部利用传入的who调用show()方法。这意味着，当调用Showwho类中的show()方法时，传给who参数的是哪个类的实例对象，它就会调用哪个类中的show()方法。

Python这种由多态衍生出的更灵活的编程机制又称为"鸭子模型"或"鸭子类型"。

9.9　接口

接口的概念与多态相关。在处理多态对象时，我们只需要关注其接口（协议）对外暴露的方法和属性。在Python中，如果不显式指定对象必须包含哪些方法，也可以将其作为参数传递。例如，不会像在Java中那样显式编写接口，而是假定对象能够完成要求它完成的任务。如果不能完成，则程序将失败。

通常，要求对象遵循特定的接口（实现特定的方法），但如果需要，也可以非常灵活地提出要求：不是直接调用方法并期待一切顺利，而是检查所需的方法是否存在，如果不存在，就改弦更张。

下面举例说明接口是否含有对应的方法。

【例9-67】 接口是否含有对应的方法。

输入如下代码：

```
class Calculator:
    def calculate(self, expression):
        self.value = eval(expression)
class Talker:
    def talk(self):
        print('Hi, my value is', self.value)
class TalkingCalculator(Calculator, Talker):
    pass

tc = TalkingCalculator()
print(hasattr(tc, 'talk'))
print('*'*15)
print(hasattr(tc, 'message'))
```

运行结果如下：

```
True
***************
False
```

在上述代码中，观察发现tc包含属性talk（指向一个方法），但没有属性message。如果愿意尝试，还可以检查属性的这些方法是不是可调用的。

【例9-68】 类接口是否可以被调用。

输入如下代码：

```
class Calculator:
    def calculate(self, expression):
        self.value = eval(expression)
class Talker:
    def talk(self):
        print('Hi, my value is', self.value)
class TalkingCalculator(Calculator, Talker):
    pass
tc = TalkingCalculator()
print(callable(getattr(tc, 'talk', None)))
print('*'*15)
print(callable(getattr(tc, 'message', None)))
```

运行结果如下：

```
True
***************
False
```

请注意，这里没有在if语句中使用hasattr并直接访问属性，而是使用了getattr（它能够指定属性不存在时使用的默认值，这里为None），然后对返回的对象调用callable。

要查看对象中存储的所有值，可检查其__dict__属性。如果要确定对象是由什么组成的，应研究模块inspect。该模块主要供高级用户创建对象浏览器（让用户能够以图形方式浏览Python对象的程序），以及其他需要这种功能的类似程序使用。

9.10　抽象基类

其实有比手工检查各个方法更好的选择。在历史上的大部分时间内，Python几乎都只依赖于鸭子类型，即假设所有对象都能完成其工作，同时偶尔使用hasattr来检查所需的方法是否存在。很多其他语言（如Java和Go）都采用显式指定接口的理念，而有些第三方模块提供了这种理念的各种实现。最终，Python通过引入模块abc提供了官方解决方案。该模块为所谓的抽象基类提供了支持。一般而言，抽象类是不能（至少是不应该）实例化的类，其职责是定义子类应实现的一组抽象方法。

【例9-69】　抽象基类简单应用示例。

输入如下代码：

```
from abc import ABC, abstractmethod
class Talker(ABC):
    @abstractmethod
    def talk(self):
        pass
```

抽象类（包含抽象方法的类）最重要的特征是不能实例化，请看以下示例。

【例9-70】　抽象基类不能实例化示例。

输入如下代码：

```
from abc import ABC, abstractmethod
class Student(ABC):
    @abstractmethod
    def message(self):
        pass
student = Student()
```

运行结果如下：

```
TypeError: Can't instantiate abstract class Student with abstract methods message
```

可以看到运行结果其实是一条Python报错信息，Python代码没有被正确运行。这条错误信息直接翻译为中文就是"TypeError:不能将抽象类Student的方法message实例化"。

还能够以抽象类为父类定义一个派生类。

【例9-71】　以抽象类为父类定义一个派生类。

输入如下代码：

```
from abc import ABC, abstractmethod
class Talker(ABC):
    @abstractmethod
    def talk(self):
        pass
class Knigget(Talker):
    pass
```

可以看到，以上定义了一个以抽象类为基类的派生类，由于没有重写方法talk，因此这个类也是抽象的，不能实例化。如果试图实例化这个派生类，则会出现类似于前面的错误消息。

然而，可以重新编写这个类，使其实现要求的方法。

【例9-72】 重新编写抽象类的派生类的方法。

输入如下代码：

```
from abc import ABC, abstractmethod
class Student(ABC):
    @abstractmethod
    def message(self):
        pass
class Undergraduate(Student):
    def message(self):
        print('I am an undergraduate')

S = Undergraduate()
print(isinstance(S, Student))
print('*'*15)
print(S.message())
```

运行结果如下：

```
True
***************
I am an undergraduate
```

然而，还缺少一个重要的部分，即让isinstance的多态程度更高的部分。正如看到的，抽象基类使得可以本着鸭子类型的精神使用这种实例检查，不关心对象是什么，只关心对象能做什么（实现了哪些方法）。因此，只要实现了message方法，即便不是Student的子类，依然能够通过类型检查。为了详细说明，下面来创建另一个类。

【例9-73】 能够通过是否为Student对象的检查，可它并不是Student对象。

输入如下代码：

```
from abc import ABC, abstractmethod
class Student(ABC):
    @abstractmethod
    def message(self):
        pass
class Pupil:
    def message(self):
```

```
        print('Primary school students')
P = Pupil()
print(isinstance(P, Student))
```

运行结果如下：

```
False
```

这个类的实例能够通过是否为Student对象的检查，可它并不是Student对象。

诚然，可从Student派生出Pupil，这样就万事大吉了，但Pupil可能是从他人的模块中导入的。在这种情况下，就无法采取这样的做法。为了解决这个问题，可将Pupil注册为Student（而不从Pupil和Student派生出子类），这样所有的Pupil对象都将被视为Student对象。

【例9-74】　注册为Student类。

输入如下代码：

```
from abc import ABC, abstractmethod
class Student(ABC):
    @abstractmethod
    def message(self):
        pass
class Pupil:
    def message(self):
        print('Primary school students')

P = Pupil()
print(Student.register(Pupil))
print('*'*15)
print(isinstance(P, Student))
print('*'*15)
print(issubclass(Pupil, Student))
```

运行结果如下：

```
<class '__main__.Pupil'>
***************
True
***************
True
```

但是，这种做法存在一个缺点，就是直接从抽象类派生提供的保障没有了。

9.11　枚举类的定义和使用

一些具有特殊含义的类，其实例化对象的个数往往是固定的，比如用一个类表示月份，则该类的实例化对象最多有12个；再比如用一个类表示季节，则该类的实例化对象最多有4个。

针对这种特殊的类，Python 3.4中新增加了Enum枚举类。也就是说，对于实例化对象个数固定的类，可以用枚举类来定义。举例说明如下。

【例9-75】　定义枚举类。

输入如下代码：

```
from enum import Enum
class Season(Enum):
    # 为序列值指定value值
    spring = 1
    summer = 2
    autumn = 3
    winter = 4
```

如果想将一个类定义为枚举类，只需要令其继承自enum模块中的Enum类即可。例如在上面的示例代码中，Seanson类继承自Enum类，说明这是一个枚举类。

在上面定义的Season枚举类中，spring、summer、autumn、winter都是该类的成员（可以理解为类变量）。注意，枚举类的每个成员都由两部分组成，分别为name和value，其中name属性值为该枚举值的变量名（如spring），value代表该枚举值的序号（序号通常从1开始）。

和普通类的用法不同，枚举类不能用来实例化对象，但这并不妨碍访问枚举类中的成员。访问枚举类中的成员的方式有多种，请看下面的示例，仍以Season枚举类为例，在其基础上添加代码。

【例9-76】　访问枚举类对象。

输入如下代码：

```
from enum import Enum
class Season(Enum):
    # 为序列值指定value值
    spring = 1
    summer = 2
    autumn = 3
    winter = 4

print('访问枚举类的3种方法')
print(Season.spring)
print(Season['spring'])
print(Season(1))
print('*'*15)
print('访问枚举成员中的value和name')
print(Season.summer.value)
print(Season.summer.name)
print('*'*15)
print('遍历枚举类中所有成员')
for season in Season:
    print(season)
```

09

运行结果如下：

```
访问枚举类的3种方法
Season.spring
Season.spring
Season.spring
***************
访问枚举成员中的value和name
2
summer
***************
遍历枚举类中所有成员
Season.spring
Season.summer
Season.autumn
Season.winter
```

枚举类成员之间不能比较大小，但可以用==或者is比较是否相等。

【例9-77】   比较枚举类成员是否相等。

输入如下代码：

```
from enum import Enum
class Weekday(Enum):
    # 为序列值指定value值
    Monday = 1
    Tuesday = 2
    Wednesday = 3
    Thursday = 4
    Friday = 5

print(Weekday.Monday == Weekday.Friday)
print(Weekday.Monday.name is Weekday.Thursday.name)
```

运行结果如下：

```
False
False
```

注意，枚举类中各个成员的值不能在类的外部做任何修改，也就是说，下面示例的语法是错误的。

【例9-78】   枚举类中各个成员的值不能在类的外部做任何修改。

输入如下代码：

```
from enum import Enum
class Day_or_night(Enum):
    day = 1
    night = 2

Day_or_night.day = 3
```

以上示例代码中，Day_or_night.day=3就是不正确的Python语法，因为Day_or_night是枚举类型的Python类，其值在类外不能被修改。

另外，枚举类还提供了一个__members__属性，该属性是一个包含枚举类中所有成员的字典，通过遍历该属性也可以访问枚举类中的各个成员。

【例9-79】 枚举类的__members__属性。

输入如下代码：

```
from enum import Enum
class Weekday(Enum):
    # 为序列值指定value值
    Monday = 1
    Tuesday = 2
    Wednesday = 3
    Thursday = 4
    Friday = 5

for name, member in Weekday.__members__.items():
    print(name, '->', member)
```

运行结果如下：

```
Monday -> Weekday.Monday
Tuesday -> Weekday.Tuesday
Wednesday -> Weekday.Wednesday
Thursday -> Weekday.Thursday
Friday -> Weekday.Friday
```

值得一提的是，必须保证Python枚举类中各个成员name互不相同，但value可以相同，示例说明如下。

【例9-80】 必须保证Python枚举类中各个成员的name互不相同，但value可以相同。

输入如下代码：

```
from enum import Enum
class Week(Enum):
    # 为序列值指定value值
    Monday = 1
    Tuesday = 2
    Wednesday = 3
    Thursday = 4
    Friday = 5
    Saturday = 6
    Sunday = 6

print(Week.Saturday)
print(Week.Sunday)
print(Week.Saturday == Week.Sunday)
print(Week['Sunday'])
```

运行结果如下：

```
Week.Saturday
Week.Saturday
True
Week.Saturday
```

从运行结果可以看到，Week枚举类中的Saturday和Sunday具有相同的值（都是6），Python允许这种情况发生，它会将Sunday当作Saturday的别名，因此当访问Sunday成员时，最终输出的是Saturday。

在实际编程过程中，如果想避免发生这种情况，可以借助@unique装饰器，这样当枚举类中出现相同值的成员时，程序会报ValueError错误。

【例9-81】   枚举类@unique装饰器应用示例。

输入如下代码：

```
# @unique装饰器应用示例
from enum import Enum, unique
@unique
class Week(Enum):
    # 为序列值指定value值
    Monday = 1
    Tuesday = 2
    Wednesday = 3
    Thursday = 4
    Friday = 5
    Saturday = 6
    Sunday = 6

print(Week['Sunday'])
```

运行结果如下：

```
ValueError: duplicate values found in <enum 'Week'>: Sunday -> Saturday
```

从运行结果可以看到，代码无法顺利运行，直接报ValueError错误。

除了通过继承Enum类的方法创建枚举类外，还可以使用Enum()函数创建枚举类。

【例9-82】   使用Enum()函数创建枚举类。

输入如下代码：

```
from enum import Enum
#使用函数创建一个枚举类
Week = Enum('Week', ('Monday', 'Tuesday', 'Wednesday', 'Thursday', 'Friday',
'Saturday', 'Sunday'))
print('访问枚举类的3种方法')
print(Week.Monday)
print(Week['Monday'])
print(Week(1))
print('*'*15)
```

```
print('访问枚举成员中的value和name')
print(Week.Monday.value)
print(Week.Monday.name)
print('*'*15)
print('遍历枚举类中所有成员')
for day in Week:
    print(day)
```

运行结果如下：

```
访问枚举类的3种方法
Week.Monday
Week.Monday
Week.Monday
***************
访问枚举成员中的value和name
1
Monday
***************
遍历枚举类中所有成员
Week.Monday
Week.Tuesday
Week.Wednesday
Week.Thursday
Week.Friday
Week.Saturday
Week.Sunday
```

9.12　搜索引擎的实现

要想实现一个搜索引擎，首先要了解什么是搜索引擎。简单地理解，搜索引擎是一个系统，它可以帮助用户在互联网上搜集与检索内容相关的信息。通常，一个搜索引擎由搜索器、索引器、检索器以及用户接口组成，其中各个部分的含义如下。

（1）搜索器：其实就是常说的爬虫，它能够从互联网中搜集大量的信息，并将这些信息传递给索引器。

（2）索引器：理解搜索器搜索到的信息，并从中抽取出索引项，存储到内部的数据库中，等待检索。

（3）检索器：根据用户查询的内容，在已经建立好的索引库中快速检索与之相关的信息，并做相关度评价，以此进行排序。

（4）用户接口：其作用是提供给用户输入查询内容的窗口（例如百度、谷歌的搜索框），并将检索好的内容反馈给用户。

为了方便讲解，这里提供6个文件用于搜索。文件名和内容分别如下：

```
# text1.txt
I love python.
# text2.txt
www.baidu.com
I love python.
# text3.txt
黄山归来不看岳。
# text4.txt
Huangshan is great.
# text5.txt
大兴安岭是美丽的家园。
# text6.txt
中华民族是伟大的民族。
```

根据以上介绍，下面先实现一个基本的搜索引擎。

【例9-83】   构建基本的搜索引擎。

输入如下代码：

```
class SearchEngineBase:
    def __init__(self):
        pass
    #搜索器
    def add_corpus(self, file_path):
        with open(file_path, 'rb') as fin:
            text = fin.read().decode('utf-8')
        self.process_corpus(file_path, text)
    #索引器
    def process_corpus(self, id, text):
        raise Exception('process_corpus not implemented.')
    #检索器
    def search(self, query):
        raise Exception('search not implemented.')
#用户接口
def main(search_engine):
    for file_path in ['1.txt', '2.txt', '3.txt', '4.txt', '5.txt']:
        search_engine.add_corpus(file_path)
    while True:
        query = input()
        results = search_engine.search(query)
        print('found {} result(s):'.format(len(results)))
        for result in results:
            print(result)
```

以上代码仅是建立搜索引擎的一个基本框架，它可以作为基类被其他类继承，那么继承自此类的类将分别代表不同的搜索引擎，它们应该各自实现基类中的process_corpus()和search()方法。

整个代码的运行过程是这样的，首先将各个检索文件中包含的内容连同该文件所在的路径一起传递给索引器，索引器会以该文件的路径建立索引，等待用户检索。

下面在SearchEngineBase类的基础上实现一个基本可以工作的搜索引擎。

【例9-84】　简单完成搜索工作的搜索引擎。

输入如下代码：

```
class SearchEngineBase:
    def __init__(self):
        pass
    #搜索器
    def add_corpus(self, file_path):
        with open(file_path, 'rb') as fin:
            text = fin.read().decode('utf-8')
        self.process_corpus(file_path, text)
    #索引器
    def process_corpus(self, id, text):
        raise Exception('process_corpus not implemented.')
    #检索器
    def search(self, query):
        raise Exception('search not implemented.')
#用户接口
def main(search_engine):
    for file_path in ['text1.txt', 'text2.txt', 'text3.txt', 'text4.txt', 'text5.txt',
                      'text6.txt']:
        search_engine.add_corpus(file_path)
    while True:
        query = input()
        results = search_engine.search(query)
        print('found {} result(s):'.format(len(results)))
        for result in results:
            print(result)

#继承SearchEngineBase类，并重写 process_corpus和search 方法
class SimpleEngine(SearchEngineBase):
    def __init__(self):
        super(SimpleEngine, self).__init__()
        #建立索引时使用
        self.__id_to_texts = {}
    def process_corpus(self, id, text):
        #以文件路径为键，文件内容为值，形成键-值对，存储在字典中，由此建立索引
        self.__id_to_texts[id] = text
    def search(self, query):
        results = []
        #依次检索字典中的键-值对，如果文件内容中包含用户要搜索的信息，则将此文件的文件路径存储
        #在results列表中
        for id, text in self.__id_to_texts.items():
            if query in text:
                results.append(id)
        return results
search_engine = SimpleEngine()
main(search_engine)
```

运行结果如下：

```
found 6 result(s):
text1.txt
text2.txt
text3.txt
text4.txt
text5.txt
text6.txt
```

可以看到，只需要短短十来行代码就可以实现一个基础的搜索引擎。

9.13　面向对象编程建议

作为Python学习者，了解与类相关的编码风格是十分有必要的，尤其是编写较为复杂的Python代码时。下面介绍与类相关的编码风格以及一些编程建议。

9.13.1　与类相关的编码风格

Python类命名采用驼峰命名法，即将类名中的每个单词的首字母大写，而不使用下画线。实例命名和模块名都采用小写格式，并在单词之后加上下画线。

对于每个类，都应该在类定义后面包含一个文档字符串。这种文档字符串简要地描述类的功能，并遵循编写函数的文档字符串时采用的格式约定。每个模块也都应该包含一个文档字符串，对其中的类可用于做什么进行描述。

可使用空格来组织代码，但不要滥用。在类中，可使用一个空行来分割方法；而在模块中，可使用两个空行来分割类。

需要同时导入标准库中的模块和自定义的模块时，先编写导入标准库的import语句，再添加一个空行，然后导入自定义模块的import语句。在包含多条import语句的程序中，这种做法让人更容易明白程序使用的各个模块都来自哪里。

9.13.2　编程建议

如果想设计出高效的程序，在面向对象程序设计中有以下建议：

（1）将相关的东西放在一起。如果一个函数操作一个全局变量，最好将它们作为一个类的属性和方法。

（2）不要让对象之间过于亲密。方法应只关心其所属实例的属性，对于其他实例的状态，让它们自己去管理就好了。

（3）慎用继承，尤其是多重继承。继承有时很有用，但在有些情况下可能带来不必要的复杂性。要正确地使用多重继承很难，要排除其中的BUG更难。

（4）保持简单，让方法短小紧凑。一般而言，应确保大多数方法都能在30秒内读完并理解。对于其余的方法，尽可能将其篇幅控制在一页或一屏内。

确定需要哪些类以及这些类应包含哪些方法时，尝试下面的做法：

（1）将有关问题的描述（程序需要做什么）记录下来，并给所有的名词、动词和形容词加上标记。

（2）在名词中找出可能的类。

（3）在动词中找出可能的方法。

（4）在形容词中找出可能的属性。

（5）将找出的方法和属性分配给各个类。

有了面向对象模型的草图后，还需考虑类和对象之间的关系（如继承或协作）以及它们的职责。为了进一步改进模型，建议这样做：

（1）记录（或设想）一系列用例，即使用程序的场景，并尽力确保这些用例涵盖了所有的功能。

（2）透彻而仔细地考虑每个场景，确保模型包含所需的一切。如果有遗漏，就加上；如果有不太对的地方，就修改。不断地重复这个过程，直到对模型满意为止。

有了行之有效的模型后，就可以着手编写程序了，很可能需要修改模型或程序的某些部分，所幸这在Python中很容易，请不用担心，只管按这里讲的去做就好。

09

9.14 小结

本章详细讲解了Python面向对象的知识，面向对象是Python编程的核心内容，因此本章包括大量知识点和示例，需要读者认真理解，本章学习起来可能会比较困难，但这是成为Python高手的必经之路，相信读者通过反复实践和思考会逐步理解。

第 10 章

类的特殊成员

在Python类中，凡是以双下画线"＿＿"开头和结尾命名的成员（属性和方法），都被称为类的特殊成员（特殊属性和特殊方法）。例如，类的＿＿init＿＿(self)构造方法就是典型的特殊方法。

Python类中的特殊成员，其特殊性类似于C++类的private（私有）成员，即不能在类的外部直接调用，但允许借助类中的普通方法调用甚至修改它们。如果需要，还可以对类的特殊方法进行重写，从而实现一些特殊的功能。当然，Python类中还含有＿＿del＿＿(self)、＿＿new＿＿(self)等很多特殊成员，本章会一一讲解。

学习目标：

（1）掌握常见的类的特殊成员。
（2）掌握类的装饰器及用法。
（3）掌握迭代器与生成器。
（4）掌握函数装饰器。

10.1 常用类的特殊方法

在Python类中，有些方法名、属性名的前后都添加了双下画线，这种方法、属性通常都属于Python的特殊方法和特殊属性，开发者可以通过重写这些方法或直接调用这些方法来实现特殊的功能。

最常见的特殊方法就是前面介绍的构造方法：＿＿init＿＿()，开发者可以通过重写类中的＿＿init＿＿()方法来实现自己的初始化逻辑，＿＿init＿＿()方法之前已经学习过，类还有许多类似的方法，本节将介绍常用的特殊方法。

10.1.1　创建类实例

__new__()是一种负责创建类实例的静态方法，它无须使用staticmethod装饰器修饰，且该方法会优先__init__()初始化方法被调用。

一般情况下，覆写__new__()的实现将会使用合适的参数调用其超类的super().__new__()，并在返回之前修改实例。

【例10-1】　使用__new__()方法创建静态类。

输入如下代码：

```
class NewClass:
    instances_created = 0
    def __new__(cls,*args,**kwargs):
        print("__new__():",cls,args,kwargs)
        instance = super().__new__(cls)
        instance.number = cls.instances_created
        cls.instances_created += 1
        return instance
    def __init__(self,attribute):
        print("__init__():",self,attribute)
        self.attribute = attribute
demo1 = NewClass('python')
demo2 = NewClass('huangshan')
print(demo1.number, demo1.instances_created)
print(demo2.number, demo2.instances_created)
```

运行结果如下：

```
__new__(): <class '__main__.NewClass'> ('python',) {}
__init__(): <__main__.NewClass object at 0x0000015AC45F1670> python
__new__(): <class '__main__.NewClass'> ('huangshan',) {}
__init__(): <__main__.NewClass object at 0x0000015AC45F18B0> huangshan
0 2
1 2
```

__new__()方法通常会返回该类的一个实例，但有时也可能会返回其他类的实例，如果发生了这种情况，则会跳过对__init__()方法的调用。而在某些情况下（比如需要修改不可变类实例（Python的某些内置类型）的创建行为），利用这一点会事半功倍。

【例10-2】　使用__new__()方法返回其他类的实例。

输入如下代码：

```
class nonzero(int):
    def __new__(cls,value):
        return super().__new__(cls,value) if value != 0 else None
    def __init__(self,skipped_value):
        #此例中会跳过此方法
        print("__init__()")
```

```
        super().__init__()
print(type(nonzero(-12)))
print(type(nonzero(0)))
```

运行结果如下：

```
__init__()
<class '__main__.nonZero'>
<class 'NoneType'>
```

使用__new__()的情况很简单，在__init__()不够用的时候需要使用__new__()。

例如，前面的示例中对Python不可变的内置类型（如int、str、float等）进行了子类化，这是因为一旦创建了这样不可变的对象实例，就无法在__init__()方法中对其进行修改。

有些读者可能会认为，__new__()对执行重要的对象初始化很有用，如果用户忘记使用super()，那么可能会漏掉这一初始化。虽然这听上去很合理，但有一个主要的缺点，即如果使用这样的方法，那么即便初始化过程已经是预期的行为，程序员明确跳过初始化步骤，也会变得更加困难。不仅如此，它还破坏了"__init__()中执行所有初始化工作"的潜规则。

 由于__new__()不限于返回同一个类的实例，因此很容易被滥用，不负责任地使用这种方法可能会对代码有害，所以要谨慎使用。一般来说，对于特定问题，最好搜索其他可用的解决方案，最好不要影响对象的创建过程，使其违背程序员的预期。比如，前面提到的覆写不可变类型初始化的示例，完全可以用工厂方法（一种设计模式）来替代。

10.1.2 显示属性

之前第9章经常会直接输出类的实例化对象，请看下面的例子。

【例10-3】 输出类的实例化对象。

输入如下代码：

```
class LovePython:
    pass
python = LovePython
print(python)
```

运行结果如下：

```
<class '__main__.LovePython'>
```

通常情况下，直接输出某个实例化对象，本意往往是想了解该对象的基本信息，例如该对象有哪些属性，它们的值各是多少，等等。但默认情况下，得到的信息对了解该实例化对象帮助不大。

通过重写类的__repr__()方法即可自定义输出实例化对象时的信息。事实上，当输出某个实例化对象时，其调用的就是该对象的__repr__()方法，输出的是该方法的返回值。

和__init__(self)的性质一样，Python中的每个类都包含__repr__()方法，因为object类包含__reper__()方法，而Python中所有的类都直接或间接继承自object类。

【例10-4】 使用_repr_()方法返回和调用者有关的信息。

输入如下代码：

```
class LovePython:
    def __init__(self):
        self.name = 'Python'
        self.add = 'Love'
    def __repr__(self):
        return "LovePython[name="+ self.name +",add=" + self.add +"]"
python = LovePython()
print(python)
```

运行结果如下：

```
LovePython[name=Python,add=Love]
```

由此可见，__repr__()方法是类的实例化对象用来做"自我介绍"的方法，默认情况下，它会返回当前对象的信息，而如果对该方法进行重写，可以为其制作自定义的自我描述信息。

10.1.3 销毁对象

Python通过调用__init__()方法构造当前类的实例化对象，而这里要学的__del__()方法的功能正好和__init__()方法相反，它用来销毁实例化对象。

事实上在编写程序时，如果之前创建的类实例化对象后续不再使用，最好在适当位置手动将该类实例化对象销毁，释放它占用的内存空间（整个过程称为垃圾回收）。

大多数情况下，Python开发者不需要手动进行垃圾回收，因为Python有自动的垃圾回收机制，能自动将不需要使用的实例化对象销毁。

无论是手动销毁，还是Python自动帮助销毁，都会调用__del__()方法。请看下面的示例。

【例10-5】 使用__del__()方法销毁实例化对象。

输入如下代码：

```
class LovePython:
    def __init__(self):
        print("调用 __init__()方法构造对象")
    def __del__(self):
        print("调用__del__()方法销毁对象，释放其空间")
python = LovePython()
del python
```

运行结果如下：

```
调用 __init__()方法构造对象
调用__del__()方法销毁对象，释放其空间
```

但是，读者千万不要误认为，只要为该实例化对象调用__del__()方法，该对象所占用的内存空间就会被释放。下面的示例演示了相反的情况。

【例10-6】 调用__del__()方法，但内存空间未被释放。

输入如下代码：

```
class LovePython:
    def __init__(self):
        print("调用 __init__()方法构造对象")
    def __del__(self):
        print("调用__del__()方法销毁对象，释放其空间")

python = LovePython()
#添加一个引用python对象的实例化对象
py = python
del python
print('*'*15)
```

运行结果如下：

```
调用__init__()方法构造对象
***************
调用__del__()方法销毁对象，释放其空间
```

注意，最后一行输出信息是程序执行即将结束时调用__del__()方法输出的。

可以看到，当程序中有其他变量（比如这里的py）引用该实例化对象时，即便手动调用_del__()方法，该方法也不会立即执行，这和Python的垃圾回收机制的实现有关。

Python采用自动引用计数（Automatic Reference Counting，ARC）的方式实现垃圾回收机制。该方法的核心思想是：每个Python对象都会配置一个计数器，初始Python实例化对象的计数器值都为0，如果有变量引用该实例化对象，其计数器的值会加1，以此类推；反之，每当一个变量取消对该实例化对象的引用，计数器就会减1。如果一个Python对象的计数器值为0，则表明没有变量引用该Python对象，即证明程序不再需要它，此时Python就会自动调用__del__()方法将其回收。

以上面程序中的python为例，实际上构建python实例化对象的过程分为两步，先使用LovePython()调用该类中的__init__()方法构造出一个该类的对象（将其称为C，计数器为0），并立即用python这个变量作为所建实例化对象的引用（C的计数器值加1）。在此基础上，又有一个py变量引用python（其实相当于引用LovePython()，此时C的计数器再加1），这时如果调用del python语句，只会导致C的计数器减1（值变为1），因为C的计数器值不为0，因此C不会被销毁（不会执行__del__()方法）。

继续以上代码，修改以上代码如下。

【例10-7】 __del__()方法应用示例。

输入如下代码：

```
class LovePython:
    def __init__(self):
        print("调用 __init__()方法构造对象")
    def __del__(self):
        print("调用__del__()方法销毁对象，释放其空间")
```

```
python = LovePython()
#添加一个引用python对象的实例化对象
py = python
del python
print('*'*15)
del py
print('@'*15)
```

运行结果如下：

```
调用 __init__()方法构造对象
***************
调用__del__()方法销毁对象，释放其空间
@@@@@@@@@@@@@@@
```

可以看到，当执行del py语句时，其应用的对象实例化对象C的计数器继续-1（变为0），对于计数器为0的实例化对象，Python会自动将其视为垃圾进行回收。

需要额外说明的是，如果重写子类的__del__()方法（父类为非object的类），则必须显式调用父类的__del__()方法，这样才能保证在回收子类对象时所占用的资源（可能包含继承自父类的部分资源）被彻底释放。为了说明这一点，请看下面的示例。

【例10-8】　若重写子类的__del__()方法（父类为非object的类），则必须显式调用父类的__del__()方法。

输入如下代码：

```
class LovePython:
    def __del__(self):
        print('调用父类的__del__()方法')
class py(LovePython):
    def __del__(self):
        print('调用子类的__del__()方法')
p = py()
del p
```

运行结果如下：

```
调用子类的__del__()方法
```

10.1.4　列出对象的所有属性（方法）

前面在介绍Python内置函数时，提到了dir()函数，通过此函数可以返回某个对象拥有的所有属性名和方法名，该函数会返回一个包含所有属性名和方法名的有序列表。

【例10-9】　使用dir()函数显示类的属性。

输入如下代码：

```
class LovePython:
    def __del__(self):
```

```
        self.name = 'Lilei'
        self.age = 8
    def message(self):
        pass

python = LovePython()
print(dir(python))
```

运行结果如下：

```
['__class__', '__del__', '__delattr__', '__dict__', '__dir__', '__doc__', '__eq__',
'__format__', '__ge__', '__getattribute__', '__gt__', '__hash__', '__init__',
'__init_subclass__', '__le__', '__lt__', '__module__', '__ne__', '__new__', '__reduce__',
'__reduce_ex__', '__repr__', '__setattr__', '__sizeof__', '__str__', '__subclasshook__',
'__weakref__', 'message']
```

注意，通过dir()函数不仅可以输出本类中新添加的属性名和方法，还会输出从父类（这里为object类）继承得到的属性名和方法名。

值得一提的是，dir()函数的内部实现其实是在调用参数对象 __dir__()方法的基础上，对该方法返回的属性名和方法名做了排序。

所以，除了使用dir()函数外，完全可以自行调用该对象具有的 __dir__()方法显示其属性。

【例10-10】　使用 __dir__()方法显示属性。
输入如下代码：

```
class LovePython:
    def __del__(self):
        self.name = 'Lilei'
        self.age = 8
    def message(self):
        pass

python = LovePython()
print(python.__dir__())
```

运行结果如下：

```
['__module__', '__del__', 'message', '__dict__', '__weakref__', '__doc__', '__repr__',
'__hash__', '__str__', '__getattribute__', '__setattr__', '__delattr__', '__lt__', '__le__',
'__eq__', '__ne__', '__gt__', '__ge__', '__init__', '__new__', '__reduce_ex__', '__reduce__',
'__subclasshook__', '__init_subclass__', '__format__', '__sizeof__', '__dir__', '__class__']
```

显然，使用 __dir__()方法和dir()函数输出的数据是相同的，只是顺序不同。

10.1.5　查看对象的内部属性

在Python类的内部，无论是类属性还是实例属性，都是以字典的形式进行存储的，其中属性名作为键，而值作为该键对应的值。

　　为了方便用户查看类中包含哪些属性，Python类提供了__dict__属性。需要注意的一点是，该属性可以用类名或者类的实例化对象来调用，用类名直接调用__dict__，会输出由类中所有类属性组成的字典；而使用类的实例化对象调用__dict__，会输出由类中所有实例属性组成的字典。

【例10-11】　类的实例化对象调用__dict__。

输入如下代码：

```
class LovePython:
    pya = 23
    pyb = 48
    def __init__(self):
        self.name = 'Lilei'
        self.age = 8

#通过类名调用__dict__
print(LovePython.__dict__)
#通过类的实例化对象调用 __dict__
python = LovePython()
print(python.__dict__)
```

运行结果如下：

```
{'__module__': '__main__', 'pya': 23, 'pyb': 48, '__init__': <function
LovePython.__init__ at 0x0000024DA0226EE0>, '__dict__': <attribute '__dict__' of
'LovePython' objects>, '__weakref__': <attribute '__weakref__' of 'LovePython' objects>,
'__doc__': None}
    {'name': 'Lilei', 'age': 8}
```

　　不仅如此，对于具有继承关系的父类和子类来说，父类有自己的__dict__，子类也有自己的__dict__，它不会包含父类的__dict__。下面通过示例来演示。

【例10-12】　继承类对象调用__dict__。

输入如下代码：

```
class LovePython:
    pya = 23
    pyb = 48
    def __init__(self):
        self.name = 'Lilei'
        self.age = 8
class SonPyhton(LovePython):
    pyc = 45
    pyd = 99
    def __init__(self):
        self.name = 'Hanmeimei'
        self.age = 8

#父类名调用__dict__
print(LovePython.__dict__)
#子类名调用__dict__
```

```
print(SonPyhton.__dict__)
#父类的实例化对象调用 __dict__
py = LovePython()
print(py.__dict__)
#子类的实例化对象调用 __dict__
spy = SonPyhton()
print(spy.__dict__)
```

运行结果如下：

```
{'__module__': '__main__', 'pya': 23, 'pyb': 48, '__init__': <function
LovePython.__init__ at 0x0000027505EF6F70>, '__dict__': <attribute '__dict__' of
'LovePython' objects>, '__weakref__': <attribute '__weakref__' of 'LovePython' objects>,
'__doc__': None}
    {'__module__': '__main__', 'pyc': 45, 'pyd': 99, '__init__': <function SonPyhton.__init__
at 0x0000027505FEED30>, '__doc__': None}
    {'name': 'Lilei', 'age': 8}
    {'name': 'Hanmeimei', 'age': 8}
```

显然，通过子类直接调用的__dict__中并没有包含父类中的pya和pyb类属性；同样，通过子类对象调用的__dict__也没有包含父类对象拥有的name和age实例属性。

除此之外，借助由类实例化对象调用__dict__属性获取的字典，可以使用字典的方式对其中的实例属性的值进行修改，请看下面的示例。

【例10-13】 实例化对象调用__dict__属性获取的字典。

输入如下代码：

```
class LovePython:
    pya = 23
    pyb = 48
    def __init__(self):
        self.name = 'Lilei'
        self.age = 8

# 对象调用__dict__属性获取的字典
py = LovePython()
print(py.__dict__)
print('*'*15)
# 通过__dict__属性获取的字典修改属性
py.__dict__['name'] = 'Hanmeimei'
print(py.name)
```

运行结果如下：

```
{'name': 'Lilei', 'age': 8}
***************
Hanmeimei
```

但是，无法通过类似的方式修改类变量的值。

10.1.6　__call__()方法

本节介绍Python类中一个非常特殊的实例化方法，即__call__()。该方法的功能类似于在类中重载()运算符，使得类的实例化对象可以像普通函数那样，以"对象名()"的形式使用。

【例10-14】　定义__call__()方法。

输入如下代码：

```
class LovePython:
    # 定义__call__()方法
    def __call__(self, name, age):
        print("调用__call__()方法", name, age)
python = LovePython()
python('Lilei', 8)
```

运行结果如下：

```
调用__call__()方法 Lilei 8
```

可以看到，通过在LovePython类中实现__call__()方法，使得python实例化对象变为可调用对象。

在Python中，凡是可以将()直接应用到自身并执行的对象都称为可调用对象。可调用对象包括自定义的函数、Python内置函数以及这里所讲的类的实例化对象。

对于可调用对象，实际上"名称()"可以理解为"名称.__call__()"的简写。下面通过示例来演示。

【例10-15】　名称.__call__()应用示例。

输入如下代码：

```
class LovePython:
    # 定义__call__方法
    def __call__(self, name, age):
        print("调用__call__()方法", name, age)
python = LovePython()
python.__call__('Lilei', 8)
```

运行结果如下：

```
调用__call__()方法 Lilei 8
```

观察运行结果，和前一个示例的运行结果相同。这里再看一个自定义函数的示例。

【例10-16】　自定义函数__call__()方法应用示例。

输入如下代码：

```
def message():
    print('This is python.')
message()
message.__call__()
```

运行结果如下：

```
This is python.
This is python.
```

不仅如此，类中的实例化方法也有以上两种调用方式，这里不再举例。

前面章节介绍了hasattr()函数的用法，该函数的功能是查找类的实例化对象中是否包含指定名称的属性或者方法，但该函数有一个缺陷，即它无法判断该指定的名称到底是类属性还是类方法。

要解决这个问题，可以借助可调用对象的概念。要知道，类的实例化对象包含的方法其实也属于可调用对象，但类属性却不是。

【例10-17】 hasattr()和__call__()联合应用示例。

输入如下代码：

```python
class LovePython:
    def __init__(self):
        self.name = 'Lilei'
        self.age = 8
    def message(self):
        print('Love Python')
python = LovePython()
if hasattr(python, 'name'):
    print(hasattr(python.name, '__call__'))
print('*'*15)
if hasattr(python, 'message'):
    print(hasattr(python.message, '__call__'))
```

运行结果如下：

```
False
***************
True
```

从运行结果可以看到，由于name是类属性，因此它没有以__call__为名的__call__()方法；而message是类方法，它是可调用对象，因此它有__call__()方法。

10.2 常用函数及用法

除了前面介绍的几个类中的特殊方法外，这里再介绍3个常用的函数，分别是hasattr()、getattr()以及setattr()。

10.2.1 hasattr()函数

hasattr()函数用来判断某个类的实例化对象是否包含指定名称的属性或方法。该函数的语法格式如下：

```
hasattr(obj, name)
```

其中obj指的是某个类的实例化对象，name表示指定的属性名或方法名。同时，该函数会将判断的结果（True或者False）作为返回值反馈回来。

【例10-18】　hasattr()函数应用示例。

输入如下代码：

```
class LovePython:
    pya = 23
    pyb = 48
    def __init__(self):
        self.name = 'Lilei'
        self.age = 8
    def message(self):
        print('I love python')

python = LovePython()
print(hasattr(python, 'name'))
print('*'*15)
print(hasattr(python, 'age'))
print('*'*15)
print(hasattr(python, 'message'))
print('*'*15)
print(hasattr(python, 'go'))
```

运行结果如下：

```
True
***************
True
***************
True
***************
False
```

观察运行结果，name、age、message都是类的方法或者属性，返回的是True，但是该类没有go属性，因此返回的是False。

注意，hasattr(obj, name)中的name在代码编写中需要用引号引起来，否则代码将会报出以下错误：

```
NameError: name 'name' is not defined
```

显然，无论是属性名还是方法名，都在hasattr()函数的匹配范围内。因此，只能通过该函数判断实例化对象是否包含该名称的属性或方法，但不能精确判断该名称代表的是属性还是方法。

10.2.2　getattr()函数

getattr()函数获取某个类的实例化对象中指定属性的值。和hasattr()函数不同，该函数只会从类对象包含的所有属性中进行查找。

getattr()函数的语法格式如下：

```
getattr(obj, name[, default])
```

其中，obj表示指定类的实例化对象；name表示指定的属性名；而default是可选参数，用于设定该函数的默认返回值，即当函数查找失败时，如果不指定default参数，则程序将直接报AttributeError错误，反之该函数将返回default指定的值。下面通过示例来演示。

【例10-19】 getattr()函数应用示例。

输入如下代码：

```
class LovePython:
    pya = 23
    pyb = 48
    def __init__(self):
        self.name = 'Lilei'
        self.age = 8
    def message(self):
        print('I love python')

python = LovePython()
print(getattr(python, 'name'))
print('*'*15)
print(getattr(python, 'age'))
print('*'*15)
print(getattr(python, 'message'))
print('*'*15)
print(getattr(python, 'go', 'no this attr'))
```

运行结果如下：

```
Lilei
***************
8
***************
<bound method LovePython.message of <__main__.LovePython object at
0x000001C5707B91F0>>
***************
no this attr
```

可以看到，对于类中已有的属性，getattr()会返回它们的值，而如果该名称为方法名，则返回该方法的状态信息；反之，如果该名称不为类对象所有，要么返回默认的参数，要么Python解释器报AttributeError错误。比如这里没有go方法，但是getattr设置了默认返回值no this attr，因此此处没有报错，而是返回了no this attr。

10.2.3 setattr()函数

setattr()函数的功能相对比较复杂，它的基础功能是修改类的实例化对象中的属性值。同时，它还可以实现为实例化对象动态添加属性或者方法。

setattr()函数的语法格式如下:

```
setattr(obj, name, value)
```

下面演示如何通过该函数修改某个类的实例化对象的属性值。

【例10-20】 setattr()函数应用示例1。

输入如下代码:

```
class LovePython:
    pya = 23
    pyb = 48
    def __init__(self):
        self.name = 'Lilei'
        self.age = 8
    def message(self):
        print('I love python')

python = LovePython()
print('#修改前的属性')
print(python.name)
print(python.age)
print('#修改后的属性')
setattr(python, 'name', 'Hanmeimei')
setattr(python, 'age', 7)
print(python.name)
print(python.age)
```

运行结果如下:

```
#修改前的属性
Lilei
8
#修改后的属性
Hanmeimei
7
```

甚至利用setattr()函数还可以将类属性修改为一个类方法,同样也可以将类方法修改成一个类属性,示例如下:

【例10-21】 setattr()函数应用示例2。

输入如下代码:

```
def message(self):
    print('I love python')
class LovePython:
    pya = 23
    pyb = 48
    def __init__(self):
        self.name = 'Lilei'
        self.age = 8
```

10

```
python = LovePython()
print('#修改前')
print(python.name)
print(python.age)
print('#修改后')
print(setattr(python, 'name', message))
python.name(python)
```

运行结果如下：

```
#修改前
Lilei
8
#修改后
None
I love python
```

显然，通过修改name属性的值为message（这是一个外部定义的函数），原来的name属性就变成了一个name()方法。

使用setattr()函数对实例化对象中执行名称的属性或方法进行修改时，如果该名称查找失败，那么Python解释器不会报错，而是会给该实例化对象动态添加一个指定名称的属性或方法，请看下面的示例。

【例10-22】　setattr()函数应用示例3。

输入如下代码：

```
def message(self):
    print('I love python')
class LovePython:
  pass

python = LovePython()
setattr(python, 'name', 'Lilei')
setattr(python, 'message', message)
print(python.name)
python.message(python)
```

运行结果如下：

```
Lilei
I love python
```

可以看到，虽然LovePython为空类，但通过setattr()函数为python对象动态添加了一个name属性和一个message()方法。

10.2.4　类型检查

Python提供了如下两个函数来检查类型。

- issubclass(cls, class_or_tuple)：检查cls是否为后一个类或元组包含的多个类中任意类的子类。

- isinstance(obj, class_or_tuple)：检查obj是否为后一个类或元组包含的多个类中任意类的对象。

通过使用上面两个函数，程序可以方便地先执行检查，然后才调用方法，这样可以保证程序不会出现意外情况。

【例10-23】　检查数据类型。

输入如下代码：

```python
# 定义一个字符串
hello = "Hello";
# "Hello"是str类的实例，输出True
print('"Hello"是不是str类的实例: ', isinstance(hello, str))
# "Hello"是object类的子类的实例，输出True
print('"Hello"是不是object类的实例: ', isinstance(hello, object))
# str是object类的子类，输出True
print('str是不是object类的子类: ', issubclass(str, object))
# "Hello"不是tuple类及其子类的实例，输出False
print('"Hello"是不是tuple类的实例: ', isinstance(hello, tuple))
# str不是tuple类的子类，输出False
print('str是不是tuple类的子类: ', issubclass(str, tuple))
# 定义一个列表
my_list = [2, 4]
# [2, 4]是list类的实例，输出True
print('[2, 4]是不是list类的实例: ', isinstance(my_list, list))
# [2, 4]是object类的子类的实例，输出True
print('[2, 4]是不是object类及其子类的实例: ', isinstance(my_list, object))
# list是object类的子类，输出True
print('list是不是object类的子类: ', issubclass(list, object))
# [2, 4]不是tuple类及其子类的实例，输出False
print('[2, 4]是不是tuple类及其子类的实例: ', isinstance([2, 4], tuple))
# list不是tuple类的子类，输出False
print('list是不是tuple类的子类: ', issubclass(list, tuple))
```

运行结果如下：

```
"Hello"是不是str类的实例:  True
"Hello"是不是object类的实例:  True
str是不是object类的子类:  True
"Hello"是不是tuple类的实例:  False
str是不是tuple类的子类:  False
[2, 4]是不是list类的实例:  True
[2, 4]是不是object类及其子类的实例:  True
list是不是object类的子类:  True
[2, 4]是不是tuple类及其子类的实例:  False
list是不是tuple类的子类:  False
```

从运行结果可以看出，issubclass()和isinstance()两个函数的用法差不多，区别只是issubclass()的第一个参数是类名，而isinstance()的第一个参数是变量，这也与两个函数的意义对应：issubclass()用于判断是否为子类，而isinstance()用于判断是否为该类或子类的实例。

issubclass()函数和isinstance()函数的第二个参数都可以使用元组，示例如下。

【例10-24】   issubclass()函数和isinstance()函数应用示例。

输入如下代码：

```
demo = (100000, 'python')
print('demo是否为列表或元组: ', isinstance(demo, (list, tuple)))
# str不是list或者tuple的子类，输出False
print('str是否为list或tuple的子类: ', issubclass(str, (list, tuple)))
# str是list、tuple或object的子类，输出True
print('str是否为list、tuple或object的子类 ', issubclass(str, (list, tuple, object)))
```

运行结果如下：

```
demo是否为列表或元组:  True
str是否为list或tuple的子类:  False
str是否为list、tuple或object的子类  True
```

此外，Python为所有类都提供了一个__bases__属性，通过该属性可以查看该类的所有直接父类，该属性返回所有直接父类组成的元组，示例如下。

【例10-25】   查看类的__bases__属性。

输入如下代码：

```
class DemoA:
    pass
class DemoB:
    pass
class DemoC(DemoA, DemoB):
    pass
print('DemoA 的所有父类: {}'.format(DemoA.__bases__))
print('DemoB 的所有父类: {}'.format(DemoB.__bases__))
print('DemoC 的所有父类: {}'.format(DemoC.__bases__))
```

运行结果如下：

```
DemoA 的所有父类: (<class 'object'>,)
DemoB 的所有父类: (<class 'object'>,)
DemoC 的所有父类: (<class '__main__.DemoA'>, <class '__main__.DemoB'>)
```

从运行结果可以看出，如果在定义类时没有显式指定它的父类，则这些类默认的父类是object类。

Python还为所有类都提供了一个__subclasses__()方法，通过该方法可以查看该类的所有直接子类，该方法返回该类的所有子类组成的列表，示例如下。

【例10-26】   通过__subclasses__()方法查看类。

输入如下代码：

```
class DemoA:
    pass
```

```
class DemoB:
    pass
class DemoC(DemoA, DemoB):
    pass
print('DemoA的所有子类: {}'.format(DemoA.__subclasses__()))
print('DemoB的所有子类: {}'.format(DemoB.__subclasses__()))
```

运行结果如下:

```
DemoA的所有子类: [<class '__main__.DemoC'>]
DemoB的所有子类: [<class '__main__.DemoC'>]
```

10.3 运算符重载

前面的章节介绍了Python中的各个序列类型,每个类型都有其独特的操作方法, 例如列表类型支持直接进行加法操作实现添加元素的功能,字符串类型支持直接进 行加法操作实现字符串的拼接功能,也就是说,同样的运算符对于不同序列类型的 意义是不一样的。

其实在Python内部,每种序列类型都是Python的一个类,例如列表是list类,字典是dict类等, 这些序列类的内部使用"运算符重载"技术来实现不同运算符所对应的操作。

10.3.1 何谓运算符重载

所谓运算符重载,指的是在类中定义并实现一个与运算符对应的处理方法,这样当类对象在 进行运算符操作时,系统就会调用类中相应的方法来处理。示例如下。

【例10-27】 运算符重载。
输入如下代码:

```
class DemoClass:  # 自定义一个类
    def __init__(self, name, age):  # 定义该类的初始化函数
        self.name = name
        self.age = age
    def __str__(self):
        return "name:" + self.name + ";age:" + str(self.age)
    __repr__ = __str__
    def __lt__(self, record):
        if self.age < record.age:
            return True
        else:
            return False
    def __add__(self, record):
        return DemoClass(self.name, self.age + record.age)
demo = DemoClass('Lilei', 8)
samp = DemoClass('Hanmeimei', 7)
```

```
print(repr(demo))
print(samp)
print(str(demo))
print(demo < samp)
print(demo + samp)
```

运行结果如下：

```
name:Lilei;age:8
name:Hanmeimei;age:7
name:Lilei;age:8
False
name:Lilei;age:15
```

这个示例中，DemoClass类中重载了repr、str、<、+运算符，并用DemoClass实例化了两个对象demo和samp。

通过将demo进行repr、str运算，从输出结果中可以看到，程序调用了重载的操作符方法__repr__和__str__。而令demo和samp进行<的比较运算以及加法运算，从输出结果中可以看出，程序调用了重载<的方法__lt__和__add__。

表10-1列出了Python中常用的重载运算符及其含义。

表 10-1   Python 常用的重载运算符及其含义

重载运算符	含 义
__new__	创建类，在__init__之前创建对象
__init__	类的构造函数，其功能是创建类对象时做初始化工作
__del__	析构函数，其功能是销毁对象时进行回收资源的操作
__add__	加法运算符+，当类对象 X 做例如 X+Y 或者 X+=Y 等操作时，内部会调用此方法。但如果类中对__iadd__方法进行了重载，则类对象 X 在做类似 X+=Y 的操作时，会优先选择调用__iadd__方法
__radd__	当类对象 X 做类似 Y+X 的运算时，会调用此方法
__iadd__	重载运算符+=，也就是说，当类对象 X 做类似 X+=Y 的操作时，会调用此方法
__or__	或运算符|，如果没有重载__ior__，则在类似 X|Y、X|=Y 这样的语句中，或符号生效
__repr__、__str__	格式转换方法，分别对应函数 repr(X)、str(X)
__call__	函数调用，类似于 X(*args,**kwargs)语句
__getattr__	点号运算，用来获取类属性
__setattr__	属性赋值语句，类似于 X.any=value
__delattr__	删除属性，类似于 del X.any

（续表）

重载运算符	含　义
__getattribute__	获取属性，类似于 X.any
__getitem__	索引运算，类似于 X[key]、X[i:j]
__setitem__	索引赋值语句，类似于 X[key]、X[i:j]=sequence
__delitem__	索引和分片删除
__get__、__set__、__delete__	描述符属性，类似于 X.attr、X.attr=value、del X.attr
__len__	计算长度，类似于 len(X)
__lt__、__gt__、__le__、__ge__、__eq__、__ne__	比较，分别对应<、>、<=、>=、=、!=运算符
__iter__、__next__	在迭代环境下，生成迭代器与取下一条，类似于 I=iter(X)和 next()
__contains__	成员关系测试，类似于 item in X
__index__	整数值，类似于 hex(X)、bin(X)、oct(X)
__enter__、__exit__	在对类对象执行类似于 with obj as var 的操作之前，会先调用__enter__ 方法，其结果会传给 var；在最终结束该操作之前，会调用__exit__方法（常用于做一些清理、扫尾的工作）

10.3.2　使用重载运算符实现自定义序列

在Python可重载的运算符中，有如下几个和序列操作相关的特殊方法。

- __len__(self)：该方法的返回值决定序列中元素的个数。
- __getitem__(self, key)：该方法获取指定索引对应的元素。该方法的key应该是整数值或slice对象，否则该方法会引发KeyError异常。
- __contains__(self, item)：该方法判断序列是否包含指定元素。
- __setitem__(self, key, value)：该方法设置指定索引对应的元素。该方法的key应该是整数值或slice对象，否则该方法会引发KeyError异常。
- __delitem__(self, key)：该方法删除指定索引对应的元素。

在此基础上，如果根据特定的需求对这些方法进行重载，即可实现自定义一个序列类。

下面的代码将会实现一个字符串序列，在该字符串序列中，默认每个字符串的长度都是3。

【例10-28】　使用重载运算符实现自定义序列。

输入如下代码：

```
def check_key (key):
    '''
    该函数将会负责检查序列的索引，该索引必须是整数值，否则引发TypeError
    且程序要求索引必须为非负整数，否则引发IndexError
    '''
    if not isinstance(key, int): raise TypeError('索引值必须是整数')
```

```python
        if key < 0: raise IndexError('索引值必须是非负整数')
        if key >= 26 ** 3: raise IndexError('索引值不能超过%d' % 26 ** 3)
class StringSeq:
    def __init__(self):
        # 用于存储被修改的数据
        self.__changed = {}
        # 用于存储已删除元素的索引
        self.__deleted = []
    def __len__(self):
        return 26 ** 3
    def __getitem__(self, key):
        '''
        根据索引获取序列中的元素
        '''
        check_key(key)
        # 如果在self.__changed中找到已经修改后的数据
        if key in self.__changed :
            return self.__changed[key]
        # 如果key在self.__deleted中，则说明该元素已被删除
        if key in self.__deleted :
            return None
        # 否则根据计算规则返回序列元素
        three = key // (26 * 26)
        two = ( key - three * 26 * 26) // 26
        one = key % 26
        return chr(65 + three) + chr(65 + two) + chr(65 + one)
    def __setitem__(self, key, value):
        '''
        根据索引修改序列中的元素
        '''
        check_key(key)
        # 将修改的元素以键－值对的形式保存在__changed中
        self.__changed[key] = value
    def __delitem__(self, key):
        '''
        根据索引删除序列中的元素
        '''
        check_key(key)
        # 如果__deleted列表中没有包含被删除的key，则添加被删除的key
        if key not in self.__deleted : self.__deleted.append(key)
        # 如果__changed中包含被删除的key，则删除它
        if key in self.__changed : del self.__changed[key]
# 创建序列
sq = StringSeq()
# 获取序列的长度，实际上就是返回__len__()方法的值
print(len(sq))
print(sq[26*26])
# 打印没修改的sq[1]
print(sq[1]) # 'AAB'
# 修改sq[1]元素
```

```
sq[1] = 'fkit'
# 打印修改之后的sq[1]
print(sq[1]) # 'fkit'
# 删除sq[1]
del sq[1]
print(sq[1]) # None
# 再次对sq[1]赋值
sq[1] = 'crazyit'
print(sq[1])
```

运行结果如下:

```
17576
BAA
AAB
fkit
None
crazyit
```

上面的程序实现了一个StringSeq类,并为该类实现了一个__len__()、__getitem__()、__setitem__()和__delitem__()方法,其中__len__()方法返回该序列包含的元素个数,__getitem__()方法根据索引返回元素,__setitem__()方法根据索引修改元素的值,而__delitem__()方法则根据索引删除元素。

 注意 该序列本身并不保存序列元素,它会根据索引动态计算序列元素,因此需要使用__changed和__deleted分别保存被修改和被删除的元素。

10

在定义了字符串序列之后,接下来程序创建了序列对象,并调用序列方法测试该工具类。程序既可以对序列元素赋值,也可以删除、修改序列元素,这完全是一个功能完备的序列。

10.4 迭代器和生成器

在前面的章节中,已经对列表(list)、元组(tuple)、字典(dict)、集合(set)这些序列式容器做了详细的介绍。值得一提的是,这些序列式容器有一个共同的特性,它们都支持使用for循环遍历存储的元素,都是可迭代的,因此它们有一个别称——迭代器。生成器本质上也是迭代器,不过它比较特殊。

10.4.1 迭代器

从字面来理解,迭代器指的是支持迭代的容器,更确切地说,是支持迭代的容器类对象,这里的容器可以是列表、元组等Python提供的基础容器,也可以是自定义的容器类对象,只要该容器支持迭代即可。

如果要自定义实现一个迭代器,则类中必须实现以下两个方法:

- __next__(self)：返回容器的下一个元素。
- __iter__(self)：返回一个迭代器。

【例10-29】 自定义一个简易的列表容器迭代器。

输入如下代码：

```python
class Demo:
    def __init__(self):
        self.__date=[]
        self.__step = 0
    def __next__(self):
        if self.__step <= 0:
            raise StopIteration
        self.__step -= 1
        #返回下一个元素
        return self.__date[self.__step]
    def __iter__(self):
        #实例化对象本身就是迭代器对象，因此直接返回 self 即可
        return self
    #添加元素
    def __setitem__(self,key,value):
        self.__date.insert(key,value)
        self.__step += 1
l1 = Demo()
l1[0] = 8
l1[1] = 9
for i in l1:
    print(i)
```

运行结果如下：

```
9
8
```

除此之外，Python内置的iter()函数也会返回一个迭代器，该函数的语法格式如下：

```
iter(obj[, sentinel])
```

其中，obj必须是一个可迭代的容器对象；而sentinel作为可选参数，如果使用此参数，则要求obj必须是一个可调用对象。

常用的是仅有一个参数的iter()函数，通过传入一个可迭代的容器对象可以获得一个迭代器，通过调用该迭代器中的__next__()方法即可实现迭代。

【例10-30】 列表转换为迭代器。

输入如下代码：

```python
l1 = iter([1, 2, 3, 4])
# 依次获取迭代器的下一个元素
print(l1.__next__())
print(l1.__next__())
```

```
print(l1.__next__())
print(l1.__next__())
```

运行结果如下：

```
1
2
3
4
```

另外，也可以使用next()内置函数来迭代，即next(l1)和__next__()方法是完全一样的。

观察运行结果，可以发现实现了迭代功能。当迭代完存储的所有元素之后，如果继续迭代，则__next__()方法会抛出StopIteration异常。

这里介绍iter()函数第2个参数的作用，如果使用该参数，则要求第一个obj参数必须传入可调用对象（可以不支持迭代），这样当使用返回的迭代器调用__next__()方法时，它会通过执行obj()调用__call__()方法，如果该方法的返回值和第2个参数值相同，则输出StopInteration异常；反之，则输出__call__()方法的返回值。

【例10-31】　iter()函数第2个参数的作用。

输入如下代码：

```
class listDemo:
    def __init__(self):
        self.__date=[]
        self.__step = 0
    def __setitem__(self,key,value):
        self.__date.insert(key,value)
        self.__step += 1
    #使该类的实例化对象成为可调用对象
    def __call__(self):
        self.__step-=1
        return self.__date[self.__step]
mylist = listDemo()
mylist[0]=1
mylist[1]=2
#将mylist变为迭代器
a = iter(mylist,1)
print(a.__next__())
print(a.__next__())
```

运行结果如下：

```
2
Traceback (most recent call last):
  File "G:/pyproject/Getting_started_with _Python/lei/lei.py", line 2282, in <module>
    print(a.__next__())
StopIteration
```

在输出结果中，之所以最终抛出StopIteration异常，是因为这里原本要输出的元素1和iter()函数的第2个参数相同。

迭代器本身是一个底层的特性和概念，在程序中并不常用，但它为生成器这个更有趣的特性提供了基础。

10.4.2　生成器

生成器本质上也是迭代器，不过它比较特殊。以list容器为例，在使用该容器迭代一组数据时，必须事先将所有数据存储到容器中才能开始迭代；而生成器却不同，它可以实现在迭代的同时生成元素。

也就是说，对于可以用某种算法推算得到的多个数据，生成器并不会一次性生成它们，而是什么时候需要，就在什么时候生成。

不仅如此，生成器的创建方式比迭代器简单很多，大体分为以下两步：

（1）定义一个以yield关键字标识返回值的函数。

（2）调用刚刚创建的函数，即可创建一个生成器。

【例10-32】　使用关键字创建生成器。

输入如下代码：

```python
def Create():
    print('即将生成')
    for i in range(0, 10, 2):
        yield i
        print('持续生成')
C = Create()
```

由此，成功创建了一个Create()生成器对象。显然，和普通函数不同，Create()函数的返回值用的是yield关键字，而不是return关键字，此类函数又称为生成器函数。

和return相比，yield除了可以返回相应的值外，还有一个更重要的功能，即每当程序执行完该语句时，程序就会暂停执行。不仅如此，即便调用生成器函数，Python解释器也不会执行函数中的代码，它只会返回一个生成器（对象）。

要想使生成器函数得以执行，或者想使执行完yield语句立即暂停的程序得以继续执行，有以下两种方式：

（1）通过生成器调用next()内置函数或者__next__()方法。

（2）通过for循环遍历生成器。

【例10-33】　执行生成器函数的内容。

输入如下代码：

```python
def Create():
    print('即将生成')
```

```
        for i in range(0, 12, 2):
            yield i
            print('持续生成')
C = Create()
#调用next()内置函数
print(next(C))
#调用__next__()方法
print(C.__next__())
#通过for循环遍历生成器
for i in C:
    print(i)
```

运行结果如下：

```
即将生成
0
持续生成
2
持续生成
4
持续生成
6
持续生成
8
持续生成
10
持续生成
```

观察运行结果，可以看到3种调用方法都执行了，为了方便理解，这里对这段代码的执行过程进行分析。

（1）在创建了Create()生成器的前提下，通过其调用next()内置函数，会使Python解释器开始执行Create()生成器函数中的代码，因此会输出"即将生成"，程序会一直执行到yield i，而此时i==0，因此Python解释器输出0。由于受到yield的影响，因此程序会在此处暂停。

（2）使用C生成器调用__next__()方法，该方法的作用和next()函数完全相同（事实上，next()函数的底层执行的也是__next__()方法），它使得程序继续执行，即输出"持续生成"，程序又会执行到yield i，此时i==1，因此输出2，然后程序暂停。

（3）使用for循环遍历C生成器，之所以这么做，是因为for循环底层会不断地调用next()函数，使暂停的程序继续执行，因此会输出后续的结果。

除此之外，还可以使用list()函数和tuple()函数，直接将生成器生成的所有值存储成列表或者元组的形式。

【例10-34】　将生成器生成的数据存储为列表或者元组。

输入如下代码：

```
    def Create():
        print('即将生成')
        for i in range(0, 12, 2):
            yield i
            print('持续生成')
C_l = Create()
print(list(C_l))
print('*'*16)
C_t = Create()
print(tuple(C_t))
```

运行结果如下：

```
即将生成
持续生成
持续生成
持续生成
持续生成
持续生成
持续生成
[0, 2, 4, 6, 8, 10]
****************
即将生成
持续生成
持续生成
持续生成
持续生成
持续生成
持续生成
(0, 2, 4, 6, 8, 10)
```

通过输出结果可以判断出，list()和tuple()的底层实现和for循环的遍历过程是类似的。

相比迭代器，生成器最明显的优势是节省内存空间，即它不会一次性生成所有的数据，而是什么时候需要，就在什么时候生成。

10.4.3 生成器方法

前面的章节已经介绍了如何创建一个生成器，以及生成器的基础用法。本节将在其基础上继续讲解和生成器有关的一些方法，分别为生成器的send()、close()、throw()方法。

1. 生成器的send()方法

通过调用next()函数或者__next__()方法可以实现从外界控制生成器的执行。除此之外，通过send()方法还可以向生成器中传值。

值得一提的是，send()方法可以带一个参数，也可以不带任何参数（用None表示）。其中，当使用不带参数的send()方法时，它和next()函数的功能完全相同。

【例10-35】　生成器的send()方法应用示例。

输入如下代码:

```
def Create():
    print('即将生成')
    for i in range(0, 12, 2):
        yield i
        print('持续生成')
C = Create()
print(C.send(None))
print(C.send(None))
print(C.send(None))
```

运行结果如下:

```
即将生成
0
持续生成
2
持续生成
4
```

观察代码,这里执行了3次send(None),因此得到3次输出结果。

需要说明的一点是,虽然send(None)的功能和next()完全相同,但更推荐使用next(),不推荐使用send(None)。

这里重点讲解带参数的send(value)的用法,其具备next()函数的部分功能,即将暂停在yield语句处的程序继续执行,但与此同时,该函数还会将value值作为yield语句的返回值赋给接收者。

注意,带参数的send(value)无法启动执行生成器函数。也就是说,程序中第一次使用生成器调用next()或者send()函数时,不能使用带参数的send()函数,否则Python解释器将会报如下错误提示:

```
TypeError: can't send non-None value to a just-started generator
```

下面举例说明带参数的send()函数的用法。

【例10-36】　生成器带参数的send()方法应用示例。

输入如下代码:

```
def Create():
    demo1 = yield 'python'
    demo2 = yield 'love'
    yield demo2
C = Create()
print(C.send(None))
print(C.send(None))
print(C.send('Huangshan'))
```

运行结果如下:

```
python
love
Huangshan
```

观察运行结果，这里分析一下该代码的执行流程：

（1）构建生成器函数，并利用生成器函数创建生成器（对象）C。

（2）使用生成器C调用无参的send()函数，其功能和next()函数完全相同，因此开始执行生成器函数，即执行到第一个yield 'python'语句时，该语句会返回'python'字符串，然后程序停止到此处（注意，此时还未执行对demo2的赋值操作）。

（3）开始使用生成器C调用有参的send()函数，首先它会将暂停的程序开启，同时还会将其参数love赋值给当前yield语句的接收者，也就是demo1变量。程序直到执行完yield demo1再次暂停，因此会输出love。

（4）依旧是调用有参的send()函数，同样它会启动暂停的程序，同时将参数Huangshan传给demo2，执行完yield demo2后（输出Huangshan）程序再次暂停。

2. 生成器的close()方法

当程序在生成器函数中遇到yield语句暂停运行时，此时如果调用close()方法，则会阻止生成器函数继续执行，该函数会在程序停止运行的位置抛出GeneratorExit异常。

【例10-37】 生成器的close()方法应用示例。

输入如下代码：

```
def demo():
    try:
        yield 2
    except:
        print('get GeneratorExit!')
d = demo()
print(next(d))
d.close()
```

运行结果如下：

```
2
get GeneratorExit!
```

注意，虽然通过捕获GeneratorExit异常可以继续执行生成器函数中剩余的代码，但这部分代码中不能再包含yield语句，否则程序会抛出RuntimeError异常。举例说明如下。

【例10-38】 过多使用yield，代码会抛出RuntimeError异常。

输入如下代码：

```
def demo():
    try:
        yield 3
```

```
        except GeneratorExit:
            print('get GeneratorExit')
            yield 4
d = demo()
print(next(d))
d.close()
```

运行结果如下：

```
Traceback (most recent call last):
  File "G:/pyproject/Getting_started_with_Python/lei/lei.py", line 2382, in <module>
    d.close()
RuntimeError: generator ignored GeneratorExit
3
get GeneratorExit
```

另外，生成器函数一旦使用close()函数停止运行，后续将无法再调用next()函数、__next__()方法或者send()启动执行，否则会抛出StopIteration异常。

【例10-39】　使用close()函数后再次调用send()函数。

输入如下代码：

```
def Create():
    demo1 = yield 'python'
    demo2 = yield 'love'
    yield demo2
C = Create()
print(C.send(None))
print(C.send(None))
print(C.send('Huangshan'))
C.close()
print(C.send('Taishan'))
```

运行结果如下：

```
Traceback (most recent call last):
  File "G:/pyproject/Getting_started_with_Python/lei/lei.py", line 2384, in <module>
    print(C.send('Taishan'))
StopIteration
```

观察代码和运行结果，在使用close()方法之后，又调用了send()函数，因此Python解释器报出了StopIteration异常。

3. 生成器的throw()方法

生成器的throw()方法的功能是，在生成器函数执行暂停处抛出一个指定的异常，之后程序会继续执行生成器函数中后续的代码，直到遇到下一个yield语句。

注意　如果到剩余代码执行完毕都没有遇到下一个yield语句，则程序会抛出StopIteration异常。

【例10-40】 生成器的throw()方法应用示例。

输入如下代码：

```
def demo():
    try:
        yield 3
    except ValueError:
        print('get ValueError')
d = demo()
print(next(d))
d.throw(ValueError)
```

运行结果如下：

```
3
get ValueError
Traceback (most recent call last):
  File "G:/pyproject/Getting_started_with_Python/lei/lei.py", line 2410, in <module>
    d.throw(ValueError)
StopIteration
```

观察代码及运行结果，显然，一开始生成器函数在yield 3处暂停执行，当执行throw()方法时，它会先抛出ValueError异常，然后继续执行后续代码找到下一个yield语句，由于该程序后续不再有yield语句，因此程序执行到最后会抛出一个StopIteration异常。

10.5　函数装饰器

前面的章节中已经讲解了Python内置的@staticmethod、@classmethod和@property三种函数装饰器，其中staticmethod()、classmethod()和property()都是Python的内置函数。

10.5.1　函数装饰器的原理

Python函数装饰器使用"@+函数"的语法糖，即将函数装饰器名字放在被装饰函数的上方，使用时，直接调用被装饰函数的名字即可，实现装饰器的功能。

下面举例说明函数装饰器的工作原理。

【例10-41】 函数装饰器应用示例1。

输入如下代码：

```
def DemoA(fn):
    #...
    fn() # 执行传入的fn参数
    #...
    return '...'
@DemoA
```

```
def DemoB():
    pass
```

实际上，上面的程序完全等价于下面的程序。

【例10-42】　与例10-41等价的函数示例。

输入如下代码：

```
def DemoA(fn):
    # ...
    fn()  # 执行传入的fn参数
    # ...
    return '...'
def DemoB():
    pass
DemoB = DemoA(DemoB)
```

通过对比以上两段程序不难发现，使用函数装饰器DemoA()装饰另一个函数DemoB()时，其底层执行了如下两步操作：

（1）将DemoB()作为参数传给DemoA()函数。

（2）将DemoA()函数执行完成的返回值反馈给DemoB()。

【例10-43】　函数装饰器应用示例2。

输入如下代码：

```
#DemoA作为装饰器函数
def DemoA(dz):
    print('python')
    dz() # 执行传入的fn参数
    print('Huangshan')
    return '装饰器函数的返回值'
@DemoA
def DemoB():
    print('Love Python')
```

运行结果如下：

```
python
Love Python
Huangshan
```

在此基础上，如果在程序末尾添加如下语句：

```
print(DemoB)
```

其输出结果如下：

```
装饰器函数的返回值
```

显然，被"@函数"修饰的函数不再是原来的函数，而是被替换成一个新的东西（取决于装饰器的返回值），即如果装饰器函数的返回值为普通变量，那么被修饰的函数名就变成了变量名；同样，如果装饰器返回的是一个函数的名称，那么被修饰的函数名依然表示一个函数。

实际上，所谓函数装饰器，就是通过装饰器函数，在不修改原函数的前提下，对函数的功能进行合理的扩充。

10.5.2　含参函数装饰器

在分析DemoA()函数装饰器和DemoB()函数的关系时，读者可能会发现一个问题，即当DemoB()函数无参数时，可以直接将DemoB作为DemoA()的参数传入。下面举例说明被修饰的函数本身带有参数的传值流程。

比较简单的解决方法就是在函数装饰器中嵌套一个函数，该函数带有的参数个数和被装饰器修饰的函数相同。

【例10-44】　在函数装饰器中嵌套一个函数。

输入如下代码：

```
def DemoA(fn):
    # 定义一个嵌套函数
    def message(a):
        print('this is ', a)
    return message
@DemoA
def DemoB(a):
    print('DemoB():', a)
DemoB('Huangshan')
```

运行结果如下：

```
this is  Huangshan
```

这里有必要给读者分析一下这个程序，其实它和如下程序是等价的。

【例10-45】　在函数装饰器中嵌套一个函数的等价代码。

输入如下代码：

```
def DemoA(fn):
    # 定义一个嵌套函数
    def message(a):
        print('this is ', a)
    return message
def DemoB(a):
    print('DemoB():', a)
DemoB = DemoA(DemoB)
DemoB('Huangshan')
```

运行结果如下：

```
this is  Huangshan
```

运行此程序会发现，它的输出结果和上面的程序相同。

显然，通过DemoB()函数被装饰器DemoA()修饰，DemoB就被赋值为message。这意味着，虽然在程序中显式调用的是DemoB()函数，但其实执行的是装饰器嵌套的message()函数。

但还有一个问题需要解决，即如果当前程序中有多个（≥2）函数被同一个装饰器函数修饰，那么这些函数带有的参数个数并不相等。

最简单的解决方式是用*args和**kwargs作为装饰器内部嵌套函数的参数，*args和**kwargs表示接受任意数量和类型的参数。

【例10-46】 多个参数的函数装饰器。

输入如下代码：

```
def DemoA(fn):
    # 定义一个嵌套函数
    def message(*args, **kwargs):
        fn(*args, **kwargs)
    return message
@DemoA
def DemoB(a):
    print('this is ', a)

@DemoA
def a_DemoB(name, a):
    print(name, a)
DemoB('love python')
a_DemoB('Huangshan', 'Taishan')
```

运行结果如下：

```
this is  love python
Huangshan Taishan
```

10.5.3 函数装饰器嵌套

前面的示例中，都是使用一个装饰器的情况，但实际上，Python也支持多个装饰器。

【例10-47】 函数装饰器嵌套应用示例。

输入如下代码：

```
@funA
@funB
@funC
def fun():
    #...
```

上面的程序的执行顺序是从里到外，所以它等效于下面这行代码：

```
fun = funA(funB(funC(fun)))
```

这里不再给出具体示例，有兴趣的读者可自行编写程序进行测试。

10.6　装饰器的应用场景

前面的章节已经讲解了装饰器的基本概念及用法，本节将结合实际工作中的几个示例带领读者加深对它的理解。

10.6.1　身份认证

首先是常见的身份认证的应用。这个很容易理解，举一个常见的示例，登录微信时，需要输入用户名和密码，然后点击"确认"，这样服务器端便会查询用户名是否存在、是否和密码匹配等。如果认证通过，就可以顺利登录；反之，则提示登录失败。

再比如一些网站，不登录也可以浏览内容，但如果想要发布文章或留言，在点击发布时，服务器端便会查询是否登录，如果没有登录，就不允许该操作等。

【例10-48】　一个实现身份认证的简单示例。

输入如下代码：

```
import functools
def authenticate(func):
    @functools.wraps(func)
    def wrapper(*args, **kwargs):
        request = args[0]
        # 如果用户处于登录状态
        if check_user_logged_in(request):
            # 执行函数 post_comment()
            return func(*args, **kwargs)
        else:
            raise Exception('Authentication failed')
    return wrapper

@authenticate
def post_comment(request, ...)
    ...
```

注意，对于函数来说，它也有自己的一些属性，例如__name__属性，代码中的@functools.wraps(func)是一个装饰器，如果不使用它，则post_comment.__name__的值为wrapper。而使用它之后，则post_comment.__name__的值依然为post_comment。

上述代码中定义了装饰器authenticate，函数post_comment()表示用户发表对某篇文章的评论，每次调用这个函数前，都会先检查用户是否处于登录状态，如果是登录状态，则允许这项操作；如果没有登录，则不允许。

10.6.2 日志记录

日志记录同样是很常见的案例。在实际工作中，如果怀疑某些函数的耗时过长，导致整个系统的延迟增加，想在线上测试某些函数的执行时间，那么装饰器就是一种很常用的手段。

【例10-49】 装饰器用于日志记录。

输入如下代码：

```python
import time
import functools
def log_execution_time(func):
    @functools.wraps(func)
    def wrapper(*args, **kwargs):
        start = time.perf_counter()
        res = func(*args, **kwargs)
        end = time.perf_counter()
        print('{} took {} ms'.format(func.__name__, (end - start) * 1000))
        return res
    return wrapper

@log_execution_time
def calculate_similarity(items):
    ...
```

这里装饰器log_execution_time记录某个函数的运行时间，并返回其执行结果。如果想计算任何函数的执行时间，则在这个函数上方加上@log_execution_time即可。

10.6.3 输入合理性检查

在大型公司的机器学习框架中，调用机器集群进行模型训练前，通常会用装饰器对其输入（通常是很长的JSON文件）进行合理性检查。这样就可以大大避免输入不正确对机器造成的巨大开销。它的写法通常是下面示例的格式。

【例10-50】 使用装饰器对其输入进行合理性检查。

输入如下代码：

```python
import functools

def validation_check(input):
    @functools.wraps(func)
    def wrapper(*args, **kwargs):
        ...  # 检查输入是否合法
@validation_check
def neural_network_training(param1, param2, ...):
    ...
```

其实在工作中，很多情况下都会出现输入不合理的现象。因为调用的训练模型往往很复杂，输入的文件有成千上万行，很多时候确实很难发现。

试想一下，如果没有输入的合理性检查，很容易出现"模型训练了几个小时后，系统却报错说输入的一个参数不对，成果付之东流"的现象。这样的"惨案"大大减缓了开发效率，也对机器资源造成了巨大浪费。

10.6.4　缓存装饰器

缓存装饰器的使用其实十分常见，这里以Python内置的LRU cache为例进行说明。

LRU cache在Python中的表示形式是@lru_cache。@lru_cache会缓存进程中的函数参数和结果，当缓存满了以后，会删除最近最久未使用的数据。

正确使用缓存装饰器通常能极大地提高程序的运行效率。例如，大型公司服务器端的代码中通常存在很多关于设备的检查，比如使用的设备是Android系统还是iPhone系统，版本号是多少。这其中的一个原因就是一些新的功能通常只在某些特定的手机系统或版本上才有（比如Android v200+）。

这样一来，通常使用缓存装饰器来包裹这些检查函数，避免它被反复调用，进而提高程序的运行效率，比如写成下面这样：

```
@lru_cache
def check(param1, param2, ...)  # 检查用户设备类型、版本号等
    ...
```

10.7　小结

本章详细讲解了Python类的特殊成员的知识，每个知识点都附有示例，方便读者编程理解。常用的类的特殊成员方法包括：__new__()方法，用于创建类实例；__repr__()方法，用于显示属性；__del__()方法，用于销毁对象；__dir__()方法，列出对象的所有属性（方法）名；__dict__属性，查看对象内部所有属性名和属性值组成的字典。另外，本章还详细介绍了可重载的运算符、迭代器和生成器、函数装饰器。

Python类中的特殊成员的特殊性类似于C++类的private（私有）成员，即不能在类的外部直接调用，但允许借助类中的普通方法调用甚至修改它们。如果需要，还可以对类的特殊方法进行重写，从而实现一些特殊的功能。

## 第 11 章

文 件

11

　　和其他编程语言类似，Python也具有操作文件（I/O）的能力，比如打开文件、读取和追加数据、插入和删除数据、关闭文件、删除文件等。

　　除了提供文件操作基本的函数之外，Python还提供了很多模块，例如fileinput模块、pathlib模块等，通过引入这些模块可以获得大量实现文件操作可用的函数和方法（类属性和类方法），大大提高编写代码的效率。本章介绍的函数和对象能够永久存储数据以及处理来自其他程序的数据。

　　学习目标：

　　（1）掌握文件和流的基本操作。
　　（2）掌握迭代文件内容的方法。
　　（3）掌握一些与文件相关的常用模块的用法。

11.1 打开文件

　　要打开文件，可使用open函数，它位于自动导入的模块io中。open函数将文件名作为唯一必不可少的参数，并返回一个文件对象。如果当前目录中有一个名为sample.txt的文本文件（可能是使用文本编辑器创建的），则可以像下面这样打开它：

```
f = open('sample.txt')
```

　　如果文件位于其他地方，则可指定完整的路径。如果指定的文件不存在，则将看到类似于下面的Python报错异常：

```
Traceback (most recent call last):
File "<stdin>", line 1, in <module>
FileNotFoundError: [Errno 2] No such file or directory: 'sample.txt'
```

Open函数还可以用来创建文件，其完整的语法格式如下：

```
file = open(file_name [, mode='r' [ , buffering=-1 [ , encoding = None ]]])
```

此格式中，用 [] 括起来的部分为可选参数，即可以使用，也可以省略。其中，各个参数所代表的含义如下。

- file：表示要创建的文件对象。
- file_name：要创建或打开的文件的名称，该名称要用引号（单引号和双引号都可以）括起来。需要注意的是，如果要打开的文件和当前执行的代码文件位于同一目录，则直接写文件名即可；否则，此参数需要指定打开文件所在的完整路径。
- mode：可选参数，用于指定文件的打开模式。可选的打开模式如表11-1所示。如果不写，则默认以只读（r）模式打开文件。
- buffering：可选参数，用于指定对文件进行读写操作时，是否使用缓冲区（本节后续会详细介绍）。
- encoding：手动设定打开文件时所使用的编码格式，不同平台的ecoding参数值也不同，以Windows为例，其默认为cp936（实际上就是GBK编码）。

调用open函数时，如果只指定文件名，则将获得一个可读取的文件对象。如果要写入文件，必须通过指定模式来显式地指出这一点。表11-1对open函数的参数mode的常见取值进行了总结。

表 11-1   open 函数的参数 mode 的常见取值

参　　数	描　　述
'r'	读取模式（默认值）
'w'	写入模式
'x'	独占写入模式
'a'	附加模式
'b'	二进制模式（与其他模式结合使用）
't'	文本模式（默认值，与其他模式结合使用）
'+'	读写模式（与其他模式结合使用）

显式地指定读取模式的效果与根本不指定模式相同。写入模式能够写入文件，并在文件不存在时创建它。独占写入模式更进一步，在文件已存在时引发FileExistsError异常。在写入模式下打开文件时，既有内容将被删除（截断），并从文件开头处开始写入；如果要在既有文件末尾继续写入，则可使用附加模式。

'+'可与其他任何模式结合起来使用，表示既可读取，也可写入。例如，要打开一个文本文件进行读写，可使用'r+'（可能还想结合使用seek）。请注意，'r+'和'w+'之间有一个重要差别：后者截断文件，而前者不会这样。

默认模式为'rt',这意味着将把文件视为经过编码的Unicode文本,因此将自动执行解码和编码,且默认使用UTF-8编码。要指定其他编码和Unicode错误处理策略,可使用关键字参数encoding和errors。这还将自动转换换行字符。默认情况下,行以'\n'结尾。读取时将自动替换其他行尾字符('\r'或'\r\n');写入时将'\n'替换为系统的默认行尾字符(os.linesep)。

通常,Python使用通用换行模式。在这种模式下,后面将讨论的readlines等方法能够识别所有合法的换行符('\n'、'\r'和'\r\n')。如果要使用这种模式,同时禁止自动转换,可将关键字参数newline设置为空字符串,如open(name, newline='')。如果要指定只将'\r'或'\r\n'视为合法的行尾字符,则可将参数newline设置为相应的行尾字符。这样,读取时不会对行尾字符进行转换,但写入时将把'\n'替换为指定的行尾字符。

如果文件包含非文本的二进制数据,如声音剪辑片段或图像,肯定不希望执行上述自动转换。为此,只需使用二进制模式(如'rb')来禁用与文本相关的功能。

11.2　文件对象的基本操作

知道如何打开文件后,下一步我们使用文件来做一些有用的事情。本节主要介绍文件的基本操作以及一些类似于文件的对象(有时称为流),这种类似于文件的对象也支持文件的某些方法,如支持read或write,或者两者都支持。urlopen返回的对象就是典型的类似于文件的对象,它支持read和readline方法,但不支持write和isatty方法。

关于流这种类似于文件的对象,这里简要比较常用的3个标准流:

(1)标准数据输入源sys.stdin。当程序从标准输入读取时,可通过输入来提供文本,也可使用管道将标准输入关联到其他程序的标准输出。

(2)提供给print的文本会出现在sys.stdout中,向input提供的提示信息也会出现在这里。写入sys.stdout的数据通常出现在屏幕上,但可使用管道将其重定向到另一个程序的标准输入。

(3)错误消息(如栈跟踪)会被写入sys.stderr,但与写入sys.stdout的内容一样,可对其进行重定向。

11.2.1　读取与写入

文件最重要的功能是提供和接收数据。如果有一个名为f的类似于文件的对象,则可使用f.write来写入数据,还可使用f.read来读取数据。与Python的其他大多数功能一样,在哪些东西可用于数据方面,也存在一定的灵活性,但在文本和二进制模式下,基本上分别将str和bytes类用于数据方面。

每当调用f.write(string)时,提供的字符串都将写入文件中既有内容的后面。

【例11-1】　写文件示例。

输入如下代码:

```
f = open('sample.txt', 'w')
print(f.write('Hello, '))
print('*'*10)
print(f.write('Python is good!'))
f.close()
```

运行结果如下：

```
7
**********
15
```

此处，使用完文件后，调用了close方法来将文件关闭。

注意　当需要建立一个sample.txt文件时，这个文件需要和Python脚本在一个文件夹，否则需要指明路径。

当以上示例脚本运行完成之后，再次打开sample.txt文件，将会看到"Hello, Python is good!"已经写入了sample.txt文件中，读者可以自行验证。

读取也一样简单，只需告诉流要读取多少个字符（在二进制模式下是多少字节）即可。接着以上示例的sample.txt文件，以下示例使用f.read来读取文件。

【例11-2】　读文件简例。

输入如下代码：

```
f = open('sample.txt', 'r')
print(f.read(7))
print('*'*10)
print(f.read())
f.close()
```

运行结果如下：

```
Hello,
**********
Python is good!
```

从运行结果可以看出，首先，指定了要读取多少（7）个字符。其次，读取了文件中余下的全部内容（不指定要读取多少个字符）。请注意，调用open时，原本可以不指定模式，因为其默认值就是'r'。这里可以看到，上一个示例写入的内容完全读出来了。

注意，读写文件时，open的参数是不同的。

11.2.2　使用管道重定向输出

在使用bash等Shell命令时，可依次输入多个命令，并使用管道将它们链接起来，如下所示：

```
cat somefile.txt | python somescript.py | sort
```

这条管道线包含3个命令。

（1）cat somefile.txt：将文件somefile.txt的内容写入标准输出（sys.stdout）。

（2）python somescript.py：执行Python脚本somescript。这个脚本从其标准输入中读取，并将结果写入标准输出。

（3）sort：读取标准输入（sys.stdin）中的所有文本，将各行按字母顺序排序，并将结果写入标准输出。

管道将一个命令的标准输出链接到下一个命令的标准输入。因此可以认为，samplescript.py从sys.stdin中读取数据（这些数据是samplefile.txt写入的），并将结果写入sys.stdout（sort将从这里获取数据）。

这里给出samplescript.py和samplefile.txt的代码内容，这是读文件的示例。

【例11-3】 samplescript.py脚本应用示例。

输入如下代码：

```
import sys
text = sys.stdin.read()
words = text.split()
wordcount = len(words)
print('Wordcount:', wordcount)
```

【例11-4】 samplefile.txt脚本应用示例。

输入如下代码：

```
Your mother was a hamster and your father smelled of elderberries.
```

在Shell中运行以下命令：

```
cat somefile.txt | python samplescript.py
```

运行结果如下：

```
Wordcount: 11
```

11.2.3 读取和写入行

实际上，与其逐个读取流中的字符，不如成行地读取。要读取一行字符（从当前位置到下一个分行符的文本），可使用readline方法。

调用该方法时，可以不提供任何参数（在这种情况下，将读取一行并返回它），也可以提供一个非负整数，指定readline最多可读取多少个字符。因此，如果sample_file.readline()返回的是'Hello, Python is good!\n'，那么sample_file.readline(5)返回的将是'Hello'。要读取文件中的所有行，并以列表的方式返回它们，可使用readlines方法。

writelines与readlines方法相反，可接受一个字符串列表（实际上，可以是任何序列或可迭代对象），并将这些字符串都写入文件（或流）中。请注意，写入时不会添加换行符，因此必须自行添加。另外，没有writeline方法，因为可以使用write方法。

1．读文件示例

Python提供了3种函数，它们都可以实现读取文件中数据的操作。

- read()函数：逐字节或者字符读取文件中的内容。
- readline()函数：逐行读取文件中的内容。
- readlines()函数：一次性读取文件中的多行内容。

1）read 函数

对于借助open()函数，并以可读模式（包括r、r+、rb、rb+）打开的文件，可以调用read()函数逐字节（或者逐个字符）读取文件中的内容。如果文件是以文本模式（非二进制模式）打开的，则read()函数会逐个字符进行读取；反之，如果文件以二进制模式打开，则read()函数会逐字节进行读取。

read()函数的基本语法格式如下：

```
file.read([size])
```

其中，file表示已打开的文件对象；size作为一个可选参数，用于指定一次最多可读取的字符（字节）个数，如果省略，则默认一次性读取所有内容。

read()函数的应用前面已经讲过，这里不再赘述。

另外，还需要注意一点，想使用read()函数成功读取文件内容，除了严格遵守read()的语法外，还要求open()函数必须以可读默认（包括r、r+、rb、rb+）打开文件。例如，将前面程序中open()的打开模式改为w，程序会抛出io.UnsupportedOperation异常，提示文件没有读取权限。

在使用read()函数时，如果Python解释器提示UnicodeDecodeError异常，其原因在于，目标文件使用的编码格式和open()函数打开该文件时使用的编码格式不匹配。

例如，目标文件的编码格式为GBK，而使用open()函数并以文本模式打开该文件，手动指定encoding参数为UTF-8。这种情况下，由于编码格式不匹配，当使用read()函数读取目标文件中的数据时，Python解释器就会提示UnicodeDecodeError异常。

要解决这个问题，要么将open()函数中的encoding参数值修改为和目标文件相同的编码格式，要么重新生成目标文件（将该文件的编码格式改为和open()函数中的encoding参数相同）。

除此之外，还有一种方法：先使用二进制模式读取文件，再调用bytes的decode()方法，使用目标文件的编码格式，将读取到的字节串转换成认识的字符串。

read()函数的特点是，读取整个文件，将文件内容放到一个字符串变量中。其不足是，如果文件非常大，尤其是大于内存时，则无法使用read()函数。

2）readline()函数

和read()函数不同，readline()和readlines()函数都以"行"作为读取单位，即每次都读取目标文件中的一行。对于读取以文本格式打开的文件，读取一行很好理解；对于读取以二进制格式打开的文件，会以"\n"作为读取一行的标志。

readline()函数用于读取文件中的一行，包含最后的换行符"\n"。此函数的基本语法格式如下：

```
file.readline([size])
```

其中，file为打开的文件对象；size为可选参数，用于指定读取每一行时，一次最多读取的字符（字节）数。

readline()函数的特点是，每次读取一行，返回的是一个字符串对象，保持当前行的内存。该函数的缺点是，比readlines()函数慢得多。

和read()函数一样，此函数成功读取文件数据的前提是，使用open()函数指定打开文件的模式必须为可读模式（包括r、rb、r+、rb+）。

为了方便后面编程举例，这里创建一个sample1.txt文件，里面包含以下3行：

```
Hello, Python is good!
Hello, World!
Hello, China!
```

下面演示readline()函数的具体用法。

【例11-5】　readline()函数应用示例。

输入如下代码：

```
f = open("sample1.txt")
# 读取一行数据
for i in range(3):
    byt = f.readline()
    print(byt)
    print('*'*10)
```

运行结果如下：

```
Hello, Python is good!
**********
Hello, World!
**********
Hello, China!
**********
```

观察运行结果，由于readline()函数在读取文件中的一行内容时，会读取最后的换行符"\n"，再加上print()函数的输出内容默认会换行，所以在输出结果中会看到多出了一个空行。

不仅如此，在逐行读取时，还可以限制最多可以读取的字符（字节）数。

【例11-6】　使用readline()函数限制每行读取的字节数。

输入如下代码：

```
f = open("sample1.txt", 'rb')
# 读取一行数据
for i in range(3):
    byt = f.readline(5)
    print(byt)
    print('*'*10)
```

运行结果如下：

```
b'Hello'
**********
b', Pyt'
**********
b'hon i'
**********
```

观察运行结果，这个示例中open采用了rb方式。另外，这次的输出没有换行，这是由于这里没有完整读取一行数据，因此不会读取到换行符。

3）readlines()函数

readlines()函数用于读取文件中的所有行，它和调用不指定size参数的read()函数类似，只不过该函数返回的是一个字符串列表，其中每个元素为文件中的一行内容。

readlines()函数的基本语法格式如下：

```
file.readlines()
```

其中，file为打开的文件对象。和read()、readline()函数一样，它要求打开文件的模式必须为可读模式（包括r、rb、r+、rb+）。

readlines()函数的特点是，一次性读取整个文件，自动将文件内容分析成一个行的列表。和readline()函数一样，readlines()函数在读取每一行时，会连同行尾的换行符一起读取。

【例11-7】　readlines()函数应用示例。

输入如下代码：

```
f = open("sample1.txt", 'rb')
byt = f.readlines()
print(byt)
```

运行结果如下：

```
[b'Hello, Python is good!\r\n', b'Hello, World!\r\n', b'Hello, China!']
```

从运行结果可以看到，readlines()读取了sample1.txt文件中每行的内容，并且自动将每行的内容存储在了返回的列表中。

2. 写入行示例

Python中的文件对象提供了write()函数，可以向文件中写入指定内容。该函数的语法格式如下：

```
file.write(string)
```

其中，file表示已经打开的文件对象；string表示要写入文件的字符串（或字节串，仅适用于写入二进制文件中）。

注意，在使用write()向文件中写入数据时，需保证使用open()函数时以r+、w、w+、a或a+的模式打开文件，否则执行write()函数会报出io.UnsupportedOperation错误。

这里创建一个sample2.txt文件，其内容与sample1.txt文件相同，仍然为：

```
Hello, Python is good!
Hello, World!
Hello, China!
```

然后采用write()函数在该文件中写入内容。

【例11-8】　write()函数写文件示例。

输入如下代码：

```
f = open("sample2.txt", 'a')
f.write("\nBig beautiful Huangshan")
f.close()
```

再次打开sample2.txt文件，可以看到如下内容：

```
Hello, Python is good!
Hello, World!
Hello, China!
Big beautiful Huangshan
```

可以看到在文件的最后增加了新的一行：

```
Big beautiful Huangshan
```

注意，这里打开文件的方式是a，就是追加，即不会清空原有内容，而是将新写入的内容添加到原内容后边。

如果打开文件模式中包含w（写入），那么向文件中写入内容时，会先清空源文件中的内容，再写入新的内容。因此，运行上面的程序，再次打开sample2.txt文件，将代码修改为：

```
f = open("sample2.txt", 'w')
```

其他代码不变。则在运行结果中只会看到新写入的内容：

```
Big beautiful Huangshan
```

另外，在写入文件完成后，一定要调用close()函数将打开的文件关闭，否则写入的内容不会保存到文件中。例如，将上面程序中最后一行的f.close()删掉，再次运行此程序并打开sample2.txt，就

11

会发现该文件是空的。这是因为在写入文件内容时，操作系统不会立刻把数据写入磁盘，而是先缓存起来，只有调用close()函数时，操作系统才会保证把没有写入的数据全部写入磁盘文件中。

除此之外，如果向文件写入数据后不想马上关闭文件，也可以调用文件对象提供的flush()函数，它可以实现将缓冲区的数据写入文件中。

这里新建立一个文件sample3.txt。

【例11-9】 flush()文件应用示例。

输入如下代码：

```
f = open("sample3.txt", 'w')
f.write("\nBig beautiful Huangshan")
f.flush()
运行代码，打开sample3.txt文件，可以看到以下结果：
Big beautiful Huangshan
```

对于以二进制格式打开的文件，可以不使用缓冲区，写入的数据会直接进入磁盘文件；但对于以文本格式打开的文件，必须使用缓冲区，否则Python解释器会报ValueError错误。

Python的文件对象中不仅提供了write()函数，还提供了writelines()函数，可以实现将字符串列表写入文件中。

注意
- 在Python中，与读入函数不同，写入函数只有write()和writelines()函数，而没有writeline()函数。
- 使用writelines()函数向文件中写入多行数据时，不会自动给各行添加换行符。

这里新建一个文件sample4.txt，通过使用writelines()函数可以轻松实现将sample4.txt文件中的数据复制到其他文件中，请看下面的示例。

【例11-10】 writelines()函数应用示例。

输入如下代码：

```
f = open('sample1.txt', 'r')
n = open('sample4.txt','w+')
n.writelines(f.readlines())
n.close()
f.close()
```

11.2.4 关闭文件

用来文件关闭的close()函数前面已经多次使用。

通常，程序退出时将自动关闭文件对象（也可能在退出程序前这样做），因此是否将读取的文件关闭不那么重要。然而，关闭文件没有坏处，在有些操作系统和设置中，还可以避免无意义地锁定文件以防修改。另外，这样做还可以避免用完系统可能指定的文件打开配额。

对于写入过的文件，一定要将其关闭，因为Python可能缓冲写入的数据（将数据暂时存储在某个地方，以提高效率）。因此，如果程序因某种原因崩溃，数据可能根本不会写入文件中。安全的做法是，使用完文件后就将其关闭。如果要重置缓冲，让所做的修改反映到磁盘文件中，但又不想关闭文件，则可使用flush方法。

然而，根据使用的操作系统和设置，flush可能出于锁定考虑，禁止其他正在运行的程序访问这个文件。因此只要能够方便地关闭文件，就应将其关闭。

要确保文件得以关闭，可使用一条try/finally语句，并在finally子句中调用close。

```
# 在这里打开文件
try:
# 将数据写入文件中
finally:
    file.close()
```

实际上，有一条专门为此设计的语句，那就是with语句。

```
with open("somefile.txt") as somefile:
    do_something(somefile)
```

with语句能够打开文件并将其赋予一个变量（这里是somefile）。在语句体中，将数据写入文件（还可能做其他事情），到达该语句末尾时，将自动关闭文件，即便出现异常也是如此。

with语句实际上是一个非常通用的结构，允许使用所谓的上下文管理器。上下文管理器支持两个方法的对象：__enter__方法和__exit__方法。

- __enter__方法不接受任何参数，在进入with语句时被调用，其返回值被赋予关键字as后面的变量。
- __exit__方法接受3个参数：异常类型、异常对象和异常跟踪，它在离开方法时被调用（通过前述参数将引发的异常提供给它）。如果__exit__方法返回False，则将抑制所有的异常。

文件也可用作上下文管理器。它的__enter__方法用于返回文件对象本身，而__exit__方法用于关闭文件。

11.3 迭代文件内容

前文已经介绍了不少文件对象操作的方法，还学习了如何获得文件对象。在实际应用中，一种常见的文件操作是迭代其内容，并在迭代过程中反复采取某种措施。

11.3.1 每次读取一个字符（或字节）

一种最简单（也可能是最不常见）的文件内容迭代方式是在while循环中使用read()方法。例如，可以使用循环来遍历文件中的每个字符（在二进制模式下是每字节），如果每次读取多个字符（字节），可指定要读取的字符（字节）数。

本节的所有示例都将使用一个名为process的虚构函数来表示对每个字符或行所做的处理，可以用喜欢的方式实现这个函数。下面是一个简单的示例：

```
def process(string):
    print('Processing:', string)
```

更有用的实现是将数据存储在数据结构中、计算总和、使用模块re进行模式替换以及添加行号等。

这里建立一个文件sample5.txt用于示例，其内容如下：

```
Hello, World!
```

【例11-11】　　使用read()方法遍历字符。

输入如下代码：

```
def process(string):
    print('Processing:', string)
with open('sample5.txt') as f:
    char = f.read(1)
    while char:
        process(char)
        char = f.read(1)
```

运行结果如下：

```
Processing: H
Processing: e
Processing: l
Processing: l
Processing: o
Processing: ,
Processing:
Processing: W
Processing: o
Processing: r
Processing: l
Processing: d
Processing: !
```

从运行结果可以看到，遍历了sample5.txt文件内的所有字符。

这个程序之所以可行，是因为到达文件末尾时，read()方法会返回一个空字符串，但在此之前，返回的字符串都只包含一个字符（对应布尔值True）。只要char为True，就知道还没结束。

如代码所示，赋值语句char=f.read(1)出现了两次，而代码重复通常被视为坏事。

11.3.2　每次一行

处理文本文件时，通常想做的是迭代其中的行，而不是每个字符。通过readline()方法可以像迭代字符一样轻松地迭代行。这里建立一个文件sample6.txt用于示例，其内容如下：

```
Hello, Python is good!
Hello, World!
Hello, China!
```

下面使用readline()方法来遍历sample6.txt文件。

【例11-12】 在while循环中使用readline()方法。

输入如下代码：

```
def process(string):
    print('Processing:', string)
with open('sample6.txt') as f:
    while True:
        line = f.readline()
        if not line: break
        process(line)
```

运行结果如下：

```
Processing: Hello, Python is good!
Processing: Hello, World!
Processing: Hello, China!
```

从运行结果可以看到遍历了文件的每行内容。

11.3.3 读取所有内容

如果文件不太大，可以一次读取整个文件，为此可使用readlines()方法（将文件读取到一个字符串列表中，其中每个字符串都是一行）。通过这样的方式读取文件，可以轻松地迭代字符和行。

 除了进行迭代外，像这样将文件内容读取到字符串或列表中对完成其他任务也很有帮助。例如，可以对字符串应用正则表达式，还可以将列表存储到某种数据结构中供以后使用。

【例11-13】 使用readlines()方法迭代行。

输入如下代码：

```
def process(string):
    print('Processing:', string)
with open('sample6.txt') as f:
    for line in f.readlines():
        process(line)
```

运行结果如下：

```
Processing: Hello, Python is good!
Processing: Hello, World!
Processing: Hello, China!
```

11.3.4　延迟行迭代实现

有时需要迭代大型文件中的行，此时使用readlines()方法将占用太多内存。当然，也可以转而结合使用while循环和readlines()方法，但在Python中，在可能的情况下，首选for循环，这里就属于这种情况。可使用一种名为延迟行迭代的方法（说它延迟是因为它只读取实际需要的文本部分），示例如下。

【例11-14】　使用fileinput迭代行。

输入如下代码：

```
import fileinput
def process(string):
    print('Processing:', string)
for line in fileinput.input('sample6.txt'):
    process(line)
```

运行结果如下：

```
Processing: Hello, Python is good!
Processing: Hello, World!
Processing: Hello, China!
```

11.3.5　文件迭代器

文件实际上是可迭代的，这意味着可在for循环中直接使用它来迭代行。

【例11-15】　使用for循环进行文本迭代。

输入如下代码：

```
def process(string):
    print('Processing:', string)
with open('sample6.txt') as f:
    for line in f:
        process(line)
```

运行结果如下：

```
Processing: Hello, Python is good!
Processing: Hello, World!
Processing: Hello, China!
```

在这些迭代示例中，都将文件对象用作上下文管理器，以确保文件得以关闭。虽然这通常是个不错的主意，但只要不写入文件，并非一定要这样做。如果愿意让Python负责关闭文件，则可进一步简化这个示例。

另外，可以对迭代器做的事情基本上都可以对文件做，如（使用list(open(filename))）将其转换为字符串列表，效果与使用readlines相同。

这里新建空文档sample7.txt，方便代码编写。

【例11-16】　使用迭代器迭代文本。

输入如下代码：

```
f = open('sample7.txt', 'w')
print('First', 'line', file=f)
print('Second', 'line', file=f)
print('Third', 'and final', 'line', file=f)
f.close()
lines = list(open('sample7.txt'))
print('lines is {}'.format(lines))
print('*'*10)
first, second, third = open('sample7.txt')
print('*'*10)
print(first)
print('*'*10)
print(second)
print('*'*10)
print(third)
```

运行结果如下：

```
lines is ['First line\n', 'Second line\n', 'Third and final line\n']
**********
**********
First line
**********
Second line
**********
Third and final line
```

在该示例中，需要注意如下几点：

- 使用了print来写入文件，这将自动在提供的字符串后面添加换行符。
- 对打开的文件进行序列解包，从而将每行存储到不同的变量中（这种做法不常见，因为通常不知道文件包含多少行，但这演示了文件对象是可迭代的）。
- 写入文件后将其关闭，以确保数据得以写入磁盘（读取文件后并没有将其关闭，这可能有点粗糙，但并非致命的）。

11.4　使用 tell()函数和 seek()函数读写文件

众所周知，使用open()函数打开文件并读取文件中的内容时，总是会从文件的第一个字符（字节）开始读起。如果想从指定位置读取文件，则通过移动文件指针的位置可以指定读取的起始位置。

在文件读写中，文件指针的概念非常重要。文件指针用于标明文件读写的起始位置。假如把文件看成一个水流，文件中的每个数据（以b模式打开，每个数据就是一字节；以普通模式打开，每个数据就是一个字符）就相当于一个水滴，而文件指针标明了文件将从哪个位置开始读起。

通过移动文件指针的位置，再借助read()和write()函数，可以轻松实现读取文件中指定位置的数据（或者向文件中的指定位置写入数据）。当向文件中写入数据时，如果不是文件的尾部，写入位置的原有数据不会自行向后移动，新写入的数据会将文件中处于该位置的数据直接覆盖掉。

文件对象提供了tell()函数和seek()函数用来实现对文件指针的移动。tell()函数用于判断文件指针当前所处的位置，而seek()函数用于移动文件指针到文件的指定位置。

11.4.1　tell()函数的使用

tell()函数的用法很简单，其基本语法格式如下：

```
file.tell()
```

其中，file表示文件对象。

例如，在同一目录下，编写程序对sample8.txt文件进行读取操作，sample8.txt文件中的内容如下：

```
huangshanhuangshan
```

【例11-17】　tell()函数应用示例。

输入如下代码：

```
f = open("sample8.txt", 'r')
print(f.tell())
print(f.read(3))
print(f.tell())
```

运行结果如下：

```
0
hua
3
```

可以看到，当使用open()函数打开文件时，文件指针的起始位置为0，表示位于文件的开头处，当使用read()函数从文件中读取3个字符之后，文件指针同时向后移动了3个字符的位置。这就表明，当程序使用文件对象读写数据时，文件指针会自动向后移动：读写了多少数据，文件指针就自动向后移动多少个位置。

11.4.2　seek()函数的使用

seek()函数用于将文件指针移动到指定位置，该函数的语法格式如下：

```
file.seek(offset[, whence])
```

参数说明：

- file: 表示文件对象。

- whence：作为可选参数，用于指定文件指针要放的位置，该参数的值有3个选择：0代表文件头（默认值），1代表当前位置，2代表文件尾。
- offset：表示相对于whence位置的文件指针的偏移量，正数表示向后偏移，负数表示向前偏移。例如，当whence==0&&offset==3（seek(3,0)）时，表示文件指针移动到距离文件开头处3个字符的位置；当whence==1&&offset==5（seek(5,1)）时，表示文件指针向后移动，移动到距离当前位置5个字符处。

当offset值非0时，Python要求文件必须以二进制格式打开，否则会抛出io.UnsupportedOperation错误。

【例11-18】　　seek()函数应用示例。

输入如下代码：

```
# seek()函数应用示例
f = open('sample8.txt', 'rb')
# 判断文件指针的位置
print(f.tell())
# 读取一字节，文件指针自动后移一个位置
print(f.read(1))
print(f.tell())
# 将文件指针从文件开头向后移动到第5个字符的位置
f.seek(5)
print(f.tell())
print(f.read(1))
# 将文件指针从当前位置向后移动到第5个字符的位置
f.seek(5, 1)
print(f.tell())
print(f.read(1))
# 将文件指针从文件结尾向前移动到距离2个字符的位置
f.seek(-1, 2)
print(f.tell())
print(f.read(1))
```

运行结果如下：

```
0
b'h'
1
5
b's'
11
b'a'
17
b'n'
```

由于程序中使用seek()时使用了非0的偏移量，因此文件的打开方式中必须包含b，否则会报io.UnsupportedOperation错误，有兴趣的读者可自行尝试。

上面的程序示范了使用seek()方法来移动文件指针，包括从文件开头、指针当前位置、文件结尾处开始计算。运行上面的程序，结合程序输出结果体会文件指针移动的效果。

11.5 with as 的用法

在任何一门编程语言中，文件的输入/输出、数据库的连接/断开等都是很常见的资源管理操作。但资源都是有限的，在写程序时，必须保证这些资源在使用过后得到释放，不然容易造成资源泄漏，轻者使得系统处理缓慢，严重时会使系统崩溃。

例如，前面在介绍文件操作时，一直强调打开的文件最后一定要关闭，否则会埋下意想不到的隐患。但是，即便使用close()做了关闭文件的操作，如果在打开文件或文件操作过程中抛出了异常，还是无法及时关闭文件。

为了更好地避免此类问题，不同的编程语言引入了不同的机制。在Python中，对应的解决方式是使用with as语句操作上下文管理器，它能够帮助自动分配并且释放资源。

例如，使用with as语句操作已经打开的文件对象（本身就是上下文管理器），无论其间是否抛出异常，都能保证with as语句执行完毕后自动关闭已经打开的文件。

首先学习如何使用with as语句。with as 语句的基本语法格式如下：

```
with 表达式 [as target]:
    代码块
```

此格式中，用[]括起来的部分可以使用，也可以省略。其中，target参数用于指定一个变量，该语句会将expression指定的结果保存到该变量中。with as语句中的代码块如果不想执行任何语句，可以直接使用pass语句代替。

例如，假设有一个sample9.txt文件，其存储的内容如下：

```
huangshanhuangshan
pythonlushan
taishanhuashan
```

在和sample9.txt同级目录下创建一个.py文件，并编写代码。

【例11-19】   with as应用示例。
输入如下代码：

```
with open('sample9.txt', 'a') as f:
    f.write("\ndahai")
```

运行结果如下：

```
huangshanhuangshan
pythonlushan
taishanhuashan
dahai
```

可以看到，通过使用with as语句，即便最终没有关闭文件，修改文件内容的操作也能成功。

11.6 上下文管理器

介绍with as语句时讲到，该语句操作的对象必须是上下文管理器。所谓上下文管理器，简单地理解，就是同时包含__enter__()方法和__exit__()方法的对象。也就是说，上下文管理器必须实现如下两个方法。

- __enter__(self)：进入上下文管理器自动调用的方法，该方法会在with as代码块执行之前执行。如果with语句有as子句，那么该方法的返回值会被赋予as子句后的变量。该方法可以返回多个值，因此在as子句后面也可以指定多个变量（多个变量必须由"()"括起来组成元组）。
- __exit__（self, exc_type, exc_value, exc_traceback）：退出上下文管理器自动调用的方法。该方法会在with as代码块执行之后执行。如果with as代码块成功执行结束，则程序自动调用该方法，调用该方法的3个参数都为None；如果with as代码块因为异常而中止，程序也会自动调用该方法，使用sys.exc_info得到的异常信息将作为调用该方法的参数。

当with as操作上下文管理器时，会在执行语句体之前先执行上下文管理器的__enter__()方法，再执行语句体，最后执行__exit__()方法。

构建上下文管理器常见的方式有两种：基于类实现和基于生成器实现。

11.6.1 基于类实现

通过前面的介绍不难发现，只要一个类实现了__enter__()和__exit__()方法，程序就可以使用with as语句来管理它，通过__exit__()方法的参数即可判断出with代码块执行时是否遇到了异常。其实，前面程序中的文件对象也实现了这两个方法，因此可以接受with as语句的管理。

下面自定义一个实现上下文管理协议的类，并尝试用with as语句来管理它。

【例11-20】 基于类的上下文管理器。

输入如下代码：

```
class FkResource:
    def __init__(self, tag):
        self.tag = tag
        print('构造器,初始化资源: %s' % tag)
    # 定义__enter__方法,with体之前执行的方法
    def __enter__(self):
        print('[__enter__ %s]: ' % self.tag)
        # 该返回值将作为as子句中变量的值
        return 'fkit'  # 可以返回任意类型的值
    # 定义__exit__方法,with体之后执行的方法
```

```
    def __exit__(self, exc_type, exc_value, exc_traceback):
        print('[__exit__ %s]: ' % self.tag)
        # exc_traceback为None，代表没有异常
        if exc_traceback is None:
            print('没有异常时关闭资源')
        else:
            print('遇到异常时关闭资源')
            return False   # 可以省略，默认返回None，也被看作False
with FkResource('孙悟空') as dr:
    print(dr)
    print('[with代码块] 没有异常')
print('-----------------------------')
with FkResource('白骨精'):
    print('[with代码块] 异常之前的代码')
    raise Exception
    print('[with代码块] ~~~~~~~异常之后的代码')
```

运行结果如下：

```
构造器,初始化资源：孙悟空
[__enter__ 孙悟空]:
fkit
[with代码块] 没有异常
[__exit__ 孙悟空]:
没有异常时关闭资源
-----------------------------
构造器,初始化资源：白骨精
[__enter__ 白骨精]:
[with代码块] 异常之前的代码
[__exit__ 白骨精]:
遇到异常时关闭资源
Traceback (most recent call last):
  File "G:/pyproject/Getting_started_with _Python/files/files_s.py", line 200,
  in <module>
    raise Exception
Exception
```

上面的程序定义了一个FkResource类，并包含__enter__()和__exit__()两个方法，因此该类的对象可以被with as语句管理。

此外，程序中两次使用with as语句管理FkResource对象。第一次代码块没有出现异常，第二次代码块出现了异常。从上面的输出结果来看，使用with as语句管理资源，无论代码块是否有异常，程序总是可以自动执行__exit__()方法。

当出现异常时，如果__exit__返回False（默认不写返回值时，即为False），则会重新抛出异常，让with as之外的语句逻辑来处理异常；反之，如果返回True，则忽略异常，不再对异常进行处理。

11.6.2 基于生成器实现

除了基于类实现上下文管理器外，还可以基于生成器实现上下文管理器。比如，可以使用装

饰器contextlib.contextmanager来定义自己所需的基于生成器的上下文管理器,用以支持with as语句。

【例11-21】 基于生成器的上下文管理器。

输入如下代码:

```
from contextlib import contextmanager
@contextmanager
def file_manager(name, mode):
    try:
        f = open(name, mode)
        yield f
    finally:
        f.close()
with file_manager('a.txt', 'w') as f:
    f.write('hello world')
```

这段代码中,file_manager()函数就是一个生成器,当执行with as语句时,便会打开文件,并返回文件对象f;当with语句执行完后,finally中的关闭文件操作便会执行。另外可以看到,使用基于生成器的上下文管理器时,不再需要定义__enter__()方法和__exit__()方法,但需要加上装饰器@contextmanager,这一点新手很容易疏忽。

需要强调的是,基于类的上下文管理器和基于生成器的上下文管理器在功能上是一致的。只不过,基于类的上下文管理器更加灵活,适用于大型的系统开发,而基于生成器的上下文管理器更加方便、简洁,适用于中小型程序。但是,无论使用哪一种,不用忘记在__exit__()方法或者finally块中释放资源,这一点尤其重要。

11.7 常用的文件模块

有一些常用的Python文件模块可以极大地方便文件处理,本节将详细介绍常用的文件模块供读者学习,当然除了这些模块外还有其他外模块,如有需要,读者可以自行检索学习。

11.7.1 pickle 模块

Python中有一个序列化过程叫作pickle,它能够实现任意对象与文本之间的相互转换,也可以实现任意对象与二进制之间的相互转换。也就是说,pickle可以实现Python对象的存储及恢复。

值得一提的是,pickle是Python语言的一个标准模块,安装Python的同时就已经安装了pickle库,因此它不需要再单独安装,使用import将其导入程序中,就可以直接使用。

pickle模块提供了以下4个函数供使用。

(1)dumps():将Python中的对象序列化成二进制对象并返回。

(2)loads():读取给定的二进制对象数据,并将其转换为Python对象。

(3)dump():将Python中的对象序列化成二进制对象,并写入文件。

（4）load()：读取指定的序列化数据文件，并返回对象。

以上这4个函数可以分成两类，其中dumps()和loads()实现基于内存的Python对象与二进制的互相转换；dump()和load()实现基于文件的Python对象与二进制的互相转换。

1. pickle.dumps()函数

此函数用于将Python对象转换为二进制对象，其语法格式如下：

```
dumps(obj, protocol=None, *, fix_imports=True)
```

参数说明：

- obj：要转换的Python对象。
- protocol：pickle的转码协议，取值为0、1、2、3、4，其中0、1、2对应Python早期的版本，3和4则对应Python 3.x及之后的版本。在未指定的情况下，默认为3。
- 其他参数：为了兼容Python 2.x版本而保留的参数，在Python 3.x中可以忽略。

【例11-22】　pickle.dumps()函数应用示例。

输入如下代码：

```
import pickle
t1 = ('Python is good', {1, 2, 3}, None)
#使用dumps()函数将t1转换成result
result = pickle.dumps(t1)
print(result)
```

运行结果如下：

```
 b'\x80\x03X\x0e\x00\x00\x00Python is
goodq\x00cbuiltins\nset\nq\x01]q\x02(K\x01K\x02K\x03e\x85q\x03Rq\x04N\x87q\x05.'
```

2. pickle.loads()函数

此函数用于将二进制对象转换成Python对象，其基本格式如下：

```
loads(data, *, fix_imports=True, encoding='ASCII', errors='strict')
```

其中，data参数表示要转换的二进制对象，其他参数是为了兼容Python 2.x版本而保留的，可以忽略。

【例11-23】　使用pickle.loads()函数进行反序列化。

输入如下代码：

```
import pickle
t1 = ('Python is good', {1, 2, 3}, None)
s = pickle.dumps(t1)
#使用loads()函数将s转换成Python对象
result = pickle.loads(s)
print(result)
```

运行结果如下：

```
('Python is good', {1, 2, 3}, None)
```

注意，在使用loads()函数将二进制对象反序列化成Python对象时，会自动识别转码协议，所以不需要将转码协议当作参数传入。并且，当待转换的二进制对象的字节数超过pickle的Python对象时，多余的字节将被忽略。

3. pickle.dump()函数

此函数用于将Python对象转换成二进制文件，其基本语法格式如下：

```
dump (obj, file,protocol=None, *, fix mports=True)
```

参数说明：

- obj：要转换的Python对象。
- file：转换到指定的二进制文件中，要求该文件必须以wb的打开方式进行操作。
- protocol：和dumps()函数中protocol参数的含义完全相同，因此这里不再重复描述。
- 其他参数：为了兼容Python 2.x版本而保留的参数，可以忽略。

【例11-24】 使用pickle.dump()函数将元组转换成二进制对象文件。
输入如下代码：

```
import pickle
t1 = ('Python is good', {1,2,3}, None)
#使用 dumps() 函数将 tup1 转换成 p1
with open ("www.txt", 'wb') as f: #打开文件
    pickle.dump(t1, f) #用dump函数将Python对象转换成二进制对象文件
```

运行完该程序后，会在该程序文件的同级目录中生成www.txt文件，但由于其内容为二进制数据，因此直接打开会看到乱码。

4. pickle.load()函数

此函数和dump()函数相对应，用于将二进制对象文件转换成Python对象。该函数的基本语法格式如下：

```
load(file, *, fix_imports=True, encoding='ASCII', errors='strict')
```

其中，file参数表示要转换的二进制对象文件（必须以rb的打开方式操作文件），其他参数是为了兼容Python 2.x版本而保留的参数，可以忽略。

【例11-25】 使用pickle.load()函数将www.txt二进制文件对象转换为Python对象。
输入如下代码：

```
import pickle
t1 = ('Python is good', {1,2,3}, None)
#使用dumps()函数将t1转换成p1
```

11

```
with open("www.txt", 'wb') as f:          #打开文件
    pickle.dump(t1, f)                     #用dump函数将Python对象转换成二进制对象文件
with open("www.txt", 'rb') as f:          #打开文件
    result = pickle.load(f)                #将二进制文件对象转换成Python对象
    print(result)
```

运行结果如下：

```
('Python is good', {1, 2, 3}, None)
```

看似强大的pickle模块，其实也有它的短板，即pickle不支持并发地访问持久性对象，在复杂的系统环境下，尤其是读取海量数据时，使用pickle会使整个系统的I/O读取性能出现瓶颈。这种情况下，可以使用ZODB。

ZODB是一个健壮的、多用户的、面向对象的数据库系统，专门用于存储Python语言中的对象数据，它能够存储和管理任意复杂的Python对象，并支持事务操作和并发控制。有兴趣的读者可以参考相关官方文档进行学习。

11.7.2　linecache 模块

除了可以借助fileinput模块实现读取文件外，Python还提供了linecache模块。和前者不同，linecache模块擅长读取指定文件中的指定行。换句话说，如果想读取某个文件中指定行包含的数据，就可以使用linecache模块。

值得一提的是，linecache模块常用来读取Python源文件中的代码，它使用UTF-8编码格式来读取文件内容。这意味着，使用该模块读取的文件的编码格式也必须为UTF-8，否则要么读取出来的数据是乱码，要么直接读取失败（Python解释器会报SyntaxError异常）。

要使用linecache模块，就必须知道它包含哪些函数，linecache模块中常用的函数及其功能如表11-2所示。

表 11-2　linecache 模块常用的函数及其功能

函数的基本格式	功　能
linecache.getline(filename, lineno, module_globals=None)	读取指定模块中指定文件的指定行（仅读取指定文件时，无须指定模块）。其中，filename 用来指定文件名，lineno 用来指定行号，module_globals 用来指定要读取的具体模块名。注意，当指定文件以相对路径的方式传给 filename 参数时，该函数按照 sys.path 规定的路径查找该文件
linecache.clearcache()	如果程序某处不再需要之前使用 getline()函数读取的数据，则可以使用该函数清空缓存
linecache.checkcache(filename =None)	检查缓存的有效性，即使用 getline()函数读取的数据，其实在本地已经被修改，需要的是新的数据，此时可以使用该函数检查缓存的是否为新的数据。注意，如果省略文件名，则该函数将检查所有缓存数据的有效性

【例11-26】 linecache模块应用示例。

输入如下代码：

```
import linecache
import string
#读取string模块中第2行的数据
print(linecache.getline(string.__file__, 2))
# 读取普通文件的第2行
print(linecache.getline('sample1.txt', 2))
```

运行结果如下：

```
Hello, World!
```

11.7.3 pathlib 模块

pathlib模块中包含的是一些类，pathlib模块的操作对象是操作系统中使用的路径（例如指定文件位置的路径，包括绝对路径和相对路径）。这里简单介绍pathlib模块包含的几个类的具体功能。

（1）PurePath类会将路径看作一个普通的字符串，它可以实现将多个指定的字符串拼接成适用于当前操作系统的路径格式，同时还可以判断任意两个路径是否相等。注意，使用PurePath操作的路径，它并不会关心该路径是否真实有效。

（2）PurePosixPath和PureWindowsPath是PurePath的子类，前者用于操作UNIX（包括Mac OS X）风格的路径，后者用于操作Windows风格的路径。

（3）Path类和以上3个类不同，它操作的路径一定是真实有效的。Path类提供了判断路径是否真实存在的方法。

（4）PosixPath和WindowPath是Path的子类，分别用于操作UNIX（包括Mac OS X）风格的路径和Windows风格的路径。

在UNIX操作系统和Windows操作系统上，路径的格式是完全不同的，主要区别在于根路径和路径分隔符。UNIX系统的根路径是斜杠（/），而Windows系统的根路径是盘符（C:）；UNIX系统的路径分隔符是斜杠（/），而Windows系统的路径分隔符是反斜杠（\）。

1．PurePath类的用法

PurePath类（以及PurePosixPath类和PureWindowsPath类）提供了大量的构造方法、实例方法以及类实例属性供使用。

在使用PurePath类时，考虑到操作系统的不同，如果在UNIX或Mac OS X系统上使用PurePath创建对象，该类的构造方法实际上返回的是PurePosixPath对象；反之，如果在Windows系统上使用PurePath创建对象，该类的构造方法返回的是PureWindowsPath对象。

当然，完全可以直接使用PurePosixPath类或者PureWindowsPath类创建指定操作系统使用的类对象。

11

【例11-27】   PurePath类应用示例。

输入如下代码：

```
from pathlib import *
# 创建PurePath，实际上使用PureWindowsPath
path = PurePath('file.txt')
print(type(path))
```

运行结果如下：

```
<class 'pathlib.PureWindowsPath'>
```

显然，在Windows操作系统上，使用PurePath类构造函数创建的是PureWindowsPath类对象。

除此之外，PurePath在创建对象时，也支持传入多个路径字符串，它们会被拼接成一个路径格式的字符串。

【例11-28】   PurePath在创建对象时，支持传入多个路径字符串。

输入如下代码：

```
from pathlib import *
# 创建PurePath，实际上使用PureWindowsPath
path = PurePath('baidu', 'wangyi', 'sougou')
print(path)
```

运行结果如下：

```
baidu\wangyi\sougou
```

值的一提的是，如果在使用PurePath类构造方法时不传入任何参数，则等同于传入点"."（表示当前路径）作为参数。

【例11-29】   使用PurePath类构造方法时，不传入任何参数。

输入如下代码：

```
from pathlib import *
path = PurePath()
print(path)
path = PurePath('.')
print(path)
```

运行结果如下：

```
.
.
```

另外，如果传入PurePath构造方法的多个参数中包含多个根路径，则只有最后一个根路径及后面的子路径会生效。

【例11-30】   PurePath构造方法的多个参数中包含多个根路径。

输入如下代码：

```
from pathlib import *
path = PurePath('C://', 'D://', 'file.txt')
print(path)
```

运行结果如下：

```
D:\file.txt
```

这里，对于Windows风格的路径，只有盘符（如C、D等）才能算根路径。

 如果传给PurePath构造方法的参数中包含多余的斜杠或者点（．表示当前路径），则会直接被忽略（..不会被忽略）。

【例11-31】 传给PurePath构造方法的参数中包含多余的斜杠或者点。
输入如下代码：

```
from pathlib import *
path = PurePath('D://./file.txt')
print(path)
```

运行结果如下：

```
D:\file.txt
```

PurePath类还重载了各种比较运算符，对于同种风格的路径字符串来说，可以判断是否相等，也可以比较大小（实际上就是比较字符串的大小）；对于不同风格的路径字符串来说，只能判断是否相等（显然不可能相等），但不能比较大小。

【例11-32】 PurePath类重载各种比较运算符。
输入如下代码：

```
from pathlib import *
# UNIX风格的路径区分大小写
print(PurePosixPath('C://file.txt') == PurePosixPath('c://file.txt'))
# Windows风格的路径不区分大小写
print(PureWindowsPath('C://file.txt') == PureWindowsPath('c://file.txt'))
```

运行结果如下：

```
False
True
```

比较特殊的是，PurePath类对象支持直接使用斜杠"/"作为多个字符串之间的连接符，示例如下。

【例11-33】 PurePath类对象直接使用斜杠"/"作为多个字符串之间的连接符。
输入如下代码：

```
from pathlib import *
# UNIX风格的路径区分大小写
```

```
path = PurePosixPath('C://', 'file.txt')
print(str(path))
```

运行结果如下：

```
C:/file.txt
```

通过以上方式构建的路径，本质上就是字符串，因此完全可以使用str()将PurePath对象转换成字符串。

【例11-34】   使用str()将PurePath对象转换成字符串。

输入如下代码：

```
from pathlib import *
path = PurePosixPath('C://', 'file.txt')
print(str(path))
```

运行结果如下：

```
C:/file.txt
```

2．PurePath类的实例属性和实例方法

表11-3中罗列出了常用的PurePath类实例方法和属性。由于从本质上讲，PurePath的操作对象是字符串，因此表11-3中的这些实例属性和实例方法实质上也是对字符串进行操作。

表 11-3   PurePath 类的实例属性和实例方法

类的实例属性和实例方法名	功能描述
PurePath.parts	返回路径字符串中所包含的各部分
PurePath.drive	返回路径字符串中的驱动器盘符
PurePath.root	返回路径字符串中的根路径
PurePath.anchor	返回路径字符串中的盘符和根路径
PurePath.parents	返回当前路径的全部父路径
PurPath.parent	返回当前路径的上一级路径，相当于 parents[0]的返回值
PurePath.name	返回当前路径中的文件名
PurePath.suffixes	返回当前路径中的文件的所有后缀名
PurePath.suffix	返回当前路径中的文件后缀名，相当于 suffixes 属性返回的列表的最后一个元素
PurePath.stem	返回当前路径中的主文件名
PurePath.as_posix()	将当前路径转换成 UNIX 风格的路径
PurePath.as_uri()	将当前路径转换成 URL，只有绝对路径才能转换，否则将会引发 ValueError
PurePath.is_absolute()	判断当前路径是否为绝对路径
PurePath.joinpath(*other)	将多个路径连接在一起，作用类似于前面介绍的斜杠（/）连接符
PurePath.match(pattern)	判断当前路径是否匹配指定通配符
PurePath.relative_to(*other)	获取当前路径中去除基准路径之后的结果

（续表）

类的实例属性和实例方法名	功能描述
PurePath.with_name(name)	将当前路径中的文件名替换成新文件名。如果当前路径中没有文件名，则会引发 ValueError
PurePath.with_suffix(suffix)	将当前路径中的文件后缀名替换成新的后缀名。如果当前路径中没有后缀名，则会添加新的后缀名

关于表中的实例属性和实例方法的用法，这里不再举例演示，有兴趣的读者可自行深入学习。

3. Path类的功能和用法

和PurPath类相比，Path类的最大不同就是支持对路径的真实性进行判断。

Path是PurePath的子类，因此Path类除了支持PurePath提供的各种构造函数、实例属性以及实例方法之外，还提供甄别路径字符串有效性的方法，甚至可以判断该路径对应的是文件还是文件夹，如果是文件，还支持对文件进行读、写等操作。

和PurePath一样，Path同样有两个子类，分别为PosixPath（表示UNIX风格的路径）和WindowsPath（表示Windows风格的路径）。

由于文章篇幅有限，Path类的属性和方法众多，因此这里不再一一进行讲解，有兴趣的读者可通过官方手册学习。

11.7.4　fnmatch 模块

fnmatch模块主要用于文件名称的匹配，其能力比简单的字符串匹配更强大，但与使用正则表达式相比稍弱。如果在数据处理操作中只需要使用简单的通配符就能完成文件名的匹配，则使用fnmatch模块是不错的选择。

在fnmatch模块中，常用的函数及其功能如表11-4所示。

表 11-4　os.path 模块常用的函数及其功能

函　数　名	功　　能
fnmatch.filter(names, pattern)	对 names 列表进行过滤，返回 names 列表中匹配 pattern 的文件名组成的子集合
fnmatch.fnmatch(filename, pattern)	判断 filename 文件名是否和指定 pattern 字符串匹配
fnmatch.fnmatchcase(filename, pattern)	和 fnmatch()函数的功能大致相同，只是该函数区分大小写
fnmatch.translate(pattern)	将一个 UNIX Shell 风格的 pattern 字符串转换为正则表式

fnmatch模块匹配文件名的模式使用的就是UNIX Shell风格，其支持如下几个通配符。

（1）*：可匹配任意个任意字符。

（2）?：可匹配一个任意字符。

（3）[字符序列]：可匹配中括号中的字符序列中的任意字符。该字符序列也支持中画线表示法，比如[a-c]可代表a、b和c字符中的任意一个。

（4）[!字符序列]：可匹配不在中括号中的字符序列中的任意字符。

【例11-35】 fnmatch模块函数的功能和用法。

输入如下代码：

```python
import fnmatch
#filter()
print(fnmatch.filter(['dlsf', 'ewro.txt', 'te.py', 'youe.py'], '*.txt'))
#fnmatch()
for file in ['word.doc','index.py','my_file.txt']:
    if fnmatch.fnmatch(file,'*.txt'):
        print(file)
#fnmatchcase()
print([addr for addr in ['word.doc','index.py','my_file.txt','a.TXT'] if
fnmatch.fnmatchcase(addr, '*.txt')])
#translate()
print(fnmatch.translate('a*b.txt'))
```

运行结果如下：

```
['ewro.txt']
my_file.txt
['my_file.txt']
(?s:a.*b\.txt)\Z
```

11.7.5 os 模块

os是operating system的缩写，顾名思义，os模块提供的就是各种Python程序与操作系统进行交互的接口。通过使用os模块，一方面可以方便地与操作系统进行交互，另一方面可以极大地增强代码的可移植性。如果该模块中的相关功能出错，就会抛出OSError异常或其子类异常。

这里给出一些Python的使用经验，如果是读写文件的话，建议使用内置函数open()；如果是路径相关的操作，建议使用os的子模块os.path；如果要逐行读取多个文件，建议使用fileinput模块；要创建临时文件或路径，建议使用tempfile模块；要进行更高级的文件和路径操作，则应当使用shutil模块。

导入os模块时要注意，千万不要为了图调用方便，将os模块解包导入，即不要使用from os import *来导入os模块，否则os.open()将会覆盖内置函数open()，从而造成预料之外的错误。

1. 常用功能

注意，os模块中大多数接受路径作为参数的函数也可以接受文件描述符（File Descriptor）作为参数。

文件描述符在Python文档中简记为fd，是一个与某个打开的文件对象绑定的整数，可以理解为该文件在系统中的编号。

1）os.name 属性

os.name属性宽泛地指明了当前Python运行所在的环境，实际上是导入的操作系统相关模块的名称。这个名称也决定了模块中哪些功能是可用的，哪些是没有相应实现的。

目前有效的名称有3个：posix、nt和java。

其中posix是Portable Operating System Interface of UNIX（可移植操作系统接口）的缩写，Linux和macOS均会返回该值；nt全称为Microsoft Windows NT，大体可以等同于Windows操作系统，因此在Windows环境下会返回该值；java则是Java虚拟机环境下的返回值。

例如在Windows 10系统下执行该命令。

【例11-36】 os.name属性在Windows 10系统下应用示例。

输入如下代码：

```
import os
print(os.name)
```

运行结果如下：

```
nt
```

2）os.environ 属性

os.environ属性可以返回环境相关的信息，主要是各类环境变量，返回值是一个映射（类似于字典类型），具体的值为第一次导入os模块时的快照。其中的各个键-值对，键是环境变量名，值则是环境变量对应的值。在第一次导入os模块之后，除非直接修改os.environ的值，否则该属性的值不会再发生变化。

【例11-37】 os.environ属性应用示例。

输入如下代码：

```
import os
JS_ADDRESS = os.environ.get("PALM_JS_ADDRESS")
print(os.environ.get("PALM_JS_ADDRESS"))
```

运行结果如下：

```
None
```

开发人员在本机测试的时候用的是自己本机的一套密码，在生产环境部署的时候，用的是公司的公共账号和密码，这样就能增加安全性。os.environ是一个字典，是环境变量的字典。"PALM_JS_ADDRESS"是这个字典中的一个键，如果有这个键，则返回对应的值，如果没有，则返回none。

3）os.walk()函数

os.walk()函数需要传入一个路径作为top参数，函数的作用是在以top为根节点的目录树中游走，对树中的每个目录生成一个由(dirpath, dirnames, filenames)三项组成的三元组。

　　其中，dirpath是一个指示这个目录路径的字符串，dirnames是一个dirpath下的子目录名（除去"."和".."）组成的列表，filenames则是由dirpath下所有非目录的文件名组成的列表。要注意的是，这些名称并不包含所在路径本身，要获取dirpath下某个文件或路径从top目录开始的完整路径，需要使用os.path.join(dirpath, name)。

　　注意最终返回的结果是一个迭代器，可以使用for语句逐个取得迭代器的每一项。

【例11-38】　os.walk()函数应用示例。

输入如下代码：

```
import os
for item in os.walk("."):
    print(item)
```

运行结果如下：

```
('.', [], ['a.txt', 'files_s.py', 'sample.txt'])
```

4）os.listdir()函数

listdir即list directories，用于列出（当前）目录下的全部路径（及文件）。该函数存在一个参数，用以指定要列出子目录的路径，默认为"."，即"当前路径"。

函数返回值是一个列表，其中各元素均为字符串，分别是各路径名和文件名。

通常在需要遍历某个文件夹中的文件的场景下极为实用。

【例11-39】　os.listdir()函数应用示例。

输入如下代码：

```
import os
def get_filelists(file_dir='.'):
  list_directory = os.listdir(file_dir)
  filelists = []
  for directory in list_directory:
    # os.path模块稍后会讲到
    if(os.path.isfile(directory)):
      filelists.append(directory)
  return filelists

print(get_filelists())
```

运行结果如下：

```
['a.txt', 'files_s.py', 'sample.txt', 'www.txt']
```

5）os.mkdir()函数

mkdir即make directory，用于新建一个路径，需要传入一个类路径参数用以指定新建路径的位置和名称，如果指定路径已存在，则会抛出FileExistsError异常。

该函数只能在已有的路径下新建一级路径，否则（新建多级路径）会抛出FileNotFoundError异常。

相应地，在需要新建多级路径的场景下，可以使用os.makedirs()来完成任务。os.makedirs()函数执行的是递归创建，若有必要，则会分别新建指定路径经过的中间路径，直到最后创建出末端的叶子路径。

6）os.remove()函数

os.remove()函数用于删除文件，如果指定路径是目录而非文件的话，就会抛出IsADirectoryError异常。删除目录应该使用os.rmdir()函数。

同样地，对应os.makedirs()删除路径操作，os.remove()也有一个递归删除的函数os.removedirs()，该函数会尝试从最下级目录开始，逐级删除指定的路径，几乎就是一个os.makedirs()的逆过程，一旦遇到非空目录即停止。

7）os.rename()函数

os.rename()函数的作用是将文件或路径重命名，一般调用格式为os.rename(src, dst)，即将src指向的文件或路径重命名为dst指定的名称。

注意，如果指定的目标路径在其他目录下，该函数还可以实现文件或路径的剪切并粘贴功能。但无论是直接原地重命名还是剪切并粘贴，中间路径都必须存在，否则会抛出FileNotFoundError异常。如果目标路径已存在，则在Windows下会抛出FileExistsError异常；在Linux下，如果目标路径为空且用户权限允许，则会静默覆盖原路径，否则抛出OSError异常。

和前面两个函数一样，os.rename()函数也有对应的递归版本os.renames()，能够创建缺失的中间路径。

注意，这两种情况下，如果函数执行成功，都会调用os.removedir()函数来递归删除源路径的最下级目录。

8）os.getcwd()函数

getcwd实际上是get the current working directory的简写，顾名思义，这个函数的作用是获取当前工作路径。在程序运行的过程中，无论物理上程序在实际存储空间的什么地方，当前工作路径都可以认为是程序所在路径，与之相关的相对路径、同目录下模块导入等相关的操作均以当前工作路径为准。

在交互式环境中，返回的就是交互终端打开的位置；而在Python文件中，返回的则是文件所在的位置。

【例11-40】 os.getcwd()函数在Windows 10系统下应用示例。

输入如下代码：

```
import os
print(os.getcwd())
```

运行结果如下：

```
D:\Getting_started_with _Python
```

9）os.chdir()函数

chdir其实是change the directory的简写，因此os.chdir()的用处实际上是切换当前工作路径为指定路径。其中指定路径需要作为参数传入os.chdir()函数，该参数既可以是文本或字节型的字符串，也可以是一个文件描述符，还可以是一个广义的类路径（path-like）对象。若指定路径不存在，则会抛出FileNotFoundError异常。

【例11-41】   os.chdir()在Windows 10系统下应用示例。

输入如下代码：

```
import os
os.chdir("d:/")
print(os.getcwd())
```

运行结果如下：

```
d:\
```

有了这个函数，跨目录读写文件和调用模块就会变得非常方便，很多时候也就不必再反复将同一个文件在各个目录之间复制、粘贴、运行，脚本完全可以"坐镇中军"，在一个目录下完成对其他目录文件的操作，正所谓"运筹帷幄之中，决胜千里之外"。

2．os.path模块

其实这个模块是os模块根据系统类型从另一个模块导入的，并非直接由os模块实现，比如os.name值为nt，则在os模块中执行import os.path as path；如果os.name值为posix，则导入posixpath。

使用该模块要注意一个很重要的特性：os.path中的函数基本上是纯粹的字符串操作。换句话说，传入该模块函数的参数甚至不需要是一个有效路径，该模块也不会试图访问这个路径，而仅是按照路径的通用格式对字符串进行处理。

更进一步地说，os.path模块的功能都可以自己使用字符串操作手动实现，该模块的作用是让用户在实现相同功能的时候不必考虑具体的系统，尤其是不需要过多关注文件系统分隔符的问题。

相比pathlib模块，os.path模块不仅提供了一些操作路径字符串的方法，还包含一些指定文件属性的方法，如表11-5所示。

表 11-5　os.path 模块常用的属性和方法

方　　法	说　　明
os.path.abspath(path)	返回 path 的绝对路径
os.path.basename(path)	获取 path 路径的基本名称，即 path 末尾到最后一个斜杠的位置之间的字符串
os.path.commonprefix(list)	返回 list（多个路径）中，所有 path 共有的最长的路径

（续表）

方　　法	说　　明
os.path.dirname(path)	返回 path 路径中的目录部分
os.path.exists(path)	判断 path 对应的文件是否存在，如果存在，则返回 True；反之，返回 False。和 lexists() 的区别在于，exists() 会自动判断失效的文件链接（类似于 Windows 系统中文件的快捷方式），而 lexists() 却不会
os.path.lexists(path)	判断路径是否存在，如果存在，则返回 True；反之，返回 False
os.path.expanduser(path)	把 path 中包含的"~"和"~user"转换成用户目录
os.path.expandvars(path)	根据环境变量的值替换 path 中包含的"$name"和"${name}"
os.path.getatime(path)	返回 path 所指文件的最近访问时间（浮点型秒数）
os.path.getmtime(path)	返回文件的最近修改时间（单位为秒）
os.path.getctime(path)	返回文件的创建时间（单位为秒，自 1970 年 1 月 1 日起（又称 UNIX 时间））
os.path.getsize(path)	返回文件大小，如果文件不存在，就返回错误
os.path.isabs(path)	判断是否为绝对路径
os.path.isfile(path)	判断路径是否为文件
os.path.isdir(path)	判断路径是否为目录
os.path.islink(path)	判断路径是否为链接文件（类似于 Windows 系统中的快捷方式）
os.path.ismount(path)	判断路径是否为挂载点
os.path.join(path1[, path2[, ...]])	把目录和文件名合成一个路径
os.path.normcase(path)	转换 path 的大小写和斜杠
os.path.normpath(path)	规范 path 字符串形式
os.path.realpath(path)	返回 path 的真实路径
os.path.relpath(path[, start])	从 start 开始计算相对路径
os.path.samefile(path1, path2)	判断目录或文件是否相同
os.path.sameopenfile(fp1, fp2)	判断 fp1 和 fp2 是否指向同一个文件
os.path.samestat(stat1, stat2)	判断 stat1 和 stat2 是否指向同一个文件
os.path.split(path)	把路径分割成 dirname 和 basename，返回一个元组
os.path.splitdrive(path)	一般用在 Windows 下，返回驱动器名和路径组成的元组
os.path.splitext(path)	分割路径，返回路径名和文件扩展名的元组
os.path.splitunc(path)	把路径分割为加载点与文件
os.path.walk(path, visit, arg)	遍历 path，进入每个目录都调用 visit 函数，visit 函数必须有 3 个参数 (arg, dirname, names)，dirname 表示当前目录的目录名，names 代表当前目录下的所有文件名，args 则为 walk 的第 3 个参数
os.path.supports_unicode_filenames	设置是否可以将任意 Unicode 字符串用作文件名

11

下面举例说明 path 的用法。

【例11-42】 path应用示例。

输入如下代码：

```
from os import path
# 获取绝对路径
print(path.abspath("file.txt"))
# 获取共同前缀
print(path.commonprefix(['C://file.txt', 'C://a.txt']))
# 获取共同路径
print(path.commonpath(['www.baidu.com/', 'www.hao123.com/']))
# 获取目录
print(path.dirname('C://file.txt'))
# 判断指定目录是否存在
print(path.exists('file.txt'))
```

运行结果如下：

```
D:\file.txt
C://

C://
False
```

1）os.path.join()函数

os.path.join()函数是一个十分实用的函数，可以将多个传入路径组合为一个路径。实际上是将传入的几个字符串用系统的分隔符连接起来，组合成一个新的字符串，所以一般的用法是将第一个参数作为父目录，之后每一个参数即为下一级目录，从而组合成一个新的符合逻辑的路径。

但如果传入路径中存在一个绝对路径格式的字符串，且这个字符串不是函数的第一个参数，那么在这个参数之前的所有参数都会被丢弃，余下的参数再进行组合。更准确地说，只有最后一个绝对路径及其之后的参数才会体现在返回结果中。

【例11-43】 os.path.join()函数应用示例。

输入如下代码：

```
import os
dirs = os.path.join('I', 'love', 'python')
print(dirs)
```

运行结果如下：

```
I\love\python
```

2）os.path.abspath()函数

os.path.abspath()函数将传入路径规范化，返回一个相应的绝对路径格式的字符串。

也就是说，当传入路径符合绝对路径的格式时，该函数仅将路径分隔符替换为适应当前系统的字符，不做其他任何操作，并将结果返回。所谓绝对路径的格式，其实指的就是一个字母加冒号，之后跟分隔符和字符串序列的格式。

当指定的路径不符合上述格式时，该函数会自动获取当前工作路径，并使用os.path.join()函数将其与传入的参数组合成为一个新的路径字符串。

【例11-44】 os.path.abspath()函数应用示例。

输入如下代码：

```
import os
print(os.path.abspath("c:/I/love/python"))
print('*'*10)
print(os.path.abspath("python"))
```

运行结果如下：

```
a:\just\do\python
**********
D:\Getting_started_with _Python\python
```

3）os.path.basename()函数

os.path.basename()函数返回传入路径的基名，即传入路径的最下级目录。

使用这个函数要注意一点，返回的基名实际上是传入路径最后一个分隔符之后的子字符串，也就是说，如果最下级目录之后还有一个分隔符，得到的就会是一个空字符串。

【例11-45】 os.path.basename()函数应用示例。

输入如下代码：

```
import os
print(os.path.basename("c:/I/love/python"))
print('*'*10)
print(os.path.abspath("python"))
```

运行结果如下：

```
python
**********
D:\Getting_started_with_Python\python
```

4）os.path.dirname()函数

与上一个函数正好相反，os.path.dirname()函数返回的是最后一个分隔符前的整个字符串。

【例11-46】 os.path.dirname()函数应用示例。

输入如下代码：

```
import os
print(os.path.dirname("c:/I/love/python"))
print('*'*10)
print(os.path.dirname("c:/I/love/python"))
```

运行结果如下：

```
c:/I/love
```

```
**********
c:/I/love
```

5）os.path.split()函数

os.path.split()函数的功能是将传入路径以最后一个分隔符为界，分成两个字符串，并打包成元组的形式返回；前两个函数os.path.dirname()和os.path.basename()的返回值分别是os.path.split()函数的返回值的第一个和第二个元素。

```
def basename(p):
  """Returns the final component of a pathname"""
  return split(p)[1]
def dirname(p):
  """Returns the directory component of a pathname"""
  return split(p)[0]
```

通过os.path.join()函数又可以把它们组合起来得到原先的路径。

【例11-47】　　os.path.split()函数应用示例。

输入如下代码：

```
import os
dirs = os.getcwd()
print(os.path.split(dirs))
```

运行结果如下：

```
('D:\\Getting_started_with_Python', 'files')
```

6）os.path.exists()函数

os.path.exists()函数用于判断路径所指向的位置是否存在。若存在，则返回True，若不存在，则返回False。

一般的用法是在需要持久化保存某些数据的场景，为避免重复创建某个文件，需要在写入前用该函数检测一下相应的文件是否存在，若不存在，则新建该文件，若存在，则在该文件内容之后增加新的内容。

【例11-48】　　os.path.exists()函数应用示例。

输入如下代码：

```
import os
print(os.path.exists("."))
print('*'*10)
print(os.path.exists("./just"))
print('*'*10)
print(os.path.exists("./path"))
```

运行结果如下：

```
True
**********
```

```
False
**********
False
```

7）os.path.isabs()函数

os.path.isabs()函数判断传入路径是不是绝对路径，若是则返回True，否则返回False。当然，只是检测格式，同样不对其有效性进行任何检验。

【例11-49】　os.path.isabs()应用示例。

输入如下代码：

```
import os
print(os.path.isabs("c:/I/love/python"))
```

运行结果如下：

```
True
```

8）os.path.isfile()函数和 os.path.isdir()函数

os.path.isfile()函数和os.path.isdir()函数分别用于判断传入路径是不是文件或路径，注意，此处会检验路径的有效性，如果是无效路径，则会持续返回False。

【例11-50】　os.path.isfile()函数和os.path.isdir()函数应用示例。

输入如下代码：

```
import os
# 无效路径
print(os.path.isfile('a:/justdopython'))
# 有效路径
print(os.path.isfile('./sample.txt'))
# 无效路径
print(os.path.isdir('a:/justdopython/'))
# 有效路径
print(os.path.isdir('./'))
```

运行结果如下：

```
False
True
False
True
```

11.8　tempfile 模块

tempfile模块专门用于创建临时文件和临时目录，它既可以在UNIX平台上运行良好，也可以在Windows平台上运行良好。

tempfile模块中的常用函数及其功能如表11-6所示。

表 11-6　tempfile 模块中的常用函数及其功能

函　数　名	功　　能
tempfile.TemporaryFile(mode='w+b', buffering=None, encoding=None, newline=None, suffix=None, prefix=None, dir=None)	创建临时文件。该函数返回一个类文件对象，也就是支持文件 I/O
tempfile.NamedTemporaryFile(mode='w+b', buffering=None, encoding=None, newline=None, suffix=None, prefix=None, dir=None, delete=True)	创建临时文件。该函数的功能与上一个函数的功能大致相同，只是它生成的临时文件在文件系统中有文件名
tempfile.SpooledTemporaryFile(max_size=0, mode='w+b', buffering=None, encoding=None, newline=None, suffix=None, prefix=None, dir=None)	创建临时文件。与 TemporaryFile 函数相比，当程序向该临时文件输出数据时，会先输出到内存中，直到超过 max_size 才会真正输出到物理磁盘中
tempfile.TemporaryDirectory(suffix=None, prefix=None, dir=None)	生成临时目录
tempfile.gettempdir()	获取系统的临时目录
tempfile.gettempdirb()	与 gettempdir()相同，只是该函数返回字节串
tempfile.gettempprefix()	返回用于生成临时文件的前缀名
tempfile.gettempprefixb()	与 gettempprefix()相同，只是该函数返回字节串

　　表中有些函数包含很多参数，但这些参数都具有自己的默认值，因此如果没有特殊要求，可以不对其传参。

　　tempfile模块还提供了tempfile.tempdir属性，通过对该属性赋值可以改变系统的临时目录。

【例11-51】　tempfile模块应用示例。

输入如下代码：

```python
import tempfile
# 创建临时文件
fp = tempfile.TemporaryFile()
print(fp.name)
fp.write('两情若是久长时，'.encode('utf-8'))
fp.write('又岂在朝朝暮暮。'.encode('utf-8'))
# 将文件指针移到开始处，准备读取文件
fp.seek(0)
print(fp.read().decode('utf-8')) # 输出刚才写入的内容
# 关闭文件，该文件将会被自动删除
fp.close()
# 通过with语句创建临时文件，with会自动关闭临时文件
with tempfile.TemporaryFile() as fp:
    # 写入内容
    fp.write(b'I Love Python!')
    # 将文件指针移到开始处，准备读取文件
    fp.seek(0)
    # 读取文件内容
    print(fp.read()) # b'I Love Python!'
```

```
# 通过with语句创建临时目录
with tempfile.TemporaryDirectory() as tmpdirname:
    print('创建临时目录', tmpdirname)
```

运行结果如下：

```
C:\Users\AppData\Local\Temp\tmpmifjmy95
两情若是久长时，又岂在朝朝暮暮。
b'I Love Python!'
创建临时目录 C:\Users\AppData\Local\Temp\tmpnt079x9e
```

上面的程序以两种方式来创建临时文件：

（1）手动创建临时文件，读写临时文件后需要主动关闭它，当程序关闭该临时文件时，该文件会被自动删除。

（2）使用with语句创建临时文件，这样with语句会自动关闭临时文件。

上面的程序最后还创建了临时目录。由于程序使用with语句来管理临时目录，因此程序也会自动删除该临时目录。

运行结果第一行输出是程序生成的临时文件的文件名，最后一行输出是程序生成的临时目录的目录名。注意不要去找临时文件或临时文件夹，因为程序退出时临时文件和临时文件夹都会被删除。

11.9　小结

本章详细讲解了文件的相关知识，主要包括打开和关闭文件、文件读写、迭代文件等。另外，本章还详细介绍了与操作系统交互的os模块中的一些常用属性和函数，基本可以覆盖初阶的学习和使用。有了这些功能，已经可以写出一些比较实用的脚本了。除了文中介绍的函数外，os模块还有很多更加复杂的功能，但大多是不常用的。

11

第

2

篇

高级应用

第 12 章

异 常

程序运行时常会碰到一些错误，例如除数为0、年龄为负数、数组下标越界等，如果不能发现这些错误并加以处理，很可能会导致程序崩溃。Python提供了处理异常的机制，可以捕获并处理这些错误，让程序继续沿着一条不会出错的路径执行。简单地理解异常处理机制，就是在程序运行出现错误时，让Python解释器执行事先准备好的出错程序，进而尝试恢复程序的执行。借助异常处理机制，甚至在程序崩溃前也可以做一些必要的工作，例如将内存中的数据写入文件、关闭打开的文件、释放分配的内存等。

学习目标：

（1）掌握异常对象方法。
（2）掌握引发异常方法。
（3）掌握异常语句方法。
（4）掌握异常函数方法。
（5）掌握警告的用法。

12.1 异常是什么

编写计算机程序时，通常能够区分正常和异常（不正常）情况。异常事件可能是错误（如试图除以零），也可能是通常不会发生的事情。为处理这些异常事件，可在每个可能发生这些事件的地方都使用条件语句。例如，对于每个除法运算，都检查除数是否为零。然而，这样做不仅效率低下，缺乏灵活性，还可能导致程序难以阅读。编程者可能很想忽略这些异常事件，希望它们不会发生，但难以避免，Python提供了功能强大的替代解决方案——异常处理机制。

Python异常处理机制涉及try、except、else、finally这4个关键字，同时还提供了可主动使程序引发异常的raise语句，这里都会一一讲解。

Python使用异常对象来表示异常状态，并在遇到错误时引发异常。异常对象未被处理（或捕获）时，程序将终止并显示一条错误消息（Traceback）。

【例12-1】 异常示例。

输入如下代码：

```
2/0
```

运行结果如下：

```
Traceback (most recent call last):
  File "G:/pyproject/yichang/yich.py", line 1, in <module>
    2/0
ZeroDivisionError: division by zero
```

可以看到，代码没有顺利运行，而是报错了，这其实是Python的一种异常处理机制。

如果异常只能用来显示错误消息，就没多大意思了。但事实上，每个异常都是某个类（这里是ZeroDivisionError）的实例。我们能够以各种方式引发和捕获这些实例，从而逮住错误并采取措施，而不是放任整个程序失败。

12.2 Python 常见的异常类型

开发人员在编写程序时，难免会遇到错误，有的是编写人员疏忽造成的语法错误，有的是程序内部隐含逻辑问题造成的数据错误，还有的是程序运行时与系统的规则冲突造成的系统错误等。总的来说，编写程序时遇到的错误可大致分为两类，分别为语法错误和运行时错误。本节介绍Python中常见的异常类型。

12.2.1 Python 语法错误

语法错误，也就是解析代码时出现的错误。当代码不符合Python语法规则时，Python解释器在解析时就会报出SyntaxError语法错误，与此同时还会明确指出最早探测到错误的语句。例如输入以下代码：

```
print "Hello,World!"
```

众所周知，Python 3已不再支持上面这种写法，所以在运行时，解释器会报如下错误：

```
SyntaxError: Missing parentheses in call to 'print'
```

语法错误多是由于开发者疏忽导致的，属于真正意义上的错误，是解释器无法容忍的，因此只有将程序中的所有语法错误全部纠正，程序才能执行。

12.2.2 Python 运行时错误

运行时错误，即程序在语法上都是正确的，但在运行时发生了错误。
例如上面的示例中：

```
ww = 2/0
```

这句代码的意思是"用2除以0，并赋值给ww"。因为0作为除数是没有意义的，所以运行后会产生错误。

代码的运行结果上面已经简单说明了，这里详细说明。

```
File "G:/pyproject/yichang/yich.py", line 1, in <module>
```

上面这句指明了错误的位置。

```
ZeroDivisionError: division by zero
```

上面这句指明了错误的类型。

在Python中，把这种运行时产生错误的情况叫作异常（Exceptions）。这种异常情况还有很多，常见的异常类型如表12-1所示。

表 12-1　Python 常见的异常类型

异常类型	含　义
AssertionError	当 assert 关键字后的条件为假时，程序运行会停止并抛出 AssertionError 异常
AttributeError	当试图访问的对象属性不存在时抛出的异常
IndexError	索引超出序列范围引发此异常
KeyError	字典中查找一个不存在的关键字时引发此异常
NameError	尝试访问一个未声明的变量时引发此异常
TypeError	不同类型数据之间的无效操作
ZeroDivisionError	除法运算中除数为 0 引发此异常
IndentationError	代码缩进不正确

对于各种异常，下面分别举例说明。

1. AssertionError

【例12-2】　AssertionError异常示例。

输入如下代码：

```
demo_list = ['Python']
assert len(demo_list) < 0
demo_list.pop()
```

运行结果如下：

```
Traceback (most recent call last):
  File "G:/pyproject/Getting_started_with _Python/yichang/yich.py", line 5, in
<module>
    assert len(demo_list) < 0
AssertionError
```

可以看到Python无法顺利运行，解释器报出了AssertionError异常。这是由于len(demo_list) < 0语句为False，因此报出了异常。

12

2．AttributeError

【例12-3】 AttributeError异常示例。

输入如下代码：

```
demo_list = ['Python']
demo_list.len
```

运行结果如下：

```
Traceback (most recent call last):
  File "G:/pyproject/Getting_started_with _Python/yichang/yich.py", line 10, in
<module>
    demo_list.len
  AttributeError: 'list' object has no attribute 'len'
```

可以看到Python无法顺利运行，解释器报出了AttributeError异常。这是由于demo_list没有属性len，因此Python解释器报错。

3．IndexError

【例12-4】 IndexError异常示例。

输入如下代码：

```
demo_list = ['Python']
demo_list[20]
```

运行结果如下：

```
Traceback (most recent call last):
  File "G:/pyproject/Getting_started_with _Python/yichang/yich.py", line 14, in
<module>
    demo_list[20]
  IndexError: list index out of range
```

可以看到Python无法顺利运行，解释器报出了IndexError异常，这是由于demo_list[20]超出了索引范围，因此Python解释器报错。

4．KeyError

【例12-5】 KeyError异常示例。

输入如下代码：

```
demo_dict={'Python':"I love Python"}
demo_dict['matlab']
```

运行结果如下：

```
Traceback (most recent call last):
  File "G:/pyproject/Getting_started_with _Python/yichang/yich.py", line 18, in
<module>
```

```
    demo_dict['matlab']
  KeyError: 'matlab'
```

可以看到Python无法顺利运行，解释器报出了KeyError异常。这是由于建立的字典中没有为matlab的key，因此Python解释器报错。

5．NameError

【例12-6】　NameError异常示例。

输入如下代码：

```
name = 'Python'
print(firstname)
```

运行结果如下：

```
Traceback (most recent call last):
  File "G:/pyproject/Getting_started_with _Python/yichang/yich.py", line 23, in
<module>
    print(firstname)
  NameError: name 'firstname' is not defined
```

可以看到Python无法顺利运行，解释器报出了NameError异常。这是由于代码中没有定义变量名firstname，因此Python解释器报错。

6．TypeError

【例12-7】　TypeError异常示例。

输入如下代码：

```
a = 1
b = 'Python'
c = a + b
```

运行结果如下：

```
Traceback (most recent call last):
  File "G:/pyproject/Getting_started_with _Python/yichang/yich.py", line 28, in
<module>
    c = a + b
  TypeError: unsupported operand type(s) for +: 'int' and 'str'
```

可以看到Python无法顺利运行，解释器报出了TypeError异常。这是由于a是int型，b是str型，两个变量数据类型不同，因此无法直接进行运算符操作。

7．ZeroDivisionError

数学运算的被除数为0，这种异常在本章开始已经见到过，这里再次说明。

【例12-8】　ZeroDivisionError异常示例。

输入如下代码：

```
    100/0
```

运行结果如下：

```
 Traceback (most recent call last):
   File "G:/pyproject/Getting_started_with _Python/yichang/yich.py", line 32, in
<module>
     100/0
 ZeroDivisionError: division by zero
```

可以看到Python无法顺利运行，解释器报出了ZeroDivisionError异常。这是由于数学运算的被除数为0，因此Python解释器报错。

8．IndentationError

【例12-9】 IndentationError异常示例。

输入如下代码：

```
class MuffledCalculator:
    muffled = False
    def calc(self, expr):
    try:
        return eval(expr)
    except ZeroDivisionError:
        if self.muffled:
            print('Division by zero is illegal')
        else:
            raise
```

运行结果如下：

```
 File "G:/pyproject/Getting_started_with _Python/yichang/yich.py", line 76
    try:
    ^
 IndentationError: expected an indented block
```

可以看到Python无法顺利运行，解释器报出了IndentationError异常。这是由于def语句后面的try语句缩进不对，因此Python解释器报错。

以上示例说明了常见的Python异常类型，读者如果在代码编写和运行过程中见到以上错误，可以参考相关异常原因对代码进行调试。

当一个程序发生异常时，代表该程序在执行时出现了非正常的情况，无法再执行下去。默认情况下，程序是要终止的。如果要避免程序退出，可以使用捕获异常的方式获取这个异常的名称，再通过其他的逻辑代码让程序继续运行，这种根据异常做出的逻辑处理叫作异常处理。

开发者可以使用异常处理全面地控制自己的程序。异常处理不仅能够管理正常的流程运行，还能够在程序出错时对程序进行必要的处理，大大提高了程序的健壮性和人机交互的友好性。

12.3　raise 的用法

程序由于错误导致的运行异常是需要想办法解决的，但还有一些异常是程序正常运行的结果，比如用raise手动引发的异常。可以在程序的指定位置手动抛出一个异常，Python允许在程序中手动设置异常，使用raise语句即可。

12.3.1　raise 语句的用法

raise语句的基本语法格式如下：

```
raise [exceptionName [(reason)]]
```

其中，用[]括起来的为可选参数，其作用是指定抛出的异常名称以及异常信息的相关描述。如果可选参数全部省略，则raise会把当前错误原样抛出；如果仅省略(reason)，则在抛出异常时将不附带任何异常描述信息。

也就是说，raise语句有如下3种常见的用法：

- raise：单独一个raise。该语句引发当前上下文中捕获的异常（比如在except块中），或默认引发RuntimeError异常。
- raise+异常类名称：raise后带一个异常类名称，表示引发执行类型的异常。
- raise+异常类名称(描述信息): 在引发指定类型的异常的同时，附带异常的描述信息。

显然，每次执行raise语句，都只能引发一次执行的异常。下面说明以上3种raise用法引起的异常。

1．单独一个raise

【例12-10】　单独一个raise引起的异常。

输入如下代码：

```
raise
```

运行结果如下：

```
Traceback (most recent call last):
  File "G:/pyproject/Getting_started_with _Python/yichang/yich.py", line 36, in
<module>
    raise
RuntimeError: No active exception to reraise
```

2．raise异常类名称

【例12-11】　raise+异常类名称引起的异常。

输入如下代码：

```
raise ZeroDivisionError
```

运行结果如下：

```
Traceback (most recent call last):
  File "G:/pyproject/Getting_started_with _Python/yichang/yich.py", line 40, in
<module>
    raise ZeroDivisionError
ZeroDivisionError
```

3．raise异常类名称（描述信息）

【例12-12】 raise+异常类名称（描述信息）引起的异常。

输入如下代码：

```
raise ZeroDivisionError("除数不能为零")
```

运行结果如下：

```
Traceback (most recent call last):
  File "G:/pyproject/Getting_started_with _Python/yichang/yich.py", line 43, in
<module>
    raise ZeroDivisionError("除数不能为零")
ZeroDivisionError: 除数不能为零
```

12.3.2　自定义异常类

虽然内置异常涉及的范围很广，能够满足很多需求，但有时可能想自己创建异常类。因此，如果要使用特殊的错误处理代码对特殊的异常进行处理，就必须有一个专门用于表示这些异常的类。

就像创建其他类一样，也可以创建异常类，但务必直接或间接地继承Exception（这意味着从任何内置异常类派生都可以）。因此，自定义异常类的代码类似于下面这样：

```
class SomeCustomException(Exception): pass
```

用户可以通过创建一个新的异常类来拥有自己的异常。异常类继承自Exception类，可以直接继承，也可以间接继承。

【例12-13】 用户自定义异常。

输入如下代码：

```
class MyError(Exception):
    pass
class A:
    def inner(self):
        err = MyError("FOO")
        print(type(err))
        raise err
    def outer(self):
        try:
            self.inner()
```

```
        except MyError as err:
            print ("catched ", err)
        return "OK"
class FooTest():
    def test_inner(self):
        a = foo.A()
        self.assertRaises(foo.MyError, a.inner)
    def test_outer(self):
        a = foo.A()
        self.assertEquals("OK", a.outer())
print(FooTest)
```

运行结果如下：

```
<class '__main__.FooTest'>
```

在该例中，自定义了异常类，Exception类默认的__init__()被覆盖。

12.4　捕获异常

异常比较有趣的地方是可对其进行处理，通常称之为捕获异常。为此，可使用try/except语句。
下面我们来看一个例子。

【例12-14】　输入数据出现异常。

假设创建了一个程序，让用户输入两个数，再将它们相除，可以输入以下代码：

```
x = int(input('enter the first num: '))
y = int(input('enter the second num: '))
print(x/y)
```

运行结果如下：

```
enter the first num: 10000
enter the second num: 0
Traceback (most recent call last):
  File "G:/pyproject/Getting_started_with _Python/yichang/yich.py", line 48, in
<module>
    print(x/y)
ZeroDivisionError: division by zero
```

这里分别输入了两个数10000和0，当第二个数是0时，Python报错。其他时候代码都是可以正
常运行的。

为捕获这种异常并对错误进行处理（这里只是打印一条对用户更友好的错误消息），可使用try
语句像下面这样重写这个程序。

【例12-15】　捕获异常。

输入如下代码：

```
try:
    x = int(input('enter the first num: '))
    y = int(input('enter the second num: '))
    print(x/y)
except ZeroDivisionError:
    print('除数不能为零')
```

运行结果如下：

```
enter the first num: 10000
enter the second num: 0
除数不能为零
```

可以看到运行结果，Python不再报错，这里捕获了异常，并给出了代码提示，这种情况对于代码阅读者和使用者是十分友好的。

使用一条if语句来检查y的值好像简单一些，就本例而言，这可能也是更佳的解决方案。然而，如果这个程序执行的除法运算更多，则每个除法运算都需要一条if语句，而使用try/except的话只需要一个错误处理程序。

异常从函数向外传播到调用函数的地方，如果在这里异常没有被捕获，那么将向程序的最顶层传播。

12.4.1　raise 捕获异常

捕获异常后，如果要重新引发它（继续向上传播），可调用raise且不提供任何参数（也可显式地提供捕获到的异常）。

为说明这很有用，下面来看一个能够"抑制"异常ZeroDivisionError的计算器类。如果启用了这种功能，计算器将打印一条错误消息，而不让异常继续传播。在与用户交互的会话中，使用这个计算器类抑制异常很有用，但在程序内部使用时，引发异常是更佳的选择（此时应关闭"抑制"功能）。

【例12-16】　抑制异常ZeroDivisionError的计算器类。

输入如下代码：

```
class MuffledCalculator:
    muffled = False
    def calc(self, expr):
        try:
            return eval(expr)
        except ZeroDivisionError:
            if self.muffled:
                print('Division by zero is illegal')
            else:
                raise
```

该类实现的功能是：发生除零行为时，如果启用了"抑制"功能，calc方法将（隐式地）返回None。换言之，如果启用了"抑制"功能，就不应该依赖返回值。下面演示这个计算器类的用法。

【例12-17】　抑制异常ZeroDivisionError的计算器类的应用示例。

```
# 抑制异常ZeroDivisionError的计算器类的用法
class MuffledCalculator:
    muffled = False
    def calc(self, expr):
        try:
            return eval(expr)
        except ZeroDivisionError:
            if self.muffled:
                print('Division by zero is illegal')
            else:
                raise
calculator = MuffledCalculator()
print(calculator.calc('20 / 5'))
```

运行结果如下：

```
4.0
```

可以看到代码顺利运行，输出了正确的执行结果，Python没有报错。

如果修改以上示例中的print()语句为：

```
print(calculator.calc('20 / 0'))
```

Python解释器将会报错：

```
Traceback (most recent call last):
  File "G:/pyproject/Getting_started_with _Python/yichang/yich.py", line 87, in
<module>
    print(calculator.calc('20 / 0'))
  File "G:/pyproject/Getting_started_with _Python/yichang/yich.py", line 77, in calc
    return eval(expr)
  File "<string>", line 1, in <module>
ZeroDivisionError: division by zero
```

如运行结果所见，关闭"抑制"功能时，捕获了异常ZeroDivisionError，但继续向上传播它。

如果无法处理异常，在except子句中使用不带参数的raise通常是不错的选择，但有时可能会引发别的异常。在这种情况下，导致进入except子句的异常被作为异常上下文存储起来，并出现在最终的错误消息中。

【例12-18】　处理异常时引发其他异常。

输入如下代码：

```
try:
    1/0
except ZeroDivisionError:
    raise ValueError
```

运行结果如下：

```
Traceback (most recent call last):
  File "G:/pyproject/Getting_started_with _Python/yichang/yich.py", line 91, in
<module>
    1/0
ZeroDivisionError: division by zero

During handling of the above exception, another exception occurred:

Traceback (most recent call last):
  File "G:/pyproject/Getting_started_with _Python/yichang/yich.py", line 93, in
<module>
    raise ValueError
ValueError
```

可以看到返回的异常提示：During handling of the above exception, another exception occurred，这句话的意思就是处理异常时发生了其他异常。

12.4.2　复杂 except 子句

下面是一个excep语句捕获异常失败的示例。

【例12-19】　excep语句捕获异常失败。

输入如下代码：

```
try:
    x = int(input('enter the first num: '))
    y = int(input('enter the second num: '))
    print(x/y)
except ZeroDivisionError:
    print('除数不能为零')
```

运行结果如下：

```
enter the first num: 10000
enter the second num: python
Traceback (most recent call last):
  File "G:/pyproject/Getting_started_with _Python/yichang/yich.py", line 98, in
<module>
    y = int(input('enter the second num: '))
ValueError: invalid literal for int() with base 10: 'python'
```

这里第二个数字输入的是字符串python，而不是数字，而且这个错误也没有被捕获，所以Python解释器报错。

由于该程序中的except语句只捕获ZeroDivisionError异常，因此ValueError异常将成为漏网之鱼，导致程序终止。为同时捕获这种异常，可在try/except语句中再添加一个except子句。请看下面的例子。

【例12-20】　多个except语句捕获异常。

输入如下代码：

```
try:
    x = int(input('enter the first num: '))
    y = int(input('enter the second num: '))
    print(x/y)
except ZeroDivisionError:
    print('除数不能为零')
except ValueError:
    print('输入值必须为数字')
```

运行结果如下：

```
enter the first num: 10000
enter the second num: python
输入值必须为数字
```

再次运行代码，第一次输入数字10000，第二次输入字符串python，这次程序成功捕获了ValueError，Python解释器不再报错，而是捕获了该异常。

另外，注意到异常处理并不会导致代码混乱，而添加大量的if语句来检查各种可能的错误状态将导致代码的可读性极差。因此，使用异常捕获方法是一个不错的选择。

12.4.3 一次捕获多种异常

前面使用了两个except语句分别用于捕获ZeroDivisionError异常和ValueError异常，使用except语句捕获多个异常还有其他的方法。

如果要使用一个except子句捕获多种异常，可在一个元组中指定这些异常。

【例12-21】 使用except子句捕获多种异常。

输入如下代码：

```
try:
    x = int(input('enter the first num: '))
    y = int(input('enter the second num: '))
    print(x/y)
except (ZeroDivisionError, ValueError):
    print('出现异常')
```

运行结果如下：

```
enter the first num: 10000
enter the second num: python
出现异常
```

运行代码，同样的第一次输入10000，第二次输入python，这里在except子语句中使用元组添加了ZeroDivisionError异常和ValueError异常，因此只使用except语句就可以捕获两种不同类型的异常，同理还可以在该元组中添加更多种类的异常。

在except子句中，异常两边的圆括号很重要。一种常见的错误是省略这些括号，这可能导致出现不想要的结果。

12

12.4.4 捕获对象

要在except子句中访问异常对象本身，可使用两个而不是一个参数（请注意，即便是在捕获多个异常时，也只向except提供了一个参数——一个元组）。需要让程序继续运行并记录错误（可能只是向用户显示）时，这很有用。下面的示例程序打印发生的异常并继续运行。

【例12-22】 打印发生的异常并继续运行。

输入如下代码：

```
try:
    x = int(input('enter the first num: '))
    y = int(input('enter the second num: '))
    print(x/y)
except (ZeroDivisionError, ValueError) as error:
    print('出现异常')
```

运行结果如下：

```
enter the first num: 10000
enter the second num: python
出现异常
```

在这段代码中，except子句捕获了两种异常，但由于except同时显式地捕获了对象本身，因此可将其打印出来，让代码使用者知道发生了什么异常。

12.4.5 捕获所有异常

即使程序处理了好几种异常，还是可能有一些漏网之鱼。比如，对于前面执行除法运算的程序，如果用户在提示时不输入任何内容就按回车键，将出现一条错误消息，还有一些相关问题出在什么地方的信息（栈跟踪）。

这种异常未被try/except语句捕获，这是理所当然的，因为代码运行之前没有预测到这种异常，更没有采取相应的措施。在这些情况下，与其使用并非要捕获这些异常的try/except语句将它们隐藏起来，还不如让程序直接运行出错，因为这样就知道什么地方出了问题。

然而，如果想要使用一段代码捕获所有的异常，只需在except语句中不指定任何异常类即可。

【例12-23】 捕获所有异常。

输入如下代码：

```
try:
    x = int(input('enter the first num: '))
    y = int(input('enter the second num: '))
    print(x/y)
except:
    print('出现异常')
```

运行结果如下：

```
enter the first num: 10000
enter the second num: @@@@
出现异常
```

像这样捕获所有的异常很危险，因为这不仅会隐藏已经被预测的错误，还会隐藏没被考虑过的错误，同时将捕获用户使用Ctrl+C终止执行的企图、调用函数sys.exit终止执行的企图等。在大多数情况下，更好的选择是使用except Exception as e并对异常对象进行检查。这样做将让不是从Exception派生而来的为数不多的异常成为漏网之鱼，其中包括SystemExit和KeyboardInterrupt，因为它们是从BaseException（Exception的超类）派生而来的。

12.4.6　捕获异常并顺利执行代码

在有些情况下，在没有出现异常时执行一个代码块很有用。为此，可像条件语句和循环一样，为try/except语句添加一个else子句。

【例12-24】　为try/except语句添加else子句。

输入如下代码：

```
try:
    print('try')
except:
    print('wrong')
else:
    print('go')
```

运行结果如下：

```
try
go
```

另外，通过使用else子句还可以实现循环。

【例12-25】　try/except通过使用else子句实现循环。

输入如下代码：

```
while 1:
    try:
        x = int(input('enter the first num: '))
        y = int(input('enter the second num: '))
        print(x/y)
    except:
        print('出现异常，请重新输入')
    else:
        break
```

12

运行结果如下：

```
enter the first num: 10000
enter the second num: python
出现异常，请重新输入
enter the first num: 10000
enter the second num: @@@@
出现异常，请重新输入
enter the first num: 100
enter the second num: 0
出现异常，请重新输入
enter the first num: 10000
enter the second num: 100
100.0
```

可以看到，该例仅当没有引发异常时，才会跳出循环（这是由else子句中的break语句实现的）。也就是说，只要代码出现错误，程序就会要求用户提供新的输入。

一种更佳的替代方案是使用空的except子句来捕获所有属于Exception类（或其子类）的异常。不能完全确定这将捕获所有的异常，因为try/except语句中的代码可能使用旧式的字符串异常或引发并非从Exception派生而来的异常。然而，如果使用except Exception as e，就可以在这个小型除法程序中打印更有用的错误信息。

【例12-26】　使用except Exception as e打印错误信息。

输入如下代码：

```
while 1:
    try:
        x = int(input('enter the first num: '))
        y = int(input('enter the second num: '))
        print(x/y)
    except Exception as e:
        print('e')
        print('出现异常，请重新输入')
    else:
        break
```

运行结果如下：

```
enter the first num: wy
e
出现异常，请重新输入
enter the first num: 1000
enter the second num: 0
e
出现异常，请重新输入
enter the first num: 100
enter the second num: y
e
```

```
出现异常，请重新输入
enter the first num: 1000
enter the second num: 100
10.0
```

12.4.7　finally 子句

finally子句可用于在发生异常时执行清理工作，这个子句是与try子句配套的。

【例12-27】　finally子句。

输入如下代码：

```
x = 100
try:
    x = 100/0
finally:
    print('finished')
    del x
```

运行结果如下：

```
Traceback (most recent call last):
  File "G:/pyproject/Getting_started_with _Python/yichang/yich.py", line 174, in
<module>
    x = 100/0
ZeroDivisionError: division by zero
finished
```

运行这个程序，它将在执行清理工作后崩溃。

可以看到运行结果，代码报错了，但是finally语句仍然运行。

这是由于无论try语句中发生什么异常，都将执行finally语句。ZeroDivisionError将导致根本没有机会给它赋值，进而导致在finally语句中对其执行del时引发未捕获的异常。

通过对异常捕获方法的学习，简单对try语句的异常捕获方法进行总结，如图12-1所示。

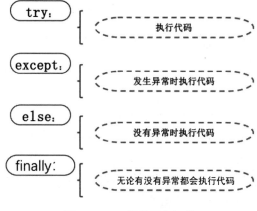

图 12-1　try 异常语句汇总

异常处理并不是很复杂。如果想知道代码可能引发哪种异常，且不希望出现这种异常时程序终止并显示栈跟踪消息，可添加必要的 try/except 或 try/finally 语句（或结合使用）来处理它。

有时候，可使用条件语句来达成异常处理的目的，但这样编写出来的代码可能不那么自然，可读性也没那么高。而且，有些任务使用 if/else 完成时看似很自然，但实际上使用 try/except 来完成要好得多。请看以下示例。

假设有一个字典，要在指定的键存在时打印与之相关联的值，否则什么都不做。示例如下：

【例12-28】 在指定的键存在时打印与之相关联的值，否则什么都不做（方案一）。
输入如下代码：

```
def describe_person(person):
    print('Description of', person['name'])
    print('Age:', person['age'])
    if 'occupation' in person:
        print('Occupation:', person['occupation'])
```

如果调用这个函数，并向它提供一个包含姓名 Throatwobbler Mangrove 和年龄 42（但不包含职业）的字典，输出将如下：

```
Description of Throatwobbler Mangrove
Age: 42
```

如果在这个字典中添加职业 camper，输出将如下：

```
Description of Throatwobbler Mangrove
Age: 42
Occupation: camper
```

这段代码很直观，但效率不高，因为它必须查找两次 'occupation' 键：一次检查这个键是否存在（在条件中）；另一次获取这个键关联的值，以便将其打印出来。以下是另一种解决方案。

【例12-29】 在指定的键存在时打印与之相关联的值，否则什么都不做（方案二）。
输入如下代码：

```
def describe_person(person):
    print('Description of', person['name'])
    print('Age:', person['age'])
    try:
        print('Occupation:', person['occupation'])
    except KeyError: pass
```

在这里，函数直接假设存在 'occupation' 键。如果这种假设正确，就能省点事：直接获取并打印值，而无须检查这个键是否存在。如果这个键不存在，将引发 KeyError 异常，而 except 子句将捕获这个异常。

可能会发现，检查对象是否包含特定的属性时，try/except 也很有用。例如，假设要检查一个对象是否包含属性 write，可使用类似于下面的代码。

【例12-30】　检查是否包含属性write。

输入如下代码：

```
try:
    obj.write
except AttributeError:
    print('The object is not writeable')
else:
    print('The object is writeable')
```

在这里，try子句只是访问属性write，而没有使用它来做任何事情。如果引发了AttributeError异常，说明对象没有属性write，否则说明有这个属性。

请注意，这里在效率方面的提高并不大（实际上微乎其微）。一般而言，除非程序存在性能方面的问题，否则不应过多考虑这样的优化。关键是在很多情况下，相比于使用if/else，使用try/except语句更自然，也更符合Python的风格。因此，应养成尽可能使用try/except语句的习惯。

12.5　跟踪异常信息

发现异常后跟踪异常才能最终解决代码中存在的bug，本节将介绍一些跟踪异常的方法。

12.5.1　异常和函数

异常和函数有着天然的联系。如果不处理函数中引发的异常，它将向上传播到调用函数的地方。如果在那里也未得到处理，异常将继续传播，直至到达主程序（全局作用域）。如果主程序中也没有异常处理程序，程序将终止并显示栈跟踪消息。

12

【例12-31】　异常向上传播。

输入如下代码：

```
def faulty():
    raise Exception('Something is wrong')
def ignore_exception():
    faulty()
def handle_exception():
    try:
        faulty()
    except:
        print('Exception handled')
ignore_exception()
```

运行结果如下：

```
Traceback (most recent call last):
  File "G:/pyproject/Getting_started_with _Python/yichang/yich.py", line 194, in
<module>
```

```
      ignore_exception()
    File "G:/pyproject/Getting_started_with_Python/yichang/yich.py", line 185, in
ignore_exception
      faulty()
    File "G:/pyproject/Getting_started_with_Python/yichang/yich.py", line 182, in
faulty
      raise Exception('Something is wrong')
  Exception: Something is wrong
```

从运行结果可以看出，faulty中引发的异常依次从faulty和ignore_exception向外传播，最终导致显示一条栈跟踪消息。

12.5.2　sys.exc_info()方法

在实际调试程序的过程中，有时只获得异常的类型是远远不够的，还需要借助更详细的异常信息才能解决问题。在捕获异常时，有两种方式可以获得更多的异常信息，分别是：

- 使用sys模块中的exc_info方法。
- 使用traceback模块中的相关函数。

本节首先介绍如何使用sys模块中的exc_info()方法获得更多的异常信息。

在模块sys中，有两个方法可以返回异常的全部信息，分别是exc_info()和last_traceback()，这两个方法有相同的功能和用法，这里仅介绍exc_info()方法。

exc_info()方法会将当前的异常信息以元组的形式返回，该元组中包含3个元素，分别为type、value和traceback，它们的含义分别如下：

- type：异常类型的名称，它是BaseException的子类。
- value：捕获到的异常实例。
- traceback：是一个traceback对象。

应用示例如下。

【例12-32】　sys.exc_info()方法应用示例。
输入如下代码：

```
import sys
try:
    x = int(input('please input a num: '))
    print('result is {}'.format(30/x))
except:
    print(sys.exc_info())
    print('done')
```

运行结果如下：

```
please input a num: 0
(<class 'ZeroDivisionError'>, ZeroDivisionError('division by zero'), <traceback
object at 0x0000024135986A40>)
```

done

以上结果是当输入数据为0时的运行结果。

在输出结果中，第2行是抛出异常的全部信息，这是一个元组，有3个元素：第1个元素是一个ZeroDivisionError类；第2个元素是异常类型ZeroDivisionError类的一个实例；第3个元素为一个traceback对象。其中，通过前两个元素可以看出抛出的异常类型以及描述信息，第3个元素是一个traceback对象，无法直接看出有关异常的信息，还需要对其做进一步处理。

要查看traceback对象包含的内容，需要先导入traceback模块，然后调用traceback模块中的print_tb方法，并将sys.exc_info()输出的traceback对象作为参数输入。

【例12-33】　查看traceback对象包含的内容。

输入如下代码：

```python
import sys
import traceback
try:
    x = int(input('please input a num: '))
    print('result is {}'.format(30/x))
except:
    # print(sys.exc_info())
    traceback.print_tb(sys.exc_info()[2])
    print('done')
```

运行结果如下：

```
please input a num: 0
done
  File "G:/pyproject/Getting_started_with _Python/yichang/yich.py", line 288, in
<module>
    print('result is {}'.format(30/x))
```

可以看到，输出信息中包含了更多的异常信息，包括文件名、抛出异常的代码所在的行数、抛出异常的具体代码。

12.5.3　traceback 模块

除了使用sys.exc_info()方法获取更多的异常信息之外，还可以使用traceback模块，该模块可以用来查看异常的传播轨迹，追踪异常触发的源头。

在实际应用程序的开发中，大多数复杂操作都会被分解成一系列函数或方法调用。这是因为，为了具有更好的可重用性，会将每个可重用的代码单元定义成函数或方法，将复杂任务逐渐分解为更易管理的小型子任务。由于一个大的业务功能需要由多个函数或方法来共同实现，在最终编程模型中，很多对象将通过一系列函数或方法调用来实现通信，执行任务。

所以，当应用程序运行时，经常会发生一系列函数或方法调用，从而形成"函数调用战"。异常的传播则相反，只要异常没有被完全捕获（包括异常没有被捕获，或者异常被处理后重新引发

12

了新异常），就会从发生异常的函数或方法逐渐向外传播，首先传给该函数或方法的调用者，该函数或方法的调用者再传给其调用者，直至最后传到Python解释器，此时Python解释器会中止该程序，并打印异常的传播轨迹信息。

很多初学者一看到输出结果所示的异常提示信息，就会惊慌失措，以为程序出现了很多严重的错误，其实只有一个错误，系统提示那么多行信息，只不过是显示异常依次触发的轨迹。

使用traceback模块查看异常传播轨迹，首先需要将traceback模块引入，该模块提供了如下两个常用方法：

- traceback.print_exc()：将异常传播轨迹信息输出到控制台或指定文件中。
- format_exc()：将异常传播轨迹信息转换成字符串。

可能有读者好奇，从上面的方法看不出它们到底处理哪个异常的传播轨迹信息。实际上常用的print_exc()是print_exc([limit[, file]])省略了limit、file两个参数的形式。而print_exc([limit[, file]])的完整形式是print_exception(etype, value, tb[,limit[, file]])，在完整形式中，前面3个参数分别用于指定异常的如下信息：

- etype：指定异常类型。
- value：指定异常值。
- tb：指定异常的traceback信息。

当程序处于except块中时，该except块所捕获的异常信息可通过sys对象来获取，其中sys.exc_type、sys.exc_value、sys.exc_traceback就代表当前except块内的异常类型、异常值和异常传播轨迹。

简单来说，print_exc([limit[, file]])相当于如下形式：

```
print_exception(sys.exc_etype, sys.exc_value, sys.exc_tb[, limit[, file]])
```

也就是说，使用print_exc([limit[, file]])会自动处理当前except块所捕获的异常。该方法还涉及以下两个参数：

- limit：用于限制显示异常传播的层数，比如函数A调用函数B，函数B发生了异常，如果指定limit=1，则只显示函数A里面发生的异常。如果不设置limit参数，则默认全部显示。
- file：指定将异常传播轨迹信息输出到指定文件中。如果不指定该参数，则默认输出到控制台。

借助于traceback模块的帮助，可以使用except块捕获异常，并在其中打印异常传播信息，包括把它输出到文件中。

【例12-34】 显示异常传播轨迹。

输入如下代码：

```
import traceback
class SelfExcepion(Exception): pass
def main():
```

```
        firstMethod()
    def main():
        firstMethod()
    def firstMethod():
        secondMethod()
    def secondMethod():
        thirdMethod()
    def thirdMethod():
        raise SelfException("自定义异常信息")
    try:
        main()
    except:
        # 捕捉异常，并将异常传播信息输出到控制台
        traceback.print_exc()
        # 捕捉异常，并将异常传播信息输出到指定文件中
        traceback.print_exc(file=open('log.txt', 'a'))
```

运行结果如下：

```
Traceback (most recent call last):
    File "G:/pyproject/Getting_started_with _Python/yichang/yich.py", line 310, in
<module>
        main()
    File "G:/pyproject/Getting_started_with _Python/yichang/yich.py", line 302, in main
        firstMethod()
    File "G:/pyproject/Getting_started_with _Python/yichang/yich.py", line 304, in
firstMethod
        secondMethod()
    File "G:/pyproject/Getting_started_with _Python/yichang/yich.py", line 306, in
secondMethod
        thirdMethod()
    File "G:/pyproject/Getting_started_with _Python/yichang/yich.py", line 308, in
thirdMethod
        raise SelfException("自定义异常信息")
NameError: name 'SelfException' is not defined
```

可以看到代码顺利运行，但是捕获了异常。

上面的程序第一行导入了traceback模块，接下来使用except捕获程序的异常，并使用traceback的print_exc()方法输出异常传播信息，分别将它输出到控制台和指定文件中。

运行上面的程序，可以看到在控制台输出异常传播信息，而且在程序目录下生成了一个log.txt文件，该文件中同样记录了异常传播信息。

12.6 警告

如果只想发出警告，指出情况偏离了正轨，那么可使用模块warnings中的warn()函数。

【例12-35】 警告示例。

输入如下代码：

```
from warnings import warn
warn("I've got a warning.")
```

运行结果如下：

```
G:/pyproject/Getting_started_with _Python/yichang/yich.py:199: UserWarning: I've got
a warning.
    warn("I've got a warning.")
```

可以看到，代码可以顺利运行，没有报错，但是给出了警告提醒。

警告只显示一次。如果再次运行最后一行代码，什么事情都不会发生。

如果其他代码在使用模块，那么可使用模块warnings中的函数filterwarnings来抑制发出的警告（或特定类型的警告），并指定要采取的措施，如error或ignore。

【例12-36】 抑制警告。

输入如下代码：

```
from warnings import warn
from warnings import filterwarnings
filterwarnings('ignore')
warn('Python is good')
filterwarnings('error')
warn('running wrong')
```

运行结果如下：

```
Traceback (most recent call last):
    File "G:/pyproject/Getting_started_with _Python/yichang/yich.py", line 207, in
<module>
      warn('running wrong')
UserWarning: running wrong
```

从运行结果可以看到，引发的异常为UserWarning。发出警告时，可指定将引发的异常（警告类别），但必须是Warning的子类。如果将警告转换为错误，那么将使用指定的异常。另外，还可根据异常过滤掉指定类型的警告。

【例12-37】 根据异常过滤掉指定类型的警告。

输入如下代码：

```
from warnings import warn
from warnings import filterwarnings
filterwarnings("error")
# warn("This function is really old...", DeprecationWarning)
filterwarnings("ignore", category=DeprecationWarning)
warn("Another deprecation warning.", DeprecationWarning)
warn("Something else.")
```

运行结果如下：

```
Traceback (most recent call last):
  File "G:/pyproject/Getting_started_with _Python/yichang/yich.py", line 217, in
<module>
    warn("Something else.")
UserWarning: Something else.
```

除了以上基本用途外，模块warnings还提供了一些高级功能。如果对此感兴趣，请参考官方手册。

12.7　小结

本章详细讲解了Python中异常的相关知识，包括常见异常、捕获异常等。异常情况（如发生错误）是用异常对象表示的，使用raise语句可以引发异常。在try语句中可以使用except子句捕获异常。在函数中引发异常时，异常将传播到调用函数的地方。另外，本章最后介绍了警告的知识。借助异常处理机制，甚至在程序崩溃前也可以做一些必要的工作。

12

## 第 13 章

日期和时间

13

本章将详细讲解Python中日期和时间的用法。日期和时间是编程中常用的变量，在后续章节的Python学习中也会经常遇到。

Python程序能用很多方式处理日期和时间，转换日期格式是一个常见的功能。Python提供了一个time和calendar模块可以用于格式化日期和时间。

学习目标：

（1）掌握日期和时间的调用方法。

（2）掌握日期和时间的各种格式化输出方法。

13.1 Python 中几个与时间相关的术语

在Python代码开发中，经常需要用到日期与时间，如：

- 作为日志信息的代码及其实现的功能内容输出。
- 计算某个代码功能的执行时间，如深度学习训练时间。
- 用日期命名一个日志文件的名称，如深度学习训练日志文件。
- 记录或展示某代码的发布或修改时间，是GitHub上常用的功能。

Python中提供了多个用于对日期和时间进行操作的内置模块，即time模块、datetime模块和calendar模块。其中，time模块和datetime模块主要用于处理时间和日期相关的问题，calendar则用于处理与日历相关的问题。关于这些模块的使用接下来会详细介绍。

下面我们先来认识Python在处理与时间相关的问题时涉及的几个术语：

- Ticks: 在处理时间的问题中，当前时刻与之前某个时间点之间以秒为单位的时间段叫作Ticks，如图13-1所示。

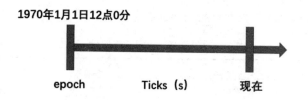

图 13-1　Python 中时间表示方法示意

- UTC：Universal Time Coordinated，协调世界时，又称格林尼治天文时间、世界标准时间。与UTC对应的是各个时区的local time，东N区的时间比UTC时间早N个小时，因此UTC + N 个小时即为东N区的本地时间；而西N区时间比UTC时间晚N个小时，即UTC − N个小时即为西N区的本地时间；中国在东8区，因此比UTC时间早8个小时，可以以UTC + 8进行表示。

- epoch time：表示时间开始的起点。它是一个特定的时间，不同平台上这个时间点的值不太相同，对于Linux而言，epoch time为1970-01-01 00:00:00 UTC。

- timestamp（时间戳）：也称为UNIX时间或POSIX时间。它是一种时间表示方式，表示从格林尼治时间1970年1月1日0时0分0秒开始到现在所经过的毫秒数，其值为float类型。但是有些编程语言的相关方法返回的是秒数（Python就是这样），这个需要看方法的文档说明。另外，时间戳是个差值，其值与时区无关。

13.2　Python 中时间的表示

Python中常见的时间表示方式有时间戳及格式化的时间字符串两种方式。时间戳单位最适合做日期运算，但是1970年之前的日期就无法以此表示了，太遥远的日期也不行，UNIX和Windows只支持到2038年。

很多Python函数使用时间元组的方式表示时间。Python时间元组是一个9组数字组成的元组。元组之前已经学过了，时间元组的具体格式如表13-1所示。

表 13-1　时间元组的格式

索引序号	字　　段	值
0	4 位数年	2008（举例）
1	月	1～12
2	日	1～31
3	小时	0～23
4	分钟	0～59
5	秒	0～61（60 或 61 是闰秒）
6	一周的第几日	0～6（0 是周一）
7	一年的第几日	1～366（儒略历）
8	夏令时	−1，0，1，其中−1 决定是否为夏令时的标志

以上就是struct_time元组，这种结构的属性如表13-2所示。

表 13-2   时间元组属性

序　　号	属　　性	值
0	tm_year	2008（举例）
1	tm_mon	1～12
2	tm_mday	1～31
3	tm_hour	0～23
4	tm_min	0～59
5	tm_sec	0～61（60 或 61 是闰秒）
6	tm_wday	0～6（0 是周一）
7	tm_yday	1～366（儒略历）
8	tm_isdst	−1，0，1 其中−1 决定是否为夏令时的标志

属性值的获取方式有两种：可以把它当作一种特殊的有序不可变序列，通过下标、索引获取各个元素的值，如t[0]，也可以通过".属性名"的方式来获取各个元素的值，如t.tm_year。

 struct_time实例的各个属性都是只读的，不可修改。

13.3   time 模块

time模块主要用于时间访问和转换，这个模块提供了各种与时间相关的函数。time模块函数如表13-3所示。

表 13-3   time 模块函数

函　　数	功能说明
time.altzone	返回与 UTC 时间的时间差，以秒为单位（西区该值为正，东区该值为负）。其表示的是本地 DST 时区的偏移量，只有 daylight 非 0 时才使用
time.clock()	返回当前进程所消耗的处理器运行时间秒数（不包括 sleep 时间），值为小数
time.asctime([t])	将一个 tuple 或 struct_time 形式的时间（可以通过 gmtime()和 localtime()方法获取）转换为一个 24 个字符的时间字符串，格式为："Fri Aug 19 11:14:16 2016"。如果参数 t 未提供，则取 localtime()的返回值作为参数

（续表）

函　　数	功能说明
time.ctime([secs])	功能同上，将一个秒数时间戳表示的时间转换为一个表示当前本地时间的字符串。如果参数 secs 没有提供或值为 None，则取 time()方法的返回值作为默认值。ctime(secs)等价于 asctime(localtime(secs))
time.time()	返回时间戳（自 1970-1-1 0:00:00 至今所经历的秒数）
time.localtime([secs])	返回以指定时间戳对应的本地时间的 struct_time 对象（可以通过下标，也可以通过.属性名的方式来引用内部属性）格式
time.localtime(time.time() + n*3600)	返回 n 个小时后本地时间的 struct_time 对象格式（可以用来实现类似于 crontab 的功能）
time.gmtime([secs])	返回指定时间戳对应的 UTC 时间的 struct_time 对象格式（与当前本地时间差 8 个小时）
time.gmtime(time.time() + n*3600)	返回 n 个小时后 UTC 时间的 struct_time 对象（可以通过.属性名的方式来引用内部属性）格式
time.strptime(time_str, time_format_str)	将时间字符串转换为 struct_time 时间对象，如 time.strptime('2017-01-13 17:07', '%Y-%m-%d %H:%M')
time.mktime(struct_time_instance)	将 struct_time 对象实例转换成时间戳
time.strftime(time_format_str, struct_time_instance)	将 struct_time 对象实例转换成字符串

下面举例说明time模块的用法。

【例13-1】　time模块应用示例。

输入如下代码：

```
# Python中time模块的用法
import time
# 得到时间戳
ticks = time.time()
print("当前时间戳为:{}".format(ticks))
print('*'*10)
# 获取struct_time格式的时间
localtime = time.localtime(time.time())
time_gmtime = time.gmtime()
print("本地时间为 :{}".format(localtime))
print("time_gmtime为 :{}".format(time_gmtime))
print('*'*10)
# 获取字符串格式的时间
time_ctime = time.ctime()
print('time_ctime is :{}'.format(time.ctime()))
time_asctime = time.asctime()
print('time_asctime is : {}'.format(time_asctime))
print('*'*10)
```

13

```
# 时间戳格式转struct_time格式时间
t1 = time.time()
t2 = time.localtime(t1)
t3 = time.gmtime(t1)
print('t1 is {}'.format(t1))
print('t2 is {}'.format(t2))
print('t3 is {}'.format(t3))
print('*'*10)
# struct_time格式转字符串格式时间
print(time.strftime('%Y-%m-%d %H:%M', time.localtime()))
print('*'*10)
# struct_time格式转时间戳格式时间
print(time.mktime(time.localtime()))
```

运行结果如下：

```
当前时间戳为:1638794573.8443012
**********
本地时间为 :time.struct_time(tm_year=2021, tm_mon=12, tm_mday=6, tm_hour=20, tm_min=42,
tm_sec=53, tm_wday=0, tm_yday=340, tm_isdst=0)
    time_gmtime为 :time.struct_time(tm_year=2021, tm_mon=12, tm_mday=6, tm_hour=12,
tm_min=42, tm_sec=53, tm_wday=0, tm_yday=340, tm_isdst=0)
    **********
time_ctime is :Mon Dec  6 20:42:53 2021
time_asctime is : Mon Dec  6 20:42:53 2021
    **********
t1 is 1638794573.8443012
t2 is time.struct_time(tm_year=2021, tm_mon=12, tm_mday=6, tm_hour=20, tm_min=42,
tm_sec=53, tm_wday=0, tm_yday=340, tm_isdst=0)
    t3 is time.struct_time(tm_year=2021, tm_mon=12, tm_mday=6, tm_hour=12, tm_min=42,
tm_sec=53, tm_wday=0, tm_yday=340, tm_isdst=0)
    **********
2021-12-06 20:42
    **********
1638794573.0
```

观察以上运行结果，从返回浮点数的时间戳方式向时间元组转换，只要将浮点数传递给localtime之类的函数即可。

以上列出了time模块的多种用法，读者可以运行代码仔细理解。

时间戳格式的时间与字符串格式的时间虽然可以通过ctime([secs])方法进行转换，但是字符串格式不太适应中国国情。因此，整体而言，它们不能直接进行转换，需要通过struct_time作为中介进行转换，如图13-2所示。

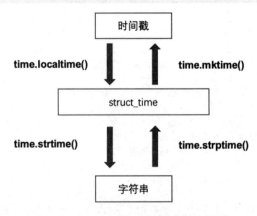

图 13-2   Python 中时间格式转换示意

13.4 datetime 模块

time模块用于实现时间，datetime模块则用于实现日期。

datetime模块提供了处理日期和时间的类，既有简单的方式，又有复杂的方式。它虽然支持日期和时间算法，但其实现的重点是为输出格式化和操作提供高效的属性提取功能。

datetime模块定义了如表13-4所示的几个类。

表 13-4 datetime 模块的类

类	功能说明
datetime.date	表示日期，常用的属性有 year、month 和 day
datetime.time	表示时间，常用的属性有 hour、minute、second 和 microsecond
datetime.datetime	表示日期和时间
datetime.timedelta	表示两个 date、time、datetime 实例之间的时间间隔，分辨率（最小单位）可达到微秒
datetime.tzinfo	时区相关信息对象的抽象基类。它们由datetime和time类使用，以提供自定义时间调整
datetime.timezone	实现 tzinfo 抽象基类的类，表示与 UTC 的固定偏移量

这里需要特别说明的是，这些类的对象都是不可变的。

这些类之间的关系如下：

```
object
    date
        datetime
    time
    timedelta
    tzinfo
        timezone
```

另外，datetime模块中还定义了常量，如表13-5所示。

表 13-5 datetime 模块的常量

常量名称	描 述
datetime.MINYEAR	datetime.date 或 datetime.datetime 对象所允许的年份的最小值，值为 1
datetime.MAXYEAR	datetime.date 或 datetime.datetime 对象所允许的年份的最大值，值为 9999

下面详细说明几个重要的类。

13.4.1 datetime.date 类

datetime模块中有一个重要且常用的类datetime.date，其定义如下：

```
class datetime.date(year, month, day)
```

需要特别说明的是，year、month和day都是必需参数，各参数的取值范围如表13-6所示。

表 13-6　year、month 和 day 参数的取值范围

常量名称	描　述
Year	[MINYEAR, MAXYEAR]
Month	[1, 12]
Day	[1, 指定年份的月份中的天数]

datetime.date类的方法和属性如表13-7所示。

表 13-7　datetime.date 类的方法和属性

类方法/属性名称	描　述
date.max	date 对象所能表示的最大日期：9999-12-31
date.min	date 对象所能表示的最小日期：00001-01-01
date.resoluation	date 对象表示的日期的最小单位：天
date.today()	返回一个表示当前本地日期的 date 对象
date.fromtimestamp(timestamp)	根据指定的时间戳返回一个 date 对象

datetime.date类对象的方法和属性如表13-8所示。

表 13-8　datetime.date 类对象的方法和属性

类方法/属性名称	描　述
d.year	年
d.month	月
d.day	日
d.replace(year[, month[, day]])	生成并返回一个新的日期对象，原日期对象不变
d.timetuple()	返回日期对应的 time.struct_time 对象
d.toordinal()	返回日期是自 0001-01-01 开始的第多少天
d.weekday()	返回日期是星期几，取值范围为[0, 6]，0 表示星期一
d.isoweekday()	返回日期是星期几，取值范围为[1, 7]，1 表示星期一
d.isocalendar()	返回一个元组，格式为：(year, weekday, isoweekday)
d.isoformat()	返回'YYYY-MM-DD'格式的日期字符串
d.strftime(format)	返回指定格式的日期字符串，与 time 模块的 strftime(format, struct_time)功能相同

下面举例说明datetime.date类的用法。

【例13-2】　datetime.date的应用。

输入如下代码：

```
# # datetime.date的应用
import time
from datetime import date
print('*'*10)
```

```
print('date.max is {}'.format(date.max))
print('*'*10)
print('date.min is {}'.format(date.min))
print('*'*10)
print('date.resolution is {}'.format(date.resolution))
print('*'*10)
print('date.today() is {}'.format(date.today()))
print('@'*10)
d = date.today()
print('d.year is {}'.format(d.year))
print('d.month is {}'.format(d.month))
print('d.day is {}'.format(d.day))
print('@'*10)
print('d.replace(2022) is {}'.format(d.replace(2022)))
print('d.replace(2022,2,2) is {}'.format(d.replace(2022,2,2)))
print('d.replace(2022,4) is {}'.format(d.replace(2022,4)))
print('d.timetuple() is {}'.format(d.timetuple()))
print('d.toordinal() is {}'.format(d.toordinal()))
print('d.weekday() is {}'.format(d.weekday()))
print('d.isoweekday() is {}'.format(d.isoweekday()))
print('d.isocalendar() is {}'.format(d.isocalendar()))
print('d.isoformat() is {}'.format(d.isoformat()))
print('d.ctime() is {}'.format(d.ctime()))
print(d.strftime('%Y/%m/%d'))
```

运行结果如下：

```
**********
date.max is 9999-12-31
**********
date.min is 0001-01-01
**********
date.resolution is 1 day, 0:00:00
**********
date.today() is 2021-12-07
@@@@@@@@@@
d.year is 2021
d.month is 12
d.day is 7
@@@@@@@@@@
d.replace(2022) is 2022-12-07
d.replace(2022,2,2) is 2022-02-02
d.replace(2022,4) is 2022-04-07
d.timetuple() is time.struct_time(tm_year=2021, tm_mon=12, tm_mday=7, tm_hour=0,
tm_min=0, tm_sec=0, tm_wday=1, tm_yday=341, tm_isdst=-1)
d.toordinal() is 738131
d.weekday() is 1
d.isoweekday() is 2
d.isocalendar() is (2021, 49, 2)
d.isoformat() is 2021-12-07
```

```
d.ctime() is Tue Dec  7 00:00:00 2021
2021/12/07
```

13.4.2　datetime.time 类

datetime.time类的定义如下：

```
class datetime.time(hour, [minute[, second, [microsecond[, tzinfo]]]])
```

hour为必需参数，其他为可选参数。各参数的取值范围如表13-9所示。

表 13-9　datetime.time 类的参数的取值范围

参数名称	取值范围
hour	[0, 23]
minute	[0, 59]
second	[0, 59]
microsecond	[0, 1000000]
tzinfo	tzinfo 的子类对象，如 timezone 类的实例

datetime.time类的方法和属性如表13-10所示。

表 13-10　datetime.time 类的方法和属性

类方法/属性名称	描　述
time.max	time 类所能表示的最大时间：time(23, 59, 59, 999999)
time.min	time 类所能表示的最小时间：time(0, 0, 0, 0)
time.resolution	时间的最小单位，即两个不同时间的最小差值：1 微秒

datetime.time类对象的方法和属性如表13-11所示。

表 13-11　datetime.time 类对象的方法和属性

类方法/属性名称	描　述
t.hour	时
t.minute	分
t.second	秒
t.microsecond	微秒
t.tzinfo	返回传递给 time 构造方法的 tzinfo 对象，如果该参数未给出，则返回 None
t.replace(hour[, minute[, second[, microsecond[, tzinfo]]]])	生成并返回一个新的时间对象，原时间对象不变
t.isoformat()	返回一个'HH:MM:SS.%f'格式的时间字符串
t.strftime()	返回指定格式的时间字符串，与 time 模块的 strftime(format, struct_time)功能相同

下面举例说明datetime.time类的用法。

【例13-3】　datetime.time类应用示例。

输入如下代码：

```
# datetime.time的应用
from datetime import time
print('*'*10)
print('time.max is {}'.format(time.max))
print('*'*10)
print('time.min is {}'.format(time.min))
print('*'*10)
print('time.resolution is {}'.format(time.resolution))
print('@'*10)
t = time(8, 5, 35, 7866)
print('t.hour is {}'.format(t.hour))
print('t.minute is {}'.format(t.minute))
print('t.second is {}'.format(t.second))
print('t.microsecond is {}'.format(t.microsecond))
print('@'*10)
print('t.replace(18) is {}'.format(t.replace(18)))
print('*'*10)
print(t.strftime('%H%M%S.%f'))
print('*'*10)
print(t.strftime('%H%M%S'))
```

运行结果如下：

```
**********
time.max is 23:59:59.999999
**********
time.min is 00:00:00
**********
time.resolution is 0:00:00.000001
@@@@@@@@@@
t.hour is 8
t.minute is 5
t.second is 35
t.microsecond is 7866
@@@@@@@@@@
t.replace(18) is 18:05:35.007866
**********
080535.007866
**********
080535
```

13.4.3　datetime.datetime 类

datetime类的定义如下：

```
class datetime.datetime(year, month, day, hour=0, minute=0, second=0, microsecond=0,
tzinfo=None)
```

year、month和day是必须传递的参数，tzinfo可以是None或tzinfo子类的实例。

datetime类各参数的取值范围如表13-12所示。

表 13-12   datetime.datetime 类各参数的取值范围

参数名称	取值范围	参数名称	取值范围
year	[MINYEAR, MAXYEAR]	minute	[0, 59]
month	[1, 12]	second	[0, 59]
day	[1，指定年份的月份中的天数]	microsecond	[0, 1000000]
hour	[0, 23]	tzinfo	tzinfo 的子类对象，如 timezone 类的实例

在Python代码编写过程中，如果一个参数超出了表13-12中的范围，就会引起Python报错ValueError异常提示。

datetime类定义的方法和属性如表13-13所示。

表 13-13   datetime.datetime 类的方法和属性

类方法/属性名称	描　　述
datetime.today()	返回一个表示当前本地日期和时间的 datetime 对象
datetime.now([tz])	返回指定时区日期和时间的 datetime 对象，如果不指定 tz 参数，则结果同上
datetime.utcnow()	返回当前 UTC 日期和时间的 datetime 对象
datetime.fromtimestamp(timestamp[, tz])	根据指定的时间戳创建一个 datetime 对象
datetime.utcfromtimestamp(timestamp)	根据指定的时间戳创建一个 datetime 对象
datetime.combine(date, time)	把指定的 date 和 time 对象整合成一个 datetime 对象
datetime.strptime(date_str, format)	将时间字符串转换为 datetime 对象

datetime.datetime类的方法和属性如表13-14所示。

表 13-14   datetime.datetime 类的方法和属性

类方法/属性名称	描　　述
dt.year, dt.month, dt.day	年、月、日
dt.hour, dt.minute, dt.second	时、分、秒
dt.microsecond, dt.tzinfo	微秒、时区信息
dt.date()	获取 datetime 对象对应的 date 对象
dt.time()	获取 datetime 对象对应的 time 对象，tzinfo 为 None
dt.timetz()	获取 datetime 对象对应的 time 对象，tzinfo 与 datetime 对象的 tzinfo 相同
dt.replace([year[, month[, day[, hour[, minute[, second[, microsecond[, tzinfo]]]]]]]])	生成并返回一个新的 datetime 对象，如果所有参数都没有指定，则返回一个与原 datetime 对象相同的对象
dt.timetuple()	返回 datetime 对象对应的 tuple（不包括 tzinfo）
dt.utctimetuple()	返回 datetime 对象对应的 UTC 时间的 tuple（不包括 tzinfo）

（续表）

类方法/属性名称	描　　述
dt.toordinal()	同 date 对象
dt.weekday()	同 date 对象
dt.isocalendar()	同 date 对象
dt.isoformat([sep])	返回一个'%Y-%m-%d'
dt.ctime()	等价于 time 模块的 time.ctime(time.mktime (d.timetuple()))
dt.strftime(format)	返回指定格式的时间字符串

下面通过示例介绍datetime.datetime类的应用。

【例13-4】　datetime.datetime类的应用。

输入如下代码：

```
# datetime.datetime类的应用
import time
from datetime import datetime, timezone
print('*'*10)
print('datetime.today() is {}'.format(datetime.today()))
print('datetime.now() is {}'.format(datetime.now()))
print('datetime.now(timezone.utc) is {}'.format(datetime.now(timezone.utc)))
print('datetime.utcnow() is {}'.format(datetime.utcnow()))
print('*'*10)
print('datetime.fromtimestamp(time.time()) is {}'.format(datetime.fromtimestamp
(time.time())))
    print('datetime.utcfromtimestamp(time.time()) is {}'.format(datetime.
utcfromtimestamp(time.time())))
    # print('datetime.combine(date(2021, 12, 7), t) is {}'.format(datetime.
combine(date(2021, 12, 7))
print('*'*10)
dt = datetime.now()
print('dt is {}'.format(dt))
print('dt.year is {}'.format(dt.year))
print('dt.month is {}'.format(dt.month))
print('dt.day is {}'.format(dt.day))
print('dt.hour is {}'.format(dt.hour))
print('dt.minute is {}'.format(dt.minute))
print('dt.second is {}'.format(dt.second))
print('dt.microsecond is {}'.format(dt.microsecond))
print('dt.tzinfo is {}'.format(dt.tzinfo))
print('dt.timestamp is {}'.format(dt.timestamp()))
print('dt.date() is {}'.format(dt.date()))
print('dt.time() is {}'.format(dt.time()))
print('dt.timetz() is {}'.format(dt.timetz()))
print('dt.replace() is {}'.format(dt.time()))
print('dt.timetuple() is {}'.format(dt.timetuple()))
print('dt.utctimetuple() is {}'.format(dt.utctimetuple()))
print('dt.toordinal() is {}'.format(dt.toordinal()))
```

13

```
print('dt.weekday() is {}'.format(dt.weekday()))
print('dt.isocalendar() is {}'.format(dt.isocalendar()))
print('dt.isoformat() is {}'.format(dt.isoformat()))
print('dt.isoformat(sep=' ') is {}'.format(dt.isoformat(sep=' ')))
print('dt.ctime() is {}'.format(dt.ctime()))
```

运行结果如下：

```
**********
datetime.today() is 2021-12-07 09:53:10.681684
datetime.now() is 2021-12-07 09:53:10.681683
datetime.now(timezone.utc) is 2021-12-07 01:53:10.681683+00:00
datetime.utcnow() is 2021-12-07 01:53:10.681683
**********
datetime.fromtimestamp(time.time()) is 2021-12-07 09:53:10.681684
datetime.utcfromtimestamp(time.time()) is 2021-12-07 01:53:10.682180
**********
dt is 2021-12-07 09:53:10.682179
dt.year is 2021
dt.month is 12
dt.day is 7
dt.hour is 9
dt.minute is 53
dt.second is 10
dt.microsecond is 682179
dt.tzinfo is None
dt.timestamp is 1638841990.682179
dt.date() is 2021-12-07
dt.time() is 09:53:10.682179
dt.timetz() is 09:53:10.682179
dt.replace() is 09:53:10.682179
dt.timetuple() is time.struct_time(tm_year=2021, tm_mon=12, tm_mday=7, tm_hour=9,
tm_min=53, tm_sec=10, tm_wday=1, tm_yday=341, tm_isdst=-1)
dt.utctimetuple() is time.struct_time(tm_year=2021, tm_mon=12, tm_mday=7, tm_hour=9,
tm_min=53, tm_sec=10, tm_wday=1, tm_yday=341, tm_isdst=0)
dt.toordinal() is 738131
dt.weekday() is 1
dt.isocalendar() is (2021, 49, 2)
dt.isoformat() is 2021-12-07T09:53:10.682179
dt.isoformat(sep=) is 2021-12-07 09:53:10.682179
dt.ctime() is Tue Dec  7 09:53:10 2021
```

13.4.4   时间戳与时间字符串转换

datetime.datetime类与时间戳、时间字符串之间是可以互相转换的，其转换关系和对应的转换方法如图13-3所示，可以根据对应的方法进行转换。

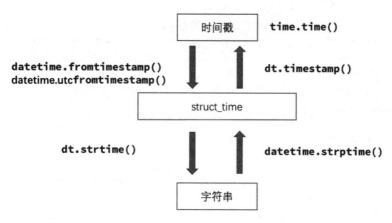

图 13-3　datetime.datetime 类对时间戳与时间字符串的转换

13.4.5　datetime.timedelta 类

　　timedelta对象表示两个不同时间之间的差值。如果使用time模块对时间进行算术运算，只能将字符串格式的时间和struct_time格式的时间对象先转换为时间戳格式，然后对该时间戳加上或减去n秒，最后转换回struct_time格式或字符串格式，这显然很不方便。而datetime模块提供的timedelta类可以很方便地对datetime.date、datetime.time和datetime.datetime对象做算术运算，且两个时间之间的差值单位也更加容易控制。

　　这个差值的单位可以是天、秒、微秒、毫秒、分钟、小时、周。

　　datetime.timedelta类的定义如下：

```
class datetime.timedelta(days=0, seconds=0, microseconds=0, milliseconds=0, hours=0,
weeks=0)
```

　　所有参数都是默认参数，因此都是可选参数。参数的值可以是整数或浮点数，也可以是正数或负数。内部值存储days、seconds和microseconds，其他所有参数都将被转换成这3个单位：

- 1毫秒转换为1000微秒。
- 1分钟转换为60秒。
- 1小时转换为3600秒。
- 1周转换为7天。

　　然后对这3个值进行标准化，使得它们的表示是唯一的，其取值范围如下：

- microseconds：[0, 999999]。
- seconds：[0, 86399]。
- days：[-999999999, 999999999]。

datetime.timedelta类相对简单，其属性如表13-15所示。

13

表 13-15   datetime.timedelta 类属性

属性名称	描　述
timedelta.min	timedelta(-999999999)
timedelta.max	timedelta(days=999999999, hours=23, minutes=59, seconds=59, microseconds=999999)
timedelta.resolution	timedelta(microseconds=1)

datetime.timedelta方法属性如表13-16所示。

表 13-16   datetime.timedelta 方法属性

方法属性名称	描　述
datetime.datetime.now()	返回当前本地时间（datetime.datetime 对象实例）
datetime.datetime.fromtimestamp(timestamp)	返回指定时间戳对应的时间（datetime.datetime 对象实例）
datetime.timedelta()	返回一个时间间隔对象，可以直接与 datetime.datetime 对象做加减操作

datetime.timedelta实例方法属性如表13-17所示。

表 13-17   datetime.timedelta 实例方法属性

实例方法属性名称	描　述
td.days	天[-999999999, 999999999]
td.seconds	秒[0, 86399]
td.microseconds	微秒[0, 999999]
td.total_seconds()	时间差中包含的总秒数，等价于 td / timedelta(seconds=1)

【例13-5】   datetime.timedelta类的应用。

输入如下代码：

```
# datetime.timedelta类的应用
import datetime
print('一年包含的总秒数为：{}'.format(datetime.timedelta(365).total_seconds()))
print('*'*10)
dt = datetime.datetime.now()
print('现在时间为：{}'.format(dt))
print('4天后：{}'.format(dt + datetime.timedelta(4)))
print('4天前：{}'.format(dt + datetime.timedelta(4)))
print('4小时后：{}'.format(dt + datetime.timedelta(hours=4)))
print('4小时前：{}'.format(dt + datetime.timedelta(hours=4)))
print('4小时40秒后：{}'.format(dt + datetime.timedelta(hours=4, seconds=40)))
```

运行结果如下：

```
一年包含的总秒数为：31536000.0
**********
现在时间为：2021-12-07 19:24:30.931265
4天后：2021-12-11 19:24:30.931265
```

```
4天前：2021-12-11 19:24:30.931265
4小时后：2021-12-07 23:24:30.931265
4小时前：2021-12-07 23:24:30.931265
4小时40秒后：2021-12-07 23:25:10.931265
```

13.5　calendar 模块

　　calendar模块提供与日历相关的功能，包括为给定的月份或年份打印文本日历的功能。默认情况下，日历将星期一作为一周的第一天，将星期日作为最后一天，如表13-18所示。

表 13-18　calendar 模块可用的函数列表

函　　　数	描　　　述
calendar.calendar(year,w = 2,l = 1,c = 6)	将一个具有年份日历的多行字符串格式化为 3 列，以 c 个空格分隔。w 是每个日期的字符宽度，每行的长度为 21 * w + 18 + 2 * c，l 是每周的行数
calendar.firstweekday( )	返回当前设置每周开始的星期。默认情况下，当日历首次导入时设置为 0，表示为星期一
calendar.isleap(year)	如果给定年份（year）是闰年，则返回 True；否则返回 False
calendar.leapdays(y1,y2)	返回在范围(y1, y2)内的年份中的闰年总数
calendar.month(year,month,w = 2,l = 1)	返回一个多行字符串，其中包含年份和月份的日历，两行标题，每周一行。w 是每个日期的字符宽度，每行的长度为 7 * w + 6，l 是每周的行数
calendar.monthcalendar(year,month)	返回 int 类型的列表。每个子列表表示一个星期。年份和月份以外的天数设置为 0，该月内的日期设定为月份的第几日：1～31
calendar.monthrange(year,month)	返回两个整数。第一个是年度月（month），第二个是当月的天数。表示星期几为 0（星期一）～6（星期日），月份是 1～12
calendar.prcal(year,w = 2,l = 1,c = 6)	类似于 calendar.calendar(year、w、l、c)的打印
calendar.prmonth(year,month,w = 2,l = 1)	类似于 calendar.month(year,month,w,l)的打印
calendar.setfirstweekday(weekday)	将每周的第一天设置为星期几的代码。星期几的代码为 0（星期一）～6（星期日）
calendar.timegm(tupletime)	time.gmtime 的倒数：以时间元组的形式接受时刻，并返回与从时代(epoch)开始的浮点数相同的时刻
calendar.weekday(year,month,day)	返回给定日期的星期几的代码。星期几的代码为 0（星期一）～6（星期日），月份是 1（1 月）～12（12 月）

　　calendar模块有多方法用来处理年历和月历，下面以示例说明calendar模块的用法。

　　【例13-6】　calendar模块的应用。

　　输入如下代码：

```
# calendar模块的应用
import calendar
cal = calendar.month(2021, 12)
print('*'*10)
print('输出2021年12月日历')
print(cal)
print('*'*10)
print('每周起始第一天为: {}'.format(calendar.firstweekday()))
print('*'*10)
print('2000年是不是闰年: {}'.format(calendar.isleap(2000)))
print('*'*10)
print('1900, 2021之间的闰年总数为: {}'.format(calendar.leapdays(1900, 2021)))
print('*'*10)
# calendar.month(year,month,w=2,l=1) 返回一个多行字符串格式的year年month月日历，两行标题，
一周一行。每日宽度间隔为w字符。每行的长度为7*w+6。l是每星期的行数
print(calendar.month(2021, 3, w=2, l=1))
print('*'*10)
# calendar.monthcalendar(year,month)返回一个整数的单层嵌套列表。每个子列表装载代表一个星期
的整数。year（年）和month（月）外的日期都设为0；范围内的日期都由该月第几日表示，从1开始
print(calendar.monthcalendar(2021 , 3,))
print('*'*10)
# calendar.monthrange(year,month)返回两个整数。第一个是该月的星期几的日期码，第二个是该月的
日期码。日为0（星期一）～6（星期日），月为1～12
print(calendar.monthrange(2021, 4))
print('*'*10)
# calendar.setfirstweekday(weekday)设置每周的起始日期码。日为0（星期一）～6（星期日）
print(calendar.setfirstweekday(5))
print(calendar.month(2021, 3, w=2, l=1))
print('*'*10
# calendar.weekday(year,month,day)返回给定日期的日期码。日为0（星期一）～6（星期日），月为1
（一月）～12（12月）
print(calendar.weekday(2021, 7, 22))
```

运行结果如下：

```
* * * * * * * * * *
输出2021年12月日历
    December 2021
Mo Tu We Th Fr Sa Su
       1  2  3  4  5
 6  7  8  9 10 11 12
13 14 15 16 17 18 19
20 21 22 23 24 25 26
27 28 29 30 31


* * * * * * * * * *
每周起始第一天为: 0
* * * * * * * * * *
2000年是不是闰年: True
* * * * * * * * * *
1900, 2021之间的闰年总数为: 30
```

```
**********
       March 2021
Mo Tu We Th Fr Sa Su
 1  2  3  4  5  6  7
 8  9 10 11 12 13 14
15 16 17 18 19 20 21
22 23 24 25 26 27 28
29 30 31

**********
[[1, 2, 3, 4, 5, 6, 7], [8, 9, 10, 11, 12, 13, 14], [15, 16, 17, 18, 19, 20, 21], [22,
23, 24, 25, 26, 27, 28], [29, 30, 31, 0, 0, 0, 0]]
**********
(3, 30)
**********
None
       March 2021
Sa Su Mo Tu We Th Fr
       1  2  3  4  5
 6  7  8  9 10 11 12
13 14 15 16 17 18 19
20 21 22 23 24 25 26
27 28 29 30 31

**********
3
```

13.6 时间格式化输出

可以使用time模块的strftime方法来格式化输出日期和时间。

【例13-7】 格式化输出时间示例。

输入如下代码：

```python
# 格式化输出时间示例
import time
# 格式化成2021-11-11 11:11:11形式
print(time.strftime("%Y-%m-%d %H:%M:%S", time.localtime()))
print('*'*10)
# # 格式化成Sat Mar 11 11:11:11 2021形式
print(time.strftime("%a %b %d %H:%M:%S %Y", time.localtime()))
print('*'*10)
# # 将格式字符串转换为时间戳
a = "Sat Mar 11 11:11:11 2011"
print(time.mktime(time.strftime(a, "%a %b %d %H:%M:%S %Y")))
```

运行结果如下：

```
2021-12-07 21:31:08
**********
Tue Dec 07 21:31:08 2021
**********
1299813071.0
```

Python中的时间日期格式化符号说明如表13-19所示。

表 13-19　时间日期格式化符号

符　　号	描　　述	符　　号	描　　述
%y	两位数的年份表示（00～99）	%B	本地完整的月份名称
%Y	四位数的年份表示（000～9999）	%c	本地相应的日期表示和时间表示
%m	月份（01～12）	%j	年内的一天（001～366）
%d	月内中的一天（0～31）	%p	本地 A.M.或 P.M.的等价符
%H	24 小时制小时数（0～23）	%U	一年中的星期数（0～53），星期天为星期的开始
%I	12 小时制小时数（01～12）	%w	星期（0～6），星期天为星期的开始
%M	分钟数（00～59）	%W	一年中的星期数（00～53），星期一为星期的开始
%S	秒（00～59）	%x	本地相应的日期表示
%a	本地简化的星期名称	%X	本地相应的时间表示
%A	本地完整的星期名称	%Z	当前时区的名称
%b	本地简化的月份名称	%%	%号本身

读者可以根据需要使用以上时间格式化方法将时间格式化为自己需要的格式。

13.7　小结

本章详细讲解了Python中时间和日期的调用和使用方法，并列举了大量示例进行用法说明。关于时间和日期，需要重点掌握time、datetime、calendar模块以及时间和日期的格式化输出方法。

第 14 章

测 试 代 码

在使用Python编写代码时经常会出现bug，因此调试是编程工作的有机组成部分。调试就必须运行程序，而仅运行程序可能还不够。例如，如果编写了一个处理文件的程序，就必须有用来处理的文件。如果编写了一个包含数学函数的工具库，就必须向这些函数提供参数，才能让其中的代码运行。

在编译型语言中，将不断重复编辑、编译、运行的循环。在有些情况下，编译程序时就会出现问题，程序员不得不在编辑和编译之间来回切换。在Python中，不存在编译阶段，只有编辑和运行阶段。本章将告诉读者如何养成在编程中进行测试的习惯，并介绍一些可帮助编写测试代码的工具。

学习目标：

（1）掌握测试流程和方法。
（2）掌握常用的测试工具。

14.1　先测试，再编码

要避免代码在开发途中被淘汰，必须能够应对变化并具备一定的灵活性，因此为程序的各个部分编写测试代码至关重要（这称为单元测试），而且是应用程序设计工作的重要组成部分。极限编程先锋引入了"测试一点点，再编写一点点代码"的理念。这种理念与直觉不太相符，却很管用，胜过与直觉一致的"编写一点点代码，再测试一点点"的做法。

换言之，测试在先，编码在后。这也称为测试驱动的编程。对于这种方法，一开始可能不太习惯，但它有很多优点，而且随着时间的推移，就会慢慢习惯。习惯了测试驱动的编程后，在没有测试的情况下编写代码真的让人觉得别扭。

14.1.1　准确的需求说明

开发软件时，必须先知道软件要解决什么问题，即要实现什么样的目标。要阐明程序的目标，可编写需求说明，也就是描述程序必须满足哪种需求的文档（或便条）。这样以后就很容易核实需求是否确实得到了满足。

不过很多程序员不喜欢撰写报告，更愿意让计算机替他们完成尽可能多的工作。好消息是，可使用 Python 来描述需求，并让解释器检查是否满足了这些需求。

这里的理念是先测试，再编写让测试通过的代码。测试程序就是需求说明，可帮助确保程序开发过程紧扣这些需求。

下面来看一个简单的示例。假设要编写一个模块，其中只包含一个根据矩形的宽度和高度计算面积的函数。动手编写代码前，先编写一个单元测试程序，其中包含一些知道答案的示例。

【例14-1】　简单测试程序。

输入如下代码：

```
def rect_area(w, h):
    area = w * h
    return area
height = 5
width = 8
correct_answer = 40
answer = rect_area(height, width)
if answer == correct_answer:
    print('Test passed ')
else:
    print('Test failed ')
```

运行结果如下：

```
Test passed
```

先测试，再编写代码并不是为了发现 bug，而是为了检查代码是否管用。持有下面的观点大有裨益：除非有相应的测试，否则该功能就不存在，或者说不是真正意义上的功能。这样就能名正言顺地证明它确实存在，而且做了它应该做的。这不仅对最初开发程序有帮助，对以后扩展和维护代码也有帮助。

14.1.2　做好应对变化的准备

自动化测试不仅可以在编写程序时提供极大的帮助，还有助于在修改代码时避免累积错误，这在程序规模很大时尤其重要。必须做好修改代码的心理准备，而不是固守既有代码，但修改是有风险的。修改代码时，常常会引入一两个意想不到的 bug。如果程序设计良好（使用了合适的抽象和封装），修改带来的影响将是局部的，只会影响很小一段代码。这意味着能够确定 bug 的范围，因此调试起来更容易。

代码覆盖率（Coverage）是一个重要的测试概念。运行测试时，很可能达不到运行所有代码的理想状态（实际上，最理想的情况是，使用各种可能的输入检查每种可能的程序状态，但这根本不可能做到）。优秀测试套件的目标之一是确保较高的覆盖率，为此可使用覆盖率工具，它们测量测试期间实际运行的代码所占的比例。

如果在网上使用"Python测试覆盖率"之类的关键字进行搜索，可找到一些相关的工具，其中之一是Python自带的程序trace.py。可从命令行运行它（使用开关-m可以避免查找文件的麻烦），也可将它作为模块导入。要获取有关其用法的帮助信息，可使用开关-help来运行它，也可在解释器中导入这个模块，再执行命令help(trace)。

读者可能觉得详尽地测试各个方面会让人不堪重负。不用担心，无须测试数百种输入和状态变量组合，至少开始的时候不用。在测试驱动的编程中，最重要的一点是在编码期间反复地运行方法（函数或脚本），以不断获得有关做法优劣的反馈。如果以后要进一步确信代码是正确的（覆盖率也很高），那么可以随时添加测试。

关键在于，如果没有详尽的测试集，那么可能无法及时发现引入的bug，等发现时已经不知道它们是怎么引入的。因此，如果没有良好的测试套件，那么要找出错误出在什么地方将困难得多。看不到打过来的拳头，就无法避开它。要确保较高的测试覆盖率，方法之一是秉承测试驱动开发的理念。只要能确保先测试，再编写函数，就能肯定每个函数都是经过测试的。

14.1.3　测试四步曲

在深入介绍测试的细节之前，先来看测试驱动开发过程的各个阶段。

第一阶段：确定需要实现的新功能。可将其记录下来，并为其编写一个测试。

第二阶段：编写实现功能的框架代码，让程序能够运行（不存在语法错误之类的问题），但测试依然无法通过。测试失败是很重要的，因为这样才能确定它可能失败。如果测试有错误，导致在任何情况下都能成功（这样的情况遇到过很多次），那么它实际上什么都没有测试。不断重复这个过程：确定测试失败后，再试图让它成功。

第三阶段：编写让测试刚好能够通过的代码。在这个阶段，无须完全实现所需的功能，只要让测试能够通过即可。这样，在整个开发阶段，就能够让所有的测试通过（首次运行测试时除外），即便是刚着手实现功能时也是如此。

第四阶段：改进（重构）代码，以全面而准确地实现所需的功能，同时确保测试依然能够成功。

提交代码时，必须确保代码处于健康状态，即没有测试是失败的。测试驱动编程倡导者都是这么说的。有时会在当前正在编写的代码处留下一个失败的测试，作为提醒自己的待办事项或未完事项。然而，与人合作开发时，这种做法真的很糟糕。在任何情况下，都不应将存在失败测试的代码提交到公共代码库。

14.2　测试工具

初学者可能觉得，编写大量测试代码来确保程序的每个细节都没问题很烦琐。好消息是标准库可助初学者一臂之力，有两个杰出的模块可自动完成测试过程。

（1）doctest：一个更简单的模块，是为检查文档而设计的，但也非常适合用来编写单元测试。

（2）unittest：一个通用的测试框架。

下面分别详细介绍。

14.2.1　doctest 框架的使用

实际上，交互式会话是一种很有用的文档，可将其放在文档字符串中。示例如下。

【例14-2】　假设编写了一个计算平方的函数，并在其文档字符串中添加一些文字。

输入如下代码：

```
def square(x):
    '''
    计算平方并返回结果
    >>> square(2)
    4
    >>> square(3)
    9
    '''
    return x * x
```

如代码所示，在文档字符串中添加了一些文字。假设函数square是在模块my_math（文件my_math.py）中定义的，就可在模块末尾添加如下代码：

```
if name =='__main__':
    import doctest, my_math
    doctest.testmod(my_math)
```

添加的代码不多，只是导入模块doctest和模块my_math本身，再运行模块doctest中的函数testmod（表示对模块进行测试）。下面来试一试。

```
python my_math.py
```

看起来什么都没发生，但这是件好事。函数doctest.testmod读取模块中的所有文档字符串，查找看起来像是从交互式解释器中摘取的示例，再检查这些示例是否反映了实际情况。

如果这里编写的是真实函数，将（或者说应该）根据前面制定的规则先编写文档字符串，再使用doctest运行脚本看测试是否会失败，然后添加刚好让测试得以通过的代码（如使用测试语句来处理文档字符串中的具体输入），接下来确保实现是正确的。如果完全践行"先测试，再编码"的编程理念，框架unittest可能能够更好地满足需求。

为获得更多的输出，可在运行脚本时指定开关-v（verbose，意为详尽）。

【例14-3】　　doctest测试。

输入如下代码：

```
python my_math.py -v
```

运行结果如下：

```
Running my_math.__doc__
0 of 0 examples failed in my_math.__doc__
Running my_math.square.__doc__
Trying: square(2)
Expecting: 4
Ok
Trying: square(3)
Expecting: 9
ok
0 of 2 examples failed in my_math.square.__doc__
1 items had no tests:
test
1 items passed all tests:
2 tests in my_math.square
2 tests in 2 items.
2 passed and 0 failed.
Test passed.
```

如运行结果所见，幕后发生了很多事情。函数testmod检查模块的文档字符串（其中未包含任何测试）和函数的文档字符串（包含两个测试，它们都成功了）。

有测试在手，就可以放心地修改代码了。假设要使用Python幂运算符而不是乘法运算符，即将 x * x替换为x ** 2。对代码进行编辑，但不小心忘记把第2个x改为2，结果变成了x ** x。

请尝试这样做，再运行脚本对代码进行测试。输出如下：

```
Failure in example: square(3)
from line #5 of my_math.square
Expected: 9
Got: 27
1 items had failures:
1 of 2 in my_math.square
***Test Failed***
1 failures.
```

捕捉到了bug，并清楚地指出错误在什么地方。现在修复这个错误应该不难。

14.2.2　unittest 的简单使用

虽然doctest使用起来很容易，但unittest（基于流行的Java测试框架JUnit）更灵活、更强大。尽管相比doctest，unittest的学习门槛可能更高，但还是建议看看这个模块，因为它能够以结构化方式编写庞大而详尽的测试集。

下面来看一个简单的示例。假设要编写一个名为**my_math**的模块，其中包含一个计算乘积的函数product。先使用模块unittest中的TestCase类编写一个测试脚本（存储在文件test_my_math.py中）。

【**例14-4**】　一个使用框架unittest的简单测试脚本。

输入如下代码：

```python
import unittest, my_math
class ProductTestCase(unittest.TestCase):
    def test_integers(self):
        for x in range(-10, 10):
            for y in range(-10, 10):
                p = my_math.product(x, y)
                self.assertEqual(p, x * y, 'Integer multiplication failed')
    def test_floats(self):
        for x in range(-10, 10):
            for y in range(-10, 10):
                x = x / 10
                y = y / 10
                p = my_math.product(x, y)
                self.assertEqual(p, x * y, 'Float multiplication failed')
if __name__ == '__main__': unittest.main()
```

函数unittest.main负责运行测试：实例化所有的TestCase子类，并运行所有名称以test打头的方法。

如果定义了setUp和tearDown方法，它们将分别在每个测试方法之前和之后执行。可使用这些方法来执行适用于所有测试的初始化代码和清理代码，这些代码称为测试夹具（Test Fixture）。

当然，运行这个测试脚本将引发异常，提示模块my_math不存在。诸如assertEqual等方法用于检查指定的条件，以判断指定的测试是成功还是失败了。TestCase类还包含很多与之类似的方法，如assertTrue、assertIsNotNone和assertAlmostEqual。

模块unittest区分错误和失败。错误指的是引发了异常，而失败是调用failUnless等方法的结果。接下来需要编写框架代码，以消除错误，只留下失败。这意味着只需创建包含如下内容的模块my_math。

【**例14-5**】　模块my_math代码。

输入如下代码：

```python
def product(x, y):
    pass
```

都是框架代码，没什么意思。如果现在运行前面的测试，将出现两条FAIL消息，如下所示：

```
FF
======================================================================
FAIL: test_floats (__main__.ProductTestCase)
----------------------------------------------------------------------
Traceback (most recent call last):
File "test_my_math.py", line 17, in testFloats
self.assertEqual(p, x * y, 'Float multiplication failed')
AssertionError: Float multiplication failed
```

```
===================================================================
FAIL: test_integers (__main__.ProductTestCase)
-------------------------------------------------------------------
Traceback (most recent call last):
File "test_my_math.py", line 9, in testIntegers
self.assertEqual(p, x * y, 'Integer multiplication failed')
AssertionError: Integer multiplication failed
-------------------------------------------------------------------
Ran 2 tests in 0.001s
FAILED (failures=2)
```

这完全在意料之中，没什么好担心的。现在至少知道，测试真的与代码关联起来了——代码不对，因此测试失败。

接下来需要让代码管用。就这个示例而言，需要做的工作不多：

```
def product(x, y):
    return x * y
```

再次运行，输出结果如下：

```
..
------------------------------
Ran 2 tests in 0.015s
OK
```

开头的两个句点表示测试。如果仔细观察失败时乱七八糟的输出，将发现开头也有两个字符：两个F，表示两次失败。

出于好玩，请修改函数product，使其在参数为7和9时不能通过测试。

```
def product(x, y):
    if x == 7 and y == 9:
        return 'An insidious bug has surfaced!'
    else:
        return x * y
```

如果再次运行前面的测试脚本，将有一个测试失败。

```
.F
===================================================================
FAIL: test_integers (__main__.ProductTestCase)
-------------------------------------------------------------------
Traceback (most recent call last):
File "test_my_math.py", line 9, in testIntegers
self.assertEqual(p, x * y, 'Integer multiplication failed')
AssertionError: Integer multiplication failed
-------------------------------------------------------------------
Ran 2 tests in 0.005s
FAILED (failures=1)
```

14

14.3　超越单元测试

对于有些复杂的项目来说，测试绝对是生死攸关的，就算不想编写结构化的单元测试套件，也必须以某种方式运行程序，看看它是否管用，编写大量代码前具备这种能力可在以后避免大量的工作和麻烦。

Python提供了源代码检查和性能分析工具，可以帮助程序员检查代码是否存在问题。源代码检查是一种发现代码中常见错误或问题的方式（有点像静态类型语言中编译器的作用，但做的事情要多得多）。性能分析指的是搞清楚程序的运行速度到底有多快。

单元测试可让程序管用，源代码检查可让程序更好，而性能分析可让程序更快。

14.3.1　源代码检查

长期以来，PyChecker是用于检查Python源代码的唯一工具，能够找出诸如给函数提供的参数不对等错误。之后出现了PyLint（pylint.org），它除了支持PyChecker提供的大部分功能外，还有很多其他的功能，如变量名是否符合指定的命名约定、是否遵守了自己的编码标准等。

安装这些工具很容易，很多包管理器系统（如Debian APT和Gentoo Portage）都提供了它们，可直接从相应的网站下载。我们使用Distutils来安装，可使用如下标准命令：

```
python setup.py install
```

安装工具后，可以命令行脚本的方式运行它们（PyChecker和PyLint对应的脚本分别为pychecker和pylint），也可将其作为Python模块（名称与前面相同）使用。

在Windows中，从命令行运行这两个工具时，将分别使用批处理文件pychecker.bat和pylint.bat。因此，可能需要将这两个文件加入环境变量PATH中，这样才能从命令行执行命令pychecker和pylint。

要使用PyChecker来检查文件，可运行这个脚本并将文件名作为参数，如下所示：

```
pychecker file1.py file2.py ...
```

使用PyLint检查文件时，需要将模块（或包）名作为参数：

```
pylint module
```

要获悉有关这两个工具的详细信息，可使用命令行开关-h来运行它们。运行这两个命令时，输出可能非常多（pylint的输出通常比pychecker的多）。这两个工具都是可高度配置的，可指定要显示或隐藏哪些类型的警告。有关这方面的详细信息，请参阅相关的文档。

结束对检查器的讨论之前，再来看看如何结合使用检查器和单元测试。毕竟，如果能够将它们（或其中之一）作为测试套件中的测试自动运行，并在没有错误时悄无声息地指出测试成功了，那就太好了。这样，测试套件不仅测试了功能，还测试了代码质量。

PyChecker和PyLint都可作为模块（分别是pychecker.checker和pylint.lint）导入，但它们并不是

为了以编程方式使用而设计的。导入pychecker.checker时，它会检查后续代码（包括导入的模块），并将警告打印到标准输出。模块pylint.lint包含一个文档中没有介绍的函数Run，这个函数是供脚本pylint本身使用的，它也会将警告打印出来，而不是以某种方式将其返回。建议不去解决这些问题，就以原本的方式使用PyChecker和PyLint，即将其作为命令行工具使用。在Python中，可通过模块subprocess来使用命令行工具。

【例14-6】　使用模块subprocess调用外部检查器。

输入如下代码：

```
import unittest, my_math
from subprocess import Popen, PIPE
class ProductTestCase(unittest.TestCase):
    # 在这里插入以前的测试
    def test_with_PyChecker(self):
        cmd = 'pychecker', '-Q', my_math.__file__.rstrip('c')
    pychecker = Popen(cmd, stdout=PIPE, stderr=PIPE)
    self.assertEqual(pychecker.stdout.read(), '')
    def test_with_PyLint(self):
        cmd = 'pylint', '-rn', 'my_math'
    pylint = Popen(cmd, stdout=PIPE, stderr=PIPE)
    self.assertEqual(pylint.stdout.read(), '')
if __name__ == '__main__': unittest.main()
```

调用检查器脚本时，指定了一些命令行开关，以免无关的输出干扰测试。对于PyChecker，指定了开关-Q（quiet，意为静默）；对于PyLint，指定了开关-rn（其中n表示no）以关闭报告，这意味着将只显示警告和错误。

命令PyLint直接将模块名作为参数，因此执行起来很简单。

为了让PyChecker正确地运行，需要获取文件名。为此，使用了模块my_math的属性__file__，并使用rstrip将文件名末尾可能包含的c删掉（因为模块可能存储在.pyc文件中）。

为了让PyLint噤声，稍微修改了模块my_math（而不是通过配置，让PyLint在面对变量名太短、缺失修订号和文档字符串等情况时一声不吭）。修改后的my_math模块如下：

```
"""
一个简单的数学模块
"""

__revision__ = '0.1'
def product(factor1, factor2):
    'The product of two numbers'
    return factor1 * factor2
```

如果现在运行这些测试脚本，将不会出现任何错误。请随意尝试这些代码，看看能否让检查器报告错误，同时确保功能测试依然管用（可以不同时使用PyChecker或PyLint，使用其中一个可能就足够了）。例如，尝试将参数改回x和y，PyLint将抗议变量名太短。或者在return语句后面添加print('Hello, world!')，进而两个检查器都将抗议（抗议的理由可能不同），这合情合理。

14.3.2　性能分析

如果程序运行的速度达不到要求，必须优化，这就必须对程序性能进行分析。这是因为除非程序非常简单，否则很难猜到瓶颈在什么地方。如果不知道是什么让程序运行速度变得缓慢，优化就可能南辕北辙。

标准库包含一个卓越的性能分析模块profile，还有一个速度更快的C语言版本，名为cProfile。这个性能分析模块使用起来很简单，只需调用其方法run并提供一个字符串参数。

【例14-7】　cProfile应用示例。

输入如下代码：

```
import cProfile
from my_math import product
cProfile.run('product(1, 2)')
```

这将输出如下信息：各个函数和方法被调用多少次以及执行它们花费了多长时间。如果通过第二个参数向run提供一个文件名（如my_math.profile），分析结果将保存到这个文件中。然后，就可以使用pstats模块来研究分析结果了。

【例14-8】　pstats模块应用示例。

输入如下代码：

```
import pstats
p = pstats.Stats('my_math.profile')
```

通过使用这个Stats对象，可以编程方式研究分析结果。

如果非常在乎程序运行的速度，可添加一个这样的单元测试：对程序性能进行分析并要求满足特定的要求（如程序执行时间超过1秒时，测试就将失败）。这做起来可能很有趣，但不推荐这样做，因为迷恋性能分析很可能忽略真正重要的事情，如清晰而易于理解的代码。如果程序运行的速度非常慢，迟早会发现，因为测试将需要很久才能运行完毕。

14.4　小结

本章讲解了测试相关知识：doctest模块设计用于检查文档字符串中的示例，但也可以轻松地使用它来设计测试套件。为让测试套件更灵活，结构化程度更高，unittest框架很有帮助。可以使用PyChecker和PyLint这两个工具来查看源代码并指出潜在（和实际）的问题，它们可检查代码的方方面面——从变量名太短到永远不会执行的代码段，只需编写少量的代码，就可将它们加入测试套件，从而确保所有修改和重构都遵循了采用的编码标准。profile或cProfile模块用来找出代码中的瓶颈。

测试驱动编程意味着先测试，再编码。有了测试，就能信心满满地修改代码，这让开发和维护工作更加灵活。

第 15 章

程 序 打 包

程序编写者有时希望将程序打包后进行发布,如果程序只包含一个.py文件,这就是一个简单问题。然而,如果用户不是程序员,即便是将简单的Python库放到正确的位置或调整PYTHONPATH也可能超出了其能力范围。用户通常希望只需双击安装程序,再按安装向导操作就能将程序安装好。

Python程序员也习惯了类似的便利方式,但使用的接口更低级一些。Setuptools和较旧的Distutils都是用于发布Python包的工具包,能够使用Python轻松地编写安装脚本。这些脚本可用于生成可发布的归档文档,供用户编译和安装编写的库。

本章重点介绍Setuptools,因为这是每个Python程序员都要用到的工具。实际上,Setuptools并非只能用于创建基于脚本的Python安装程序,还可用于编译扩展。另外,通过将其与扩展py2exe和py2app结合起来使用,还可创建独立的Windows和macOS可执行程序。

学习目标:

(1)掌握打包的方法。
(2)掌握编译扩展的方法。
(3)掌握py2exe创建可执行程序的方法。

15.1　Setuptools 基础

Python打包用户指南和Setuptools官网有很多相关的文档。使用Setuptools可完成很多任务,只需编写如下示例的脚本即可(如果还没有安装Setuptools,可使用pip安装)。

【例15-1】　简单的Setuptools安装脚本。
输入如下代码:

```
from setuptools import setup
setup(name='Hello',
    version='1.0',
    description='A simple example',
    author='python',
    py_modules=['hello'])
```

运行结果如下：

```
usage: hello.py [global_opts] cmd1 [cmd1_opts] [cmd2 [cmd2_opts] ...]
   or: hello.py --help [cmd1 cmd2 ...]
   or: hello.py --help-commands
   or: hello.py cmd --help

error: no commands supplied
```

并非一定要向setup函数提供上面列出的所有信息（实际上，可不提供任何参数），但也可提供其他的信息（如author_email或url）。这些参数的含义应该是不言自明的。请将上例所示的脚本存储为setup.py（这适用于所有的Setuptools安装脚本），并确保其所在目录包含简单模块hello.py。

从上述输出可知，要获得更多的信息，可使用开关--help或--help-commands。尝试执行build命令，让Setuptools行动起来。

【例15-2】   build命令应用示例。

输入如下代码：

```
python setup.py build
```

运行结果如下：

```
running build
running build_py
creating build
creating build/lib
copying hello.py -> build/lib
```

Setuptools创建了一个名为build的目录，其中包含子目录lib。同时将hello.py复制到这个子目录中。build目录相当于工作区，Setuptools在其中组装包（以及编译扩展库等）。安装时不需要执行build命令，因为当执行install命令时，如果需要，build命令会自动运行。

在这个示例中，install命令将把hello.py模块复制到PYTHONPATH指定的目录中。这应该不会带来风险，但如果不想弄乱系统，应该将其删除。为此，请将安装位置记录下来，这可在setup.py的输出中找到。也可使用开关-n，这样将只进行演示。可以使用uninstall命令或者手工卸载安装的模块。

下面尝试使用install命令来安装该模块：

```
python setup.py install
```

输出应该非常多，其末尾的内容类似于下面这样：

```
Processing dependencies for Hello==1.0
Finished processing dependencies for Hello==1.0 byte-compiling
```

如果运行的Python版本不是用户安装的，并且没有合适的权限，可能被禁止安装模块，因为用户没有写入相应目录的权限。

上述命令就是用于安装Python模块、包和扩展的标准机制，用户只需提供一个小小的安装脚本即可。在安装过程中，Setuptools创建了一个Egg文件，这是一个独立的Python包。

在这个脚本中，只使用了Setuptools指令py_modules。如果要安装整个包，可以类似的方式（列出包名）使用指令packages。还可设置很多其他的选项，这些选项能够指定要安装什么以及安装到什么地方，等等。另外，指定的配置可用于完成多项任务。

15.2　打包

编写让用户能够安装模块的脚本setup.py后，就可使用它来创建归档文件了，还可使用它来创建Windows安装程序、RPM包、Egg文件、Wheel文件等（Wheel格式最终将取代Egg格式）。这里只介绍如何创建.tar.gz文件，应该能够根据文档轻松地创建其他格式的文件。

要创建源代码归档文件，可使用命令sdist（表示source distribution）。

【例15-3】　sdist命令应用示例。

输入如下代码：

```
python setup.py sdist
```

运行结果如下：

```
creating Hello-1.0/Hello.egg-info
making hard links in Hello-1.0...
hard linking hello.py -> Hello-1.0
hard linking setup.py -> Hello-1.0
hard linking Hello.egg-info/PKG-INFO -> Hello-1.0/Hello.egg-info
hard linking Hello.egg-info/SOURCES.txt -> Hello-1.0/Hello.egg-info
hard linking Hello.egg-info/dependency_links.txt -> Hello-1.0/Hello.egg-info
hard linking Hello.egg-info/top_level.txt -> Hello-1.0/Hello.egg-info
Writing Hello-1.0/setup.cfg
Creating tar archive
removing 'Hello-1.0' (and everything under it)
```

如果执行上述命令，可能出现大量的输出，其中包括一些警告。得到的警告包括缺少author_email选项、README文件和URL。完全可以对这些警告置若罔闻，但也可在setup.py脚本中添加author_email（类似于author选项），并在当前目录中添加文本文件README.txt。在警告的后面最终会得到类似以上的输出结果。

现在，除了build目录外，应该还有一个名为dist的目录。在这个目录中，有一个名为Hello-1.0.tar.gz的文件。可将其分发给他人，而对方可将其解压缩，再使用setup.py脚本进行安装。如果不想生成.tar.gz文件，还有其他几种分发格式可供使用。

15

要设置分发格式，可使用命令行开关--formats（这个开关为复数形式，表明可指定多种用逗号分隔的格式，这样将一次性创建多个归档文件）。要获悉可使用的格式列表，可给sdist命令指定开关--help-formats。

15.3　编译扩展

可以使用Setuptools来完成编译扩展任务。为了方便说明，下面分别给出一个C和Python代码示例，这两个函数功能相同，都是实现检测回文的。

【例15-4】　一个简单的检测回文的C函数（palindrome.c）。

输入如下代码：

```c
#include <string.h>
int is_palindrome(char *text) {
int i, n=strlen(text);
    for (i = 0; I <= n/2; ++i) {
        if (text[i] != text[n-i-1]) return 0;
    }
    return 1;
}
```

与之等价的纯Python函数如下。

【例15-5】　检测回文的Python函数。

输入如下代码：

```python
def is_palindrome(text):
    n = len(text)
    for i in range(len(text) // 2):
        if text[i] != text[n-i-1]:
            return False
    return True
```

假设这个源代码文件（palindrome2.c）位于当前目录中，则可使用下面的setup.py脚本来编译（并安装）它。

【例15-6】　编译并安装palindrome2。

输入如下代码：

```python
from setuptools import setup, Extension
setup(name='palindrome',
    version='1.0',
    ext_modules = [
    Extension('palindrome', ['palindrome2.c'])
    ])
```

如果使用这个脚本运行命令install，将自动编译扩展模块palindrome再安装它。这里没有指定一个模块名列表，而是将参数ext_modules设置为一个Extension实例列表，构造函数Extension将一个名称和一个相关文件列表作为参数，例如可在这个文件列表中指定头文件（.h）。

如果只想就地编译扩展（在大多数UNIX系统中，这都将在当前目录中生成一个名为palindrome.so的文件），可使用如下命令：

```
python setup.py build_ext --inplace
```

请看代码palindrome.c的源代码，它显然比包装后的版本简单得多。能够让Setuptools使用SWIG并直接将其作为Python扩展确实非常方便。为此，需要做的非常简单，只需将接口文件（.i文件）的名称加入Extension实例的文件列表中即可。

【例15-7】　将接口文件名称加入Extension的文件列表。

输入如下代码：

```
from setuptools import setup, Extension
setup(name='palindrome',
    version='1.0',
    ext_modules = [
    Extension('_palindrome', ['palindrome.c',
    'palindrome.i'])
    ])
```

如果用刚才的命令（build_ext，可能还要加上开关--inplace）运行这个脚本，也将生成一个.so文件（或与之等价的文件），但这次无须自己编写包装代码。注意，给这个扩展指定了名称_palindrome，因为SWIG将创建一个名为palindrom.py的包装器，而这个包装器将通过名称_palindrome导入一个C语言库。

15.4　创建可执行程序

py2exe是Setuptools的一个扩展（可通过pip来安装它），能够创建可执行的Windows程序（.exe文件）。这在不想给用户增加单独安装Python解释器的负担时很有用。py2exe包可用来创建带GUI的可执行文件。下面将使用这个非常简单的示例，代码如下：

```
print('Hello, world!')
input('Press <enter>')
```

同样，创建一个空目录，再将hello.py文件放到这个目录中，然后创建一个类似于下面的setup.py文件：

```
from distutils.core import setup
import py2exe
setup(console=['hello.py'])
```

这将创建一个控制台应用程序（hello.exe），还将在子目录dist中创建其他几个文件。可从命令行运行这个应用程序，也可通过双击来运行它。

有关py2exe的工作原理和高级用法的详细信息，请参阅py2exe官网。

要让别人能够使用pip安装开发的包，必须向Python Package Index（PyPI）注册它。标准库文档详尽地描述了其中的工作原理，但基本上只需使用下面的命令：

```
python setup.py register
```

这将打开一个菜单，能够登录或注册。注册包后，就可使用命令upload将其上传到PyPI。例如，下面的命令将上传一个源代码分发包：

```
python setup.py sdist upload
```

15.5　小结

本章详细讲解了程序打包的相关知识，其中Setuptools工具包能够编写安装脚本，根据约定这种安装脚本被命名为setup.py，使用这种脚本可以快速安装模块、包和扩展。另外，还讲解了多个运行setup.py脚本的命令，如何使用py2exe创建可执行程序，等等。

第 16 章

使用数据库

使用简单的纯文本文件可以实现很多功能，但有时可能还需要额外的功能，譬如希望能够自动完成序列化等，此时可求助于shelve和pickle（类似于shelve）。当需要完成自动支持数据并发访问等，即允许多位用户读写磁盘数据，而不会导致文件受损，以及希望同时根据多个数据字段或属性进行复杂的搜索，而不采用shelve提供的简单的单键查找时，虽然可供选择的解决方案有很多，但如果要处理大量的数据，并希望解决方案易于其他程序员理解，选择较标准的数据库可能是个不错的主意。

基于此，本章讨论Python数据库API（一种连接到SQL数据库的标准化方式），并演示如何使用这个API来执行一些基本的SQL，同时，本章还会讨论其他一些数据库技术。

学习目标：

（1）掌握常用的Python数据库API。
（2）熟悉SQLite模块和PySQLite模块。

16.1 数据库 API

有各种SQL数据库可供选择，其中很多都有相应的Python客户端模块（有些数据库甚至有多个）。所有数据库的大多数基本功能都相同，因此从理论上说，对于使用其中一种数据库的程序，很容易对其进行修改以使用另一种数据库。问题是即便不同模块提供的功能大致相同，它们的应用程序接口（Application Programming Interface，API）也是不同的。为解决Python数据库模块存在的这种问题，人们一致同意开发一个标准数据库API（DB API）。

16.1.1　全局变量

所有与DB API兼容的数据库模块都必须包含3个全局变量，它们描述了模块的特征。这样做的原因是，这个API设计得很灵活，无须进行太多包装就能配合多种不同的底层机制使用。如果要让程序能够使用多种不同的数据库，可能会比较麻烦，因为需要考虑众多不同的可能性。在很多情况下，一种更现实的做法是检查这些变量，看看给定的模块是不是程序能够接受的。如果不是，就显示合适的错误消息并退出或者引发异常，如表16-1所示。

表 16-1　Python DB API 的模块属性

变　量　名	描　　述
apilevel	使用的 Python DB API 版本
threadsafety	模块的线程安全程度如何
paramstyle	在 SQL 查询中使用哪种参数的风格

- Apilevel（API级别）是一个字符串常量，指出了使用的API版本。DB API指出，这个变量的值为版本号，比如2.0。如果没有这个变量，就说明模块不与 DB API兼容，应假定使用的是DB API对应的版本。编写代码时，允许这个变量为其他值也没有坏处，因为说不定什么时候更高版本的DB API就出来了。

- threadsafety（线程安全程度）是一个0～3（含）的整数。0表示线程不能共享模块，而3表示模块是绝对线程安全的。1表示线程可共享模块本身，但不能共享连接，而2表示线程可共享模块和连接，但不能共享游标。如果不使用线程（在大多数情况下可能不是这样的），就根本不用关心这个变量。

- paramstyle(参数风格)表示当执行多个类似的数据库查询时，如何在SQL查询中插入参数。format表示标准字符串格式设置方式（使用基本的格式编码），如在要插入参数的地方插入%s。pyformat表示扩展的格式编码，即旧式字典插入使用的格式编码，如%(foo)s。除了这些Python风格外，还有3种指定待插入字段的方式："qmark"表示使用问号，"numeric"表示使用:1和:2这样的形式表示字段（其中的数字是参数的编号），而"named"表示使用":foobar"这样的形式表示字段（其中foobar为参数名）。如果觉得参数样式令人迷惑，也不用担心，编写简单程序时，不会用到它们。如果需要明白特定的数据库是如何处理参数的，可参阅相关的文档。

16.1.2　异常

DB API定义了多种异常，能够细致地处理错误。然而，这些异常构成了一个层次结构，因此使用一个except块就可捕获多种异常。当然，如果觉得一切运行都正常，且不介意出现不太可能的错误时关闭程序，可以根本不考虑这些异常。

表16-2说明了这个异常层次结构。异常应该在整个数据库模块中都可用。有关这些异常的深入描述，请参阅DB API规范。

表 16-2　Python DB API 指定的异常

异　　常	超　　类	描　　述
StandardError		所有异常的超类
Warning	StandardError	发生非致命问题时引发
Error	StandardError	所有错误条件的超类
InterfaceError	Error	与接口（而不是数据库）相关的错误
DatabaseError	Error	与数据库相关的错误的超类
DataError	DatabaseError	与数据相关的问题，如值不在合法的范围内
OperationalError	DataError	数据库操作内部的错误
IntegrityError	DataError	关系完整性遭到破坏，如键未通过检查
InternalError	DataError	数据库内部的错误，如游标无效
ProgrammingError	DataError	用户编程错误，如未找到数据库表
NotSupportedError	DataError	请求不支持的功能，如回滚

16.1.3　连接和游标

要使用底层的数据库系统，必须先连接到它，为此可使用名称贴切的函数connect。这个函数接受多个参数（DB API定义了这些参数），具体如表16-3所示。

表 16-3　函数 connect 的常用参数

参　数　名	描　　述	是否可选
dsn	数据源名称，具体含义随着数据库的不同而有所不同	否
user	用户名	是
password	用户密码	是
host	主机名	是
database	数据库名称	是

函数connect返回一个连接对象，表示当前到数据库的会话，连接对象支持如表16-4所示的方法。

表 16-4　连接对象的方法

方　法　名	描　　述
close()	关闭连接对象。之后，连接对象及其游标将不可用
commit()	如果支持的话，提交未提交的事务，否则什么都不做
rollback()	回滚未提交的事务（可能不可用）
cursor()	返回连接的游标对象

方法rollback可能不可用，因为并非所有的数据库都支持事务（事务其实就是一系列操作）。可用时，这个方法会撤销所有未提交的事务。

方法commit总是可用的，但如果数据库不支持事务，这个方法就什么都不做。关闭连接时，如果还有未提交的事务，将隐式地回滚它们，但仅当数据库支持回滚时才如此。如果不想依赖于这一点，

16

应在关闭连接前提交。只要提交了所有的事务，就无须操心关闭连接的事情，因为作为垃圾被收集时，连接会自动关闭。然而，为了安全起见，最好调用close，因为这样做不需要长时间敲击键盘。

方法cursor用来操作游标对象，可以使用游标来执行SQL查询和查看结果。游标支持的方法比连接多，在程序中的地位也重要得多。连接游标对象的方法如表16-5所示。

表 16-5　连接游标对象的方法

名　　称	描　　述
callproc(name[, params])	使用指定的参数调用指定的数据库的过程（可选）
close()	关闭游标。关闭后游标不可用
execute(oper[, params])	执行一个 SQL 操作，可能指定参数
executemany(oper, pseq)	执行指定的 SQL 操作多次，每次都取序列 pseq 中的一组参数
fetchone()	以序列的方式取回查询结果中的下一行，如果没有更多的行，就返回 None
fetchmany([size])	取回查询结果中的多行，其中参数 size 的值默认为 arraysize
fetchall()	以序列的方式取回余下的所有行
nextset()	跳到下一个结果集，这个方法是可选的
setinputsizes(sizes)	用于为参数预定义内存区域
setoutputsize(size[, col])	为取回大量数据而设置缓冲区长度

表16-6是游标对象的属性。

表 16-6　游标对象的属性

名　　称	描　　述
description	由结果列描述组成的序列（只读）
rowcount	结果包含的行数（只读）
arraysize	fetchmany 返回的行数，默认为 1

其中的一些方法会在本章后面讨论，有关这些方法的详细信息，请参阅PEP（Python Enhancement Proposals）。

16.1.4　类型

为了能够与底层SQL数据库正确地互操作，DB API定义了一些构造函数和常量（单例），用于提供特殊的类型和值。例如，要在数据库中添加日期，应使用相应数据库连接模块中的构造函数Date来创建它，这让连接模块能够在幕后执行必要的转换。每个模块都必须实现表16-7所示的构造函数和特殊值，但也有些模块可能没有完全遵守这一点。

表 16-7　DB API 构造函数和特殊值

名　　称	描　　述
Date(year, month, day)	创建包含日期值的对象
Time(hour, minute, second)	创建包含时间值的对象

（续表）

名　称	描　述
Timestamp(y, mon, d, h, min, s)	创建包含时间戳的对象
DateFromTicks(ticks)	根据从新纪元开始过去的秒数创建包含日期值的对象
TimeFromTicks(ticks)	根据从新纪元开始过去的秒数创建包含时间值的对象
TimestampFromTicks(ticks)	根据从新纪元开始过去的秒数创建包含时间戳的对象
Binary(string)	创建包含二进制字符串值的对象
STRING	描述基于字符串的列（如 CHAR）
BINARY	描述二进制列（如 LONG 或 RAW）
NUMBER	描述数字列
DATETIME	描述日期/时间列
ROWID	描述行 ID 列

16.2　SQLite 和 PySQLite

前面讲过，可用的SQL数据库引擎有很多，它们都有相应的Python模块。这些数据库引擎大都作为服务器程序运行，连安装都需要有管理员权限。为了降低Python DB API的使用门槛，Python选择了一个名为SQLite的小型数据库引擎。它不需要作为独立的服务器运行，且可直接使用本地文件，而不需要使用集中式数据库存储机制。

在较新的Python版本中，SQLite更具优势，因为标准库包含一个SQLite包装器：使用模块sqlite3实现的PySQLite。除非从源代码编译Python，否则Python很可能包含这个数据库。

16.2.1　SQLite 起步

要使用Python标准库中的SQLite，可通过导入模块sqlite3来导入它。然后，就可以创建直接到数据库文件的连接。为此，只需提供一个文件名（可以是文件的相对路径或绝对路径），如果指定的文件不存在，将自动创建它。

```
import sqlite3
conn = sqlite3.connect('somedatabase.db')
```

接下来可从连接获得游标。

```
curs = conn.cursor()
```

这个游标可用来执行SQL查询。执行完查询后，如果修改了数据，务必提交所做的修改，这样才会将其保存到文件中。

```
conn.commit()
```

在每次修改数据库后都进行提交，而不是仅在关闭连接前才这样做。要关闭连接，只需调用方法close。

16

```
        conn.close()
```

16.2.2　数据库应用示例

作为示例，将演示如何创建一个小型的营养成分数据库，这个数据库基于美国农业部（United States Department of Agriculture，USDA）农业研究服务提供的数据。美国农业部的链接常常会有细微的变化，但只要仔细找，就应该能够找到相关的数据集。该数据是纯文本（ASCII）格式的。在官网下载该数据集，将获得一个ZIP文件，其中包含一个名为ABBREV.txt的文本文件，还有一个描述该文件内容的PDF文件。如果找不到这个文件，也可使用其他的旧数据，只是需要相应地修改源代码。

在文件ABBREV.txt中，每行都是一条数据记录，字段之间用脱字符（^）分隔。数字字段直接包含数字，而文本字段用两个波浪字符（~）将其字符串值包围起来。下面是一个示例（为简洁起见，删除了部分内容）：

```
~07276~^~HORMEL SPAM ... PORK W/ HAM MINCED CND~^ ... ^~1 serving~^^~~^0
```

要将这样的行分解成字段，只需使用line.split('^')即可。如果一个字段以波浪字符开头，就知道它是一个字符串，因此可使用field.strip('~')来获取其内容。对于其他字段（数字字段），使用float(field)就能获取其内容，但字段为空时不能这样做。接下来将开发一个程序，将这个ASCII文件中的数据转换为SQL数据库，并使其能够执行一些有趣的查询。

1．创建并填充数据库表

要创建并填充数据库表，最简单的解决方案是单独编写一个一次性程序。这样只需运行一次这个程序，就可将它及原始数据源（文件ABBREV.txt）抛在脑后，不过保留它可能是个不错的主意。

下面的示例代码创建一个名为food的表（其中包含一些合适的字段），读取文件ABBREV.txt并对其进行分析（使用工具函数convert对各行进行分割并对各个字段进行转换），再通过调用curs.execute来执行一条SQL INSERT语句，从而将字段中的值插入数据库中。

注意　也可使用curs.executemany，并向它提供一个列表（其中包含从数据文件中提取的所有行）。就这里而言，这样做速度稍有提高，但如果使用的是通过网络连接的客户/服务器SQL系统，速度将有极大的提高。

【例16-1】　将数据导入数据库。

输入如下代码：

```
import sqlite3
def convert(value):
    if value.startswith('~'):
        return value.strip('~')
    if not value:
        value = '0'
        return float(value)
conn = sqlite3.connect('food.db')
```

```
curs = conn.cursor()
curs.execute('''
CREATE TABLE food (          #创建表food
id TEXT PRIMARY KEY,
desc TEXT,
water FLOAT,
kcal FLOAT,
protein FLOAT,
fat FLOAT,
ash FLOAT,
carbs FLOAT,
fiber FLOAT,
sugar FLOAT
)
''')
query = 'INSERT INTO food VALUES (?,?,?,?,?,?,?,?,?,?)'
field_count = 10
for line in open('ABBREV.txt'):
    fields = line.split('^')
    vals = [convert(f) for f in fields[:field_count]]
    curs.execute(query, vals)
    conn.commit()
    conn.close()
```

运行这个程序时（文件ABBREV.txt和它位于同一个目录），它将新建一个名为food.db的文件，其中包含数据库中的所有数据。

建议使用不同的输入、添加print语句等，多运行几次这个程序。

2. 搜索并处理结果

数据库使用起来非常简单：创建一条连接并从它获取一个游标，使用方法execute执行SQL查询并使用诸如fetchall等方法提取结果。下面的示例是一个微型程序，它通过命令行参数接受一个SQL SELECT条件，并以记录格式将返回的行打印出来。

【例16-2】　数据库查询程序。

输入如下代码：

```
import sqlite3, sys
conn = sqlite3.connect('food.db')
curs = conn.cursor()
query = 'SELECT * FROM food WHERE ' + sys.argv[1]
print(query)
curs.execute(query)
names = [f[0] for f in curs.description]
for row in curs.fetchall():
    for pair in zip(names, row):
        print('{}: {}'.format(*pair))
        print()
```

将该脚本命名为dataset.py，可在命令行中像下面这样尝试运行它：

```
python dataset.py "kcal <= 100 AND fiber >= 10 ORDER BY sugar"
```

运行这个程序时，可能发现了一个问题：第一行指出，生橘子皮（raw orange peel）好像不含任何糖分。这是因为在数据文件中缺少这个字段，可对导入脚本进行改进，以检测这种情况，并插入None而不是0来指出缺失数据。这样，就可使用类似于下面的条件：

```
"kcal <= 100 AND fiber >= 10 AND sugar ORDER BY sugar"
```

这要求仅当sugar字段包含实际数据时才返回相应的行。这种策略恰好也适用于当前的数据库——上述条件将丢弃糖分为0的行。

可能想尝试使用ID搜索特定食品的条件，如使用ID 08323搜索Cocoa Pebbles。问题是SQLite处理其值的方式不那么标准，事实上，它在内部将所有的值都表示为字符串，因此在数据库和Python API之间将执行一些转换和检查。通常，这没有问题，但使用ID搜索可能会遇到麻烦。如果提供值08323，它将被解读为数字8323，进而被转换为字符串"8323"，即一个不存在的ID。在这种情况下，可能会显示错误消息，而不是采取这种意外且毫无帮助的行为；但如果很小心，在数据库中就将ID设置为字符串"08323"，就不会出现这种问题。

这个程序从用户那里获取输入，并将其插入SQL查询中。在用户不会输入过于不可思议的内容时，这没有问题。然而，利用这种输入偷偷地插入恶意的SQL代码以破坏数据库是一种常见的计算机攻击方式，称为SQL注入攻击。请不要让数据库（以及其他任何东西）暴露在原始用户输入的"火力范围"内，除非对这样做的后果心知肚明。

16.3　小结

本章简要地介绍了如何创建与关系型数据库交互的Python程序。只要掌握了Python和SQL，就能很容易掌握它们之间的桥梁——一个简单的标准化接口Python DB API。本章还介绍了一个小型的嵌入式SQL数据库SQLite，标准Python的模块sqlite3可以快速实现访问该数据库，且不要求搭建专门的服务器。

第 17 章

网 络 编 程

Python提供了强大的网络编程支持，有很多库实现了常见的网络协议以及基于这些协议的抽象层，让用户能够专注于程序的逻辑，而无须关心通过线路来传输比特的问题。另外，对于有些协议格式，可能没有处理它们的现成代码，但编写起来也很容易，因为Python很擅长处理字节流中的各种模式。本章将通过示例展示如何使用Python来编写以各种方式使用网络（如互联网）的程序。鉴于Python提供的网络工具众多，限于篇幅，这里只简要地介绍它的网络功能。

学习目标：

（1）掌握Python标准库中的一些网络模块。
（2）掌握SocketServer和相关的类。
（3）了解Python编写网络程序的框架Twisted。

17.1 网络模块

在标准库中有很多网络模块，有些网络模块主要用于处理网络，还有几个与网络相关的模块，如处理各种数据编码以便通过网络传输的模块。这里精选其中几个模块进行介绍。

17.1.1 socket 模块

网络编程中的一个基本组件是套接字（socket）。套接字基本上是一个信息通道，两端各有一个程序。这些程序可能位于（通过网络相连的）不同的计算机上，通过套接字向对方发送信息。在Python中，大多数网络编程都隐藏了模块socket的基本工作原理，不与套接字直接交互。

套接字分为两类：服务器套接字和客户端套接字。创建服务器套接字后，让它等待连接请求的到来。这样，它将在某个网络地址（由IP地址和端口号组成）处监听，直到客户端套接字建立连接。随后，客户端和服务器就能通信了。

客户端套接字处理起来通常比服务器端套接字容易一些，因为服务器必须准备随时处理客户端连接，还必须处理多个连接；而客户端只需连接，完成任务后再断开连接即可。

套接字是模块socket中socket类的实例。实例化套接字时最多可指定3个参数：地址族（默认为socket.AF_INET）；是流套接字（默认为socket.SOCK_STREAM），还是数据报套接字（socket.SOCK_DGRAM）；协议（使用默认值0即可）。创建普通套接字时，不用提供任何参数。

服务器套接字先调用bind方法，再调用listen方法来监听特定的地址。然后，客户端套接字即可连接到服务器，办法是调用connect方法并提供调用bind方法时指定的地址（在服务器端，可使用socket.gethostname函数获取当前机器的主机名）。这里的地址是一个格式为(host, port)的元组，其中host是主机名（如www.example.com），而port是端口号（一个整数）。listen方法接受一个参数——待办任务清单的长度（最多可有多少个连接在队列中等待接纳，到达这个数量后将开始拒绝连接）。

服务器套接字开始监听后，即可接受客户端连接，这是使用accept方法来完成的。这个方法将阻断（等待）到客户端连接到来为止，然后返回一个格式为(client, address)的元组，其中client是一个客户端套接字，而address是前面解释过的地址。服务器能以其认为合适的方式处理客户端连接，然后再次调用accept以接着等待新连接到来。这通常是在一个无限循环中完成的。

为传输数据，套接字提供了两个方法：send和recv（表示receive）。要发送数据，可调用send方法并提供一个字符串；要接收数据，可调用recv方法并指定最多接收多少字节的数据。如果不确定该指定什么数字，1024是一个不错的选择。下面举例说明socket模块的简单用法。

【例17-1】 简单的服务器示例。

输入如下代码：

```
import socket
s = socket.socket()
host = socket.gethostname()
port = 1234
s.bind((host, port))
s.listen(5)
while True:
    c, addr = s.accept()
    print('Got connection from', addr)
    c.send('Thank you for connecting')
    c.close()
```

【例17-2】 简单的客户端示例。

```
import socket
s = socket.socket()
host = socket.gethostname()
port = 1234
s.connect((host, port))
print(s.recv(1024))
```

以上两个示例展示了简单的客户端程序和服务器程序。如果在同一台机器上运行它们（先运行服务器程序），服务器程序将打印一条收到连接请求的消息，然后客户端程序将打印它从服务器那里收到的消息。在服务器还在运行时，可运行多个客户端。在客户端程序中，通过将gethostname调用替换为服务器机器的主机名，可分别在两台通过网络连接的机器上运行这两个程序。

17.1.2 urllib 和 urllib2 模块

在可供使用的网络库中，urllib和urllib2模块可能是投入产出比最高的两个。它们能够通过网络访问文件，就像这些文件位于计算机中一样。只需一个简单的函数调用，几乎就可以将统一资源定位符（Uniform Resource Locator，URL）可指向的任何动作作为程序的输入。将这种功能与re模块结合起来使用可以实现下载网页、从中提取信息并自动生成研究报告等功能。

urllib和urllib2模块的功能差不多，但urllib2更好一些。对于简单的下载，使用urllib模块绰绰有余。如果需要实现HTTP身份验证或Cookie，抑或编写扩展来处理自己的协议，urllib2模块可能是更好的选择。

1. 打开远程文件

读者几乎可以像打开本地文件一样打开远程文件，差别是只能使用读取模式，以及使用urllib.request模块中的urlopen()函数，而不是open()（或file()）函数：

```
from urllib.request import urlopen
webpage = urlopen('http://www.python.org')
```

如果连接了网络，变量webpage将包含一个类似于文件的对象，这个对象与网页http://www.python.org相关联。urlopen()函数返回的类似于文件的对象支持close()、read()、readline()和readlines()方法，还支持迭代等。

2. 获取远程文件

urlopen()函数返回一个类似于文件的对象，可从中读取数据。如果要让urllib下载文件，并将其副本存储在一个本地文件中，可使用urlretrieve()函数。该函数不返回一个类似于文件的对象，而返回一个格式为(filename, headers)的元组，其中filename是本地文件的名称（由urllib自动创建），而headers包含一些有关远程文件的信息（这里不会介绍headers，如果想更深入地了解它，请在有关urllib的标准库文档中查找urlretrieve）。如果要给下载的副本指定文件名，可通过第二个参数来提供。

```
urlretrieve('http://www.python.org', 'C:\\python_webpage.html')
```

这将获取Python官网的主页，并将其存储到文件C:\python_webpage.html中。如果没有指定文件名，下载的副本将放在某个临时位置，可使用函数open()来打开。但使用完毕后，可能想将其删除，以免占用磁盘空间。要清空这样的临时文件，可调用urlcleanup()函数且不提供任何参数，它将负责完成清空工作。

除了通过URL读取和下载文件外，urllib还提供了一些用于操作URL的函数，如下所示（假设对URL和CGI已有了解）。

17

（1）quote(string[, safe])：返回一个字符串，其中所有的特殊字符（在URL中有特殊意义的字符)都已替换为对URL友好的版本(如将~替换为%7E)。如果要将包含特殊字符的字符串用作URL，这很有用。参数safe是一个字符串（默认为'/'），包含对其进行编码的字符。

（2）quote_plus(string[, safe])：类似于quote，但也将空格替换为加号。

（3）unquote(string)：与quote相反。

（4）unquote_plus(string)：与quote_plus相反。

（5）urlencode(query[, doseq])：将映射（如字典）或由包含两个元素的元组（形如(key,value)）组成的序列转换为"使用URL编码的"字符串。这样的字符串可用于CGI查询中（请参阅Python文档）。

17.1.3　其他模块

除了前面已讨论的模块外，Python库还包含很多与网络相关的模块。表17-1列出了Python标准库中的一些与网络相关的模块，具体使用方法请查询相关帮助文档。

表 17-1　标准库中一些与网络相关的模块

模　　块	描　　述	模　　块	描　　述
asynchat	包含补充 asyncore 的功能	mailcap	通过 mailcap 文件访问 MIME 配置
asyncore	异步套接字处理程序	mhlib	访问 MH 邮箱
cgi	基本的 CGI 支持	nntplib	NNTP 客户端模块
Cookie	Cookie 对象操作，主要用于服务器	poplib	POP 客户端模块
cookielib	客户端 Cookie 支持	robotparser	解析 Web 服务器 robot 文件
email	电子邮件（包括 MIME）支持	SimpleXMLRPCServer	一个简单的 XML-RPC 服务器
ftplib	FTP 客户端模块	smtpd	SMTP 服务器模块
gopherlib	Gopher 客户端模块	smtplib	SMTP 客户端模块
httplib	HTTP 客户端模块	telnetlib	Telnet 客户端模块
imaplib	IMAP4 客户端模块	urlparse	用于解读 URL
mailbox	读取多种邮箱格式	xmlrpclib	XML-RPC 客户端支持

17.2　SocketServer 模块及相关的类

创建简单的套接字服务器并不难。然而，如果要创建的并非简单服务器，还是求助于服务器模块为好。SocketServer模块是标准库提供的服务器框架的基石，这个框架包括BaseHTTPServer、SimpleHTTPServer、CGIHTTPServer、SimpleXMLRPCServer和DocXMLRPCServer等服务器，它们在基本服务器的基础上添加了各种功能。

SocketServer包含4个基本的服务器：TCPServer（支持TCP套接字流）、UDPServer（支持UDP数据报套接字）以及更难懂的UnixStreamServer和UnixDatagramServer，后面3个很少用到。

使用SocketServer模块编写服务器时，大部分代码都位于请求处理器中。每当服务器收到客户端的连接请求时，都将实例化一个请求处理程序，并对其调用各种处理方法来处理请求。

具体调用的方法取决于使用的服务器类和请求处理程序类，还可从这些请求处理器类派生出子类，从而让服务器调用一组自定义的处理方法。

基本请求处理程序类BaseRequestHandler将所有操作都放在一个方法中——服务器调用的方法handle。这个方法可通过属性self.request来访问客户端套接字。如果处理的是流（使用TCPServer时很可能如此），则可使用StreamRequestHandler类，它包含另外两个属性：self.rfile（用于读取）和self.wfile（用于写入）。可使用这两个类似于文件的对象来与客户端通信。

SocketServer模块还包含很多其他的类，它们为HTTP服务器提供基本的支持（如运行CGI脚本），以及XML-RPC支持。

【例17-3】　基于SocketServer的极简服务器。

输入如下代码：

```
from socketserver import TCPServer, StreamRequestHandler
class Handler(StreamRequestHandler):
    def handle(self):
        addr = self.request.getpeername()
        print('Got connection from', addr)
        self.wfile.write('Thank you for connecting')
server = TCPServer(('', 1234), Handler)
server.serve_forever()
```

有关SocketServer模块的详细信息，请参阅Python库参考手册。

17.3　处理多个连接

前面讨论的服务器解决方案都是同步的，不能同时处理多个客户端的连接请求。如果连接持续的时间较长，比如完整的聊天会话，就需要能够同时处理多个连接。

处理多个连接主要有分叉（Forking）、线程化和异步I/O三种方式。通过结合使用SocketServer模块中的混合类和服务器类，很容易实现分叉和线程化。即便不使用这些类，这两种方式也很容易实现。然而，它们又存在缺点，分叉占用的资源较多，且在客户端很多时可伸缩性不佳，但是只要客户端数量适中，分叉在现代UNIX和Linux系统中的效率很高，如果系统有多个CPU，效率就更高了；而线程化可能带来同步问题。本节不打算深入讨论这些问题，只演示如何使用这些方式。

17.3.1　分叉和线程化实现

使用SocketServer模块创建分叉或线程化服务器非常简单，几乎不需要任何解释。仅当handle

17

方法需要很长时间才能执行完毕时，分叉和线程化才能提供帮助。请注意，Windows不支持分叉。下面分别举例说明。

【例17-4】 分叉服务器示例。

输入如下代码：

```
from socketserver import TCPServer, ForkingMixIn, StreamRequestHandler
class Server(ForkingMixIn, TCPServer): pass
class Handler(StreamRequestHandler):
    def handle(self):
        addr = self.request.getpeername()
        print('Got connection from', addr)
        self.wfile.write('Thank you for connecting')
server = Server(('', 1234), Handler)
server.serve_forever()
```

【例17-5】 线程化服务器示例。

输入如下代码：

```
from socketserver import TCPServer, ThreadingMixIn, StreamRequestHandler
class Server(ThreadingMixIn, TCPServer): pass
class Handler(StreamRequestHandler):
    def handle(self):
        addr = self.request.getpeername()
        print('Got connection from', addr)
        self.wfile.write('Thank you for connecting')
server = Server(('', 1234), Handler)
server.serve_forever()
```

17.3.2 异步 I/O 实现

当服务器与客户端通信时，来自客户端的数据可能时断时续。使用分叉和线程化可以解决该问题：因为一个进程（线程）等待数据时，其他进程（线程）可继续处理其客户端。另一种做法是只处理当前正在通信的客户端，甚至无须不断监听，只需监听后将客户端加入队列即可。

这就是框架asyncore/asynchat和Twisted采取的方法。这种功能的基石是select()或poll()方法（如果系统支持）。这两个方法都位于select模块中，其中poll()方法的可伸缩性更高，但只有UNIX系统支持它（Windows系统不支持）。

select()函数接受三个必不可少的参数和一个可选参数，其中前三个参数为序列，而第四个参数为超时时间（单位为秒）。这些序列包含文件描述符整数（也可以是这样的对象：包含返回文件描述符整数的fileno()方法），表示正在等待的连接。这三个序列分别表示需要输入和输出以及发生异常（错误等）的连接。如果没有指定超时时间，那么select()将阻断（等待）到有文件描述符准备就绪；如果指定了超时时间，那么select()将最多阻断指定的秒数；如果超时时间为零，那么select()将不断轮询（不阻断）。select()返回三个序列（一个长度为3的元组），其中每个序列都包含相应参数中处于活动状态的文件描述符。例如，返回的第一个序列包含有数据需要读取的所有输入文件描述符。

　　这些序列也可以包含文件对象（Windows不支持）或套接字。下面示例的服务器使用select()来为多个连接提供服务（请注意，将服务器套接字传递给了select()，让select()能够在有新连接到来时发出信号）。这个服务器是一个简单的日志程序，将来自客户端的数据都打印出来。要进行测试，可使用telnet连接到它，也可通过编写一个基于套接字的简单客户端来向它发送数据。尝试使用telnet建立多个到该服务器的连接，核实它能够同时处理多个客户端（虽然这样输出的日志中将混杂多个客户端的输入）。

　　【例17-6】　　使用select()方法的简单服务器。
　　输入如下代码：

```
import socket, select
s = socket.socket()
host = socket.gethostname()
port = 1234
s.bind((host, port))
s.listen(5)
inputs = [s]
while True:
    rs, ws, es = select.select(inputs, [], [])
    for r in rs:
        if r is s:
        c, addr = s.accept()
        print('Got connection from', addr)
        inputs.append(c)
        else:
        try:
            data = r.recv(1024)
            disconnected = not data
        except socket.error:
            disconnected = True
        if disconnected:
            print(r.getpeername(), 'disconnected')
            inputs.remove(r)
        else:
            print(data)
```

　　poll()方法使用起来比select()方法容易。调用poll()方法时，将返回一个轮询对象。可使用register()方法向这个对象注册文件描述符（或包含fileno()方法的对象）。注册后可使用unregister()方法将它们删除。注册对象（如套接字）后，可调用其poll()方法（它接受一个可选的超时时间参数）。这将返回一个包含(fd, event)元组的列表（可能为空），其中fd为文件描述符，而event是发生的事件。event是一个位掩码，这意味着它是一个整数，其各个位对应不同的事件。各种事件是用select模块中的常量表示的，如表17-2所示。要检查指定的位是否为1（是否发生了相应的事件），可像下面这样使用按位与运算符（&）：

```
if event & select.POLLIN: ...
```

17

表 17-2　select 模块中的轮询事件常量

时　间　名	描　述	时　间　名	描　述
POLLIN	文件描述符中有需要读取的数据	POLLERR	文件描述符出现了错误状态
POLLPRI	文件描述符中有需要读取的紧急数据	POLLHUP	挂起。连接已断开
POLLOUT	文件描述符为写入数据做好了准备	POLLNVAL	无效请求。连接未打开

使用poll()方法的简单服务器举例如下。

【例17-7】　使用poll()方法的简单服务器。

输入如下代码：

```python
import socket, select
s = socket.socket()
host = socket.gethostname()
port = 1234
s.bind((host, port))
fdmap = {s.fileno(): s}
s.listen(5)
p = select.poll()
p.register(s)
while True:
    events = p.poll()
    for fd, event in events:
        if fd in fdmap:
            c, addr = s.accept()
            print('Got connection from', addr)
            p.register(c)
            fdmap[c.fileno()] = c
        elif event & select.POLLIN:
            data = fdmap[fd].recv(1024)
        if not data: # 没有数据 --连接已关闭
            print(fdmap[fd].getpeername(), 'disconnected')
            p.unregister(fd)
            del fdmap[fd]
        else:
            print(data)
```

有关select()方法和poll()方法的更详细信息，请参阅Python库参考手册。另外，阅读标准库模块asyncore和asynchat的源代码（位于安装Python中的asyncore.py和asynchat.py文件中）也能获得启迪。

17.4　Twisted

Twisted是由Twisted Matrix Laboratories开发的，这是一个事件驱动的Python网络框架，最初是为编写网络游戏开发的，但现在被各种网络软件使用。在Twisted中，能实现事件处理程序，就像在GUI工具包中一样。实际上，Twisted与多个常用的GUI工具包（Tk、GTK、Qt和wxWidgets）配合得天衣无缝。

Twisted是一个功能极其丰富的框架，支持Web服务器和客户端、SSH2、SMTP、POP3、IMAP4、AIM、ICQ、IRC、MSN、Jabber、NNTP、DNS等。

本节介绍一些基本概念，并演示如何使用Twisted完成一些简单的网络编程任务。掌握这些基本概念后，就可以参考Twisted文档（可在Twisted网站找到，这个网站还有很多其他的信息）来完成更复杂的网络编程。

17.4.1 下载并安装 Twisted

Twisted安装起来非常容易。首先，访问Twisted Matrix网站，并单击其中一个下载链接。如果使用的是Windows系统，请根据使用的Python版本下载相应的安装程序。如果使用的是其他操作系统，请下载源代码归档文件（如果使用了包管理器Portage、RPM、APT、Fink或MacPorts，可直接下载并安装Twisted）。Windows安装程序是一个循序渐进的向导，不用多解释。编译和解压缩可能需要点时间，但只需等待就好。要安装源代码归档，首先需要解压缩（先使用tar，再根据下载的归档文件类型使用gunzip或bunzip2），然后运行脚本Distutils。

```
python setup.py install
```

这样应该就能使用Twisted了。

17.4.2 编写 Twisted 服务器

本章前面编写的简单套接字服务器非常清晰，其中有些包含显式的事件循环，用于查找新连接和新数据。基于SocketServer的服务器有一个隐式的循环，用于查找连接并为每个连接创建处理程序，但处理程序必须显式地读取数据。Twisted采用的是基于事件的方法。

要编写简单的服务器，只需实现处理如下情形的事件处理程序：客户端发起连接，有数据到来，客户端断开连接（以及众多其他的事件）。专用类可在基本类的基础上定义更细致的事件，如包装"数据到来"事件，收集换行符之前的所有数据再分派"数据行到来"事件。

事件处理程序是在协议中定义的。还需要一个工厂，它能够在新连接到来时创建这样的协议对象。如果只想创建自定义协议类的实例，可使用Twisted自带的工厂——twisted.internet.protocol模块中的Factory类。

编写自定义协议时，将twisted.internet.protocol模块中的Protocol作为超类。有新连接到来时，将调用事件处理程序connectionMade；连接中断时，将调用connectionLost。来自客户端的数据是通过处理程序dataReceived接收的。当然，不能使用事件处理策略来向客户端发送数据。这种工作是使用对象self.transport完成的，它包含一个write()方法。这个对象还有一个client属性，其中包含客户端的地址（主机名和端口）。

以下示例是Twisted版本的服务器程序。

17

【例17-8】 使用Twisted创建的简单服务器。

输入如下代码：

```
from twisted.internet import reactor
from twisted.internet.protocol import Protocol, Factory
class SimpleLogger(Protocol):
    def connectionMade(self):
        print('Got connection from', self.transport.client)
    def connectionLost(self, reason):
        print(self.transport.client, 'disconnected')
    def dataReceived(self, data):
        print(data)


factory = Factory()
factory.protocol = SimpleLogger
reactor.listenTCP(1234, factory)
reactor.run()
```

在这个Twisted版本中，包含一些设置工作：需要实例化Factory，并设置其属性protocol，让它知道该使用哪种协议（这里是一个自定义协议）与客户端通信。

接下来，开始监听指定的端口，让工厂通过实例化协议对象来处理连接。为此，调用了reactor中模块的listenTCP()函数。最后，通过调用reactor模块中的run()函数启动这个服务器。

如果使用telnet连接到这个服务器以便测试它，每行输出可能只有一个字符，是否如此取决于缓冲等因素。可使用sys.sout.write而不是print，但在很多情况下，可能希望每次得到一行，而不是得到随意的数据。为此，可编写一个自定义协议，尽管这很容易，但实际上有一个提供这种功能的现成类。twisted.protocols.basic模块包含几个预定义的协议，其中一个就是LineReceiver。它实现了dataReceived，并在每收到一整行后调用事件处理程序lineReceived。

切换到协议LineReceiver需要做的工作很少。如果查看运行这个服务器得到的输出，将发现换行符被删除了。换言之，使用print不能再生成两个换行符。

【例17-9】 使用LineReceiver协议改进后的日志服务器。

输入如下代码：

```
from twisted.internet import reactor
from twisted.internet.protocol import Factory
from twisted.protocols.basic import LineReceiver
class SimpleLogger(LineReceiver):
    def connectionMade(self):
        print('Got connection from', self.transport.client)

    def connectionLost(self, reason):
        print(self.transport.client, 'disconnected')

    def lineReceived(self, line):
        print(line)

factory = Factory()
```

```
factory.protocol = SimpleLogger
reactor.listenTCP(1234, factory)
reactor.run()
```

　　Twisted框架的功能比这里介绍的要多得多。如果要更深入地了解，可参阅Twisted网站的在线文档。

17.5　小结

　　本章简要地介绍了多种Python网络编程模块，选择哪种模块取决于具体需求和用户的偏好。本章还讲解了套接字，能够访问客户端套接字和服务器套接字的socket模块，从各种服务器读取和下载数据的urllib和urllib2模块。同时，本章还介绍了标准库中的SocketServer框架及Twisted Matrix Laboratories开发的Twisted框架。

17

## 第 18 章

图形用户界面

本章将介绍有关为Python程序创建图形用户界面（Graphical User Interface，GUI）的基本知识。GUI就是包含按钮、文本框等控件的窗口。Tkinter是事实上的Python标准GUI工具包，包含在Python标准安装中，当然还有其他多个工具包。Tkinter易于使用，但要使用其所有功能，需要学的东西还有很多。通过本章的学习，读者可以初步掌握图形用户界面的开发方法。

本章学习目标：

（1）了解Python中GUI的基础知识。

（2）掌握构建简单的GUI的流程。

18.1 建立简单的 Python GUI

Python的Tkinter模块是标准的GUI工具包的接口，是一个轻量级的跨平台图形用户界面（GUI）开发工具，目前可以运行于绝大多数的UNIX平台、Windows和Macintosh系统。

Tkinter 8.0的后续版本可以实现本地窗口风格，并良好地运行在绝大多数平台中。Python使用Tkinter可以快速地创建GUI应用程序。

由于Tkinter是内置到Python的安装包中的，因此只要安装好Python，就能使用import Tkinter命令导入这个库，对于简单的图形界面Tkinter可以应对自如。

需要说明的是，Python 3.x版本使用的库名为tkinter，即首写字母T为小写t。

下面将通过介绍如何创建一个简单的GUI应用程序来演示Tkinter的用法。示例是编写一个简单的程序，让用户能够编辑文本文件。这里并非要开发功能齐备的文本编辑器，而只想提供基本的功能。因为示例的目标是演示基本的Python GUI编程机制。

这个微型文本编辑器的需求如下。

（1）让用户能够打开指定的文本文件。

（2）让用户能够编辑文本文件。

（3）让用户能够保存文本文件。

（4）让用户能够退出。

编写GUI程序时，绘制其用户界面草图通常很有帮助，如图18-1所示。

图 18-1　GUI 文本编辑器用户界面草图

这些界面元素的用法如下。

（1）在"打开"按钮左边的文本框中输入文件名，再单击"打开"按钮打开这个文件，它包含的文本将出现在底部的文本框中。

（2）在底部的大型文本框中，可随心所欲地编辑文本。

（3）要保存所做的修改，可单击"保存"按钮，这将把大型文本框的内容写入顶部文本框指定的文件中。

（4）没有"退出"按钮，用户只能使用默认Tkinter菜单中的Quit命令来退出程序。这项任务看起来有点吓人，但其实实现起来并不难。

18.1.1　准备工作

首先，必须导入tkinter。为保留其命名空间，同时减少输入量，可能需要将其重命名。

```
import tkinter as tk
```

然而，也可导入这个模块的所有内容，这样不会有其他危害。

```
from tkinter import *
```

接下来，将使用交互式解释器来做一些探索和准备工作。

要创建GUI，可创建一个将充当主窗口的顶级组件（控件）。为此，可实例化一个Tk对象。

```
top = Tk()
```

这时将出现一个窗口。在常规程序中，将调用mainloop()函数以进入Tkinter主事件循环，而不是直接退出程序。在交互式解释器中，不需要这样做，读者完全可以试一试。

```
mainloop()
```

解释器像是挂起了，而GUI还在运行。为了继续，请退出GUI并重启解释器。

有很多可用的控件，它们的名称各异。例如，要创建按钮，可实例化Button类。如果没有Tk实例，创建控件也将实例化Tk，因此可不先实例化Tk，而直接创建控件。

```
from tkinter import *
btn = Button()
```

现在按钮是不可见的，需要使用布局管理器（也叫几何体管理器）来告诉Tkinter将它放在什么地方。将使用管理器pack，在最简单的情况下只需调用pack()方法即可。

```
btn.pack()
```

控件包含各种属性，可以使用它们来修改控件的外观和行为。可像访问字典项一样访问属性，因此要给按钮指定一些文本，只需使用一条赋值语句即可。

```
btn['text'] = 'python'
```

给按钮添加行为也非常简单。

【例18-1】 给按钮添加行为。

输入如下代码：

```
def clicked():
    print('I was clicked!')
btn['command'] = clicked
```

现在如果单击这个按钮，将看到指定的消息被打印出来。

可以不分别给属性赋值，而使用config()方法同时设置多个属性。

```
btn.config(text='Click me!', command=clicked)
```

还可使用控件的构造函数来配置控件。

```
Button(text='Click me too!', command=clicked).pack()
```

18.1.2　GUI 布局

对控件调用pack()方法时，将把控件放在其父控件（主控件）中。要指定主控件，可使用构造函数的第一个可选参数，如果没有指定，将把顶级主窗口用作主控件，如下面的代码片段所示：

```
Label(text="I'm in the first window!").pack()
second = Toplevel()
```

```
Label(second, text="I'm in the second window!").pack()
```

Toplevel类表示除主窗口外的另一个顶级窗口，而Label就是文本标签。

在没有提供任何参数时，pack()从窗口顶部开始将控件堆叠成一列，并让它们在窗口中水平居中。例如，下面的代码生成一个既高又窄的窗口，其中包含一列按钮：

```
for i in range(10):
    Button(text=i).pack()
```

所幸可调整控件的位置和拉伸方式。要指定将控件停靠在哪一条边上，可将参数side设置为LEFT、RIGHT、TOP或BOTTOM。要让控件在x或y方向上填满分配给它的空间，可将参数fill设置为X、Y或BOTH。要让控件随父控件（这里是窗口）一起增大，可将参数expand设置为True。还有其他的选项，如指定锚点和内边距的选项，但这里不会使用它们。要快速了解可用的选项，可执行如下命令：

```
help(Pack.config)
```

还有其他的布局管理器，具体地说是grid和place，它们可能更能满足用户的需求。与pack布局管理器一样，要使用它们，可对控件调用grid()和place()方法。为避免麻烦，在一个容器（如窗口）中应只使用一种布局管理器。

grid()方法能够这样排列控件：将它们放在不可见的表格单元格中。为此需要指定参数row和column，还可能要指定参数rowspan或columnspan（如果控件横跨多行或多列）。place()方法让用户能够手工放置控件——通过指定控件的x和y坐标以及高度和宽度来做到。这在大多数情况下都不是好办法，但偶尔可能需要这样做。这两个几何体管理器都还有其他的参数，要详细了解，可使用如下命令：

```
help(Grid.configure)
help(Place.config)
```

18.1.3　事件处理

可通过设置属性command给按钮指定动作（action）。这是一种特殊的事件处理，但Tkinter还提供了更通用的事件处理机制：bind()方法。要让控件对特定的事件进行处理，可对其调用bind()方法，并指定事件的名称和需要使用的函数。

【例18-2】　指定按钮需要使用的方法。

输入如下代码：

```
from tkinter import *
top = Tk()
def callback(event):
    print(event.x, event.y)
top.bind('<Button-1>', callback)
```

其中<Button-1>是使用鼠标左按钮（按钮1）单击的事件名称。将这种事件关联到callback()函数。这样，每当用户在窗口top中单击时，都将调用这个函数。向callback()函数传递一个event对象，这个对象包含的属性随事件类型而异。例如，对于鼠标单击事件，它提供了x和y坐标，在这个示例中将它们打印出来了。还有很多其他类型的事件，完整的清单可使用下面的命令来获取：

```
help(Tk.bind)
```

18.1.4 GUI 文本编辑器

至此，大致具备了编写前述程序所需的知识，但还需获悉用于创建小型文本框和大型文本区域的控件的名称。通过快速浏览文档可知，要创建单行文本框，可使用Entry控件。要创建可滚动的多行文本区域，可结合使用Text和Scrollbar控件，但tkinter.scrolledtext模块已经提供了一种实现。要提取Entry控件的内容，可使用其get方法。

对于ScrolledText对象，将使用其delete()和insert()方法来删除文本。调用delete()和insert()方法时，需要使用合适的参数来指定文本的位置；在这里，将使用1.0来指定第1行的第0个字符（第一个字符前面），使用END来指定文本末尾，并使用INSERT来指定当前插入点。

【例18-3】 简单的GUI文本编辑器。

输入如下代码：

```python
from tkinter import *
from tkinter.scrolledtext import ScrolledText
def load():
    with open(filename.get()) as file:
        contents.delete('1.0', END)
        contents.insert(INSERT, file.read())
def save():
    with open(filename.get(), 'w') as file:
        file.write(contents.get('1.0', END))
top = Tk()
top.title("Simple Editor")
contents = ScrolledText()
contents.pack(side=BOTTOM, expand=True, fill=BOTH)
filename = Entry()
filename.pack(side=LEFT, expand=True, fill=X)
Button(text='Open', command=load).pack(side=LEFT)
Button(text='Save', command=save).pack(side=LEFT)
mainloop()
```

最终生成的GUI界面如图18-2所示。用户可按如下步骤来尝试使用这个文本编辑器。

（1）运行这个程序，将看到一个类似图18-2的窗口。

（2）在大型文本区域中输入一些内容，如Hello, world!。

（3）在小型文本框中输入一个文件名，如hello.txt。请确保指定的文件不存在，否则原有文件将被覆盖掉。

（4）单击Save按钮。

（5）退出程序。

（6）再次启动程序。

（7）在小型文本框中输入刚才输入的文件名。

（8）单击Open按钮，这个文件包含的文本将出现在大型文本区域中。

（9）随心所欲地编辑这个文件，再保存它。

图 18-2　最终的文本编辑器

现在可以不断地打开、编辑并保存，厌烦后就要开始考虑如何改进了。例如，让这个程序使用urllib模块下载文件。当然，还可以考虑在程序中采用面向对象程度更高级的设计。例如，可能想自定义一个应用程序类，再通过实例化这个类来创建主应用程序；同时，在这个自定义应用程序类中包含设置各种控件和绑定的方法。与其他GUI包一样，Tkinter也提供了一组卓越的控件和其他类以供使用。对于要使用的图形界面元素，请参阅其文档以获悉有关它的详细信息。

大部分GUI工具包的基本要素都大致相同，但遗憾的是，当学习使用新包时，必须花时间了解能够实现目标的细节。因此，应花时间来决定使用哪个包（如参阅标准库参考手册中介绍其他GUI包的部分），再深入研究其文档并着手开始编写代码。

18.2　Tkinter 编程

上一节已经演示学习了基本的Python GUI编程机制，相信读者对Python GUI编程已经有了基本的认识，本节将继续学习基于Tkinter的GUI编程和应用。

18

18.2.1　Tkinter 控件及使用

Tkinter的提供各种控件（或称为部件），如按钮、标签和文本框，都可以在一个GUI应用程序中使用。

目前有多种Tkinter控件，这些控件简单介绍如表18-1所示。

表 18-1　Tkinter 控件

控　　件	描　　述
Button	按钮控件，在程序中显示按钮
Canvas	画布控件，显示图形元素，如线条或文本
Checkbutton	多选框控件，用于在程序中提供多项选择框
Entry	输入控件，用于显示简单的文本内容
Frame	框架控件，在屏幕上显示一个矩形区域，多用来作为容器
Label	标签控件，可以显示文本和位图
Listbox	列表框控件，用来显示一个字符串列表给用户
Menubutton	菜单按钮控件，用于显示菜单项
Menu	菜单控件，显示菜单栏、下拉菜单和弹出菜单
Message	消息控件，用来显示多行文本，与 label 比较类似
Radiobutton	单选按钮控件，显示一个单选的按钮状态
Scale	范围控件，显示一个数值刻度，为输出限定范围的数字区间
Scrollbar	滚动条控件，当内容超过可视化区域时使用，如列表框
Text	文本控件，用于显示多行文本
Toplevel	容器控件，用来提供一个单独的对话框，和 Frame 比较类似
Spinbox	输入控件，与 Entry 类似，但是可以指定输入范围值
PanedWindow	PanedWindow 是一个窗口布局管理的插件，可以包含一个或者多个子控件
LabelFrame	labelframe 是一个简单的容器控件，常用于复杂的窗口布局
tkMessageBox	用于显示应用程序的消息框

18.2.2　Tkinter 的应用

前面详细介绍了Tkinter的控件，下面举例说明其应用。

1．单击并在终端显示内容

用Tkinter实现一个简单的GUI程序，单击click按钮时会在终端打印出"我正在学习Python GUI"，示例如下。

【例18-4】　制作GUI窗口，单击click按钮时在终端显示内容。

输入如下代码：

```
__author__ = 'Python'
from tkinter import *  # 引入Tkinter工具包

def hello():
    print('我正在学习Python GUI')

win = Tk()  # 定义一个窗体
win.title('Hello World')  # 定义窗体标题
win.geometry('400x400')  # 定义窗体的大小，是400×400像素

btn = Button(win, text='Click me', command=hello)
# 注意此处不要写成hello()，如果是hello()，会在mainloop中调用hello函数
# 而不是单击button按钮时触发事件
btn.pack(expand=YES, fill=BOTH)

mainloop()  # 进入主循环，程序运行
```

观察终端将会显示以下结果：

```
我正在学习Python GUI
```

2. 制作菜单并在窗口显示默认内容

下面将使用Tkinter制作一个菜单窗口，不同于上例，该应用将在窗口显示默认内容而不是终端。

【例18-5】　制作菜单并在窗口显示默认内容。

输入如下代码：

```
__author__ = 'Python'
from tkinter import *
root = Tk()

def hello():
    print('hi')
def about():
    w = Label(root,text="Python is good\n黄山归来不看岳\n瑞雪兆丰年")
    w.pack(side=TOP)

menubar = Menu(root)
# 创建下拉菜单File，然后将其加入顶级的菜单栏中
filemenu = Menu(menubar, tearoff=0)
filemenu.add_command(label="Open", command=hello)
filemenu.add_command(label="Save", command=hello)
filemenu.add_separator()
filemenu.add_command(label="Exit", command=root.quit)
menubar.add_cascade(label="File", menu=filemenu)

# 创建另一个下拉菜单Edit
editmenu = Menu(menubar, tearoff=0)
editmenu.add_command(label="Cut", command=hello)
editmenu.add_command(label="Copy", command=hello)
editmenu.add_command(label="Paste", command=hello)
menubar.add_cascade(label="Edit", menu=editmenu)
```

18

```
# 创建下拉菜单Help
helpmenu = Menu(menubar, tearoff=0)
helpmenu.add_command(label="About", command=about)
menubar.add_cascade(label="Help", menu=helpmenu)

# 显示菜单
root.config(menu=menubar)
mainloop()
```

运行代码，将生成如图18-3所示的窗口。单击Help→about，单击两次将显示两次默认输出的内容，如图18-4所示。

图 18-3　GUI 菜单应用实例

图 18-4　单击两次 about 的显示结果

18.3　小结

本章讲解了GUI编程的基础知识，GUI有助于让应用程序对用户更友好，当程序需要与用户交互时，常使用GUI。本章介绍的Tkinter是一个跨平台的Python GUI工具包，成熟且使用广泛。

## 第 19 章

科学计算

Python拥有一个开源的科学计算库NumPy（Numerical Python的缩写），用于快速处理任意维度的数组。NumPy支持常见的数组和矩阵操作，对于同样的数值计算任务，使用NumPy不仅代码要简洁得多，而且NumPy的性能远远优于原生Python，基本是一个到两个数量级的差距，而且数据量越大，NumPy的优势就越明显。

NumPy最为核心的数据类型是ndarray，使用ndarray可以处理一维、二维和多维数组，该对象相当于一个快速而灵活的大数据容器。ndarray在存储数据的时候，数据与数据的地址都是连续的，这样就使得批量操作速度很快，远远优于Python中的list（列表）；另一方面，ndarray对象提供了更多的方法来处理数据，尤其是和统计相关的方法，这些方法也是Python原生的list没有的。

本章学习目标：

（1）掌握NumPy数据常用的构建方法。
（2）掌握NumPy的索引、切片等操作。
（3）掌握数组操作。
（4）掌握数学函数操作。

19.1　NumPy 基础

NumPy的前身Numeric是由Jim Hugunin开发的。在Python中，有满足数组功能的列表（list），但是处理起来很慢。NumPy旨在提供一个比传统Python列表快50倍的数组对象。

19.1.1　NumPy 概述

NumPy是一个开源的Python科学计算库，使用NumPy可以很自然地使用数组和矩阵。NumPy包含很多实用的函数，涵盖线性代数运算、傅里叶变换和随机数生成等功能。

NumPy中的数组对象称为ndarray，它提供了许多支持函数，数组在数据科学中非常常用，因为速度和资源非常重要。

与列表不同，NumPy数组存储在内存中的一个连续位置，因此进程可以非常有效地访问和操纵它们，这种行为在计算机科学中称为引用的局部性，这也是NumPy比列表更快的主要原因。

NumPy是一个Python库，部分用Python编写，但是大多数需要快速计算的部分都是用C或C++编写的。

如果已经在系统上安装了Python和pip，那么安装NumPy非常容易，请使用下述命令安装它：

```
pip install numpy
```

安装NumPy后，通过添加import关键字将其导入用户的应用程序：

```
import numpy
```

NumPy通常以np别名导入。在Python中，别名是用于引用同一事物的替代名称，请在导入时使用as关键字创建别名：

```
import numpy as np
```

现在，可以将NumPy包称为np，而不是numpy。

版本字符串存储在__version__属性中。

【例19-1】　检查NumPy版本。

输入如下代码：

```
import numpy as np
print(np.__version__)
```

运行结果如下：

```
1.21.5
```

19.1.2　ndarray 对象

NumPy最重要的一个特点是其N维数组对象ndarray，它是一系列同类型数据的集合，以0下标为开始进行集合中元素的索引。

ndarray对象是用于存放同类型元素的多维数组，其中的每个元素在内存中都有相同存储大小的区域。ndarray内部由以下内容组成：

（1）一个指向数据（内存或内存映射文件中的一块数据）的指针。

（2）数据类型或dtype，描述在数组中的固定大小值的格子。

（3）一个表示数组形状（shape）的元组，表示各维度大小的元组。

（4）一个跨度元组（stride），其中的整数指的是为了前进到当前维度下一个元素需要"跨过"的字节数。跨度可以是负数，这样会使数组在内存中后向移动，切片中的obj[::-1]或obj[:,::-1]就是如此。

创建一个ndarray只需调用NumPy的array函数即可：

```
numpy.array(object, dtype = None, copy = True, order = None, subok = False, ndmin = 0)
```

numpy.array()函数的参数说明如表19-1所示。

表 19-1　numpy.array()函数的参数说明

参　　　　数	描　　　述
object	数组或嵌套的数列
dtype	数组元素的数据类型，可选
copy	对象是否需要复制，可选
order	创建数组的样式，C 为行方向，F 为列方向，A 为任意方向（默认）
subok	默认返回一个与基类类型一致的数组
ndmin	指定生成数组的最小维度

接下来举例说明。

【例19-2】　numpy.array()函数应用示例。

输入如下代码：

```
import numpy as np
a = np.array([1,2,3])
print(a)
print('*'*10)
# 多于一个维度
b = np.array([[1, 2], [3, 4]])
print(b)
print('*'*10)
# 最小维度
c = np.array([1, 2, 3, 4, 5], ndmin = 2)
print(c)
print('*'*10)
# dtype参数
d = np.array([1, 2, 3], dtype = complex)
print(d)
```

运行结果如下：

```
[1 2 3]
**********
[[1 2]
 [3 4]]
```

```
**********
[[1 2 3 4 5]]
**********
[1.+0.j 2.+0.j 3.+0.j]
```

ndarray对象由计算机内存的连续一维部分组成，并结合索引模式，将每个元素映射到内存块中的一个位置。内存块以行顺序（C样式）或列顺序（FORTRAN或MatLab风格，即前述的F样式）来保存元素。

19.1.3 NumPy 数据类型对象

NumPy支持的数据类型比Python内置的类型要多很多，基本上可以和C语言的数据类型对应上，其中部分类型对应为Python内置的类型。表19-2列举了常用的NumPy基本数据类型。

表 19-2 NumPy 基本数据类型

类　　　型	描　　　述
bool_	布尔型数据类型（true 或 false）
int_	默认的整数类型（类似于 C 语言中的 long、int32 或 int64）
intc	与 C 的 int 类型一样，一般是 int32 或 int64
intp	用于索引的整数类型（类似于 C 的 ssize_t，一般为 int32 或 int64）
int8	字节（−128～127）
int16	整数（−32768～32767）
int32	整数（−2147483648～2147483647）
int64	整数（−9223372036854775808～9223372036854775807）
uint8	无符号整数（0～255）
uint16	无符号整数（0～65535）
uint32	无符号整数（0～4294967295）
uint64	无符号整数（0～18446744073709551615）
float_	float64 类型的简写
float16	半精度浮点数，包括 1 个符号位、5 个指数位和 10 个尾数位
float32	单精度浮点数，包括 1 个符号位、8 个指数位和 23 个尾数位
float64	双精度浮点数，包括 1 个符号位、11 个指数位和 52 个尾数位
complex_	complex128 类型的简写，即 128 位复数
complex64	复数，表示双 32 位浮点数（实数部分和虚数部分）
complex128	复数，表示双 64 位浮点数（实数部分和虚数部分）

NumPy的数据类型实际上是dtype对象的实例，可以用numpy.dtype类来创建一个数据类型对象。NumPy数组的元素是由dtype描述的。数据类型对象可以由基本数字类型的组合构成。

dtype对象可使用以下语法构造：

```
numpy.dtype(object, align, copy)
```

参数说明：

- object：要转换为的数据类型对象。
- align：如果为true，填充字段使其类似于C的结构体。
- copy：复制dtype对象，如果为false，则是对内置数据类型对象的引用。

【例19-3】 NumPy数据类型应用示例。

输入如下代码：

```
import numpy as np
# 使用标量类型
dt = np.dtype(np.int32)
print(dt)
print('*'*10)
# int8, int16, int32, int64 4种数据类型可以使用字符串 'i1', 'i2','i4','i8' 代替
s2 = np.dtype('i4')
print(s2)
print('*'*10)
# 字节顺序标注
s3 = np.dtype('<i4')
print(s3)
print('*'*10)
# 首先创建结构化数据类型
s4 = np.dtype([('age',np.int8)])
print(s4)
print('*'*10)
# 将数据类型应用于ndarray对象
w = np.dtype([('age',np.int8)])
s5 = np.array([(10,),(20,),(30,)], dtype = w)
print(s5)
print('*'*10)
# 类型字段名可以用于存取实际的 age 列
y = np.dtype([('age',np.int8)])
s6 = np.array([(10,),(20,),(30,)], dtype = y)
print(s6['age'])
print('*'*10)
student = np.dtype([('name','S20'), ('age', 'i1'), ('marks', 'f4')])
print(student)
print('*'*10)
student = np.dtype([('name','S20'), ('age', 'i1'), ('marks', 'f4')])
s8 = np.array([('abc', 21, 50),('xyz', 18, 75)], dtype = student)
print(s8)
```

运行结果如下：

```
int32
**********
int32
**********
int32
**********
[('age', 'i1')]
```

```
**********
[(10,) (20,) (30,)]
**********
[10 20 30]
**********
[('name', 'S20'), ('age', 'i1'), ('marks', '<f4')]
**********
[(b'abc', 21, 50.) (b'xyz', 18, 75.)]
```

每个内置数据类型都有一个唯一定义它的字符代码，如表19-3所示。

表 19-3　内置数据类型标识符

字　　符	对应类型	字　　符	对应类型
b	布尔型	m	timedelta（时间间隔）
i	（有符号）整型	M	datetime（日期时间）
u	无符号整型 integer	S, a	（byte-）字符串
f	浮点型	U	Unicode
c	复数浮点型	V	原始数据（void）
O	（Python）对象		

19.2　数组属性与创建数组

19.2.1　数组属性

NumPy数组的维数称为秩（rank），秩就是轴的数量，即数组的维度，一维数组的秩为1，二维数组的秩为2，以此类推。

在NumPy中，每一个线性的数组称为是一个轴（axis），也就是维度（dimensions）。比如说，二维数组相当于两个一维数组，其中第一个一维数组中每个元素又是一个一维数组。所以一维数组就是NumPy中的轴，第一个轴相当于是底层数组，第二个轴是底层数组中的数组。而轴的数量——秩，就是数组的维数。

很多时候可以声明axis。axis=0，表示沿着第0轴进行操作，即对每一列进行操作；axis=1，表示沿着第1轴进行操作，即对每一行进行操作。

NumPy的数组中比较重要的ndarray对象的属性如表19-4所示。

表 19-4　NumPy 对象的属性

属　　性	描　　述
ndarray.ndim	秩，即轴的数量或维度的数量
ndarray.shape	数组的维度，对于矩阵，n 行 m 列
ndarray.size	数组元素的总个数，相当于 .shape 中 n×m 的值
ndarray.dtype	ndarray 对象的元素类型

（续表）

属　性	描　述
ndarray.itemsize	ndarray 对象中每个元素的大小，以字节为单位
ndarray.flags	ndarray 对象的内存信息
ndarray.real	ndarray 元素的实部
ndarray.imag	ndarray 元素的虚部
ndarray.data	包含实际数组元素的缓冲区，由于一般通过数组的索引获取元素，因此通常不需要使用这个属性

下面挑选几个常用属性举例说明。

1. ndarray.ndim

ndarray.ndim用于返回数组的维数，等于秩。

【例19-4】　ndarray.ndim应用示例。

输入如下代码：

```
import numpy as np
a = np.arange(24)
print(a.ndim)  # a 现只有一个维度
# 现在调整其大小
b = a.reshape(2, 4, 3)  # b 现在拥有三个维度
print(b.ndim)
```

运行结果如下：

```
1
3
```

2. ndarray.shape

ndarray.shape表示数组的维度，返回一个元组，这个元组的长度就是维度的数目，即ndim属性（秩）。比如，一个二维数组，其维度表示"行数"和"列数"。

ndarray.shape也可以用于调整数组大小，请看下述示例。

【例19-5】　ndarray.shape应用示例。

输入如下代码：

```
import numpy as np
a = np.array([[1, 2, 3], [4, 5, 6]])
print(a.shape)
print('*'*10)
# 调整数组大小
a.shape = (3,2)
print(a)
print('*'*10)
# 使用reshape函数来调整数组大小
```

```
a = np.array([[1,2,3],[4,5,6]])
b = a.reshape(3,2)
print(b)
```

运行结果如下：

```
(2, 3)
**********
[[1 2]
 [3 4]
 [5 6]]
**********
[[1 2]
 [3 4]
 [5 6]]
```

3．ndarray.itemsize

ndarray.itemsize以字节的形式返回数组中每一个元素的大小。

例如，一个元素类型为float64的数组itemsize属性值为8（float64占用64位，每字节长度为8位，所以64/8，占用8字节）；又如，一个元素类型为complex32的数组item属性值为4（32/8）。

【例19-6】　ndarray.itemsize应用示例。

输入如下代码：

```
import numpy as np
# 数组的 dtype 为 int8（一字节）
x = np.array([1, 2, 3, 4, 5], dtype=np.int8)
print(x.itemsize)
# 数组的 dtype 现在为 float64（8字节）
y = np.array([1, 2, 3, 4, 5], dtype=np.float64)
print(y.itemsize)
```

运行结果如下：

```
1
8
```

4．ndarray.flags

ndarray.flags返回ndarray对象的内存信息，包含如表19-5所示的属性。

表 19-5　ndarray.flags 对象包含的属性

属　　性	描　　述
C_CONTIGUOUS(C)	数据在一个单一的 C 风格的连续段中
F_CONTIGUOUS(F)	数据在一个单一的 Fortran 风格的连续段中
OWNDATA(O)	数组拥有它所使用的内存或从另一个对象中借用它
WRITEABLE(W)	数据区域可以被写入，若将该值设置为 False，则数据为只读

（续表）

属　　性	描　　述
ALIGNED(A)	数据和所有元素都适当地对齐到硬件上
UPDATEIFCOPY(U)	这个数组是其他数组的一个副本，当这个数组被释放时，原数组的内容将被更新

下面举例说明。

【例19-7】　ndarray.flags应用示例。

输入如下代码：

```python
import numpy as np
x = np.array([1, 2, 3, 4, 5])
print(x.flags)
```

运行结果如下：

```
C_CONTIGUOUS : True
 F_CONTIGUOUS : True
 OWNDATA : True
 WRITEABLE : True
 ALIGNED : True
 WRITEBACKIFCOPY : False
 UPDATEIFCOPY : False
```

19.2.2　创建数组

ndarray数组除了可以使用底层ndarray构造器来创建外，也可以通过以下几种方式来创建。

1．numpy.empty()函数

numpy.empty()函数用来创建一个指定形状（shape）、数据类型（dtype）且未初始化的数组，格式如下：

```python
numpy.empty(shape, dtype = float, order = 'C')
```

参数说明：

- shape：数组形状。
- dtype：数据类型，可选。
- order：有C和F两个选项，分别代表行优先和列优先，是计算机内存中存储元素的顺序。

举例说明如下。

【例19-8】　使用numpy.empty()函数创建空数组。

输入如下代码：

```python
import numpy as np
s = np.empty([4, 6], dtype = int)
print(s)
```

运行结果如下：

```
[[4128860 6029375 3801155 5570652 6619251 7536754]
 [3670108 3211318 3538999 4259932 6357102 7274595]
 [6553710 3342433 7077980 6422633 6881372 7340141]
 [7471215 7078004 6422633 2752604 2752558       0]]
```

数组元素为随机值，因为它们未初始化。

2．numpy.zeros()函数

创建指定大小的数组，数组元素以0来填充，格式如下：

```
numpy.zeros(shape, dtype = float, order = 'C')
```

参数说明：

- shape：数组形状。
- dtype：数据类型，可选。
- order：C用于C的行数组，或者F用于FORTRAN的列数组。

【例19-9】　numpy.zeros()函数应用示例。

输入如下代码：

```
import numpy as np
# 默认为浮点数
x = np.zeros(5)
print(x)
# 设置类型为整数
y = np.zeros((5,), dtype=np.int)
print(y)
# 自定义类型
z = np.zeros((2, 2), dtype=[('x', 'i4'), ('y', 'i4')])
print(z)
```

运行结果如下：

```
[0. 0. 0. 0. 0.]
[0 0 0 0 0]
[[(0, 0) (0, 0)]
 [(0, 0) (0, 0)]]
```

3．numpy.ones()函数

创建指定形状的数组，数组元素以1来填充，格式如下：

```
numpy.ones(shape, dtype = None, order = 'C')
```

参数说明：

- shape：数组形状。

- dtype：数据类型，可选。
- order：C用于C的行数组，或者F用于FORTRAN的列数组。

【例19-10】 numpy.ones()函数应用示例。

输入如下代码：

```
import numpy as np
# 默认为浮点数
x = np.ones(5)
print(x)
print('*'*10)
# 自定义类型
x = np.ones([3, 3], dtype=int)
print(x)
```

运行结果如下：

```
[1. 1. 1. 1. 1.]
**********
[[1 1 1]
 [1 1 1]
 [1 1 1]]
```

19.2.3 从已有的数组创建数组

本节将学习如何从已有的数组创建数组，相关函数分别介绍如下。

1. numpy.asarray()函数

numpy.asarray()函数类似于numpy.array，但numpy.asarray的参数只有三个，比numpy.array少两个，该函数的使用格式如下：

```
numpy.asarray(a, dtype = None, order = None)
```

参数说明：

- a：任意形式的输入参数，可以是列表、列表的元组、元组、元组的元组、元组的列表、多维数组。
- dtype：数据类型，可选。
- order：可选，有C和F两个选项，分别代表行优先和列优先，是计算机内存中存储元素的顺序。

【例19-11】 将列表转换为ndarray。

输入如下代码：

```
import numpy as np
x = [4, 5, 6, 10000]
a = np.asarray(x)
print(a)
```

19

运行结果如下：

```
[    4    5    6 10000]
```

【例19-12】　将元组转换为ndarray。

输入如下代码：

```
import numpy as np
x = (100, 2000, 300000)
a = np.asarray(x)
print(a)
```

运行结果如下：

```
[   100   2000 300000]
```

【例19-13】　将元组列表转换为ndarray。

输入如下代码：

```
import numpy as np
x = [(1, 2, 3), (4, 5)]
a = np.asarray(x)
print(a)
print('*'*10)
# 设置了dtype参数
y =  [1,2,3]
b = np.asarray(y, dtype = float)
print(b)
```

运行结果如下：

```
[(1, 2, 3) (4, 5)]
**********
[1. 2. 3.]
```

2．numpy.frombuffer()函数

numpy.frombuffer()函数用于实现动态数组，该函数接受buffer输入参数，并以流的形式读入转换成ndarray对象。当buffer是字符串的时候，Python 3默认str是Unicode类型，所以要在原str前加上b转成bytestring。使用格式如下：

```
numpy.frombuffer(buffer, dtype = float, count = -1, offset = 0)
```

参数说明：

- buffer：可以是任意对象，会以流的形式读入。
- dtype：返回数组的数据类型，可选。
- count：读取的数据数量，默认为-1，读取所有数据。
- offset：读取的起始位置，默认为0。

【例19-14】　numpy.frombuffer()函数应用示例。

输入如下代码：

```
import numpy as np
s = b'Hello World'
a = np.frombuffer(s, dtype='S1')
print(a)
```

运行结果如下：

```
[b'H' b'e' b'l' b'l' b'o' b' ' b'W' b'o' b'r' b'l' b'd']
```

3. numpy.fromiter()函数

numpy.fromiter()函数从可迭代对象中建立ndarray对象，返回一维数组，使用格式如下：

```
numpy.fromiter(iterable, dtype, count=-1)
```

参数说明：

- iterable：可迭代对象。
- dtype：返回数组的数据类型。
- count：读取的数据数量，默认为−1，读取所有数据。

举例说明如下。

【例19-15】　numpy. fromiter()函数应用示例。

输入如下代码：

```
import numpy as np
# 使用range函数创建列表对象
list = range(10)
it = iter(list)
# 使用迭代器创建 ndarray
x = np.fromiter(it, dtype=float)
print(x)
```

运行结果如下：

```
[0. 1. 2. 3. 4. 5. 6. 7. 8. 9.]
```

19.2.4　从数值范围创建数组

本小节将学习如何从数值范围创建数组，相关函数介绍如下。

1. numpy.arange()函数

NumPy包中使用arange()函数创建数值范围并返回ndarray对象，格式如下：

```
numpy.arange(start, stop, step, dtype)
```

19

根据start与stop指定的范围以及step设定的步长生成一个ndarray。参数说明：

- start: 起始值，默认为0。
- stop: 终止值（不包含）。
- step: 步长，默认为1。
- dtype: 返回ndarray的数据类型，如果没有提供，则会使用输入数据的类型。

【例19-16】 numpy.arange()函数应用示例。

输入如下代码：

```python
import numpy as np
# 生成0~9的数组
x = np.arange(10)
print(x)
print('*'*10)
# 设置返回类型为float
x = np.arange(10, dtype = float)
print(x)
print('*'*10)
# 设置了起始值、终止值及步长
x = np.arange(10, 20, 2)
print(x)
```

运行结果如下：

```
[0 1 2 3 4 5 6 7 8 9]
**********
[0. 1. 2. 3. 4. 5. 6. 7. 8. 9.]
**********
[10 12 14 16 18]
```

2. numpy.linspace()函数

numpy.linspace()函数用于创建一个一维数组，数组是一个等差数列构成的，格式如下：

```python
np.linspace(start, stop, num=50, endpoint=True, retstep=False, dtype=None)
```

参数说明：

- start: 序列的起始值。
- stop: 序列的终止值，如果endpoint为true，则该值包含于数列中。
- num: 要生成的等步长的样本数量，默认为50。
- endpoint: 该值为True时，数列中包含stop值，反之不包含，默认是True。
- Retstep: 如果为True，则生成的数组中会显示间距，反之不显示。
- Dtype: ndarray的数据类型。

【例19-17】 numpy.linspace()函数应用示例。

输入如下代码：

```
import numpy as np
a = np.linspace(1,10,10)
print(a)
# 设置元素全部是1的等差数列
print('*'*10)
a = np.linspace(1,1,10)
print(a)
print('*'*10)
# 将endpoint设为false，不包含终止值
a = np.linspace(10, 20, 5, endpoint = False)
print(a)
print('*'*10)
# 如果将endpoint设为true，则会包含20
a = np.linspace(10, 20, 5, endpoint = True)
print(a)
print('*'*10)
```

运行结果如下：

```
[ 1.  2.  3.  4.  5.  6.  7.  8.  9. 10.]
**********
[1. 1. 1. 1. 1. 1. 1. 1. 1. 1.]
**********
[10. 12. 14. 15. 18.]
**********
[10.  12.5 15.  17.5 19. ]
**********
```

3. numpy.logspace()函数

numpy.logspace()函数用于创建一个等比数列，格式如下：

```
np.logspace(start, stop, num=50, endpoint=True, base=10.0, dtype=None)
```

参数说明：

- start：序列的起始值为base ** start。
- stop：序列的终止值为base ** stop。如果endpoint为true，该值包含于数列中。
- num：要生成的等步长的样本数量，默认为50。
- endpoint：该值为true时，数列中包含stop值，反之不包含，默认是True。
- base：对数log的底数。
- dtype：ndarray的数据类型。

举例说明如下。

【例19-18】 numpy.logspace()函数应用示例。

输入如下代码：

```
import numpy as np
# 默认底数是10
```

```
a = np.logspace(1.0, 2.0, num = 10)
print(a)
print('*'*10)
# 将对数的底数设置为2
a = np.logspace(0, 9, 10, base=2)
print (a)
```

运行结果如下：

```
[ 10.          12.91549665  16.68100537  21.5443469   27.82559402
  35.93813664  46.41588834  59.94842503  77.42636827 100.          ]
**********
[ 1.   2.   4.   8.  16.  32.  64. 128. 256. 512.]
```

19.3 切片和索引

ndarray对象的内容可以通过索引或切片来访问和修改，与Python中列表（list）的切片操作一样。

NumPy比一般的Python序列提供更多的索引方式。除了之前看到的用整数和切片的索引外，数组还可以有整数数组索引、布尔索引及花式索引。

19.3.1 切片和索引

ndarray数组可以基于0～n的下标进行索引，切片对象可以通过内置的slice()函数，并设置start、stop及step参数进行，从原数组中切割出一个新数组。

【例19-19】 ndarray对象切片和索引。

输入如下代码：

```
import numpy as np
a = np.arange(20)
s = slice(3, 8, 2)  # 从索引3开始到索引8停止，间隔为2
print(a[s])
```

运行结果如下：

```
[3 5 7]
```

观察运行结果，首先通过arange()函数创建ndarray对象，然后分别设置起始、终止和步长的参数为3、8和2。

也可以通过冒号分隔切片参数start:stop:step来进行切片操作。

【例19-20】 冒号分片和索引ndarray对象。

输入如下代码：

```
import numpy as np
a = np.arange(20)
b = a[3:8:2]   # 从索引3开始到索引8停止, 间隔为2
print(b)
```

运行结果如下：

```
[3 5 7]
```

观察运行结果，可以发现和上例运行结果相同。

冒号（:）的解释：如果只放置一个参数，如[3]，那么将返回与该索引相对应的单个元素。如果为[3:]，那么表示从该索引开始以后的所有项都将被提取。如果使用了两个参数，如[2:7]，那么提取两个索引（不包括停止索引）之间的项。

冒号不仅可以索引一维数组，也可以用来切片和索引多维数组。

【例19-21】 使用冒号索引多维数组。

输入如下代码：

```
import numpy as np
a = np.array([[4, 6, 8], [9, 7, 0], [11, 22, 44]])
print(a)
print('*'*10)
# 从某个索引处开始切割
print('从数组索引 a[1:] 处开始切割')
print(a[1:])
```

运行结果如下：

```
[[ 4  6  8]
 [ 9  7  0]
 [11 22 44]]
从数组索引 a[1:] 处开始切割
[[ 9  7  0]
 [11 22 44]]
```

切片还可以包括省略号（…），来使选择元组的长度与数组的维度相同。如果在行位置使用省略号，那么将返回包含行中元素的ndarray。

【例19-22】 省略号切片。

输入如下代码：

```
import numpy as np
t = np.array([[4, 6, 8], [9, 7, 0], [11, 22, 44]])
print(t[..., 1])   # 第2列元素
print(t[1, ...])   # 第2行元素
print(t[..., 1:])  # 第2列及剩下的所有元素
```

运行结果如下：

```
[ 6  7 22]
[9 7 0]
[[ 6  8]
 [ 7  0]
 [22 44]]
```

19.3.2 整数数组索引

以下示例获取数组中(0,0)、(1,1)和(2,0)位置处的元素。

【例19-23】   获取数组指定索引位置的元素。

输入如下代码：

```
import numpy as np
x = np.array([[4, 6, 8], [9, 7, 0], [11, 22, 44]])
y = x[[0, 1, 2], [0, 1, 0]]
print(y)
```

运行结果如下：

```
[ 4  7 11]
```

可以借助切片:或…与索引数组组合，以实现索引。

【例19-24】   切片:或…与索引数组组合。

输入如下代码：

```
import numpy as np
a = np.array([[4, 6, 8], [9, 7, 0], [11, 22, 44]])
b = a[1:3, 1:3]
c = a[1:3, [1, 2]]
d = a[..., 1:]
print(b)
print('*'*10)
print(c)
print('*'*10)
print(d)
```

运行结果如下：

```
[[ 7  0]
 [22 44]]
**********
[[ 7  0]
 [22 44]]
**********
[[ 6  8]
 [ 7  0]
 [22 44]]
```

19.3.3　布尔索引

可以通过一个布尔数组来索引目标数组。

布尔索引通过布尔运算（如比较运算符）来获取符合指定条件的元素的数组。

以下示例获取大于100的元素。

【例19-25】　获取大于100的元素。

输入如下代码：

```
import numpy as np
x = np.array([[400, 1, 2], [300, 4, 500], [6, 799, 8], [9654, 100, 11]])
print('数组是: ')
print(x)
print('*'*10)
print('\n')
# 现在会打印出大于100的元素
print('大于100的元素是: ')
print(x[x > 100])
```

运行结果如下：

```
数组是:
[[ 400    1    2]
 [ 300    4  500]
 [   6  799    8]
 [9654  100   11]]
**********
大于100的元素是:
[ 400  300  500  799 9654]
```

以下示例使用~（取补运算符）来过滤NaN。

【例19-26】　用~（取补运算符）来过滤NaN。

输入如下代码：

```
import numpy as np
a = np.array([np.nan, 100, 321, np.nan, 999, 666])
print(a[~np.isnan(a)])
```

运行结果如下：

```
[100. 321. 999. 666.]
```

以下示例演示如何从数组中过滤掉非复数元素。

【例19-27】　从数组中过滤掉非复数元素。

输入如下代码：

```
import numpy as np
a = np.array([1, 2 + 6j, 5, 3.5 + 5j])
```

```
print(a[np.iscomplex(a)])
```

运行结果如下：

```
[2. +6.j 3.5+5.j]
```

19.3.4 花式索引

花式索引指的是利用整数数组进行索引。花式索引根据索引数组的值作为目标数组的某个轴的下标来取值。对于使用一维整型数组作为索引，如果目标是一维数组，那么索引的结果就是对应下标的行，如果目标是二维数组，那么就是对应位置的元素。花式索引与切片不一样，它总是将数据复制到新数组中。

1. 传入顺序索引数组

【例19-28】 传入顺序索引数组。

输入如下代码：

```
import numpy as np
x = np.arange(32).reshape((8, 4))
print(x[[4, 2, 1, 7]])
```

运行结果如下：

```
[[16 17 18 19]
 [ 8  9 10 11]
 [ 4  5  6  7]
 [28 29 30 31]]
```

2. 传入倒序索引数组

【例19-29】 传入倒序索引数组。

输入如下代码：

```
import numpy as np
x = np.arange(32).reshape((8, 4))
print(x[[-4, -2, -1, -7]])
```

运行结果如下：

```
[[16 17 18 19]
 [24 25 26 27]
 [28 29 30 31]
 [ 4  5  6  7]]
```

3. 传入多个索引数组（要使用np.ix_）

【例19-30】 传入多个索引数组（要使用np.ix_）。

输入如下代码：

```
import numpy as np
x = np.arange(32).reshape((8, 4))
print(x[np.ix_([1, 5, 7, 2], [0, 3, 1, 2])])
```

运行结果如下:

```
[[ 4  7  5  6]
 [20 23 21 22]
 [28 31 29 30]
 [ 8 11  9 10]]
```

19.4 迭代数组

NumPy迭代器对象numpy.nditer提供了一种灵活访问一个或多个数组元素的方式。迭代器最基本的任务是可以完成对数组元素的访问。下面使用range()函数创建一个2×3的数组,并使用nditer对其进行迭代。

【例19-31】 使用arange()函数创建一个2×3数组,并使用nditer对其进行迭代。
输入如下代码:

```
import numpy as np
a = np.arange(6).reshape(2, 3)
print('原始数组是: ')
print(a)
print('\n')
print('迭代输出元素: ')
for x in np.nditer(a):
    print(x, end=", ")
print('\n')
```

运行结果如下:

```
原始数组是:
[[0 1 2]
 [3 4 5]]
迭代输出元素:
0, 1, 2, 3, 4, 5,
```

以上示例不是使用标准C或者Fortran顺序,选择的顺序是和数组内存布局一致的,这样做是为了提升访问的效率,默认是行序优先(row-major order,或者说是C-order)。

这反映了默认情况下只需访问每个元素,而无须考虑其特定顺序。可以通过迭代上述数组的转置来看到这一点,并与以C顺序访问数组转置的copy方式做对比。请看以下的示例。

【例19-32】 通过数组转置查看迭代顺序。
输入如下代码:

```
import numpy as np
a = np.arange(6).reshape(2, 3)
for x in np.nditer(a.T):
    print(x, end=", ")
print('\n')
for x in np.nditer(a.T.copy(order='C')):
    print(x, end=", ")
print('\n')
```

运行结果如下：

```
0, 1, 2, 3, 4, 5,
0, 3, 1, 4, 2, 5,
```

从上述示例可以看出，a和a.T的遍历顺序是一样的，也就是它们在内存中的存储顺序也是一样的，但是a.T.copy(order='C')的遍历结果是不同的，这是因为它和前两种的存储方式是不一样的，默认是按行访问。

19.4.1 控制遍历顺序

练习实现以下两种情况的遍历：

（1）for x in np.nditer(a, order='F'):Fortran order：列序优先。

（2）for x in np.nditer(a.T, order='C'):C order：行序优先。

【例19-33】 控制遍历顺序。

输入如下代码：

```
import numpy as np
a = np.arange(0, 80, 4)
a = a.reshape(4, 5)
print('原始数组是：')
print(a)
print('\n')
print('原始数组的转置是：')
b = a.T
print(b)
print('\n')
print('以C风格顺序排序：')
c = b.copy(order='C')
print(c)
for x in np.nditer(c):
    print(x, end=", ")
print('\n')
print('以F风格顺序排序：')
c = b.copy(order='F')
print(c)
for x in np.nditer(c):
    print(x, end=", ")
```

运行结果如下：

```
原始数组是：
[[ 0  4  8 12 16]
 [20 24 28 32 36]
 [40 44 48 52 56]
 [60 64 68 72 76]]
原始数组的转置是：
[[ 0 20 40 60]
 [ 4 24 44 64]
 [ 8 28 48 68]
 [12 32 52 72]
 [16 36 56 76]]
以C风格顺序排序：
[[ 0 20 40 60]
 [ 4 24 44 64]
 [ 8 28 48 68]
 [12 32 52 72]
 [16 36 56 76]]
0, 20, 40, 60, 4, 24, 44, 64, 8, 28, 48, 68, 12, 32, 52, 72, 16, 36, 56, 76,
以F风格顺序排序：
[[ 0 20 40 60]
 [ 4 24 44 64]
 [ 8 28 48 68]
 [12 32 52 72]
 [16 36 56 76]]
0, 4, 8, 12, 16, 20, 24, 28, 32, 36, 40, 44, 48, 52, 56, 60, 64, 68, 72, 76,
```

也可以通过显式设置来强制nditer对象使用某种顺序。

【例19-34】 强制nditer对象使用某种顺序。

输入如下代码：

```
import numpy as np
a = np.arange(0, 80, 4)
a = a.reshape(4, 5)
print('原始数组是：')
print(a)
print('\n')
print('以C风格顺序排序：')
for x in np.nditer(a, order='C'):
    print(x, end=", ")
print('\n')
print('以F风格顺序排序：')
for x in np.nditer(a, order='F'):
    print(x, end=", ")
原始数组是：
[[ 0  4  8 12 16]
 [20 24 28 32 36]
 [40 44 48 52 56]
 [60 64 68 72 76]]
```

运行结果如下：

```
以C风格顺序排序：
0, 4, 8, 12, 16, 20, 24, 28, 32, 36, 40, 44, 48, 52, 56, 60, 64, 68, 72, 76,
以F风格顺序排序：
0, 20, 40, 60, 4, 24, 44, 64, 8, 28, 48, 68, 12, 32, 52, 72, 16, 36, 56, 76,
```

19.4.2   修改数组中元素的值

nditer对象有另一个可选参数op_flags。默认情况下，nditer将视待迭代遍历的数组为只读对象（read-only），为了在遍历数组的同时实现对数组元素值的修改，必须指定op_flags参数为read-write或者write-only模式。

【例19-35】   修改数组元素的值。

输入如下代码：

```python
import numpy as np
a = np.arange(0, 80, 4)
a = a.reshape(4, 5)
print('原始数组是：')
print(a)
print('\n')
for x in np.nditer(a, op_flags=['readwrite']):
    x[...] = 2 * x
print('修改后的数组是：')
print(a)
```

运行结果如下：

```
原始数组是：
[[ 0  4  8 12 16]
 [20 24 28 32 36]
 [40 44 48 52 56]
 [60 64 68 72 76]]
修改后的数组是：
[[  0   8  16  24  32]
 [ 40  48  56  64  72]
 [ 80  88  96 104 112]
 [120 128 136 144 152]]
```

19.4.3   使用外部循环

nditer类的构造器拥有flags参数，它可以接受如表19-6所示的值。

表 19-6   nditer 类的 flags 参数说明

参　　数	描　　述
c_index	可以跟踪 C 顺序的索引
f_index	可以跟踪 Fortran 顺序的索引

（续表）

参　　数	描　　述
multi_index	每次迭代可以跟踪一种索引类型
external_loop	给出的值是具有多个值的一维数组，而不是零维数组

下面举例说明flags参数的应用。

【例19-36】　迭代器对应每列遍历数组，并组合为一维数组。

输入如下代码：

```
import numpy as np
a = np.arange(0, 80, 4)
a = a.reshape(4, 5)
print('原始数组是：')
print(a)
print('\n')
print('修改后的数组是：')
for x in np.nditer(a, flags = ['external_loop'], order = 'F'):
    print(x, end=", ")
```

运行结果如下：

```
原始数组是：
[[ 0  4  8 12 16]
 [20 24 28 32 36]
 [40 44 48 52 56]
 [60 64 68 72 76]]
修改后的数组是：
[ 0 20 40 60], [ 4 24 44 64], [ 8 28 48 68], [12 32 52 72], [16 36 56 76],
19.5  数组操作
```

19.5　处理数组

NumPy中包含一些可用来处理数组的函数，大概可分为修改数组形状、翻转数组、修改数组维度、连接数组、分割数组、数组元素的添加与删除等几类，下面分别详细说明。

19.5.1　修改数组形状

修改数组形状的主要函数如表19-7所示。

表 19-7　修改数组形状的主要函数

函　　数	描　　述
reshape	不改变数据的条件下修改形状
flat	数组元素迭代器

19

（续表）

函　数	描　述
flatten	返回一份数组的副本，对副本所做的修改不会影响原始数组
ravel	返回展开数组

1. numpy.reshape()函数

numpy.reshape()函数可以在不改变数据的条件下修改形状，使用格式如下：

```
numpy.reshape(arr, newshape, order='C')
```

参数说明：

- arr：要修改形状的数组。
- newshape：整数或者整数数组，新的形状应当兼容原有形状。
- order：'C'为按行，'F'为按列，'A'为原顺序，'k'为元素在内存中出现的顺序。

【例19-37】　numpy.reshape()函数应用示例。

输入如下代码：

```
import numpy as np
a = np.arange(1, 18, 3)
print('原始数组：')
print(a)
print('\n')
b = a.reshape(3, 2)
print('修改后的数组：')
print(b)
```

运行结果如下：

```
原始数组：
[ 1  4  7 10 13 16]
修改后的数组：
[[ 1  4]
 [ 7 10]
 [13 16]]
```

2. numpy.ndarray.flat()函数

numpy.ndarray.flat()函数是一个数组元素迭代器。

【例19-38】　numpy.ndarray.flat()函数应用示例。

输入如下代码：

```
import numpy as np
a = np.arange(9).reshape(3, 3)
print('原始数组：')
for row in a:
    print(row)
```

```
# 对数组中每个元素都进行处理，可以使用flat属性，该属性是一个数组元素迭代器
print('迭代后的数组：')
for element in a.flat:
    print(element)
```

运行结果如下：

```
原始数组：
[0 1 2]
[3 4 5]
[6 7 8]
迭代后的数组：
0
1
2
3
4
5
6
7
8
```

3. numpy.ravel()函数

numpy.ravel()函数用来将多维数组转换为一维数组，返回连续的一维数组，类型与输入数组相同，并按选择的顺序排列。

该函数使用格式如下：

```
numpy.ravel(arr, order='C')
```

参数说明：

- arr：输入数组。
- order：'C'为按行，'F'为按列，'A'为原顺序，'K'为元素在内存中出现的顺序。

【例19-39】　numpy.ravel()函数应用示例。

输入如下代码：

```
import numpy as np
a = np.arange(0, 16, 2).reshape(4, 2)
print('原始数组：')
print(a)
print('\n')
print('调用ravel函数之后：')
print(a.ravel())
print('\n')
print('以F风格顺序调用ravel函数之后：')
print(a.ravel(order='F'))
```

运行结果如下：

```
原始数组：
[[ 0  2]
 [ 4  6]
 [ 8 10]
 [12 14]]
调用ravel函数之后：
[ 0  2  4  6  8 10 12 14]
以F风格顺序调用ravel函数之后：
[ 0  4  8 12  2  6 10 14]
```

19.5.2　翻转数组

翻转数组形状的主要函数如表19-8所示。

表 19-8　翻转数组形状的主要函数

函　　　数	描　　　述	函　　　数	描　　　述
transpose	对换数组的维度	rollaxis	向后滚动指定的轴
ndarray.T	和 self.transpose()相同	swapaxes	对换数组的两个轴

下面举例说明。

1．numpy.transpose()函数

numpy.transpose()函数用于对换数组的维度，其使用格式如下：

```
numpy.transpose(arr, axes)
```

参数说明：

- arr：要操作的数组。
- axes：整数列表，对应维度，通常所有维度都会对换。

【例19-40】　numpy.transpose()函数应用示例。

输入如下代码：

```
import numpy as np
a = np.arange(0, 24, 2).reshape(3, 4)
print('原始数组：')
print(a)
print('\n')
print('对换数组：')
print(np.transpose(a))
```

运行结果如下：

```
原始数组：
[[ 0  2  4  6]
 [ 8 10 12 14]
 [16 18 20 22]]
对换数组：
```

```
[[ 0  8 16]
 [ 2 10 18]
 [ 4 12 20]
 [ 6 14 22]]
```

2. numpy.ndarray.T()函数

numpy.ndarray.T()函数与numpy.transpose()函数类似。

【例19-41】 numpy.ndarray.T()函数应用示例。
输入如下代码：

```
import numpy as np
a = np.arange(0, 24, 2).reshape(3, 4)
print('原始数组：')
print(a)
print('\n')
print('转置数组：')
print(a.T)
```

运行结果如下：

```
原始数组：
[[ 0  2  4  6]
 [ 8 10 12 14]
 [16 18 20 22]]
转置数组：
[[ 0  8 16]
 [ 2 10 18]
 [ 4 12 20]
 [ 6 14 22]]
(3) numpy.rollaxis
```

3. numpy.rollaxis()函数

numpy.rollaxis()函数向后滚动特定的轴到一个特定位置，其使用格式如下：

```
numpy.rollaxis(arr, axis, start)
```

参数说明：

- arr：数组。
- axis：要向后滚动的轴，其他轴的相对位置不会改变。
- start：默认为零，表示完整地滚动，会滚动到特定位置。

【例19-42】 numpy.rollaxis()函数应用示例。
输入如下代码：

```
import numpy as np
# 创建了三维的 ndarray
a = np.arange(0, 48, 2).reshape(2, 3, 4)
```

19

```
print('原始数组：')
print(a)
print('获取数组中一个值：')
print(np.where(a == 6))
print(a[1, 1, 0])  # 为 6
print('\n')
# 将轴 2 滚动到轴 0（宽度到深度）
print('调用 rollaxis 函数：')
b = np.rollaxis(a, 2, 0)
print(b)
# 查看元素 a[1,1,0]，即 6 的坐标，变成 [0, 1, 1]
# 最后一个 0 移动到最前面
print(np.where(b == 6))
print('\n')
# 将轴 2 滚动到轴 1（宽度到高度）
print('调用 rollaxis 函数：')
c = np.rollaxis(a, 2, 1)
print(c)
# 查看元素 a[1,1,0]，即 6 的坐标，变成 [1, 0, 1]
# 最后的 0 和 它前面的 1 对换位置
print(np.where(c == 6))
print('\n')
```

运行结果如下：

```
原始数组：
[[[ 0  2  4  6]
  [ 8 10 12 14]
  [16 18 20 22]]

 [[24 26 28 30]
  [32 34 36 38]
  [40 42 44 46]]]
获取数组中一个值：
(array([0], dtype=int64), array([0], dtype=int64), array([3], dtype=int64))
32

调用 rollaxis 函数：
[[[ 0  8 16]
  [24 32 40]]

 [[ 2 10 18]
  [26 34 42]]

 [[ 4 12 20]
  [28 36 44]]

 [[ 6 14 22]
  [30 38 46]]]
(array([3], dtype=int64), array([0], dtype=int64), array([0], dtype=int64))

调用 rollaxis 函数：
[[[ 0  8 16]
  [ 2 10 18]
  [ 4 12 20]
```

```
 [ 6 14 22]]
 [[24 32 40]
  [26 34 42]
  [28 36 44]
  [30 38 46]]]
(array([0], dtype=int64), array([3], dtype=int64), array([0], dtype=int64))
```

4. numpy.swapaxes()函数

numpy.swapaxes()函数用于交换数组的两个轴，其使用格式如下：

```
numpy.swapaxes(arr, axis1, axis2)
```

参数说明：

- arr：输入的数组。
- axis1：对应第一个轴的整数。
- axis2：对应第二个轴的整数。

【例19-43】 numpy.swapaxes()函数应用示例。

输入如下代码：

```
import numpy as np
# 创建了三维的 ndarray
a = np.arange(0, 48, 2).reshape(2, 3, 4)
print('原始数组：')
print(a)
print('\n')
# 现在交换轴 0（深度方向）到轴 2（宽度方向）
print('调用 swapaxes 函数后的数组：')
print(np.swapaxes(a, 2, 0))
```

运行结果如下：

```
原始数组：
[[[ 0  2  4  6]
  [ 8 10 12 14]
  [16 18 20 22]]

 [[24 26 28 30]
  [32 34 36 38]
  [40 42 44 46]]]

调用 swapaxes 函数后的数组：
[[[ 0 24]
  [ 8 32]
  [16 40]]

 [[ 2 26]
  [10 34]
  [18 42]]

 [[ 4 28]
```

```
 [12 36]
 [20 44]]

[[ 6 30]
 [14 38]
 [22 46]]]
```

19.5.3　修改数组维度

修改数组维度的主要函数如表19-9所示。

表 19-9　修改数组维度的主要函数

函　　数	描　　述	函　　数	描　　述
broadcast	产生模仿广播的对象	expand_dims	扩展数组的形状
broadcast_to	将数组广播到新形状	squeeze	从数组的形状中删除一维条目

下面分别举例说明。

1．numpy.broadcast()函数

numpy.broadcast()函数用于模仿广播的对象，它返回一个对象，该对象封装了将一个数组广播到另一个数组的结果。

该函数使用两个数组作为参数，举例说明如下。

【例19-44】　numpy.broadcast()函数应用示例。

输入如下代码：

```
import numpy as np
x = np.array([[1], [2], [3]])
y = np.array([4, 5, 6])
# 对 y 广播 x
b = np.broadcast(x, y)
# 它拥有 iterator 属性，基于自身组件的迭代器元组
print('对 y 广播 x: ')
r, c = b.iters
# Python3.x 为 next(context) , Python2.x 为 context.next()
print(next(r), next(c))
print(next(r), next(c))
print('\n')
# shape 属性返回广播对象的形状
print('广播对象的形状: ')
print(b.shape)
print('\n')
# 手动使用 broadcast 将 x 与 y 相加
b = np.broadcast(x, y)
c = np.empty(b.shape)
print('手动使用 broadcast 将 x 与 y 相加: ')
print(c.shape)
print('\n')
```

```
c.flat = [u + v for (u, v) in b]
print('调用 flat 函数：')
print(c)
print('\n')
# 获得了和 NumPy 内建的广播支持相同的结果
print('x 与 y 的和：')
print(x + y)
```

运行结果如下：

```
对 y 广播 x:
1 4
1 5
广播对象的形状：
(3, 3)
手动使用 broadcast 将 x 与 y 相加：
(3, 3)
调用 flat 函数：
[[5. 6. 7.]
 [6. 7. 8.]
 [7. 8. 9.]]
x 与 y 的和：
[[5 6 7]
 [6 7 8]
 [7 8 9]]
```

2．numpy.broadcast_to()函数

numpy.broadcast_to()函数将数组广播为新形状。它在原始数组上返回只读视图，通常不连续。如果新形状不符合NumPy的广播规则，那么该函数可能会抛出ValueError。该函数的使用格式如下：

该函数的使用格式如下：

```
numpy.broadcast_to(array, shape, subok = False)
```

参数说明：

- array：要广播的数组。
- shape：所需数组的形状。
- subok：布尔值，可选。如果为True，则将传递子类，默认为False，表增返回的是基类数组。

【例19-45】 numpy.broadcast_to()函数应用示例。

输入如下代码：

```
import numpy as np
a = np.arange(0, 12, 2).reshape(1, 6)
print('原始数组：')
print(a)
print('\n')
print('调用 broadcast_to 函数之后：')
print(np.broadcast_to(a, (4, 6)))
```

运行结果如下：

```
原始数组：
[[ 0  2  4  6  8 10]]
调用 broadcast_to 函数之后：
[[ 0  2  4  6  8 10]
 [ 0  2  4  6  8 10]
 [ 0  2  4  6  8 10]
 [ 0  2  4  6  8 10]]
```

3. numpy.expand_dims()函数

numpy.expand_dims()函数通过在指定位置插入新的轴来扩展数组形状，其使用格式如下：

```
numpy.expand_dims(arr, axis)
```

参数说明：

- arr：输入数组。
- axis：新轴插入的位置。

【例19-46】 　numpy.expand_dims()函数应用示例。
输入如下代码：

```
import numpy as np
x = np.array(([1, 2], [3, 4]))
print('数组x: ')
print(x)
print('\n')
y = np.expand_dims(x, axis=0)
print('数组y: ')
print(y)
print('\n')
print('数组x和y的形状: ')
print(x.shape, y.shape)
print('\n')
# 在位置 1 插入轴
y = np.expand_dims(x, axis=1)
print('在位置1插入轴之后的数组y: ')
print(y)
print('\n')
print('x.ndim 和 y.ndim: ')
print(x.ndim, y.ndim)
print('\n')
print('x.shape和y.shape: ')
print(x.shape, y.shape)
```

运行结果如下：

```
数组x:
[[1 2]
```

```
 [3 4]]
数组y:
[[[1 2]
  [3 4]]]
数组x和y的形状:
(2, 2) (1, 2, 2)
在位置1插入轴之后的数组y:
[[[1 2]]
 [[3 4]]]
x.ndim 和 y.ndim:
2 3
x.shape和y.shape:
(2, 2) (2, 1, 2)
```

4．numpy.squeeze()函数

numpy.squeeze()函数从给定数组的形状中删除一维的条目，其使用格式如下：

```
numpy.squeeze(arr, axis)
```

参数说明：

● arr：输入数组。

● axis：整数或整数元组，用于选择形状中一维条目的子集。

【例19-47】 numpy.squeeze()函数应用示例。

输入如下代码：

```
import numpy as np
x = np.arange(9).reshape(1, 3, 3)
print('数组x: ')
print(x)
print('\n')
y = np.squeeze(x)
print('数组y: ')
print(y)
print('\n')
print('数组x和y的形状: ')
print(x.shape, y.shape)
```

运行结果如下：

```
数组x:
[[[0 1 2]
  [3 4 5]
  [6 7 8]]]
数组y:
[[0 1 2]
 [3 4 5]
 [6 7 8]]
数组x和y的形状:
(1, 3, 3) (3, 3)
```

19.5.4   连接数组

连接数组的主要函数如表19-10所示。

表 19-10   连接数组的主要函数

函　　数	描　　述	函　　数	描　　述
concatenate	连接沿现有轴的数组序列	hstack	水平堆叠序列中的数组（列方向）
stack	沿着新的轴加入一系列数组	vstack	竖直堆叠序列中的数组（行方向）

下面分别举例说明。

1. numpy.concatenate()函数

numpy.concatenate()函数用于沿指定轴连接相同形状的两个或多个数组，其使用格式如下：

```
numpy.concatenate((a1, a2, ...), axis)
```

参数说明：

- a1,a2,…：相同类型的数组。
- axis: 沿着它连接数组的轴，默认为0。

【例19-48】　numpy.concatenate()函数应用示例。

输入如下代码：

```
import numpy as np
a = np.array([[88, 99], [66, 33]])
print('第一个数组: ')
print(a)
print('\n')
b = np.array([[55, 44], [77, 22]])
print('第二个数组: ')
print(b)
print('\n')
# 两个数组的维度相同
print('沿轴 0 连接两个数组: ')
print(np.concatenate((a, b)))
print('\n')
print('沿轴 1 连接两个数组: ')
print(np.concatenate((a, b), axis=1))
```

运行结果如下：

```
第一个数组:
[[88 99]
 [66 33]]
第二个数组:
[[55 44]
 [77 22]]
```

沿轴 0 连接两个数组：

```
[[88 99]
 [66 33]
 [55 44]
 [77 22]]
```

沿轴 1 连接两个数组：

```
[[88 99 55 44]
 [66 33 77 22]]
```

2．numpy.stack()函数

numpy.stack()函数用于沿新轴连接数组序列，其使用格式如下：

```
numpy.stack(arrays, axis)
```

参数说明：

- arrays：同形状的数组序列。
- axis：返回数组中的轴，输入数组沿着它来堆叠。

【例19-49】　numpy.stack()函数应用示例。

输入如下代码：

```
import numpy as np
a = np.array([[1, 2], [3, 4]])
print('第一个数组：')
print(a)
print('\n')
b = np.array([[5, 6], [7, 8]])
print('第二个数组：')
print(b)
print('\n')
print('沿轴 0 堆叠两个数组：')
print(np.stack((a, b), 0))
print('\n')
print('沿轴 1 堆叠两个数组：')
print(np.stack((a, b), 1))
```

运行结果如下：

第一个数组：

```
[[88 99]
 [66 33]]
```

第二个数组：

```
[[55 44]
 [77 22]]
```

沿轴 0 连接两个数组：

```
[[88 99]
 [66 33]
 [55 44]
 [77 22]]
```

```
沿轴 1 连接两个数组：
[[88 99 55 44]
 [66 33 77 22]]
```

3. numpy.hstack()函数

numpy.hstack()函数是numpy.stack函数的变体，它通过水平堆叠来生成数组。

【例19-50】　numpy.hstack()函数应用示例。

输入如下代码：

```python
import numpy as np
a = np.array([[99, 88], [77, 66]])
print('第一个数组：')
print(a)
print('\n')
b = np.array([[11, 22], [33, 44]])
print('第二个数组：')
print(b)
print('\n')
print('水平堆叠：')
c = np.hstack((a, b))
print(c)
print('\n')
```

运行结果如下：

```
第一个数组：
[[99 88]
 [77 66]]
第二个数组：
[[11 22]
 [33 44]]
水平堆叠：
[[99 88 11 22]
 [77 66 33 44]]
```

4. numpy.vstack()函数

numpy.vstack()函数是numpy.stack函数的变体，它通过垂直堆叠来生成数组。

【例19-51】　numpy.vstack()函数应用示例。

输入如下代码：

```python
import numpy as np
a = np.array([[99, 88], [77, 66]])
print('第一个数组：')
print(a)
print('\n')
b = np.array([[11, 22], [33, 44]])
print('第二个数组：')
print(b)
```

```
print('\n')
print('竖直堆叠：')
c = np.vstack((a, b))
print(c)
```

运行结果如下：

```
第一个数组：
[[99 88]
 [77 66]]

第二个数组：
[[11 22]
 [33 44]]

竖直堆叠：
[[99 88]
 [77 66]
 [11 22]
 [33 44]]
```

19.5.5 分割数组

分割数组的主要函数如表19-11所示。

表 19-11 分割数组的主要函数

函　　数	描　　述
split	将一个数组分割为多个子数组
hsplit	将一个数组水平分割为多个子数组（按列）
vsplit	将一个数组垂直分割为多个子数组（按行）

下面分别举例说明。

1. numpy.split()函数

numpy.split()函数沿特定的轴将数组分割为子数组，其使用格式如下：

```
numpy.split(ary, indices_or_sections, axis)
```

参数说明：

- ary：被分割的数组。
- indices_or_sections：如果是一个整数，就用该数平均切分，如果是一个数组，则为沿轴切分（左开右闭）。
- axis：设置沿着哪个方向进行切分：默认为0，横向切分，即水平方向；为1时，纵向切分，即竖直方向。

举例说明如下。

19

【例19-52】   numpy.split()函数应用示例。

输入如下代码：

```
import numpy as np
a = np.arange(0, 27, 3)
print('第一个数组：')
print(a)
print('*'*10)
print('将数组分为三个大小相等的子数组：')
b = np.split(a, 3)
print(b)
print('*'*20)
print('将数组在一维数组中表明的位置分割：')
b = np.split(a, [4, 7])
print(b)
```

运行结果如下：

```
第一个数组：
[ 0  3  6  9 12 15 18 21 24]
**********
将数组分为三个大小相等的子数组：
[array([0, 3, 6]), array([ 9, 12, 15]), array([18, 21, 24])]
********************
将数组在一维数组中表明的位置分割：
[array([0, 3, 6, 9]), array([12, 15, 18]), array([21, 24])]
```

示例如下。

【例19-53】   axis为0时在水平方向分割，axis为1时在垂直方向分割。

输入如下代码：

```
import numpy as np
a = np.arange(0, 64, 4).reshape(4, 4)
print('第一个数组：')
print(a)
print('\n')
print('默认分割（0轴）：')
b = np.split(a,2)
print(b)
print('*'*20)
print('沿垂直方向分割：')
c = np.split(a,2,1)
print(c)
print('*'*20)
print('沿水平方向分割：')
d= np.hsplit(a,2)
print(d)
```

运行结果如下：

```
第一个数组：
 [[ 0  4  8 12]
```

```
 [16 20 24 28]
 [32 36 40 44]
 [48 52 56 60]]
默认分割（0轴）：
[array([[ 0,  4,  8, 12],
       [16, 20, 24, 28]]), array([[32, 36, 40, 44],
       [48, 52, 56, 60]])]
*********************
沿垂直方向分割：
[array([[ 0,  4],
       [16, 20],
       [32, 36],
       [48, 52]]), array([[ 8, 12],
       [24, 28],
       [40, 44],
       [56, 60]])]
*********************
沿水平方向分割：
[array([[ 0,  4],
       [16, 20],
       [32, 36],
       [48, 52]]), array([[ 8, 12],
       [24, 28],
       [40, 44],
       [56, 60]])]
```

2．numpy.hsplit()函数

numpy.hsplit()函数用于水平分割数组，通过指定要返回的相同形状的数组数量来拆分原数组。

【例19-54】 numpy.hsplit()函数应用示例。

输入如下代码：

```
import numpy as np
harr = np.floor(10 * np.random.random((2, 6)))
print('原array: ')
print(harr)
print('拆分后: ')
print(np.hsplit(harr, 3))
```

运行结果如下：

```
原array:
[[5. 1. 6. 2. 2. 9.]
 [6. 8. 4. 1. 4. 5.]]
拆分后:
[array([[5., 1.],
       [6., 8.]]), array([[6., 2.],
       [4., 1.]]), array([[2., 9.],
       [4., 5.]])]
```

3. numpy.vsplit()函数

numpy.vsplit()函数沿着垂直轴分割，其分割方式与hsplit用法相同。

【例19-55】　numpy.vsplit()函数应用示例。

输入如下代码：

```python
import numpy as np
a = np.arange(0, 64, 4).reshape(4, 4)
print('第一个数组：')
print(a)
print('*'*20)
print('竖直分割：')
b = np.vsplit(a, 2)
print(b)
```

运行结果如下：

```
第一个数组：
[[ 0  4  8 12]
 [16 20 24 28]
 [32 36 40 44]
 [48 52 56 60]]
********************
竖直分割:
[array([[ 0,  4,  8, 12],
       [16, 20, 24, 28]]), array([[32, 36, 40, 44],
       [48, 52, 56, 60]])]
```

19.5.6　数组元素的添加与删除

添加和删除数组元素的主要函数如表19-12所示。

表 19-12　添加和删除数组元素的主要函数

函　　数	描　　述	函　　数	描　　述
resize	返回指定形状的新数组	delete	删掉某个轴的子数组，并返回新数组
append	将值添加到数组末尾	unique	查找数组内的唯一元素
insert	沿指定轴将值插入指定下标之前		

下面分别举例说明。

1. numpy.resize()函数

numpy.resize()函数返回指定大小的新数组。如果新数组大小大于原始大小，则包含原始数组中的元素的副本。其使用格式如下：

```python
numpy.resize(arr, shape)
```

参数说明：

- arr：要修改大小的数组。
- shape：返回数组的新形状。

【例19-56】 numpy.resize()函数应用示例。

输入如下代码：

```
import numpy as np
a = np.array([[99, 88, 77], [66, 55, 44]])
print('第一个数组：')
print(a)
print('*'*20)
print('第一个数组的形状：')
print(a.shape)
print('*'*20)
b = np.resize(a, (3, 2))
print('第二个数组：')
print(b)
print('*'*20)
print('第二个数组的形状：')
print(b.shape)
print('*'*20)
print('修改第二个数组的大小：')
b = np.resize(a, (3, 3))
print(b)
```

运行结果如下：

```
第一个数组：
[[99 88 77]
 [66 55 44]]
********************
第一个数组的形状：
(2, 3)
********************
第二个数组：
[[99 88]
 [77 66]
 [55 44]]
********************
第二个数组的形状：
(3, 2)
********************
修改第二个数组的大小：
[[99 88 77]
 [66 55 44]
 [99 88 77]]
```

2．numpy.append()函数

numpy.append()函数在数组的末尾添加值。追加操作会分配整个数组，并把原来的数组复制到新数组中。此外，输入数组的维度必须匹配，否则将生成ValueError。

append函数返回的始终是一个一维数组，其使用格式如下。

```
numpy.append(arr, values, axis=None)
```

参数说明：

- arr：输入数组。
- values：要向arr添加的值，需要和arr形状相同（除了要添加的轴外）。
- axis：默认为None。当axis无定义时，是横向加成，返回总是为一维数组；当axis有定义时，分别为0和1的时候，当axis为0时，数组是加在下方的（列数要相同），当axis为1时，数组是加在右边的（行数要相同）。

【例19-57】 numpy.append()函数应用示例。

输入如下代码：

```
import numpy as np
a = np.array([[1, 2, 3], [4, 5, 6]])
print('第一个数组：')
print(a)
print('*'*20)
print('向数组添加元素：')
print(np.append(a, [7, 8, 9]))
print('*'*20)
print('沿轴0添加元素：')
print(np.append(a, [[7, 8, 9]], axis=0))
print('*'*20)
print('沿轴1添加元素：')
print(np.append(a, [[5, 5, 5], [7, 8, 9]], axis=1))
```

运行结果如下：

```
第一个数组：
[[1 2 3]
 [4 5 6]]
********************
向数组添加元素：
[1 2 3 4 5 6 7 8 9]
********************
沿轴0添加元素：
[[1 2 3]
 [4 5 6]
 [7 8 9]]
********************
```

沿轴1添加元素:
```
[[1 2 3 5 5 5]
 [4 5 6 7 8 9]]
```

3. numpy.insert()函数

numpy.insert()函数用于向数组中插入行和列,对于多组数组,可以沿任意一个轴插入元素。
该函数的使用格式如下:

```
numpy.insert(arr, obj, values, axis)
```

参数说明:

- arr: 输入数组,numpy.array类型。注意:该方法并不直接改变arr的值,而是返回一个新数组。
- obj: 索引,整数或整数串。例如可以只插入一行元素,也可以插入多行元素,多行可以是连续的(如第0行和第1行),也可以是分离的(如第2行和第4行)。
- values: 插入的值,numpy.array类型。
- axis: 插入的轴,整型。如果未提供轴,则输入数组会被展开。

举例说明如下。

【例19-58】 numpy.insert()函数应用示例。
输入如下代码:

```
import numpy as np
a = np.array([[1, 2], [3, 4], [5, 6]])
print('第一个数组: ')
print(a)
print('*'*20)
print('未传递Axis参数。在插入之前输入数组会被展开。')
print(np.insert(a, 3, [11, 12]))
print('*'*20)
print('传递了Axis参数。让广播值数组来匹配输入数组。')
print('沿轴0广播: ')
print(np.insert(a, 1, [11], axis=0))
print('*'*20)
print('沿轴1广播: ')
print(np.insert(a, 1, 11, axis=1))
```

运行结果如下:

```
第一个数组:
[[1 2]
 [3 4]
 [5 6]]
********************
未传递Axis参数。在插入之前输入数组会被展开。
[ 1  2  3 11 12  4  5  6]
```

19

```
********************
传递了Axis参数。让广播值数组来匹配输入数组。
沿轴0广播：
[[ 1  2]
 [11 11]
 [ 3  4]
 [ 5  6]]
********************
沿轴1广播：
[[ 1 11  2]
 [ 3 11  4]
 [ 5 11  6]]
```

4．numpy.delete()函数

numpy.delete()函数返回从输入数组中删除指定子数组的新数组。与insert()函数的情况一样，如果未提供轴参数，则输入数组将被展开。

```
Numpy.delete(arr, obj, axis)
```

参数说明：

- arr：输入数组。
- obj：可以被切片，整数或者整数数组，表明要从输入数组删除的子数组。
- axis：沿着它删除给定子数组的轴，如果未提供，则输入数组会被展开。

下面举例说明。

【例19-59】 numpy.delete()函数应用示例。

输入如下代码：

```
import numpy as np
a = np.arange(12).reshape(3, 4)
print('第一个数组：')
print(a)
print('*'*20)
print('未传递Axis参数。 在插入之前输入数组会被展开。')
print(np.delete(a, 5))
print('*'*20)
print('删除第二列：')
print(np.delete(a, 1, axis=1))
print('*'*20)
print('包含从数组中删除的替代值的切片：')
a = np.array([1, 2, 3, 4, 5, 6, 7, 8, 9, 10])
print(np.delete(a, np.s_[::2]))
```

运行结果如下：

```
第一个数组：
[[ 0  1  2  3]
 [ 4  5  6  7]
```

```
 [ 8  9 10 11]]
********************
未传递Axis参数。 在插入之前输入数组会被展开。
[ 0  1  2  3  4  6  7  8  9 10 11]
********************
删除第二列:
[[ 0  2  3]
 [ 4  6  7]
 [ 8 10 11]]
********************
包含从数组中删除的替代值的切片:
[ 2  4  6  8 10]
```

5. numpy.unique()函数

numpy.unique()函数用于去除数组中的重复元素。其使用格式如下:

```
numpy.unique(arr, return_index, return_inverse, return_counts)
```

参数说明:

- arr: 输入数组,如果不是一维数组则会展开。
- return_index: 如果为true,那么返回新列表元素在旧列表中的位置(下标),并以列表形式存储。
- return_inverse: 如果为true,那么返回旧列表元素在新列表中的位置(下标),并以列表形式存储。
- return_counts: 如果为true,那么返回去重数组中的元素在原数组中出现的次数。

举例说明如下。

【例19-60】　numpy.unique()函数应用示例。
输入如下代码:

```
import numpy as np
a = np.array([5, 2, 6, 2, 7, 5, 6, 8, 2, 9])
print('第一个数组: ')
print(a)
print('*'*20)
print('第一个数组的去重值: ')
u = np.unique(a)
print(u)
print('*'*20)
print('去重数组的索引数组: ')
u, indices = np.unique(a, return_index=True)
print(indices)
print('*'*20)
print('我们可以看到每个和原数组下标对应的数值: ')
print(a)
print('*'*20)
```

19

```
print('去重数组的下标：')
u, indices = np.unique(a, return_inverse=True)
print(u)
print('*'*20)
print('下标为：')
print(indices)
print('*'*20)
print('使用下标重构原数组：')
print(u[indices])
print('*'*20)
print('返回去重元素的重复数量：')
u, indices = np.unique(a, return_counts=True)
print(u)
print(indices)
```

运行结果如下：

```
第一个数组：
[5 2 6 2 7 5 6 8 2 9]
********************
第一个数组的去重值：
[2 5 6 7 8 9]
********************
去重数组的索引数组：
[1 0 2 4 7 9]
********************
我们可以看到每个和原数组下标对应的数值：
[5 2 6 2 7 5 6 8 2 9]
********************
去重数组的下标：
[2 5 6 7 8 9]
********************
下标为：
[1 0 2 0 3 1 2 4 0 5]
********************
使用下标重构原数组：
[5 2 6 2 7 5 6 8 2 9]
********************
返回去重元素的重复数量：
[2 5 6 7 8 9]
[3 2 2 1 1 1]
19.6  数学函数
```

19.6 使用数学运算函数

NumPy包含大量数学运算函数，包括算术函数、三角函数、舍入函数等，本节分别进行介绍。

19.6.1 算术函数

1. 加、减、乘、除函数

NumPy算术函数又包含简单的加、减、乘、除等。参与运算的数组必须具有相同的形状或符合数组广播规则。

【例19-61】 NumPy加、减、乘、除应用示例。

输入如下代码：

```python
import numpy as np
a = np.arange(0, 27, 3, dtype=np.float_).reshape(3, 3)
print('第一个数组：')
print(a)
print('*'*20)
print('第二个数组：')
b = np.array([3, 6, 9])
print(b)
print('*'*20)
print('两个数组相加：')
print(np.add(a, b))
print('*'*20)
print('两个数组相减：')
print(np.subtract(a, b))
print('*'*20)
print('两个数组相乘：')
print(np.multiply(a, b))
print('*'*20)
print('两个数组相除：')
print(np.divide(a, b))
```

运行结果如下：

```
第一个数组：
[[ 0.  3.  6.]
 [ 9. 12. 15.]
 [18. 21. 24.]]
********************
第二个数组：
[3 6 9]
********************
两个数组相加：
[[ 3.  9. 15.]
 [12. 18. 24.]
 [21. 27. 33.]]
********************
两个数组相减：
[[-3. -3. -3.]
 [ 6.  6.  6.]
 [15. 15. 15.]]
```

19

```
********************
两个数组相乘：
[[  0.  18.  54.]
 [ 27.  72. 135.]
 [ 54. 126. 216.]]
********************
两个数组相除：
[[0.         0.5        0.66666667]
 [3.         2.         1.66666667]
 [6.         3.5        2.66666667]]
```

2. numpy.reciprocal()函数

该函数返回参数逐元素的倒数。

【例19-62】 numpy.reciprocal()函数应用示例。

输入如下代码：

```python
import numpy as np
s = np.array([888, 1000, 20, 0.1])
print('原数组是：')
print(s)
print('*'*20)
print('调用reciprocal函数：')
print(np.reciprocal(s))
```

运行结果如下：

```
原数组是：
[8.88e+02 1.00e+03 2.00e+01 1.00e-01]
********************
调用reciprocal函数：
[1.12612613e-03 1.00000000e-03 5.00000000e-02 1.00000000e+01]
```

3. numpy.power()函数

该函数将第一个输入数组中的元素作为底数，计算它与第二个输入数组中相应元素的幂。

【例19-63】 numpy.power()函数应用示例。

输入如下代码：

```python
import numpy as np
s = np.array([2, 4, 8])
print('原数组是：')
print(s)
print('*'*20)
print('调用power函数：')
print(np.power(s, 2))
print('*'*20)
print('power之后数组：')
w = np.array([1, 2, 3])
print(w)
```

```
print('*'*20)
print('再次调用power函数：')
print(np.power(s, w))
```

运行结果如下：

```
原数组是；
[2 4 8]
********************
调用power函数：
[ 4 16 64]
********************
power之后数组：
[1 2 3]
********************
再次调用power函数：
[  2  16 512]
```

4. numpy.mod()函数和 numpy.remainder()函数

这两个函数计算输入数组中的相应元素相除后的余数。

【例19-64】　　numpy.mod()函数应用示例。

输入如下代码：

```
import numpy as np
s = np.array([3, 6, 9])
w = np.array([2, 4, 8])
print('第一个数组：')
print(s)
print('*'*20)
print('第二个数组：')
print(w)
print('*'*20)
print('调用mod()函数：')
print(np.mod(s, w))
print('*'*20)
print('调用remainder()函数：')
print(np.remainder(s, w))
```

运行结果如下：

```
第一个数组：
[3 6 9]
********************
第二个数组：
[2 4 8]
********************
调用mod()函数：
[1 2 1]
********************
```

```
调用remainder()函数：
[1 2 1]
```

19.6.2　三角函数

NumPy提供了标准的三角函数：sin()、cos()、tan()。

【例19-65】　NumPy三角函数应用示例。

输入如下代码：

```
import numpy as np
a = np.array([0, 30, 45, 60, 90])
print('不同角度的正弦值: ')
# 通过乘 pi/180 转换为弧度
print(np.sin(a * np.pi / 180))
print('*'*20)
print('数组中角度的余弦值: ')
print(np.cos(a * np.pi / 180))
print('*'*20)
print('数组中角度的正切值: ')
print(np.tan(a * np.pi / 180))
```

运行结果如下：

```
不同角度的正弦值：
[0.         0.5        0.70710678 0.8660254 1.        ]
********************
数组中角度的余弦值：
[1.00000000e+00 8.66025404e-01 7.07106781e-01 5.00000000e-01
 6.12323400e-17]
********************
数组中角度的正切值：
[0.00000000e+00 5.77350269e-01 1.00000000e+00 1.73205081e+00
 1.63312394e+16]
```

arcsin()、arccos()和arctan()函数返回给定角度的sin()、cos()和tan()的反三角函数，这些函数的结果可以通过numpy.degrees()函数将弧度转换为角度。

【例19-66】　arcsin()、arccos()和arctan()函数应用示例。

输入如下代码：

```
import numpy as np
a = np.array([0, 30, 45, 60, 90])
print('含有正弦值的数组: ')
sin = np.sin(a * np.pi / 180)
print(sin)
print('*'*20)
print('计算角度的反正弦，返回值以弧度为单位: ')
inv = np.arcsin(sin)
print(inv)
```

```
print('*'*20)
print('通过转换为角度制来检查结果：')
print(np.degrees(inv))
print('*'*20)
print('arccos 和 arctan 函数行为类似：')
cos = np.cos(a * np.pi / 180)
print(cos)
print('*'*20)
print('反余弦：')
inv = np.arccos(cos)
print(inv)
print('*'*20)
print('角度制单位：')
print(np.degrees(inv))
print('*'*20)
print('tan 函数：')
tan = np.tan(a * np.pi / 180)
print(tan)
print('*'*20)
print('反正切：')
inv = np.arctan(tan)
print(inv)
print('*'*20)
print('角度制单位：')
print(np.degrees(inv))
```

运行结果如下：

```
含有正弦值的数组：
[0.        0.5        0.70710678 0.8660254 1.        ]
********************
计算角度的反正弦，返回值以弧度为单位：
[0.        0.52359878 0.78539816 1.04719755 1.57079633]
********************
通过转换为角度制来检查结果：
[ 0. 30. 45. 60. 90.]
********************
arccos 和 arctan 函数行为类似：
[1.00000000e+00 8.66025404e-01 7.07106781e-01 5.00000000e-01
 6.12323400e-17]
********************
反余弦：
[0.        0.52359878 0.78539816 1.04719755 1.57079633]
********************
角度制单位：
[ 0. 30. 45. 60. 90.]
********************
tan 函数：
[0.00000000e+00 5.77350269e-01 1.00000000e+00 1.73205081e+00
 1.63312394e+16]
********************
```

19

```
反正切：
[0.          0.52359878 0.78539816 1.04719755 1.57079633]
********************
角度制单位：
[ 0. 30. 45. 60. 90.]
```

19.6.3 舍入函数

1. numpy.around()函数

numpy.around()函数返回指定数字的四舍五入值。其使用格式如下：

```
numpy.around(a,decimals)
```

参数说明：

- a: 数组。
- decimals: 舍入的小数位数，默认值为0，如果为负，那么整数将四舍五入到小数点左侧的位置。

举例说明如下。

【例19-67】 numpy.around()函数应用示例。

输入如下代码：

```
import numpy as np
a = np.array([100.0, 100.5, 123, 0.876, 76.998])
print('原数组：')
print(a)
print('*'*20)
print('舍入后：')
print(np.around(a))
print(np.around(a, decimals=1))
print(np.around(a, decimals=-1))
```

运行结果如下：

```
原数组：
[100.    100.5  123.      0.876 76.998]
********************
舍入后：
[100. 100. 123.    1.  77.]
[100. 100.5 123.    0.9 77. ]
[100. 100. 119.    0.  80.]
```

2. numpy.floor()函数

numpy.floor()函数返回小于或者等于指定表达式的最大整数，即向下取整。

【例19-68】 numpy.floor()函数应用示例。

输入如下代码：

```
import numpy as np
s = np.array([-9999.7, 100333.5, -23340.2, 0.987, 10.88888])
print('提供的数组：')
print(s)
print('*'*20)
print('修改后的数组：')
print(np.floor(s))
```

运行结果如下：

```
提供的数组：
[-9.999700e+03  1.003335e+05 -2.334020e+04  9.870000e-01  1.088888e+01]
********************
修改后的数组：
[-1.00000e+04  1.00333e+05 -2.33410e+04  0.00000e+00  1.00000e+01]
```

3. numpy.ceil()函数

numpy.ceil()函数返回大于或者等于指定表达式的最小整数，即向上取整。

【例19-69】 numpy.ceil()函数应用示例。

输入如下代码：

```
import numpy as np
s = np.array([-100.3, 18.98, -0.49999, 0.563, 10])
print('提供的数组：')
print(s)
print('*'*20)
print('修改后的数组：')
print(np.ceil(s))
```

运行结果如下：

```
提供的数组：
[-100.3      18.98     -0.49999   0.563    10.    ]
********************
修改后的数组：
[-100.  19.  -0.   1.  10.]
```

19.7 小结

本章详细讲解了Python语言用于科学计算的扩展库NumPy，讲解了NumPy对象，包括NumPy对象创建方法、对象属性、切片和索引等。本章还举例讲解了NumPy数组的基本操作方法、常用的数学函数等。限于篇幅，本章讲解的仅为学习科学计算拓展库NumPy的基础知识。

19

参 考 文 献

[1] 明日科技. Python从入门到精通[M]. 北京：清华大学出版社，2018.

[2] 小甲鱼. 零基础入门学习Python（第2版）[M]. 北京：清华大学出版社，2019.

[3] [美] 泽德·A.肖（Zed A.Shaw）著，王巍巍译. 笨办法学Python 3[M]. 北京：人民邮电出版社，2020.

[4] Magnus Lie Hetland著，袁国忠译. Python基础教程（第3版）[M]. 北京：人民邮电出版社，2018.

[5] [美] Wesley Chun著，孙波翔，李斌，李晗译. Python核心编程（第3版）[M]. 北京：人民邮电出版社，2016.

[6] 张玲玲. Python算法详解. 北京：人民邮电出版社，2019.

[7] [日] 中岛省吾著，程晨译，Python超入门从基础入门到人工智能应用[M]. 北京：人民邮电出版社，2021.

[8] [美] 科里·奥尔索夫（Cory Althoff）著，宋秉金译. Python编程无师自通 专业程序员的养成[M]. 北京：人民邮电出版社，2019.

[9] [日] 马场真哉著，吴昊天译. 用Python动手学统计学[M]. 北京：人民邮电出版社，2021.

[10] [日] 伊藤真著，郑明智，司磊译. 用Python动手学机器学习[M]. 北京：人民邮电出版社，2021.

[11] 田晖，应晖. Python语言程序设计[M]. 北京：清华大学出版社，2022.

[12] 王学颖，司雨昌，王萍. Python学习从入门到实践（第2版）[M]. 北京：清华大学出版社，2021.

[13] Mark Lutz著，秦鹤，林明译. Python学习手册[M]. 北京：机械工业出版社，2018.

[14] [美] 埃里克·马瑟斯著，袁国忠译. Python编程从入门到实践（第2版）[M]. 北京：人民邮电出版社，2020.

[15] [巴西] Luciano Ramalho著，安道，吴珂译. 流畅的Python[M]. 北京：人民邮电出版社，2017.